Tomcat
架构解析

刘光瑞　著

刘　伟　审校

U0338836

人民邮电出版社

北　京

图书在版编目（CIP）数据

Tomcat架构解析 / 刘光瑞著. -- 北京：人民邮电
出版社，2017.5（2023.3重印）
　（图灵原创）
　ISBN 978-7-115-45369-3

Ⅰ．①T… Ⅱ．①刘… Ⅲ．①JAVA语言—程序设计
Ⅳ．①TP312.8

中国版本图书馆CIP数据核字（2017）第068701号

内 容 提 要

本书全面介绍了 Tomcat 的架构、各组件的实现方案以及使用方式，包括 Tomcat 的基础组件架构以及工作原理，Tomcat 各组件的实现方案、使用方式以及详细配置说明，Tomcat 与 Web 服务器集成以及性能优化，Tomcat 部分扩展特性介绍等，使读者全面了解应用服务器的架构以及工作原理，学习 Tomcat 的使用、优化以及详细配置。

本书内容通俗易懂，由浅入深，适合基于 Java 平台的软件架构师、软件开发工程师及系统运维人员阅读使用。

◆ 著　　　　刘光瑞

　　审　校　刘　伟

　　责任编辑　张　霞

　　责任印制　彭志环

◆ 人民邮电出版社出版发行　　北京市丰台区成寿寺路 11 号
　　邮编　100164　　电子邮件　315@ptpress.com.cn
　　网址　http://www.ptpress.com.cn
　　固安县铭成印刷有限公司印刷

◆ 开本：800×1000　1/16
　　印张：23.75　　　　　　　　2017 年 5 月第 1 版
　　字数：561 千字　　　　　　 2023 年 3 月河北第 21 次印刷

定价：79.00 元

读者服务热线：(010)84084456-6009　印装质量热线：(010)81055316
反盗版热线：(010)81055315
广告经营许可证：京东市监广登字 20170147 号

前　言

Apache Tomcat 作为著名的 Servlet 容器实现以及轻量级 Java 应用服务器，是 Apache 软件基金会的顶级项目。它开源、轻量，与 JBoss、Weblogic 等企业级应用服务器相比，占用资源小，扩展性好，深受 Java 研发人员喜爱，尤其是在当前主流的基于 POJO（Without EJB）的轻量级编程方式下构建应用系统。除此之外，Apache Tomcat 还可以很容易与 Apache HTTP Server、Nginx 等知名的 Web 服务器集成，以实现负载均衡和集群化部署。所有这些特性都使得 Tomcat 被广泛用于开发、测试环境，甚至大规模、高并发的互联网产品部署。

由于工作的关系，笔者很早便开始接触并使用 Apache Tomcat。随着工作内容的变化，对 Tomcat 的了解及研究的广度和深度也不断变化，相信这也是大多数技术人员的学习经历。对于开发人员、测试人员或者运维人员而言，关注较多的是 Tomcat 的配置使用方式以及进一步的性能优化，而架构师则会从架构层面审视 Tomcat，研究它的各种组件设计方案、生命周期管理、运行机制等。只有这样，才可以充分利用 Tomcat 提供的特性，使得应用系统以最高效的方式部署运行。除此之外，Tomcat 的架构设计也会不同程度地为应用系统的基础技术架构提供不错的借鉴意义。

在几年之前，笔者便有计划将 Tomcat 各组件的基本概念、规范、架构设计方案以及详细配置使用方式整理成书。这不仅可以使自身相关的知识得到系统性的梳理，同时也希望能够给正在使用或者即将使用 Tomcat 的人以及对 Tomcat 架构感兴趣的技术人员带来些许帮助，这也是我所乐见的。但是由于各种原因，本书写作一直断断续续，持续近两年，而 Tomcat 也由最初的 7.x 版本更新到了 8.5.x 版本（9.x 的里程碑版本也已经发布了数版）。在最新版本中，Tomcat 增加了很多重要特性，如对 HTTP/2 和 NIO2 的支持等。为了确保本书所讲内容与 Tomcat 最新版本的架构匹配，本书进行了两次版本变更。对于版本变更带来的一些架构变更及新支持的重要特性，本书也不同程度地做了讲解。

总之，笔者希望这本书能够真实地、系统性地讲解 Tomcat 的最新架构。它涉及了 Tomcat 的代码设计，却不仅仅是围绕代码进行分析。它涉及了 Tomcat 的使用方式，却不仅仅是对其配置方式进行简单说明。对于每个技术点相关的规范、方案的考量及隐含问题、如何使用等，本书将进行系统化的讲解。希望读者读完这本书，可以清晰地知道一款 Servlet 容器所包含的组件、涉及的规范以及实现方案，也知道如何深度地定制及优化 Tomcat。

本书内容及读者对象

本书尝试从以下几个方面来讲解 Apache Tomcat。

- ❏ **基本设计**：主要讲述 Tomcat 的核心接口及概念，并阐述 Tomcat 的设计理念。
- ❏ **架构及工作原理**：主要讲述 Tomcat 的整体架构，以及各模块如何密切协调来完成应用服务器的相关工作。
- ❏ **各个模块的特性及使用方式**：详细讲述各模块的特性，以及如何使用该特性实现高质量的部署架构。每个方面均融合了相关的设计理念及架构知识的讲解，以使读者更容易从中间件产品架构的角度审视 Tomcat。

既然本书的主要内容是讲解 Tomcat，那么读者需要是熟悉 Java 语言的从业人员，而且对 Java Web 应用的开发有初步的概念，因此本书适用于以下读者。

- ❏ Java Web 应用开发者。
- ❏ 应用服务器及相关中间件开发者。
- ❏ 系统运维人员。
- ❏ 系统架构师。

章节介绍

本书的章节划分如下，不同的读者可以根据自己的背景和兴趣挑选相应的章节进行学习，而不必逐章阅读。

第 1 章照例对 Tomcat 进行简单的介绍，主要包括安装、启动、部署应用以及 Tomcat 目录结构。如果你是一位初级开发者，阅读完本章，你会对 Tomcat 有最基本的认识，基本可以覆盖应用开发过程中能够涉及的各种问题。如果你已经可以熟练部署使用 Tomcat，那么完全可以跳过这一章。

第 2 章主要介绍了 Tomcat 容器、链接器各组件的基本概念，阅读这一章有助于初步了解 Tomcat 的架构设计。

第 3~5 章、第 8~9 章对 Tomcat 架构及相关模块进行了深入的讲解。如果你希望详细了解 Tomcat 架构的各个方面，这部分应该是你的侧重点。如果你是一名中间件设计人员或者系统架构师，可以从中发现许多值得学习和借鉴的地方，包括中间件设计、系统部署架构的构建以及安全管理等多个方面。

第 6 章和第 7 章主要介绍了 Tomcat 的管理以及与 Web 服务器的集成，包括 Web 控制台、JMX、Ant 这 3 种管理方式，以及 Tomcat 与当前使用最广泛的 Apache HTTP Server、Nginx 等 Web 服务器的集成，以满足不同的运维场景需要。如果你是一名运维人员，建议你仔细阅读这两章内容，因为这有助于我们了解 Tomcat 相关的系统访问监控、集群部署以及负载均衡。

第 10 章侧重于系统的性能优化，讲解如何优化 Tomcat，以便提高请求处理速度，增加系统并发访问量。

第 11 章主要介绍了 Tomcat 提供的一些附加功能，如嵌入式启动、JNDI、Comet 和 WebSocket 实现。如果你对嵌入式启动 Tomcat 或者基于 Tomcat 进行服务器推送感兴趣，那么这一章不容错过。

最后在附录中详细整理了 Tomcat 各组件支持的配置属性，便于读者在使用过程中进行深度定制。

本书试图为读者完整地、系统化地讲解 Tomcat，甚至会在开篇简要讲解 Tomcat 的历史及现状。所有这一切，都是基于希望读者"知其然，更要知其所以然"的目的出发的。当然，作为读者，你完全可以选择自己感兴趣的部分进行阅读。

意见反馈

为了将相关知识讲述完整，笔者除了阅读及参考相关文献外，还仔细阅读并分析了 Tomcat 的源代码。但是即便如此，由于笔者能力有限，所知所写难免有疏漏和错误之处，欢迎各位读者不吝批评指正。

如果你有任何问题或者批评建议，可以发送邮件到 kunrey@163.com 与我联系。

致谢

首先，应该感谢 Sun 以及 Apache 创造了 Tomcat 这款知名的轻量级 Servlet 容器，可以让众多 Java 从业者免费使用并研究学习。

其次，感谢图灵公司的编辑张霞，正是在她的不断努力下，这本书才可以顺利出版并最终呈献给大家。在本书的编辑过程中，她细心校正每处纰漏和错误，并提供了很多非常好的改进建议。

同时，感谢四达传媒集团大视频事业部副总经理刘伟，作为前公司的领导、同事以及朋友，在百忙中抽出时间，担任本书的技术审校，他的宝贵意见和建议使我收获良多。

再次，由衷感谢每一位为本书出版付出了努力的朋友，本书的出版离不开你们的付出，感谢你们。

最后，感谢我的妻子张静以及可爱的女儿刘于飞，这本书的写作同时也伴随着对家庭付出的缺失，谢谢你们的理解和支持。

刘光瑞

2017-02-01

目　　录

第 1 章

Tomcat介绍

1

Tomcat是全世界最著名的基于Java语言的轻量级应用服务器，是一款完全开源免费的Servlet容器实现。同时，它支持HTML、JS等静态资源的处理，因此又可以作为轻量级Web服务器使用。作为本书的开篇，本章将简单介绍Tomcat的发展历程以及基本的安装使用，以便读者对Tomcat有个初步的印象。主要包括以下几个方面的内容。

- ❑ Tomcat的历史及许可。
- ❑ Tomcat的安装、启动和应用部署。
- ❑ Tomcat的目录结构。
- ❑ Tomcat最新版本（8.5/9.0）的特性。

1.1 简介

本节主要介绍了Tomcat的历史以及主要版本的发展情况，以及每个版本对Servlet规范的支持，以便读者能够很好地了解Tomcat的过去以及现状。此外，本节还介绍了Tomcat的授权许可，如果你计划基于Tomcat进行定制化开发并发布自己的服务器中间件产品，那么了解它的许可方式是非常有必要的。

1.1.1 Tomcat 历史

Tomcat最初由Sun公司的软件架构师James Duncan Davidson开发，名称为"JavaWebServer"，该项目作为Servlet容器的参考实现，以展示Servlet容器相关技术。随后在Davidson的帮助下，该项目于1999年与Apache软件基金会旗下的JServ项目合并，即为现在的Tomcat。

Tomcat的第一个版本（3.x）发布于1999年，该版本基本源自Sun公司贡献的代码，实现了Servlet 2.2和JSP 1.1规范。2001年，Tomcat发布了4.0版本，作为里程碑式的版本，Tomcat完全重新设计了其架构，并实现了Servlet 2.3和JSP 1.2规范。

发展至今，作为Sun相关规范的参考实现，Tomcat已经成为一款成熟的Servlet容器产品，并作为JBoss等应用服务器产品内嵌的Servlet容器（最新的JBoss版本已改为Undertow）。Tomcat不仅广泛用于开发及测试环境，更大量应用于生产环境当中。事实证明，简单如单独服务器、主备部署，复杂至大型的集群架构，Tomcat均可以实现有效的支撑。

当前Tomcat存在5个主要版本，分别支持不同版本的规范，其对规范及JDK的版本支持（截止编写本书为止）如表1-1所示。

表1-1　Tomcat版本对照表

版本（更新） 规范及JDK	6.x（6.0.47）	7.x（7.0.72）	8.x（8.0.38）	8.5.x（8.5.6）	9.x （9.0.0.M11）
JDK	≥5.0	≥6.0	≥7.0	≥7.0	≥8.0
Servlet	2.5	3.0	3.1	3.1	4.0
JSP	2.1	2.2	2.3	2.3	2.3
EL	2.1	2.2	3.0	3.0	3.0
WebSocket	N/A	1.1	1.1	1.1	1.1

※如果在7.x版本下使用WebSocket，JDK最低版本为7.0。

> **注意**　Tomcat最后两个版本并不是顺序发布的。2015年11月，Tomcat发布了重要的里程碑版本9.0（目前仍为alpha版本）。在该版本中，Tomcat依赖最新的JDK8，使用了JDK8最新的语法特性，支持最新的Servlet规范（4.0），并增加了对HTTP/2的支持。2016年3月，考虑到9.0版本的变更范围以及发布进度，Tomcat在8.0的基础上又发布了一个中间版本——8.5，它的主体架构延续自8.0，同时又实现了部分9.0的主要特性，以使用来取代8.0版本。

我们可以根据具体应用系统的部署环境要求，选择合适的版本使用。考虑到编写本书时9.0仍为alpha版本，因此我们选择基于8.5.x的最新版本8.5.6进行讲解；同时，在每一章节我们会补充9.0最新的变更内容。

1.1.2　Tomcat 许可

Tomcat以Apache License许可的方式进行发布，具体许可内容参见http://apache.org/licenses/LICENSE-2.0。主要概括如下。

- ❑ Tomcat完全免费，可用于任何商业或者非商业产品，而不必支付任何费用。
- ❑ 修改Tomcat并发布变更版本的用户不必公开修改部分的源代码。
- ❑ 修改Tomcat的用户不必将其变更捐献给Apache软件基金会。

此外，还需要了解如下几点限制。

- ❑ 所有针对Tomcat源代码或二进制文件的重新发布均须包含Apache许可。
- ❑ 任何重新发布所包含的资料必须经过Apache软件基金会批准。
- ❑ 无Apache基金会的许可，派生自Tomcat源代码的产品不能命名为"Tomcat""Jakarta""Apache"。

1.2 安装和启动

本节主要介绍了Tomcat的下载、安装以及各种场景下的启动方式。你可以根据实际情况选择不同格式的发布包安装使用。

1.2.1 Tomcat下载与安装

在安装Tomcat之前，请确保当前系统已安装了不低于7.0版本的JDK/JRE，并添加了JAVA_HOME系统环境变量以指向JDK/JRE的安装目录。

你可以从http://tomcat.apache.org/download-80.cgi#8.5.6获取Tomcat的安装文件。对于Windows系统，Apache提供了ZIP和Windows安装文件两种发布形式。对于Linux系统，Apache提供了tar.gz的发布包。

下面我们对Tomcat主要的安装包进行简单说明，以便你可以选择合适的包下载使用。

❑ apache-tomcat-8.5.6.zip：Tomcat基础发布包，它不包含Windows服务相关的批处理脚本以及Windows下的APR本地库。

❑ apache-tomcat-8.5.6.tar.gz：与ZIP包相同，只是压缩格式不同。

❑ apache-tomcat-8.5.6.exe：Windows可执行的安装包。包含功能与ZIP基本一致，但是删除了部分命令行脚本，适用于Windows快捷键以及系统服务的形式启动。

❑ apache-tomcat-8.5.6-windows-x86.zip：32位Windows发布包，包含Windows服务相关的批处理脚本以及与32位JVM配合使用的APR本地库（操作系统为Windows 32/64位）。

❑ apache-tomcat-8.5.6-windows-x64.zip：64位Windows发布包，包含Windows服务相关的批处理脚本以及与64位JVM配合使用的APR本地库（操作系统为Windows 64位）。

1. 在Windows上安装Tomcat

在Windows系统安装Tomcat最简单的方式莫过于下载ZIP安装包（apache-tomcat-8.5.6.zip），并将其解压到系统任意目录即可（注意：安装路径最好不要包含空格）。

除此之外，还可以通过Windows安装文件（apache-tomcat-8.5.6.exe）的方式进行安装。直接下载安装文件，双击并按照提示一步步操作即可完成安装。

通过exe方式安装的好处是，可以按照提示进行Tomcat相关配置，如Tomcat管理程序的用户名和密码、占用端口等。

此外，采用exe方式进行安装，Tomcat会默认创建Windows服务，用于启动/停止Tomcat、设置Tomcat开机启动。如果采用ZIP的方式进行安装，就需要通过Windows服务管理Tomcat，你可以运行bin/service.bat批处理脚本进行添加，如下所示。

```
C:\apache-tomcat-8.5.6\bin>service.bat install
```

安装完成后，最好将CATALINA_HOME添加到系统环境变量，并将$CATALINA_HOME/bin添加到Path中，CATALINA_HOME指向Tomcat的安装目录。

2. 在Linux上安装Tomcat

在Linux上安装Tomcat，可下载tar.gz形式的发布包，执行如下命令将其解压即可：

```
liuguangrui@ubuntu:~$ tar zxvf apache-tomcat-8.5.6.tar.gz
```

与 Windows 安装相同，最好也将 CATALINA_HOME 导入到系统变量。笔者的安装目录为 /home/liuguangrui/apache-tomcat-8.5.6，故执行命令如下：

```
liuguangrui@ubuntu:~$ CATALINA_HOME=/home/liuguangrui/apache-tomcat-8.5.6
liuguangrui@ubuntu:~$ export CATALINA_HOME
```

1.2.2　Tomcat 启动

Tomcat的启动非常简单，接下来我们就来看一下在不同操作系统下的启动方式。

1. 在Windows上启动Tomcat

在Windows环境下，启动Tomcat有多种方式。

❑ 在命令行下，打开$CATALINA_HOME/bin目录，输入"startup.bat"运行Tomcat。
❑ 如果采用exe方式安装，可通过点击开始菜单中的快捷方式，打开Tomcat服务管理工具，启动Tomcat服务。
❑ 如果添加了Windows服务，可进入"控制面板"→"管理工具"→"服务"，找到"Apache Tomcat 8.5 Tomcat8"服务，双击并"启动"。

通过编辑$CATALINA_HOME/bin/catalina.bat文件，可以修改Tomcat的启动配置。例如在文件中添加以下内容以调整Tomcat的内存分配：

```
Set JAVA_OPTS=-server -Xms1024m -Xmx2048m -XX:PermSize=256m -XX:MaxPermSize=512m
```

2. 在Linux上启动Tomcat

在Linux环境下（以Ubuntu为例），执行如下命令启动Tomcat：

```
liuguangrui@ubuntu:~$ $CATALINA_HOME/bin/startup.sh
```

同样，我们可以通过编辑$CATALINA_HOME/bin/catalina.sh，修改Tomcat启动配置：

```
JAVA_OPTS="-server -Xms1024m -Xmx2048m -XX:PermSize=256m -XX:MaxPermSize=512m"
```

3. 测试启动

当在控制台中输出如下日志时，表示Tomcat已经启动完成。

```
信息: Server startup in 4535 ms
```

此时，在浏览器中输入http://127.0.0.1:8080，如果显示如图1-1所示的页面，即表示启动成功。需要注意的是，如果修改了Tomcat的默认端口号，上述地址需进行相应调整。

4. 应用部署

在独立启动的方式下将 Web 应用部署到 Tomcat 非常简单，只需要将应用包复制到

$CATALINA_HOME/webapps下，并重启Tomcat即可。当然还可以通过Tomcat管理工具部署，此部分我们将在后续章节讲解。

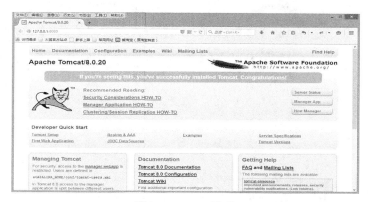

图1-1　Tomcat启动

1.2.3　IDE 启动

在项目开发过程中，我们经常需要将服务器集成到IDE中，以便直接将工程发布到服务器环境并启动，从而进行系统调试。

下面将详细展示如何将Tomcat集成到IDE（以Eclipse为例）并启动。

第一步，在Eclipse中添加Tomcat的运行环境。选择Windows → Preferences，弹出Preferences对话框，如图1-2所示。

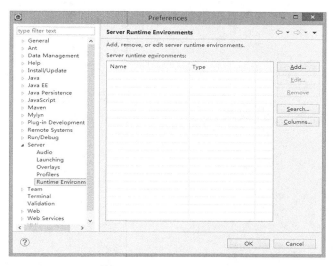

图1-2　Preferences对话框

选择Server → Runtime Environments，显示当前已经安装的服务器运行环境。点击 "Add"，弹出添加服务器运行环境对话框，如图1-3所示。

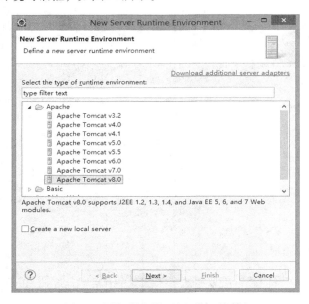

图1-3　添加服务器运行环境对话框

选择Apache → Apache Tomcat v8.0，点击 "Next"，显示如图1-4所示。

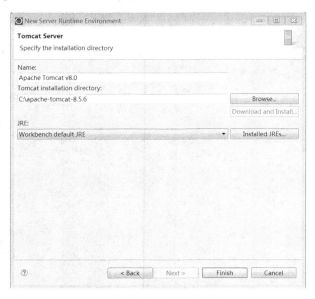

图1-4　新建服务器对话框

点击"Browse"选择Tomcat的安装根目录，点击"Finish"完成添加服务器运行环境。

第二步，新建服务器配置。选择File → New → Other弹出新建对话框，然后选择Server → Server，如图1-5所示。

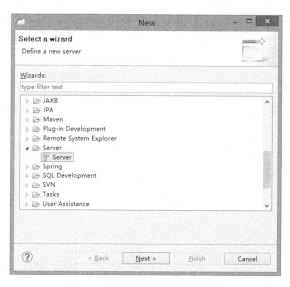

图1-5 新建服务器配置对话框

点击"Next"，如图1-6所示。

图1-6 新建服务器配置对话框

选中"Tomcat v8.0 Server",并且在"Server runtime environment"中选择我们第一步新建的Tomcat运行环境。

点击"Next",如图1-7所示,选择需要部署的Web工程,点击"Finish"完成新建工作。

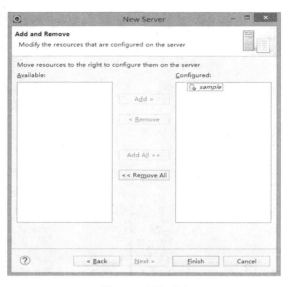

图1-7 选择项目

除了在添加服务器时指定部署包(如图1-7所示),还可以在Servers视图中选择服务器,右键点击"Add and Remove"弹出应用选择对话框进行添加。

第三步,选择Window → Show View-Servers,打开Servers视图,显示当前已经添加的服务器列表,如图1-8所示。

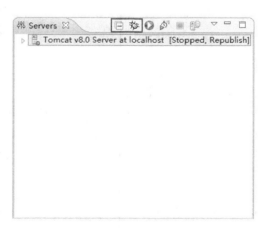

图1-8 服务器视图

选中服务器，点击"Debug/Run"运行Tomcat，启动日志信息将同步输出到Eclipse的控制台中，如图1-9所示。

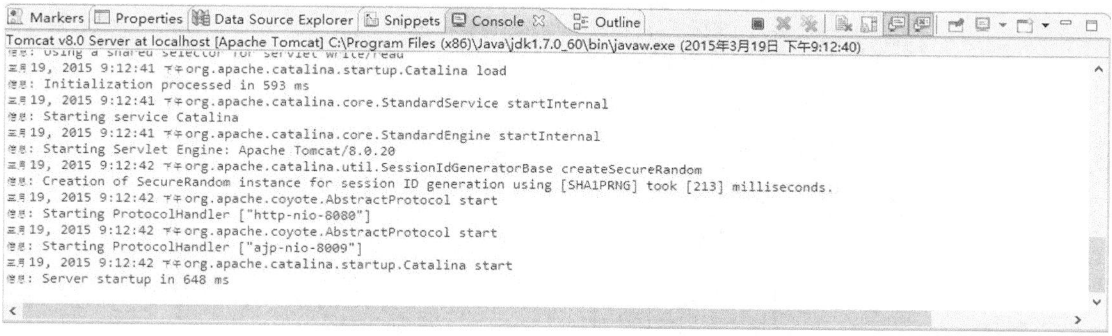

图1-9 Tomcat启动

双击Servers视图中的服务器，将会打开服务器配置界面，可通过该界面修改Tomcat的端口号以及超时时间等信息，如图1-10所示。

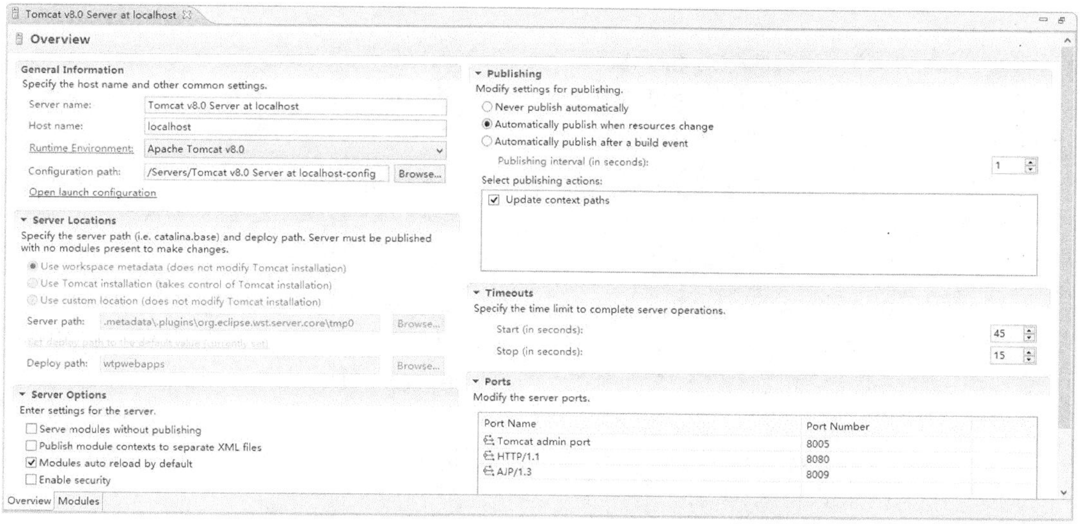

图1-10 服务器配置界面

如果希望修改Tomcat启动配置，可以打开运行配置对话框进行编辑，如图1-11所示。

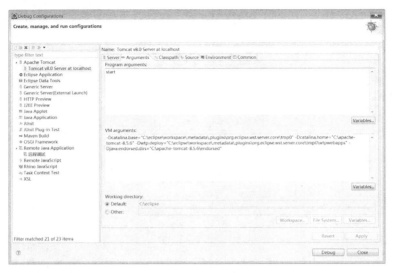

图1-11　Tomcat启动配置

1.2.4　嵌入式启动

除了上述启动方式之外，我们还可以将Tomcat嵌入到应用程序中，作为应用程序提供网络服务的组件使用。这主要考虑到如下几个应用场景。

❑ 系统以安装包的形式独立提供。此时，不再适合将应用系统以WAR包的形式发布到应用服务器，而是将应用服务器（甚至JRE）集成到系统当中再统一发布。这样可以为客户提供一站式的安装体验，简化系统安装部署，提高系统的易用性。

❑ 为了满足PAAS环境下应用的研发、交付、管理，近两年业界提出了微服务（Microservice）架构[①]以及十二要素应用（The Twelve-Factor App）[②]，这两者均要求应用是自包含的（self-contained），也就是说完全不依赖于一个应用服务器运行环境，而是通过绑定一个端口将HTTP导出为服务，以监听请求。此种情况下，将Tomcat作为处理HTTP请求的组件集成到应用中是个不错的选择。（当然，另外可选择的方案是Jetty。）Spring Boot框架同时支持采用Tomcat和Jetty作为导出HTTP服务的组件。

后续章节将详细介绍如何以嵌入的方式启动Tomcat。

[①] 微服务架构：Martin Fowler的一篇文章（http://martinfowler.com/articles/microservices.html）详细介绍了微服务的概念。Spring Framework通过子项目Spring Boot支持快速构建微服务应用。

[②] 十二要素应用：Adam Wiggins于2012年发布了"十二要素应用宣言"，旨在为构建SAAS应用提供一套方法论。通过使用标准化流程自动配置，以降低学习成本。与操作系统之间尽可能划清界限，确保应用的最大可移植性。适合将应用部署到现代的云计算平台，从而在服务器和系统管理方面节省资源。将开发环境和生产环境的差异降至最低，并使用持续交付实施敏捷开发。可以在工具、架构和开发流程不发生明显变化的前提下实现扩展。具体参见http://12factor.net/。

1.2.5　Debug 启动

在项目发布之后，我们有时候需要对基于生产环境部署的应用进行调试，以解决在开发环境无法重现的BUG。这时我们便使用到了应用服务器的远程调试功能，这主要依赖于JDK提供的JPDA[①]（Java Platform Debugger Architecture，Java 平台调试体系结构）。在绝大多数情况下，我们并不需要接触JPDA的相关API，仅需要对服务器和IDE做相关的配置即可。

以调试模式启动Tomcat非常简单，只需要在命令行执行如下命令（以Windows为例，Linux类似）：

C:\apache-tomcat-8.5.6\bin>catalina jpda start

此时，我们会在Tomcat的启动控制台看到如下日志：

Listening for transport dt_socket at address: 8000

当Tomcat以调试模式启动后，我们还需要一个调试前端来进行具体的功能调试。由于现代IDE均已提供了远程调试功能的集成，因此我们可以很容易将其作为前端进行远程调试。

以Eclipse为例，选中需要远程调试的项目，点击"Debug Configurations"，弹出Debug配置对话框。选择"Remote Java Application"，右键"New"，创建远程调试。填写需要调试的Tomcat的主机以及端口，点击"Debug"即启动远程调试。

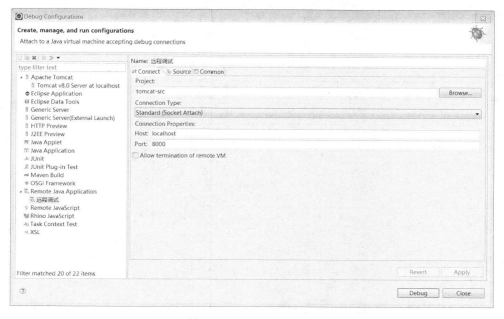

图1-12　Tomcat远程调试

---

① JPDA：具体参见http://docs.oracle.com/javase/8/docs/technotes/guides/jpda/architecture.html。

对于Tomcat，默认的调试端口为8000，我们可以通过设置JPDA_ADDRESS环境变量来指定其他端口。（当然，你也可以直接修改catalina.bat和catalina.sh文件，尽管这种方式对应用服务器有侵入。）

1.3　Tomcat 目录结构

接下来我们简单介绍一下Tomcat的目录结构，以方便读者能够对Tomcat的基本结构有个初步认识，也有利于后续章节的深入讲解。

Tomcat的目录结构及主要文件如表1-2所示。

表1-2　Tomcat目录说明

目录及文件	说　　明
bin	用于存放Tomcat的启动、停止等批处理脚本和Shell脚本
bin/startup.bat	用于在Windows下启动Tomcat
bin/startup.sh	用于在Linux下启动Tomcat
bin/shutdown.bat	用于在Windows下停止Tomcat
bin/shutdown.sh	用于在Linux下停止Tomcat
conf	用于存放Tomcat的相关配置文件
conf/Catalina	用于存储针对每个虚拟机的Context配置
conf/context.xml	用于定义所有Web应用均需要加载的Context配置，如果Web应用指定了自己的context.xml，那么该文件的配置将被覆盖
conf/catalina.properties	Tomcat环境变量配置
conf/catalina.policy	当Tomcat在安全模式下运行时，此文件为默认的安全策略配置
conf/logging.properties	Tomcat日志配置文件，可通过该文件修改Tomcat日志级别以及日志路径等
conf/server.xml	Tomcat服务器核心配置文件，用于配置Tomcat的链接器、监听端口、处理请求的虚拟主机等。可以说，Tomcat主要根据该文件的配置信息创建服务器实例
conf/tomcat-users.xml	用于定义Tomcat默认用户及角色映射信息，Tomcat的Manager模块即用该文件中定义的用户进行安全认证
conf/web.xml	Tomcat中所有应用默认的部署描述文件，主要定义了基础Servlet和MIME映射。如果应用中不包含Web.xml，那么Tomcat将使用此文件初始化部署描述，反之，Tomcat会在启动时将默认部署描述与自定义配置进行合并
lib	Tomcat服务器依赖库目录，包含Tomcat服务器运行环境依赖Jar包
logs	Tomcat默认的日志存放路径
webapps	Tomcat默认的Web应用部署目录
work	Web应用JSP代码生成和编译临时目录

1.4　Tomcat 8.5 之后的新特性

在本章的最后，我们扼要说明一下Tomcat 8.5之后的新特性，以使读者有个初步的认识，这些新特性在后续章节中会详细讲解。

- 自8.0版本开始，Tomcat支持Servlet 3.1、JSP 2.3、EL 3.0、WebSocket 1.1；并且自9.0版本开始支持Servlet 4.0。
- 为了让用户提前体验Servlet 4.0的新特性，在8.5版本中，Tomcat提供了一套Servlet 4.0预览API（servlet4preview，它们并不属于规范，而是Tomcat的一部分，也不会包含到9.0版本当中）。
- 自8.0版本开始，默认的HTTP、AJP链接器采用NIO，而非Tomcat 7以及之前版本的BIO；并且自8.5开始，Tomcat移除了对BIO的支持。
- 在8.0版本中，Tomcat提供了一套全新的资源实现，采用单独、一致的方法配置Web应用的附加资源，以替代原有的Aliases、VirtualLoader、VirtualDirContext、JAR。新的资源方案可以用于实现覆盖。例如可以将一个WAR作为多个Web应用的基础，同时这些Web应用各自拥有自己的定制功能。
- 自8.0版本开始，链接器新增支持JDK 7的NIO2。
- 自8.0版本开始，链接器新增支持HTTP/2协议。
- 默认采用异步日志处理方式。

除了新增功能，Tomcat 8.5也进行了大量的代码重构。在讲解相关组件时，与旧版本（Tomcat 7）相比发生了显著变更的地方，我们会进行补充说明。

1.5 小结

本章简单介绍了Tomcat的历史及现状，讲解了如何安装启动Tomcat服务器以及在Tomcat环境下部署Web应用。此外，还介绍了Tomcat的目录结构及其核心文件，使读者能够对Tomcat有个基本的认识。最后，列举了Tomcat 8.5之后的几项新特性。

从下一章开始，我们将开始重点讲解Tomcat的架构及其组件相关知识，对Tomcat进行详细解构，以使读者能够深入理解Tomcat的架构设计以及相关的组件特性、工作原理。

下一章主要侧重于Tomcat的总体架构：主要的设计方式、启动过程、请求处理过程以及Tomcat的类加载机制。

第 2 章

Tomcat总体架构

作为一款知名的轻量级应用服务器，Tomcat的架构设计（如生命周期管理、可扩展的容器组件设计、类加载方式）可以为我们的服务器中间件设计，甚至是应用系统组件设计提供非常好的借鉴意义。本章概要地介绍了Tomcat的总体架构，通过本章的学习，你可以了解Tomcat各组件的基本概念，并为进一步了解后续章节讲述的各组件打下良好的基础。

本章主要包含如下几个部分。

- ☐ Tomcat总体架构设计及Tomcat各组件的概念。
- ☐ Tomcat启动及请求处理过程。
- ☐ Tomcat的类加载器。

2.1 总体设计

为了使读者能更深刻地理解Tomcat的相关组件概念，我们将采用一种启发式的讲解方式来介绍Tomcat的总体设计。从如何设计一个应用服务器开始，逐步完善，直至最终推导出Tomcat的整体架构。

2.1.1 Server

从最基本的功能来讲，我们可以将服务器描述为这样一个应用：

> 它接收其他计算机（客户端）发来的请求数据并进行解析，完成相关业务处理，然后把处理结果作为响应返回给请求计算机（客户端）。

通常情况下，我们通过使用Socket监听服务器指定端口来实现该功能。按照该描述，一个最简单的服务器设计如图2-1所示。

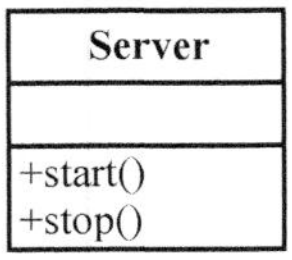

图2-1　应用服务器

　　我们通过start()方法启动服务器，打开Socket链接，监听服务器端口，并负责在接收到客户端请求时进行处理并返回响应。同时提供一个stop()方法来停止服务器并释放网络资源。

　　如果我们设计的不是一款服务器，仅仅是作为嵌入在应用系统中的一个远程请求处理方案，且我们的应用系统访问量很低，那么这也许是个可行方案。

　　但是，我们设计的是应用服务器。

2.1.2　Connector 和 Container

　　很快我们就会发现，将请求监听与请求处理放到一起扩展性很差，比如当我们想适配多种网络协议，但是请求处理却相同的时候。要知道自从Tomcat诞生起，它就始终支持与Apache集成，无论是通过AJP协议还是通过HTTP协议。当Web应用通过Tomcat独立部署时，我们选择使用HTTP协议为客户端提供服务；当通过Apache进行集群部署时，我们使用AJP协议与Wed服务器（Apache）进行链接。应用服务器（Tomcat）在两种部署架构下切换时，应确保Web应用不需做任何变更。

　　那么我们如何通过面向对象的方式来解决这个问题？自然的想法就是将网络协议与请求处理从概念上分离。

　　于是，我们做了如下改进（见图2-2）。

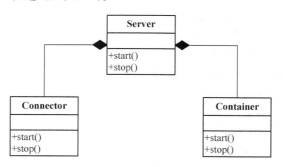

图2-2　应用服务器

　　一个Server可以包含多个Connector（链接器）和Container（容器）。其中Connector负责开启Socket并监听客户端请求、返回响应数据；Container负责具体的请求处理。Connector和Container分别拥有自己的start()和stop()方法来加载和释放自己维护的资源。

　　但是，这个设计有个明显的缺陷。既然Server可以包含多个Connector和Container，那么如何知晓来自某个Connector的请求由哪个Container处理呢？当然，我们可以维护一个复杂的映射规则来解决这个问题，但是这并不是必需的，后续章节你会发现Container的设计已经足够灵活，并不需要一个Connector链接到多个Container。更合理的方式如图2-3所示。

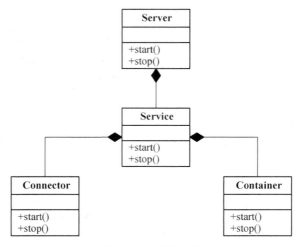

图2-3   应用服务器

一个Server包含多个Service（它们互相独立，只是共享一个JVM以及系统类库），一个Service负责维护多个Connector和一个Container，这样来自Connector的请求只能由它所属Service维护的Container处理。

在Tomcat中，Container是一个更加通用的概念。为了与Tomcat中的组件命名一致，我们将Container重新命名为Engine，用以表示整个Servlet引擎。修改后的设计如图2-4所示。

注意   需要注意此处的描述，Engine表示整个Servlet引擎，而非Servlet容器。表示整个Servlet容器的是Server。引擎只负责请求的处理，并不需要考虑请求链接、协议等的处理。

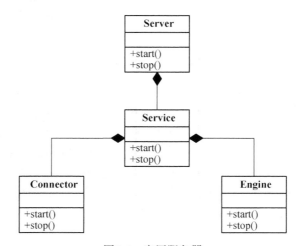

图2-4   应用服务器

2.1.3　Container 设计

上一节的设计已经解决了网络协议和容器的解耦，但是应用服务器是用来部署并运行Web应用的，是一个运行环境，而不是一个独立的业务处理系统。因此，我们需要在Engine容器中支持管理Web应用，当接收到Connector的处理请求时，Engine容器能够找到一个合适的Web应用来处理。

那么在图2-4的设计方案的基础上，一种比较朴素的实现方案如图2-5所示。

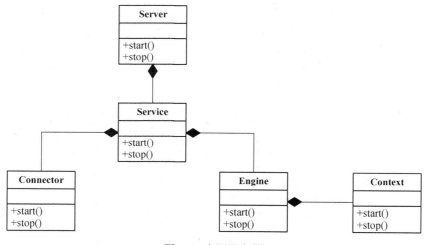

图2-5　应用服务器

我们使用Context来表示一个Web应用，并且一个Engine可以包含多个Context。

注意　Context也拥有start()和stop()方法，用以在启动时加载资源以及在停止时释放资源。采用这种方式设计，我们将加载和卸载资源的过程分解到每个组件当中，使组件充分解耦，提高服务器的可扩展性和可维护性。在后续讲解过程中，新增组件多数也会有相同方法，我们不再赘述。

这是不是个合理的方案呢？

设想我们有一台主机，它承担了多个域名的服务，如 news.mycompany.com 和 article. mycompany.com均由该主机处理，我们应如何实现呢？当然，我们可以在该主机上运行多个服务器实例，但是如果我们希望运行一个服务器实例呢？因为，作为应用服务器，我们应提供尽量灵活的部署方式。

既然我们要提供多个域名的服务，那么就可以将每个域名视为一个虚拟的主机，在每个虚拟主机下包含多个Web应用。因为对于客户端用户来说，他们并不了解服务端使用几台主机来为他们提供服务，只知道每个域名提供了哪些服务，因此，应用服务器将每个域名抽象为一个虚拟主机从概念上是合理的。

根据这个想法修改后的设计如图2-6所示。

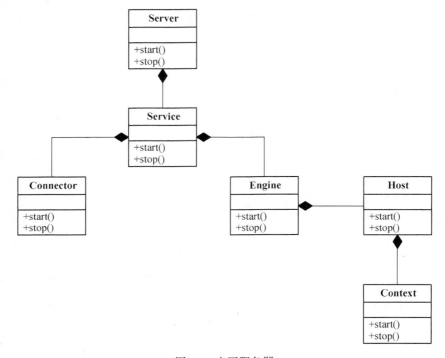

图2-6   应用服务器

我们用Host表示虚拟主机的概念，一个Host可以包含多个Context。

注意   在Tomcat的设计中，Engine既可以包含Host，又可以包含Context，这是由具体的Engine实现确定的，而且Tomcat采用一种通用的概念解决此问题，我们在后续部分会详细讲解。Tomcat提供的默认实现StandardEngine只能包含Host。

如果阅读Servlet规范，我们就会知道，在一个Web应用中，可包含多个Servlet实例以处理来自不同链接的请求。因此，我们还需要一个组件概念来表示Servlet定义。在Tomcat中，Servlet定义被称为Wrapper，基于此修改后的设计如图2-7所示。

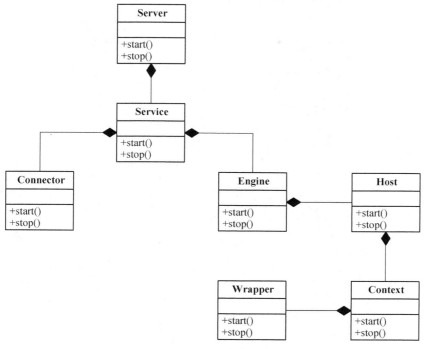

图2-7 应用服务器

截至目前，我们多次提到"容器"这个概念。尽管在具体的小节中，容器的含义并不相同，有时候指Engine，有时候指Context，但是它却代表了一类组件，这类组件的作用就是处理接收自客户端的请求并且返回响应数据。尽管具体操作可能会委派到子组件完成，但是从行为定义上，它们是一致的。基于这个概念，我们再次修正了我们的设计，如图2-8所示。

我们使用Container来表示容器，Container可以添加并维护子容器，因此Engine、Host、Context、Wrapper均继承自Container。我们将它们之间的组合关系改为虚线，以表示它们之间是弱依赖的关系，即它们之间的关系是通过Container的父子容器的概念体现的。不过Service持有的是Engine接口（8.5.6版本之前为Container接口，更加通用）。

> 注意 既然Tomcat的Container可以表示不同的概念级别：Servlet引擎、虚拟主机、Web应用和Servlet，那么我们就可以将不同级别的容器作为处理客户端请求的组件，这具体由我们提供的服务器的复杂度决定。假使我们以嵌入式的方式启动Tomcat，且运行极其简单的请求处理，不必支持多Web应用的场景，那么我们完全可以只在Service中维护一个简化版的Engine（8.5.6之前甚至可以直接由Service维护一个Context）。当然，Tomcat的默认实现采用了图2-8这种最灵活的方式，只是，我们要了解Tomcat的模型设计理论上的可伸缩性，这也是一个中间件产品架构设计所需要重点关注的。

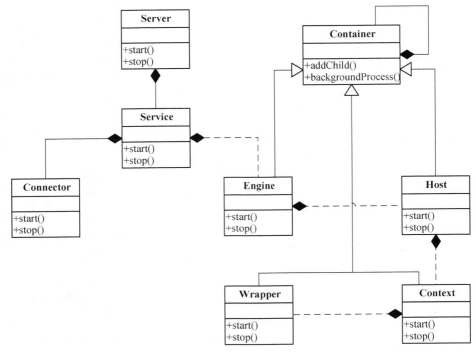

图2-8　应用服务器

此外，Tomcat的Container还有一个很重要的功能，就是后台处理。在很多情况下，我们的Container需要执行一些异步处理，而且是定期执行，如每隔30秒执行一次，Tomcat对于Web应用文件变更的扫描就是通过该机制实现的。Tomcat针对后台处理，在Container上定义了backgroundProcess()方法，并且其基础抽象类（ContainerBase）确保在启动组件的同时，异步启动后台处理。因此，在绝大多数情况下，各个容器组件仅需要实现Container的background-Process()方法即可，不必考虑创建异步线程。

2.1.4　Lifecycle

在进一步深入细化应用服务器设计之前，我们希望从抽象和复用层面再审视一下当前的设计成果，使概念更加清晰，提供通用性定义用于应用服务器的统一管理。

我们很容易发现，所有组件均存在启动、停止等生命周期方法，拥有生命周期管理的特性。因此，我们可以基于生命周期管理进行一次接口抽象，如图2-9所示。

我们针对所有拥有生命周期管理特性的组件抽象了一个Lifecycle通用接口，该接口定义了生命周期管理的核心方法。

❑ Init()：初始化组件。

❑ start(): 启动组件。
❑ stop(): 停止组件。
❑ destroy(): 销毁组件。

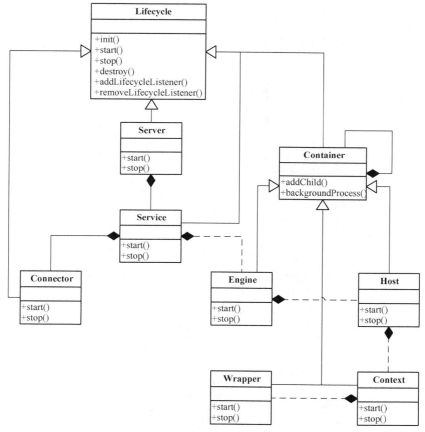

图2-9 应用服务器

同时，该接口支持组件状态以及状态之间的转换，支持添加事件监听器（LifecycleListener）用于监听组件的状态变化。如此，我们可以采用一致的机制来初始化、启动、停止以及销毁各个组件。如Tomcat核心组件的默认实现均继承自LifecycleMBeanBase抽象类，该类不但负责组件各个状态的转换和事件处理，还将组件自身注册为MBean，以便通过Tomcat的管理工具进行动态维护。

Tomcat中Lifecycle接口状态图如图2-10所示。

首先，每个生命周期方法可能对应数个状态的转换，以start()为例，即分为启动前、启动中、已启动，这3个状态之间自动转换（所有标识为auto的转换路径都是在生命周期方法中自动转换的，不再需要额外的方法调用）。

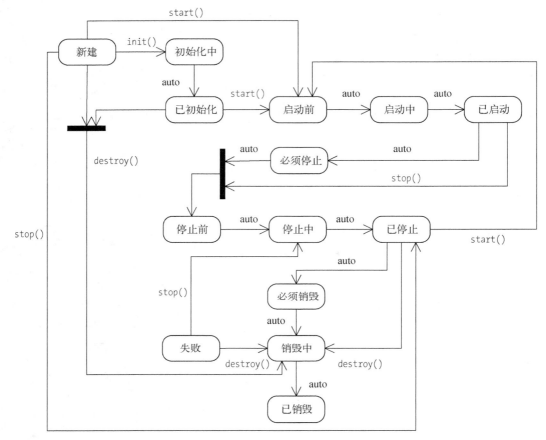

图2-10　Lifecycle接口状态图

其次，并不是每个状态都会触发生命周期事件，也不是所有生命周期事件均存在对应状态。状态与应用生命周期事件的对应如表2-1所示。

表2-1　Tomcat生命周期事件与状态映射

方　　法	状　　态	生命周期事件
init()	初始化中（INITIALIZING）	初始化前（BEFORE_INIT_EVENT）
	已初始化（INITIALIZED）	初始化后（AFTER_INIT_EVENT）
start()	启动前（STARTING_PREP）	启动前（BEFORE_START_EVENT）
	启动中（STARTING）	启动（START_EVENT）
	已启动（STARTED）	启动后（AFTER_START_EVENT）
stop()	停止前（STOPPING_PREP）	停止前（BEFORE_STOP_EVENT）
	停止中（STOPPING）	停止（STOP_EVENT）
	已停止（STOPPED）	停止后（AFTER_STOP_EVENT）

（续）

方 法	状 态	生命周期事件
destroy()	销毁中（DESTROYING）	销毁前（BEFORE_DESTROY_EVENT）
	已销毁（DESTROYED）	销毁后（AFTER_DESTROY_EVENT）
		周期事件（PERIODIC_EVENT）
		配置启动（CONFIGURE_START_EVENT）
		配置停止（CONFIGURE_STOP_EVENT）

从表2-1中我们可以详细地看到每个生命周期方法影响的组件状态以及每个状态触发的事件。此外，我们还注意到，Tomcat默认提供了3个与状态无关的事件类型，其中PERIODIC_EVENT主要用于Container的后台定时处理，每次调用后触发该事件。CONFIGURE_START_EVENT和CONFIGURE_STOP_EVENT的使用在后续章节中将会讲到。

2.1.5 Pipeline 和 Valve

从架构设计的角度来考虑，至此的应用服务器设计主要完成了我们对核心概念的分解，确保了整体架构的可伸缩性和可扩展性，除此之外，我们还要考虑如何提高每个组件的灵活性，使其同样易于扩展。

在增强组件的灵活性和可扩展性方面，职责链模式是一种比较好的选择。Tomcat即采用该模式来实现客户端请求的处理——请求处理也是职责链模式典型的应用场景之一。换句话说，在Tomcat中每个Container组件通过执行一个职责链来完成具体的请求处理。

Tomcat定义了Pipeline（管道）和Valve（阀）两个接口。前者用于构造职责链，后者代表职责链上的每个处理器。当然，我们还可以从字面意思来理解这两个接口所扮演的角色——来自客户端的请求就像是流经管道的水一般，经过每个阀进行处理。其设计如图2-11所示。

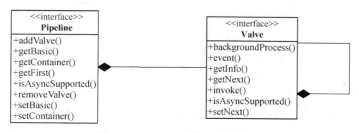

图2-11　Tomcat中的职责链设计

Pipeline中维护了一个基础的Valve，它始终位于Pipeline的末端（即最后执行），封装了具体的请求处理和输出响应的过程。然后，通过addValve()方法，我们可以为Pipeline添加其他的Valve。后添加的Valve位于基础Valve之前，并按照添加顺序执行。Pipeline通过获得首个Valve来启动整个链条的执行。

Tomcat容器组件的灵活之处在于，每个层级的容器（Engine、Host、Context、Wrapper）均有对应的基础Valve实现，同时维护了一个Pipeline实例。也就是说，我们可以在任何层级的容器上针对请求处理进行扩展。

由于Tomcat每个层级的容器均通过Pipeline和Valve进行请求处理，那么，我们很容易将一些通用的Valve实现根据需要添加到任何层级的容器上。

修改后的应用服务器设计如图2-12所示。

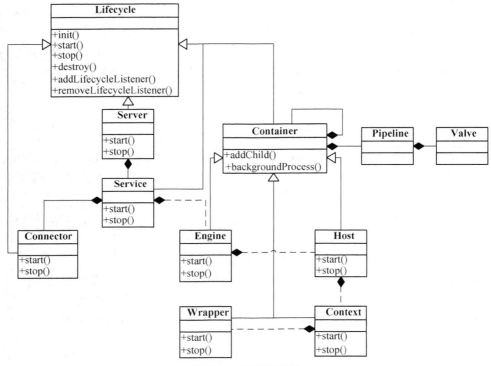

图2-12 应用服务器

2.1.6 Connector 设计

前面我们重点讨论了容器组件的设计，集中于如何设计才能确保容器的灵活性和可扩展性，并做到合理的解耦。接下来，我们再细化一下服务器设计中的另一个重要组件——Connector。

要想与Container配合实现一个完整的服务器功能，Connector至少要完成如下几项功能。

- 监听服务器端口，读取来自客户端的请求。
- 将请求数据按照指定协议进行解析。
- 根据请求地址匹配正确的容器进行处理。
- 将响应返回客户端。

只有这样才能保证将接收到的客户端请求交由与请求地址匹配的容器处理。

我们知道，Tomcat支持多协议，默认支持HTTP和AJP。同时，Tomcat还支持多种I/O方式，包括BIO（8.5版本之后移除）、NIO、APR。而且在Tomcat 8之后新增了对NIO2和HTTP/2协议的支持。因此，对协议和I/O进行抽象和建模是需要重点关注的。

Tomcat的设计方案如图2-13所示。

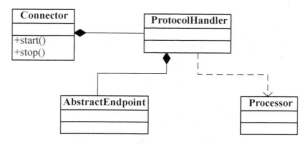

图2-13 链接器设计

在Tomcat中，ProtocolHandler表示一个协议处理器，针对不同协议和I/O方式，提供了不同的实现，如Http11NioProtocol表示基于NIO的HTTP协议处理器。ProtocolHandler包含一个Endpoint用于启动Socket监听，该接口按照I/O方式进行分类实现，如Nio2Endpoint表示非阻塞式Socket I/O。还包含一个Processor用于按照指定协议读取数据，并将请求交由容器处理，如Http11NioProcessor表示在NIO的方式下HTTP请求的处理类。

注意　Tomcat并没有Endpoint接口，仅有AbstractEndpoint抽象类，此处仅作为概念讨论，故将其视为Endpoint接口。

在Connector启动时，Endpoint会启动线程来监听服务器端口，并在接收到请求后调用Processor进行数据读取。具体过程见后续章节。

当Processor读取客户端请求后，需要按照请求地址映射到具体的容器进行处理，这个过程即为请求映射。由于Tomcat各个组件采用通用的生命周期管理，而且可以通过管理工具进行状态变更，因此请求映射除考虑映射规则的实现外，还要考虑容器组件的注册与销毁。

Tomcat通过Mapper和MapperListener两个类实现上述功能。前者用于维护容器映射信息，同时按照映射规则（Servlet规范定义）查找容器。后者实现了ContainerListener和LifecycleListener，用于在容器组件状态发生变更时，注册或者取消对应的容器映射信息。为了实现上述功能，MapperListener实现了Lifecycle接口，当其启动时（在Service启动时启动），会自动作为监听器注册到各个容器组件上，同时将已创建的容器注册到Mapper。

注意 在Tomcat 7及之前的版本中，Mapper由Connector维护，而在Tomcat 8中，改由Service维护，因为Service本来就是用于维护Connector和Container的组合，两者从概念上讲更密切一些。

Tomcat通过适配器模式（Adapter）实现了Connector与Mapper、Container的解耦。Tomcat默认的Connector实现（Coyote）对应的适配器为CoyoteAdapter。也就是说，如果你希望使用Tomcat的链接器方案，但是又想脱离Servlet容器（虽然这种情况几乎不可能出现，但是从架构可扩展性的角度来讲，还是值得讨论一下），此时只需要实现我们自己的Adapter即可。当然，我们还需要按照Container的定义开发我们自己的容器实现（不一定遵从Servlet规范）。

按照上述描述，Connector设计如图2-14所示。

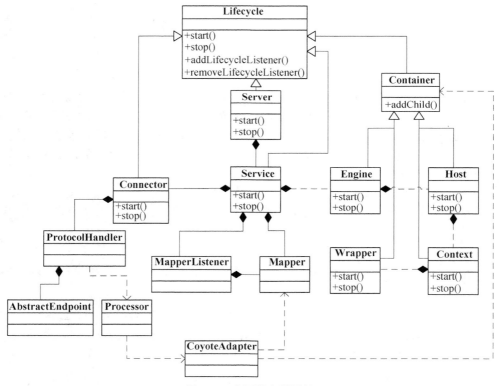

图2-14 应用服务器设计

2.1.7 Executor

完成了Connector的设计之后，我们再进一步审视一下当前的应用服务器方案，很明显，我们忽略了一个问题——并发。这对应用服务器而言是尤其需要考虑的，我们不可能让所有来自客户端的请求均以串行的方式执行。那么，我们应如何设计应用服务器的并发方案？

首先，回顾已经讲解的Tomcat设计方案，既然Tomcat提供了一致的可插拔的组件环境，那么我们自然也希望线程池作为一个组件进行统一管理。因此，Tomcat提供了Executor接口来表示一个可以在组件间共享的线程池（默认使用了JDK5提供的线程池技术），该接口同样继承自Lifecycle，可按照通用的组件进行管理。

其次，线程池的共享范围如何确定？在Tomcat中Executor由Service维护，因此同一个Service中的组件可以共享一个线程池。

当然，如果没有定义任何线程池，相关组件（如Endpoint）会自动创建线程池，此时，线程池不再共享。

在Tomcat中，Endpoint会启动一组线程来监听Socket端口，当接收到客户端请求后，会创建请求处理对象，并交由线程池处理，由此支持并发处理客户端请求。

这里我们仅从概念层面进行描述，Tomcat具体的线程池实现、使用方式、注意事项等会在后续章节中详细描述。

添加Executor后，总体设计如图2-15所示。

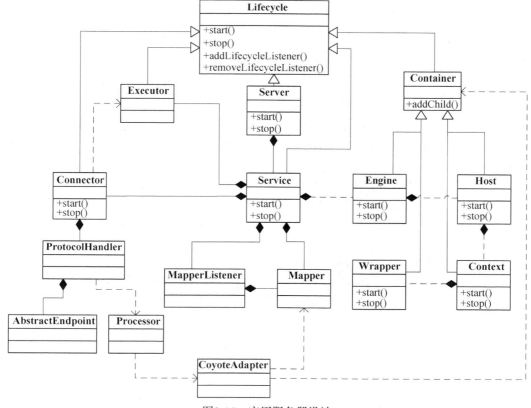

图2-15　应用服务器设计

2.1.8 Bootstrap 和 Catalina

我们在前面几个小节中讲解了Tomcat总体架构中的主要核心组件，它们代表了应用服务器程序本身，这就如楼房的主体。但是，除了主体建筑外，楼房还需要外墙等装饰，Tomcat也一样，我们还需要提供一套配置环境来支持系统的可配置性，便于我们通过修改相关配置来优化应用服务器。

当然，我们没有涉及集群、安全等组件，尽管它们也非常重要，但是，我们还是希望更多地关注于一些通用概念。虽然集群、安全等作为一个完备的应用服务器必不可少，但是它们的缺失并不会影响我们去理解应用服务器的基本概念和设计方式。这些内容将会在后续章节中详细讲解。

在第1章中，我们列举了Tomcat的几个重要配置文件，其中最核心的文件为server.xml。通过这个文件，我们可以修改Tomcat组件的配置参数甚至添加相关组件，这也是后续性能调优阶段重点涉及的文件。

Tomcat通过类Catalina提供了一个Shell程序，用于解析server.xml创建各个组件，同时，负责启动、停止应用服务器（只需要启动Tomcat顶层组件Server即可）。

Tomcat使用Digester解析XML文件，包括server.xml以及web.xml等，具体可参见http://commons.apache.org/proper/commons-digester/，在讲解Tomcat配置时，我们也会再做进一步说明。

最后，Tomcat提供了Bootstrap作为应用服务器启动入口。Bootstrap负责创建Catalina实例，根据执行参数调用Catalina相关方法完成针对应用服务器的操作（启动、停止）。

也许你会有疑问，为什么Tomcat不直接通过Catalina启动，而是又提供了Bootstrap呢？你可以查看一下Tomcat的发布包目录，Bootstrap并不位于Tomcat的依赖库目录下（$CATALINA_HOME/lib），而是直接在$CATALINA_HOME/bin目录下。Bootstrap与Tomcat应用服务器完全松耦合（通过反射调用Catalina实例），它可以直接依赖JRE运行并为Tomcat应用服务器创建共享类加载器，用于构造Catalina实例以及整个Tomcat服务器。

注意 Tomcat的启动方式可以作为非常好的示范来指导中间件产品设计。它实现了启动入口与核心环境的解耦，这样不仅简化了启动（不必配置各种依赖库，因为只有独立的几个API），而且便于我们更灵活地组织中间件产品的结构，尤其是类加载器的方案，否则，我们所有的依赖库将统一放置到一个类加载器中，而无法做到灵活定制。

至此，我们应用服务器的完整设计如图2-16所示。

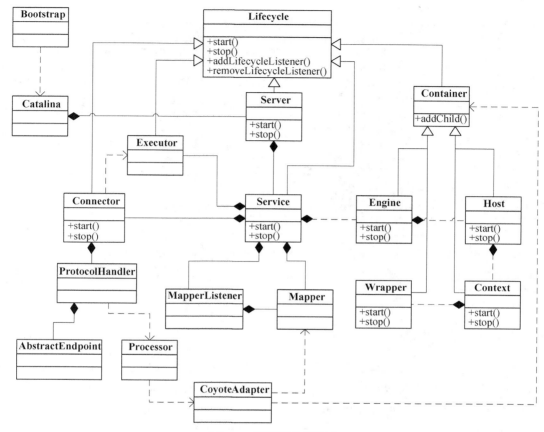

图2-16 应用服务器设计

上述是Tomcat标准的启动方式。但是正如我们所说，既然Server及其子组件代表了应用服务器本身，那么我们就可以不通过Bootstrap和Catalina来启动服务器。

Tomcat提供了一个同名类org.apache.catalina.startup.Tomcat，使用它我们可以将Tomcat服务器嵌入到我们的应用系统中并进行启动。当然，你可以自己编写代码来启动Server，也可以自定义其他配置方式启动，如YAML。这就是Tomcat灵活的架构设计带给我们的便利，也是我们设计中间件产品的架构关注点之一。

最后，我们再整体回顾一下上述讲解涉及的Tomcat服务器中的概念，如表2-2所示。

表2-2 Tomcat组件说明

组件名称	说　　　明
Server	表示整个Servlet容器，因此Tomcat运行环境中只有唯一一个Server实例
Service	Service表示一个或者多个Connector的集合，这些Connector共享同一个Container来处理其请求。在同一个Tomcat实例内可以包含任意多个Service实例，它们彼此独立

（续）

组件名称	说　明
Connector	即Tomcat链接器，用于监听并转化Socket请求，同时将读取的Socket请求交由Container处理，支持不同协议以及不同的I/O方式
Container	Container表示能够执行客户端请求并返回响应的一类对象。在Tomcat中存在不同级别的容器：Engine、Host、Context、Wrapper
Engine	Engine表示整个Servlet引擎。在Tomcat中，Engine为最高层级的容器对象。尽管Engine不是直接处理请求的容器，却是获取目标容器的入口
Host	Host作为一类容器，表示Servlet引擎（即Engine）中的虚拟机，与一个服务器的网络名有关，如域名等。客户端可以使用这个网络名连接服务器，这个名称必须要在DNS服务器上注册
Context	Context作为一类容器，用于表示ServletContext，在Servlet规范中，一个ServletContext即表示一个独立的Web应用
Wrapper	Wrapper作为一类容器，用于表示Web应用中定义的Servlet
Executor	表示Tomcat组件间可以共享的线程池

至此，我们循序渐进地介绍了Tomcat总体架构的静态设计，接下来我们将从两个方面介绍Tomcat的动态设计：应用服务器启动和客户端请求处理。这两个方面也是应用服务器基本的处理过程。

2.2　Tomcat 启动

在总体架构的静态设计讲解中，我们已经讲到了Tomcat的启动入口Bootstrap、Shell程序Catalina以及各个组件之间的关系，尤其是统一的生命周期管理接口Lifecycle。在应用服务器启动过程中，我们会充分体会到它的便利性。

注意　在"总体设计"部分，我们尽量按照通用概念来介绍Tomcat的静态设计和动态设计，而不是直接介绍Tomcat的默认实现，从而简化设计，这样有助于理解Tomcat相关概念和过程，因为Tomcat默认实现在相关概念的基础上结合生命周期管理监听器完成了大量的启动工作。Tomcat的具体实现将在后续章节中进行详细介绍。

基于上面的静态设计，简化的启动过程如图2-17所示。

从图中我们可以看出，Tomcat的启动过程非常标准化，统一按照生命周期管理接口Lifecycle的定义进行启动。首先，调用init()方法进行组件的逐级初始化，然后再调用start()方法进行启动。当然，每次调用均伴随着生命周期状态变更事件的触发。

每一级组件除完成自身的处理外，还要负责调用子组件相应的生命周期管理方法，组件与组件之间是松耦合的设计，因此我们很容易通过配置进行修改和替换。

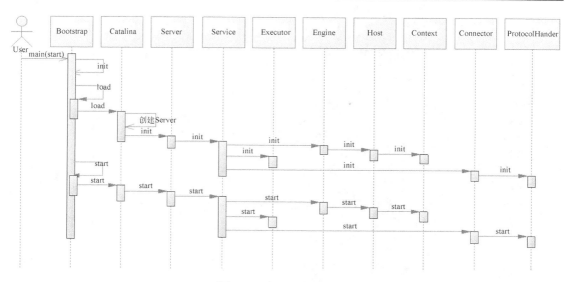

图2-17　应用服务器启动

2.3　请求处理

从本质上讲，应用服务器的请求处理开始于监听的Socket端口接收到数据，结束于将服务器处理结果写入Socket输出流。

在这个处理过程中，应用服务器需要将请求按照既定协议进行读取，并封装为与具体通信方案无关的请求对象。然后根据请求映射规则定位到具体的处理单元（在Java应用服务器中，多数是某个Web应用下的一个Servlet）进行处理。当然，如果我们的应用不是基于简单的Servlet API，而是基于当前成熟的MVC框架（如Apache Struts、Spring MVC），那么在多数情况下请求将进一步匹配到Servlet下的一个控制器——这部分已经不属于应用服务器的处理范畴，而是由具体的MVC框架进行匹配。当Servlet或者控制器的业务处理结束后，处理结果将被写入一个与通信方案无关的响应对象。最后，该响应对象将按照既定协议写入输出流。

结合该处理过程以及前面讲解的主要概念，Tomcat的请求处理如图2-18所示。

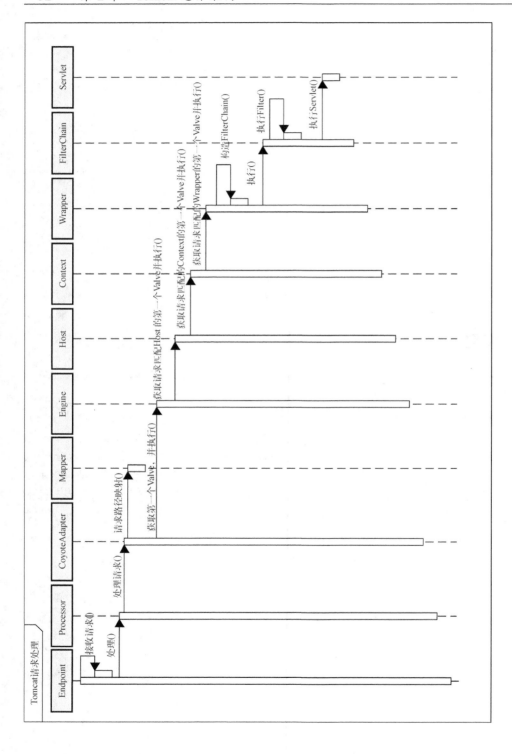

图2-18　请求处理过程示意图

这张图仅是基于本章讲述的概念做的简单示意,实际上Tomcat的请求处理过程要复杂得多,针对容器和链接器的请求处理过程,我们在第3章和第4章还会详细讲解,此处不再展开,只需要建立基本概念即可。

2.4 类加载器

本节将主要介绍Tomcat的类加载机制,包括Tomcat的类加载器层级设计以及Web应用的类加载过程。类加载是一切Java应用运行的基础,了解一款应用的类加载机制会便于我们掌握它的运行边界,也有助于其运行时异常的快速定位。

2.4.1 J2SE 标准类加载器

我们都知道JVM默认提供了3个类加载器,它们以一种父子树的方式创建,同时使用委派模式确保应用程序可通过自身的类加载器(System)加载所有可见的Java类。结构如图2-19所示。

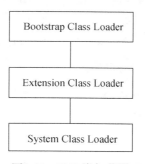

图2-19 J2SE类加载器

❑ Bootstrap:用于加载JVM提供的基础运行类,即位于%JAVA_HOME%/jre/lib目录下的核心类库。

❑ Extension:Java提供的一个标准的扩展机制用于加载除核心类库外的Jar包,即只要复制到指定的扩展目录(可以多个)下的Jar,JVM会自动加载(不需要通过-classpath指定)。默认的扩展目录是%JAVA_HOME%/jre/lib/ext。典型的应用场景就是,Java使用该类加载器加载JVM默认提供的但是不属于核心类库的Jar,如JCE[①]等。不推荐将应用程序依赖的类库放置到扩展目录下,因为该目录下的类库对所有基于该JVM运行的应用程序可见。

❑ System:用于加载环境变量CLASSPATH(不推荐使用)指定目录下的或者-classpath运行参数指定的Jar包。System类加载器通常用于加载应用程序Jar包及其启动入口类(Tomcat的Bootstrap类即由System类加载器加载)。

---

① JCE:Java加密扩展,具体参见https://en.wikipedia.org/wiki/Java_Cryptography_Extension。

应用程序在不自己构造类加载器的情况下，使用System作为默认的类加载器。如果应用程序自己构造类加载器，基本也以System作为父类加载器。

除了支持类加载器按照层级创建外，JVM还提供了一套称为Endorsed Standards Override Mechanism的机制用于允许替换JCP之外生成的API。通过这个机制，应用程序可以提供新版本的API来覆盖JVM的默认实现。

之所以存在这套机制是因为随着版本的不断更新，J2SE包含越来越多的扩展，这些扩展由JVM加载供所有应用程序使用（如JAXP），甚至作为核心类库（位于rt.jar）由Bootstrap类加载器加载。因此，即便应用程序提供了新版本的JAXP包，该新版本也不会被使用。此时，我们便可以通过Endorsed Standands机制解决该问题。

JVM默认的Endorsed目录为%JAVA_HOME%/lib/endorsed，当然，我们可以通过指定启动参数java.endorsed.dir来修改。只要是复制到该目录下的Jar包，将优先于JVM中的类加载。

我们之所以在此处提到Endorsed Standands机制，是因为很多应用服务器都使用了该机制来提供新版本的Jar包，如JBoss，它的默认Endorsed目录为%JBOSS_HOME%/lib/endorsed。虽然Tomcat没有相关的目录，但是在启动参数中是包含相关配置的，默认为$CATALINA_HOME/endorsed。

当然，如上面所说，并不是所有的Java核心类库均可以被覆盖，只有部分类库被允许，具体参见：https://docs.oracle.com/javase/1.5.0/docs/guide/standards/。

注意　此处的讲解以Oracle公司的J2SE（JDK）为准，不同供应商的JVM实现机制略有不同，具体可参见相关JVM的技术文档。

2.4.2　Tomcat 加载器

应用服务器通常会自行创建类加载器以实现更灵活的控制，这一方面是对规范的实现（Servlet规范要求每个Web应用都有一个独立的类加载器实例），另一方面也有架构层面的考虑。

- ❑ **隔离性**：Web应用类库相互隔离，避免依赖库或者应用包相互影响。设想一下，如果我们有两个Web应用，一个采用了Spring 2.5，一个采用了Spring 4.0，而应用服务器使用一个类加载器加载，那么Web应用将会由于Jar包覆盖而导致无法启动成功。
- ❑ **灵活性**：既然Web应用之间的类加载器相互独立，那么我们就能只针对一个Web应用进行重新部署，此时该Web应用的类加载器将会重新创建，而且不会影响其他Web应用。如果采用一个类加载器，显然无法实现，因为只有一个类加载器的时候，类之间的依赖是杂乱无章的，无法完整地移除某个Web应用的类。
- ❑ **性能**：由于每个Web应用都有一个类加载器，因此Web应用在加载类时，不会搜索其他Web应用包含的Jar包，性能自然高于应用服务器只有一个类加载器的情况。

当然，Tomcat的类加载器设计也体现了几点架构要素，这个我们随后会详细讨论。在这之前，先让我们看一下Tomcat的类加载方案，如图2-20所示。

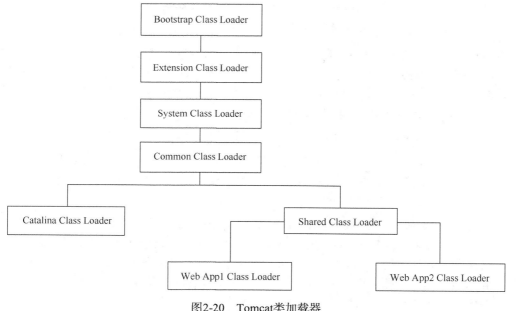

图2-20　Tomcat类加载器

我们可以看到，除了每个Web应用的类加载器外，Tomcat也提供了3个基础的类加载器和Web应用类加载器，而且这3个类加载器指向的路径和包列表均可以由catalina.properties配置。

- ❑ Common：以System为父类加载器，是位于Tomcat应用服务器顶层的公用类加载器。其路径为common.loader，默认指向$CATALINA_HOME/lib下的包。
- ❑ Catalina：以Common为父加载器，是用于加载Tomcat应用服务器的类加载器，其路径为server.loader，默认为空。此时Tomcat使用Common类加载器加载应用服务器。
- ❑ Shared：以Common为父加载器，是所有Web应用的父加载器，其路径为shared.loader，默认为空。此时Tomcat使用Common类加载器作为Web应用的父加载器。
- ❑ Web应用：以Shared为父加载器，加载/WEB-INF/classes目录下的未压缩的Class和资源文件以及/WEB-INF/lib目录下的Jar包。如前所述，该类加载器只对当前Web应用可见，对其他Web应用均不可见。

尽管默认情况下，这3个基础类加载器是同一个，但是我们可以通过配置创建3个不同的类加载器，使它们各司其职。

首先，Common类加载器负责加载Tomcat应用服务器内部和Web应用均可见的类，例如Servlet规范相关包和一些通用的工具包。

其次，Catalina类加载器负责加载只有Tomcat应用服务器内部可见的类，这些类对Web应用不可见。如Tomcat的具体实现类，因为我们的Web应用最好与服务器松耦合，故不应该依赖应用服务器的内部类。

再次，Shared类加载器负责加载Web应用共享的类，这些类Tomcat服务器不会依赖。

既然Tomcat提供了这个特性，那么我们什么时候可以考虑使用呢？举个例子，如果我们想实现自己的会话存储方案，而且该方案依赖了一些第三方包，我们不希望这些包对Web应用可见（因为可能会存在包版本冲突之类的问题，也可能我们的Web应用根本不需要这些包）。此时，我们可以配置server.loader，创建独立的Catalina类加载器。

最后，Tomcat服务器$CATALINA_HOME/bin目录下的包作为启动入口由System类加载器加载。通过将这几个启动包剥离，Tomcat简化了应用服务器的启动，同时增加了灵活性。

接下来，我们从架构层面讨论一下Tomcat的类加载器方案。下面几点是对上述架构分析的补充。

- ❑ **共享**。Tomcat通过Common类加载器实现了Jar包在应用服务器以及Web应用之间共享，通过Shared类加载器实现了Jar包在Web应用之间的共享，通过Catalina类加载器加载服务器依赖的类。这样最大程度上实现了Jar包的共享，而且又确保了不会引入过多无用的包。
- ❑ **隔离性**。这里的隔离性区别于前者，指服务器与Web应用的隔离。理论上，除去Servlet规范定义的接口外，我们的Web应用不应依赖服务器的任何实现类，这样才有助于Web应用的可移植性。正因如此，Tomcat支持通过Catalina类加载器加载服务器依赖的包（尽管Tomcat默认并没有这么做），以便应用服务器与Web应用更好地隔离。

既然在默认情况下，Tomcat的Common、Catalina、Shared为同一个类加载器，那么它是如何禁止Web应用使用服务器相关实现类的呢？这是通过JVM的**安全策略许可**实现的，我们将在后续章节讲解。

2.4.3　Web 应用类加载器

我们都知道Java默认的类加载机制是委派模式，委派的过程如下。

(1) 从缓存中加载。
(2) 如果缓存中没有，则从父类加载器中加载。
(3) 如果父类加载器没有，则从当前类加载器加载。
(4) 如果没有，则抛出异常。

Tomcat提供的Web应用类加载器与默认的委派模式稍有不同。当进行类加载时，除JVM基础类库外，它会首先尝试通过当前类加载器加载，然后才进行委派。Servlet规范相关API禁止通过Web应用类加载器加载，因此，不要在Web应用中包含这些包。

所以，Web应用类加载器默认加载顺序如下。

（1）从缓存中加载。

（2）如果没有，则从JVM的Bootstrap类加载器加载。

（3）如果没有，则从当前类加载器加载（按照WEB-INF/classes、WEB-INF/lib的顺序）。

（4）如果没有，则从父类加载器加载，由于父类加载器采用默认的委派模式，所以加载顺序为System、Common、Shared。

Tomcat提供了delegate属性用于控制是否启用Java委派模式，默认为false（不启用）。当配置为true时，Tomcat将使用Java默认的委派模式，即按如下顺序加载。

（1）从缓存中加载。

（2）如果没有，从JVM的Bootstrap类加载器加载。

（3）如果没有，则从父类加载器加载（System、Common、Shared）。

（4）如果没有，则从当前类加载器加载。

除了可以通过delegate属性控制是否启用Java的委派模式外，Tomcat还可以通过packageTriggersDeny属性只让某些包路径采用Java的委派模式，Web应用类加载器对于符合packageTriggersDeny指定包路径的类强制采用Java的委派模式。

Tomcat通过该机制实现为Web应用中的Jar包覆盖服务器提供包的目的。如上所述，Java核心类库、Servlet规范相关类库是无法覆盖的，此外Java默认提供的诸如XML工具包，由于位于JVM的Bootstrap类加载器也无法覆盖，只能通过endorsed的方式实现。

2.5　小结

本章从多个方面讲述了Tomcat的总体架构。首先，以一种逐渐演进的方式讲解了Tomcat核心组件的设计以及如此设计的原因，便于读者更好地理解相关概念。其次，讲解了主要组件概念及Tomcat的启动和请求处理过程，动态地描述了组件如何相互协作以实现服务器的基本功能。最后，讲述了Tomcat的类加载机制，包括JVM和Tomcat为我们提供的类加载特性，以及这些特性在架构层面的意义。

本章主要是基于核心概念的基础性介绍，仅便于读者了解Tomcat的基础组件架构，并没有涉及太多Tomcat Servlet容器实现相关的知识。从下一章开始，我们将重点针对Tomcat Servlet容器实现Catalina进行讲解。

第 3 章

Catalina

3

本章主要介绍Tomcat的Servlet容器实现——Catalina。对于Tomcat来说，Servlet容器是其核心组件。所有基于JSP/Servlet的Java Web应用均需要依托Servlet容器运行并对外提供服务。通过Catalina，我们可以熟悉Tomcat的工作机制，包括它对各种应用形式、部署场景以及Servlet规范的综合考虑。

本章主要包含以下几个部分。

❑ 什么是Catalina。
❑ XML解析工具Digester。
❑ Catalina标准的创建过程。
❑ Catalina加载Web应用以及处理请求的过程。
❑ DefaultServlet和JspServlet。

3.1 什么是 Catalina

在第1章中我们曾讲到，2001年，Tomcat发布了重要的具有里程碑意义的版本4.0。在该版本中，Tomcat完全重新设计了其Servlet容器的架构。该部分工作由Craig McClanahan[1]完成，他将这个新版本的Servlet容器实现命名为Catalina。

Catalina包含了前面讲到的所有容器组件，以及后续章节将会涉及的安全、会话、集群、部署、管理等Servlet容器架构的各个方面。它通过松耦合的方式集成Coyote，以完成按照请求协议进行数据读写。同时，它还包括我们的启动入口、Shell程序等。

如果以一个简单的模块依赖图来描述Catalina在整个Tomcat中的位置，那么将如图3-1所示。

---

① Craig McClanahan：Servlet及JSP规范专家组成员，Apache Struts作者，Apache Tomcat Servlet容器Catalina的架构师。

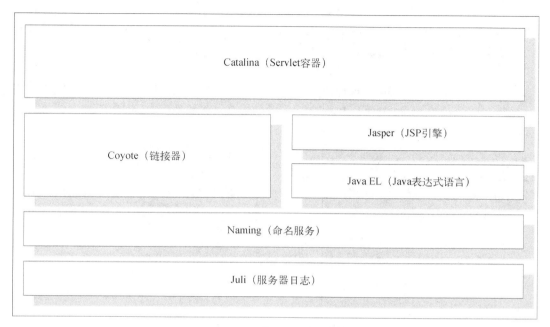

图3-1   Tomcat模块分层示意图

Tomcat本质上是一款Servlet容器，因此Catalina是Tomcat的核心，其他模块均为Catalina提供支撑。通过Coyote模块提供链接通信，Jasper模块提供JSP引擎，Naming提供JNDI服务，Juli提供日志服务。

本章将在前面章节讲解的基本概念的基础上，进一步细化Tomcat Servlet容器的实现，以使读者可以详细了解Tomcat Servlet容器的相关功能。

接下来我们将从容器创建入手。

3.2   Digester

根据前面的讲述可知，Catalina使用Digester解析XML（server.xml）配置文件并创建应用服务器。因此，在讲解Catalina之前，有必要先介绍一下Digester，这有利于理解Catalina的创建过程，因为Tomcat在Catalina的创建过程中通过Digester结合LifecycleListener做了大量的初始化工作。如果不熟悉Digester，将很难彻底理解Catalina的创建过程。

Digester是一款用于将XML转换为Java对象的事件驱动型工具，是对SAX（同样为事件驱动型XML处理工具，已包含到J2SE基础类库当中）的高层次封装。Digester针对SAX事件提供了更加友好的接口，隐藏了XML节点具体的层次细节，使开发者可以更加专注于处理过程。Digester最早作为著名的Web框架Apache Struts的一部分，后来考虑到其通用性，移到了Apache Commons项目。

注意 尽管Tomcat使用了Digester API，但是并不依赖Apache Commons包，而是将其源代码直接
包含到了Tomcat项目中，包路径与Apache Commons不同。

Digester及SAX的事件驱动，简而言之，就是通过流读取XML文件，当识别出特定XML节点后便会执行特定的动作，或者创建Java对象，或者执行对象的某个方法。因此Digester的核心是匹配模式和处理规则。

此外，Digester提供了一套对象栈机制用于构造Java对象，这是因为XML是分层结构，所以我们创建的Java对象也应该是分层级的树状结构，而且还要根据XML内容组织各层级Java对象的内部结构以及设置相关属性——实际上，Digester最初创建的目的就是用于帮助Apache Struts解析struts-config.xml以配置其Controller。

最后需要注意的一点是，Digester是非线程安全的。

下面我们按顺序简要介绍一下Digester对象栈、匹配模式和处理规则。

3.2.1 对象栈

Digester的对象栈（Digester同名类）主要在匹配模式满足时，由处理规则进行操作。它提供了常见的栈操作。

- ❏ clear：清空对象栈。
- ❏ peek：该操作有数个重载方法，可以实现得到位于栈顶部的对象或者从顶部数第n个对象，但是不会将对象从栈中移除。
- ❏ pop：将位于栈顶部的对象移除并返回。
- ❏ push：将对象放到栈顶部。

Digester的设计模式是指，在文件读取过程中，如果遇到一个XML节点的开始部分，则会触发处理规则事件创建Java对象，并将其放入栈。当处理该节点的子节点时，该对象都将维护在栈中。当遇到该节点的结束部分时，该对象将会从栈中取出并清除。

当然，这种设计模式需要解决几个问题，这些问题及Digester的解决方案如下。

- ❏ 如何在创建的对象之间建立关联？最终得到的结果应该是一个分层次的Java对象树。Digester提供了一个处理规则实现（SetNextRule），该规则会调用位于栈顶部对象之后对象（即父对象）的某个方法，同时将顶部对象（子对象）作为参数传入。通过此种方式可以很容易在XML各Java对象之间建立父子关系，无论是一对一还是一对多的关系。
- ❏ 如何持有创建的首个对象，即XML的转换结果？从上面的对象创建过程可知，当XML转换结束时，由于遇到了XML节点的结束部分，对象将从栈中移除。Digester对于曾经放入栈中的第一个对象将会持有一个引用，同时作为parse()方法的返回值。还有一种方式，

可以在调用parse()方法之前，传入一个已创建的对象引用，Digester会动态地为这个对象和首个创建的对象建立父子关系。通过这种方式，传入的对象将会维护首个创建对象的引用以及所有子节点，当然传入对象也会在调用parse()方法时返回。Tomcat创建Servlet容器时采用的是后者。

3.2.2 匹配模式

Digester的主要特征是自动遍历XML文档，而使开发者不必关注解析过程。与之对应，需要确定当读取到某个约定的XML节点时需要执行何种操作。Digester通过**匹配模式**指定相关约定。

Digester的匹配模式非常简单，具体如表3-1所示。

表3-1　Digester匹配模式

匹配模式	XML节点	描　　述
a	\<a>	匹配所有名字为"a"的根节点，注意嵌套的同名子节点无法匹配
a/b	\<a>\<b>\<b>\</a>	匹配所有父节点为根节点"a"的名称为"b"的节点

我们以"a"、"a/b"、"a/b/c"这3个匹配模式为例，XML文本的匹配结果为：

```
<a>          --匹配 "a"
<b>          --匹配 "a/b"
<c/>         --匹配"a/b/c"
<c/>         --匹配"a/b/c"
</b>
<b>          --匹配 "a/b"
<c/>         --匹配"a/b/c"
<c/>         --匹配"a/b/c"
<c/>         --匹配"a/b/c"
</b>
</a>
```

当然，匹配模式还支持模糊匹配，如果我们希望所有节点都采用同一个处理规则，那么直接指定匹配规则为"*"即可，我们还可以指定"*/b"来处理所有的名称为"b"的节点，而不限制其层次或者上级节点的名称。

当同一个匹配模式指定多个处理规则，或者多个匹配规则匹配同一个节点时，均会出现一个节点执行多个处理规则的情况。此时，Digester的处理方式是，开始读取节点时按照注册顺序执行处理规则，而完成读取时按照反向顺序执行，即先进后出的规则。

3.2.3 处理规则

匹配模式确定了何时触发处理操作，而处理规则则定义了模式匹配时的具体操作。处理规则需要实现接口org.apache.commons.digester.Rule，该接口定义了模式匹配时触发的事件方法。

❑ begin()：当读取到匹配节点的开始部分时调用，会将该节点的所有属性作为参数传入。

□ body()：当读取匹配节点的内容时调用，注意指的并不是子节点，而是嵌入内容为普通文本。

□ end()：当读取到匹配节点的结束部分时调用，如果存在子节点，只有当子节点处理完毕后该方法才会被调用。

□ finish()：当整个parse()方法完成时调用，多用于清除临时数据和缓存数据。

我们可以通过Digester类的addRule()方法为某个匹配模式指定一个处理规则，同时可以根据需要实现自己的规则。针对大多数常见的场景，Digester为我们提供了默认的处理规则实现类，如表3-2所示（注意Tomcat并未包含表中列出的所有的规则类）。

表3-2　Digester默认支持的处理规则

规　则　类	描　　　述
ObjectCreateRule	当begin()方法调用时，该规则会将指定的Java类实例化，并将其放入对象栈。具体的Java类可由该规则的构造方法传入，也可以通过当前处理XML节点的某个属性指定，属性名称通过构造方法传入。当end()方法调用时，该规则创建的对象将从栈中取出
FactoryCreateRule	ObjectCreateRule规则的一个变体，用于处理Java类无默认构造方法的情况，或者需要在Digester处理该对象之前执行某些操作的情况
SetPropertiesRule	当begin()方法调用时，Digester使用标准的Java Bean属性操作方式（setter）将当前XML节点的属性值设置到栈顶部的对象中（Java Bean属性名与XML节点属性名匹配）
SetPropertyRule	当begin()方法调用时，Digester会设置栈顶部对象指定属性的值，其中属性名和属性值分别通过XML节点的两个属性指定
SetNextRule	当end()方法调用时，Digester会找到位于栈顶部对象之后的对象调用指定的方法，同时将栈顶部对象作为参数传入，用于设置父对象的子对象，以在栈对象之间建立父子关系，从而形成对象树
SetTopRule	与SetNextRule对应，当end()方法调用时，Digester会找到位于栈顶部的对象，调用其指定方法，同时将位于顶部对象之后的对象作为参数传入，用于设置当前对象的父对象
CallMethodRule	该规则用于在end()方法调用时执行栈顶部对象的某个方法，参数值由CallParamRule获取
CallParamRule	该规则与CallMethodRule配合使用，作为其子节点的处理规则创建方法参数，参数值可取自某个特殊属性，也可以取自节点的内容
NodeCreateRule	用于将XML文档树的一部分转换为DOM节点，并放入栈

3.2.4　示例程序

接下来，我们通过一个示例来展示如何使用Digester，Java对象定义如下：

```java
public class Department {
    private String name;
    private String code;
    private Map<String,String> extension = new HashMap<String,String>();
    private List<User> users = new ArrayList<User>();
    public String getName() {
        return name;
    }
    public void setName(String name) {
        this.name = name;
    }
    public String getCode() {
```

```
            return code;
        }
        public void setCode(String code) {
            this.code = code;
        }
        public void addUser(User user){
            this.users.add(user);
        }
        public void putExtension(String name,String value){
            this.extension.put(name, value);
        }
    }

    public class User {
        private String name;
        private String code;
        public String getName() {
            return name;
        }
        public void setName(String name) {
            this.name = name;
        }
        public String getCode() {
            return code;
        }
        public void setCode(String code) {
            this.code = code;
        }
    }
```

Department对象包含name和code两个简单属性，以及一个User的列表、一个表示扩展属性的Map，可以通过addUser()方法添加User对象，通过putExtension()方法添加扩展属性。User对象包含name和code两个简单属性。

我们要转换的XML文件内容如下（test.xml）：

```xml
<?xml version="1.0" encoding="UTF-8"?>
<department name="deptname001" code="deptcode001">
    <user name="username001" code="usercode001"></user>
    <user name="username002" code="usercode002"></user>
    <extension>
        <property-name>director</property-name>
        <property-value>joke</property-value>
    </extension>
</department>
```

从XML文件内容可以看出，Department对象包含了两个User对象和一个名为director的扩展属性。我们可以编写如下代码完成XML的解析：

```
Digester digester = new Digester();
digester.setValidating(false);
digester.setRulesValidation(true);
//匹配department节点时，创建Department对象
digester.addObjectCreate("department", Department.class);
```

```
//匹配department节点时，设置对象属性
digester.addSetProperties("department");
//匹配department/user节点时，创建User对象
digester.addObjectCreate("department/user", User.class);
//匹配department/user节点时，设置对象属性
digester.addSetProperties("department/user");
//匹配department/user节点时，调用Department对象的addUser方法
digester.addSetNext("department/user", "addUser");
//匹配department/extension节点时，调用Department对象的putExtension方法
digester.addCallMethod("department/extension", "putExtension",2);
//调用方法的第一个参数为节点department/extension/property-name的内容
digester.addCallParam("department/extension/property-name", 0);
//调用方法的第二个参数为节点department/extension/property-value的内容
digester.addCallParam("department/extension/property-value", 1);
try {
    Department department = (Department) digester.parse(new File("test.xml"));
} catch (Exception e) {
    e.printStackTrace();
}
```

我们创建了一个Digester对象，并且为其添加匹配模式以及对应的处理规则。由于Digester已经提供了常见处理规则的工厂方法，因此，直接调用相关方法即可。整个处理过程都不需要手动维护对象属性和对象间关系，不需要解析XML Dom。

3.3　创建 Server

简单介绍完Digester的使用方式，接下来让我们通过Tomcat的源代码分析一下Catalina解析server.xml创建Server的详细过程。

如果以一张图来展示Server的结构，那么其具体层级如图3-2所示。

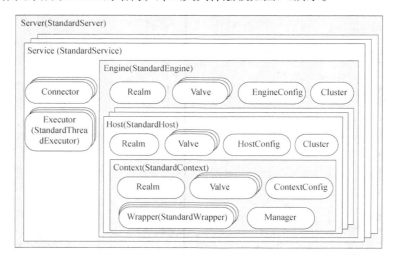

图3-2　Catalina结构

图中只展示了部分主要组件，这些组件将在我们后续讲解中频繁涉及，因此也希望读者能够牢记于心。

3.3.1 Server 的解析

由于Server的解析过程非常复杂，因此我们划分为数个小段，同时在起始部分标注了它的位置（类和方法）。

1. 创建Server实例

```
//Catalina.createStartDigester
digester.addObjectCreate("Server",
    "org.apache.catalina.core.StandardServer","className");
digester.addSetProperties("Server");
digester.addSetNext("Server","setServer","org.apache.catalina.Server");
```

Catalina中Server的默认实现类为org.apache.catalina.core. StandardServer，但是我们可以通过属性className指定自己的实现类。Digester创建Server实例后，设置Server的相关属性，并将其设置到Catalina对象中（调用setServer）。

2. 创建全局J2EE企业命名上下文

```
//Catalina.createStartDigester
digester.addObjectCreate("Server/GlobalNamingResources",
    "org.apache.catalina.deploy.NamingResourcesImpl");
digester.addSetProperties("Server/GlobalNamingResources");
digester.addSetNext("Server/GlobalNamingResources",
"setGlobalNamingResources","org.apache.catalina.deploy.NamingResourcesImpl");
```

Catalina根据GlobalNamingResources配置创建全局的J2EE企业命名上下文（JNDI），设置属性并将其设置到Server实例当中（setGlobalNamingResources）。

3. 为Server添加生命周期监听器

```
//Catalina.createStartDigester
digester.addObjectCreate("Server/Listener", null, "className");
digester.addSetProperties("Server/Listener");
digester.addSetNext("Server/Listener","addLifecycleListener",
"org.apache.catalina.LifecycleListener");
```

Server元素支持配置Listener节点，用于为当前的Server实例添加LifecycleListener监听器，具体的监听器类型由className属性指定。Catalina默认配置了5个监听器，如表3-3所示。

表3-3 Server默认监听器

类	描　述
AprLifecycleListener	在Server初始化之前加载APR库，并于Server停止之后销毁
VersionLoggerListener	在Server初始化之前打印操作系统、JVM以及服务器的版本信息

（续）

类	描　述
JreMemoryLeakPreventionListener	在Server初始化之前调用,以解决单例对象创建导致的JVM内存泄露问题以及锁文件问题
GlobalResourcesLifecycleListener	在Server启动时，将JNDI资源注册为MBean进行管理
ThreadLocalLeakPreventionListener	用于在Context停止时重建Executor池中的线程，避免导致内存泄露

4. 构造Service实例

```
//Catalina.createStartDigester
digester.addObjectCreate("Server/Service",
    "org.apache.catalina.core.StandardService","className");
digester.addSetProperties("Server/Service");
digester.addSetNext("Server/Service","addService","org.apache.catalina.Service");
```

为 Server 添 加 Service 实 例 。 Catalina 默 认 的 Service 实 现 为 org.apache.catalina.core. StandardService，同时，我们也可以通过className属性指定自己的实现类。创建完成后，通过 addService()方法添加到Server实例中。

5. 为Service添加生命周期监听器

```
//Catalina.createStartDigester
digester.addObjectCreate("Server/Service/Listener",null, "className");
digester.addSetProperties("Server/Service/Listener");
digester.addSetNext("Server/Service/Listener","addLifecycleListener",
"org.apache.catalina.LifecycleListener");
```

具体监听器类由className属性指定。默认情况下，Catalina未指定Service监听器。

6. 为Service添加Executor

```
//Catalina.createStartDigester
digester.addObjectCreate("Server/Service/Executor",
    "org.apache.catalina.core.StandardThreadExecutor","className");
digester.addSetProperties("Server/Service/Executor");
digester.addSetNext("Server/Service/Executor","addExecutor",
    "org.apache.catalina.Executor");
```

默认实现为org.apache.catalina.core.StandardThreadExecutor，同样也可以通过className 属性指定自己的实现类。通过该配置我们可以知道，Catalina共享Exector的级别为Service。Catalina 默认情况下未配置Executor，即不共享。

7. 为Service添加Connector

```
//Catalina.createStartDigester
digester.addRule("Server/Service/Connector",new ConnectorCreateRule());
digester.addRule("Server/Service/Connector",
new SetAllPropertiesRule(new String[]{"executor","sslImplementationName"}));
digester.addSetNext("Server/Service/Connector","addConnector",
"org.apache.catalina.connector.Connector");
```

同时设置相关属性。注意设置属性时，将executor和sslImplementationName属性排除。因为在Connector创建时（即ConnectorCreateRule类中），会判断当前是否指定了executor属性，如果是，则从Service中查找该名称的executor并设置到Connector中。同样，Connector创建时，也会判断是否添加了sslImplementationName属性，如果是，则将属性值设置到使用的协议中，为其指定一个SSL实现。

8. 为Connector添加虚拟主机SSL配置

```
//Catalina.createStartDigester
digester.addObjectCreate("Server/Service/Connector/SSLHostConfig",
"org.apache.tomcat.util.net.SSLHostConfig");
digester.addSetProperties("Server/Service/Connector/SSLHostConfig");
digester.addSetNext("Server/Service/Connector/SSLHostConfig",
"addSslHostConfig","org.apache.tomcat.util.net.SSLHostConfig");
digester.addRule("Server/Service/Connector/SSLHostConfig/Certificate",
new CertificateCreateRule());
digester.addRule("Server/Service/Connector/SSLHostConfig/Certificate",
new SetAllPropertiesRule(new String[]{"type"}));
digester.addSetNext("Server/Service/Connector/SSLHostConfig/Certificate",
"addCertificate","org.apache.tomcat.util.net.SSLHostConfigCertificate");
```

这是8.5.6和9.0版本新增的配置，我们将在第9章详细讲解。

9. 为Connector添加生命周期监听器

```
//Catalina.createStartDigester
digester.addObjectCreate("Server/Service/Connector/Listener",null,"className");
digester.addSetProperties("Server/Service/Connector/Listener");
digester.addSetNext("Server/Service/Connector/Listener",
"addLifecycleListener","org.apache.catalina.LifecycleListener");
```

具体监听器类由className属性指定。默认情况下，Catalina未指定Connector监听器。

10. 为Connector添加升级协议

```
//Catalina.createStartDigester
digester.addObjectCreate("Server/Service/Connector/UpgradeProtocol",
null, "className");
digester.addSetProperties("Server/Service/Connector/UpgradeProtocol");
digester.addSetNext("Server/Service/Connector/UpgradeProtocol",
"addUpgradeProtocol","org.apache.coyote.UpgradeProtocol");
```

用于支持HTTP/2，这是8.5.6和9.0版本新增的配置，我们将在第4章中展开讲解。

11. 添加子元素解析规则

```
//Catalina.createStartDigester
digester.addRuleSet(new NamingRuleSet("Server/GlobalNamingResources/"));
digester.addRuleSet(new EngineRuleSet("Server/Service/"));
digester.addRuleSet(new HostRuleSet("Server/Service/Engine/"));
digester.addRuleSet(new ContextRuleSet("Server/Service/Engine/Host/"));
addClusterRuleSet(digester, "Server/Service/Engine/Host/Cluster/");
digester.addRuleSet(new NamingRuleSet("Server/Service/Engine/Host/Context/"));
digester.addRule("Server/Service/Engine",
```

```
new SetParentClassLoaderRule(parentClassLoader));
addClusterRuleSet(digester, "Server/Service/Engine/Cluster/");
```

此部分指定了Servlet容器相关的各级嵌套子节点的解析规则，而且每类嵌套子节点的解析封装为一个RuleSet，包括GlobalNamingResources、Engine、Host、Context以及Cluster的解析。接下来，我们将重点解析Engine、Host和Context，Cluster会在集群第8章中详细讲解。

3.3.2　Engine 的解析

Engine的解析过程如下，位于EngineRuleSet类。

1. 创建Engine实例

```
//EngineRuleSet.addRuleInstances
digester.addObjectCreate(prefix + "Engine",
    "org.apache.catalina.core.StandardEngine","className");
digester.addSetProperties(prefix + "Engine");
digester.addRule(prefix + "Engine",new LifecycleListenerRule
("org.apache.catalina.startup.EngineConfig","engineConfigClass"));
digester.addSetNext(prefix + "Engine","setContainer","org.apache.catalina.Engine");
```

创建Engine实例，并将其通过setContainer()方法添加到Service实例，Catalina默认实现为org.apache.catalina.core.StandardEngine。同时，还为Engine添加了一个生命周期监听器EngineConfig。注意，此类是在创建时默认添加的，并非由server.xml配置实现。该监听器用于打印Engine启动和停止日志。

2. 为Engine添加集群配置

```
//EngineRuleSet.addRuleInstances
digester.addObjectCreate(prefix + "Engine/Cluster",null,"className");
digester.addSetProperties(prefix + "Engine/Cluster");
digester.addSetNext(prefix + "Engine/Cluster",
"setCluster","org.apache.catalina.Cluster");
```

具体集群实现类由className属性指定。

3. 为Engine添加生命周期监听器

```
//EngineRuleSet.addRuleInstances
digester.addObjectCreate(prefix + "Engine/Listener",null,"className");
digester.addSetProperties(prefix + "Engine/Listener");
digester.addSetNext(prefix + "Engine/Listener","addLifecycleListener",
"org.apache.catalina.LifecycleListener");
```

与EngineConfig不同，此部分监听器由server.xml配置。默认情况下，Catalina未指定Engine监听器。

4. 为Engine添加安全配置

```
//EngineRuleSet.addRuleInstances
digester.addRuleSet(new RealmRuleSet(prefix + "Engine/"));
digester.addObjectCreate(prefix + "Engine/Valve",null,"className");
digester.addSetProperties(prefix + "Engine/Valve");
```

```
digester.addSetNext(prefix + "Engine/Valve","addValve","org.apache.catalina.Valve");
```

为Engine添加安全配置（具体见RealmRuleSet，详情请参见第9章）以及拦截器Valve，具体的拦截器类由className属性指定。

3.3.3　Host 的解析

Host的解析如下，位于HostRuleSet类。

1. 创建Host实例

```
//HostRuleSet.addRuleInstances
digester.addObjectCreate(prefix + "Host",
  "org.apache.catalina.core.StandardHost","className");
digester.addSetProperties(prefix + "Host");
digester.addRule(prefix + "Host",new CopyParentClassLoaderRule());
digester.addRule(prefix + "Host",new LifecycleListenerRule
  ("org.apache.catalina.startup.HostConfig","hostConfigClass"));
digester.addSetNext(prefix + "Host","addChild","org.apache.catalina.Container");
digester.addCallMethod(prefix + "Host/Alias","addAlias", 0);
```

创建Host实例，并将其通过addChild()方法添加到Engine上，Catalina默认实现为org.apache.catalina.core.StandardHost。同时，还为Host添加了一个生命周期监听器HostConfig，同样，该监听器由Catalina默认添加，而不是由server.xml配置。该监听器在Web应用部署过程中做了大量工作，后续我们会进一步讲解。此外，通过Alias，Host还支持配置别名。

2. 为Host添加集群

```
//HostRuleSet.addRuleInstances
digester.addObjectCreate(prefix + "Host/Cluster",null,"className");
digester.addSetProperties(prefix + "Host/Cluster");
digester.addSetNext(prefix + "Host/Cluster","setCluster",
  "org.apache.catalina.Cluster");
```

由此可知，集群配置既可以在Engine级别，也可以在Host级别。

3. 为Host添加生命周期管理

```
//HostRuleSet.addRuleInstances
digester.addObjectCreate(prefix + "Host/Listener",null,"className");
digester.addSetProperties(prefix + "Host/Listener");
digester.addSetNext(prefix + "Host/Listener","addLifecycleListener",
  "org.apache.catalina.LifecycleListener");
```

与HostConfig不同，此部分监听器由server.xml配置。默认情况下，Catalina未指定Host监听器。

4. 为Host添加安全配置

```
//HostRuleSet.addRuleInstances
digester.addRuleSet(new RealmRuleSet(prefix + "Host/"));
digester.addObjectCreate(prefix + "Host/Valve",null,"className");
digester.addSetProperties(prefix + "Host/Valve");
```

```
digester.addSetNext(prefix + "Host/Valve","addValve","org.apache.catalina.Valve");
```

为Host添加安全配置（具体见RealmRuleSet，详情请参见第9章）以及拦截器Valve，具体的拦截器类由className属性指定。Catalina为Host默认添加的拦截器为AccessLogValve，即用于记录访问日志。

3.3.4　Context 的解析

最后，让我们看一下Context的解析，位于ContextRuleSet类。

Catalina的Context配置并非来源一处，此处仅指server.xml中的配置。在多数情况下，我们并不需要在server.xml中配置Context，而是由HostConfig自动扫描部署目录，以context.xml文件为基础进行解析创建，具体过程我们随后会详细讲解。当然，如果我们通过IDE（如Eclipse）启动Tomcat并部署Web应用，其Context配置将会被动态更新到server.xml中。

1. Context实例化

```
//ContextRuleSet.addRuleInstances
if (create) {
    digester.addObjectCreate(prefix + "Context",
    "org.apache.catalina.core.StandardContext", "className");
    digester.addSetProperties(prefix + "Context");
} else {
    digester.addRule(prefix + "Context", new SetContextPropertiesRule());
}
if (create) {
    digester.addRule(prefix + "Context",new LifecycleListenerRule
    ("org.apache.catalina.startup.ContextConfig","configClass"));
    digester.addSetNext(prefix + "Context","addChild","org.apache.catalina.Container");
}
```

Context的解析会根据create属性的不同而有所区别，这主要是由于Context来源于多处。通过server.xml配置Context时，create为true，因此需要创建Context实例；而通过HostConfig自动创建Context时，create为false，此时仅需要解析子节点即可。Catalina提供的Context实现类为org.apache.catalina.core.StandardContext。Catalina在创建Context实例的同时，还添加了一个生命周期监听器ContextConfig，用于详细配置Context，如解析web.xml等，相关的内容我们随后会详细讲解。

2. 为Context添加生命周期监听器

```
//ContextRuleSet.addRuleInstances
digester.addObjectCreate(prefix + "Context/Listener",null,"className");
digester.addSetProperties(prefix + "Context/Listener");
digester.addSetNext(prefix + "Context/Listener",
"addLifecycleListener","org.apache.catalina.LifecycleListener");
```

具体监听器类由属性className指定。

3. 为Context指定类加载器

```
//ContextRuleSet.addRuleInstances
digester.addObjectCreate(prefix + "Context/Loader",
"org.apache.catalina.loader.WebappLoader","className");
digester.addSetProperties(prefix + "Context/Loader");
digester.addSetNext(prefix + "Context/Loader",
"setLoader","org.apache.catalina.Loader");
```

默认为org.apache.catalina.loader.WebappLoader，可以通过className属性指定自己的实现类。

4. 为Context添加会话管理器

```
//ContextRuleSet.addRuleInstances
digester.addObjectCreate(prefix + "Context/Manager",
    "org.apache.catalina.session.StandardManager","className");
digester.addSetProperties(prefix + "Context/Manager");
digester.addSetNext(prefix + "Context/Manager","setManager",
    "org.apache.catalina.Manager");
digester.addObjectCreate(prefix + "Context/Manager/Store",null, "className");
digester.addSetProperties(prefix + "Context/Manager/Store");
digester.addSetNext(prefix + "Context/Manager/Store",
    "setStore","org.apache.catalina.Store");
digester.addObjectCreate(prefix + "Context/Manager/SessionIdGenerator",
    "org.apache.catalina.util.StandardSessionIdGenerator","className");
digester.addSetProperties(prefix + "Context/Manager/SessionIdGenerator");
digester.addSetNext(prefix + "Context/Manager/SessionIdGenerator",
    "setSessionIdGenerator","org.apache.catalina.SessionIdGenerator");
```

默认实现为org.apache.catalina.session.StandardManager，同时为管理器指定会话存储方式和会话标识生成器。Context提供了多种会话管理方式，我们会在第8章讲解Tomcat集群时再详细说明。

5. 为Context添加初始化参数

```
//ContextRuleSet.addRuleInstances
digester.addObjectCreate(prefix + "Context/Parameter",
    "org.apache.catalina.deploy.ApplicationParameter");
digester.addSetProperties(prefix + "Context/Parameter");
digester.addSetNext(prefix + "Context/Parameter",
"addApplicationParameter","org.apache.catalina.deploy.ApplicationParameter");
```

通过该配置，为Context添加初始化参数。我们可以在context.xml文件中添加初始化参数，以实现在所有Web应用中的复用，而不必每个Web应用重复配置。当然，只有在Web应用确实允许与Tomcat紧耦合的情况下，我们才推荐使用该方式进行配置，否则会导致Web应用适应性非常差。

6. 为Context添加安全配置以及Web资源配置

```
//ContextRuleSet.addRuleInstances
digester.addRuleSet(new RealmRuleSet(prefix + "Context/"));
digester.addObjectCreate(prefix + "Context/Resources",
    "org.apache.catalina.webresources.StandardRoot","className");
digester.addSetProperties(prefix + "Context/Resources");
digester.addSetNext(prefix + "Context/Resources",
    "setResources","org.apache.catalina.WebResourceRoot");
```

```
digester.addObjectCreate(prefix + "Context/Resources/PreResources",
null, "className");
digester.addSetProperties(prefix + "Context/Resources/PreResources");
digester.addSetNext(prefix + "Context/Resources/PreResources",
    "addPreResources","org.apache.catalina.WebResourceSet");
digester.addObjectCreate(prefix + "Context/Resources/JarResources",
    null, "className");
digester.addSetProperties(prefix + "Context/Resources/JarResources");
digester.addSetNext(prefix + "Context/Resources/JarResources",
    "addJarResources","org.apache.catalina.WebResourceSet");

digester.addObjectCreate(prefix + "Context/Resources/PostResources",
    null, "className");
digester.addSetProperties(prefix + "Context/Resources/PostResources");
digester.addSetNext(prefix + "Context/Resources/PostResources",
"addPostResources","org.apache.catalina.WebResourceSet");
```

Tomcat 8新增加了PreResources、JarResources、PostResources这3种资源的配置。这3类资源的用处在讲解Web应用加载时会详细说明。

7. 为Context添加资源链接

```
//ContextRuleSet.addRuleInstances
digester.addObjectCreate(prefix + "Context/ResourceLink",
"org.apache.catalina.deploy.ContextResourceLink");
digester.addSetProperties(prefix + "Context/ResourceLink");
digester.addRule(prefix + "Context/ResourceLink",
new SetNextNamingRule("addResourceLink",
    "org.apache.catalina.deploy.ContextResourceLink"));
```

为Context添加资源链接ContextResourceLink，用于J2EE命名服务。

8. 为Context添加Valve

```
//ContextRuleSet.addRuleInstances
digester.addObjectCreate(prefix + "Context/Valve",null,"className");
digester.addSetProperties(prefix + "Context/Valve");
digester.addSetNext(prefix + "Context/Valve","addValve","org.apache.catalina.Valve");
```

为Context添加拦截器Valve，具体的拦截器类由className属性指定。

9. 为Context添加守护资源配置

```
//ContextRuleSet.addRuleInstances
digester.addCallMethod(prefix + "Context/WatchedResource","addWatchedResource", 0);
digester.addCallMethod(prefix + "Context/WrapperLifecycle","addWrapperLifecycle", 0);
digester.addCallMethod(prefix + "Context/WrapperListener","addWrapperListener", 0);
digester.addObjectCreate(prefix + "Context/JarScanner",
    "org.apache.tomcat.util.scan.StandardJarScanner","className");
digester.addSetProperties(prefix + "Context/JarScanner");
digester.addSetNext(prefix + "Context/JarScanner",
    "setJarScanner","org.apache.tomcat.JarScanner");
digester.addObjectCreate(prefix + "Context/JarScanner/JarScanFilter",
    "org.apache.tomcat.util.scan.StandardJarScanFilter","className");
digester.addSetProperties(prefix + "Context/JarScanner/JarScanFilter");
digester.addSetNext(prefix + "Context/JarScanner/JarScanFilter",
```

```
"setJarScanFilter","org.apache.tomcat.JarScanFilter");
```

WatchedResource标签用于为Context添加监视资源，当这些资源发生变更时，Web应用将会被重新加载，默认为WEB-INF/web.xml（具体见conf/context.xml）。

WrapperLifecycle标签用于为Context添加一个生命周期监听器类，此类的实例并非添加到Context上，而是添加到Context包含的Wrapper上。

WrapperListener标签用于为Context添加一个容器监听器类（ContainerListener），此类的实例同样添加到Wrapper上。

JarScanner标签用于为Context添加一个Jar扫描器，Catalina的默认实现为org.apache.tomcat.util.scan.StandardJarScanner。JarScanner扫描Web应用和类加载器层级的Jar包，主要用于TLD扫描和web-fragment.xml扫描。通过JarScanFilter标签，我们还可以为JarScanner指定一个过滤器，只有符合条件的Jar包才会被处理，默认为org.apache.tomcat.util.scan.StandardJarScanFilter。

10. 为Context添加Cookie处理器

```
//ContextRuleSet.addRuleInstances
digester.addObjectCreate(prefix + "Context/CookieProcessor",
"org.apache.tomcat.util.http.Rfc6265CookieProcessor","className");
digester.addSetProperties(prefix + "Context/CookieProcessor");
digester.addSetNext(prefix + "Context/CookieProcessor",
"setCookieProcessor","org.apache.tomcat.util.http.CookieProcessor");
```

8.5.6之前的版本默认实现为LegacyCookieProcessor，之后改为Rfc6265CookieProcessor。

至此，我们已经完成了Server创建过程的分析。Servlet容器的核心功能主要有两个：部署Web应用和将请求映射到具体的Servlet进行处理。接下来，我们将详细讲解Catalina中这两项核心功能的实现。

3.4 Web 应用加载

Web应用加载属于Server启动的核心处理过程。

Catalina对Web应用的加载主要由StandardHost、HostConfig、StandardContext、ContextConfig、StandardWrapper这5个类完成。

如果以一张时序图来展示Catalina对Web应用的加载过程，那么将如图3-3所示。

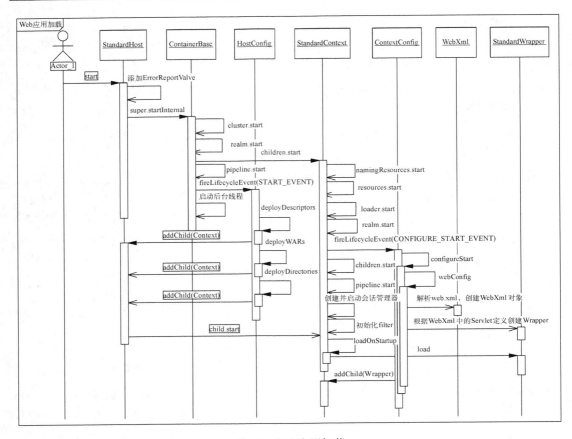

图3-3　Web应用加载

图3-3只是展示了Web应用加载的核心处理过程而非全部,接下来让我们详细分析一下每个类的具体实现。

3.4.1　StandardHost

在前面的讲解中我们曾提到,StandardHost加载Web应用(即StandardContext)的入口有两个,而且前面的时序图也很好地说明了这一点。其中一个入口是在Catalina构造Server实例时,如果Host元素存在Context子元素(server.xml中),那么Context元素将会作为Host容器的子容器添加到Host实例当中,并在Host启动时,由生命周期管理接口的start()方法启动(默认调用子容器的start()方法)。

此时,Context的配置一般如下所示:

```
<Host name="localhost" appBase="webapps" unpackWARs="true" autoDeploy="true">
    <Context docBase="myApp" path="/myApp" reloadable="true"/>
</Host>
```

其中，docBase为Web应用根目录的文件路径，path为Web应用的根请求地址。如上，假使我们的Tomcat地址为http://127.0.0.1:8080，那么，Web应用的根请求地址为http://127.0.0.1:8080/ myApp。

通过此方式加载，尽管Tomcat处理简单（当解析server.xml时一并完成Context的创建），但对于使用者来说却并不是一种好方式，毕竟，没有人愿意每次部署新的Web应用或者删除旧应用时，都必须修改一下server.xml文件。

当然，如果部署的Web应用相对固定，且每个应用需要分别在特定的目录下进行管理，那么可以选择这种部署方式。此时，如果仅配置Host，那么所有Web应用需要放置到同一个基础目录下。

除了Web应用的目录可以任意指定外，这种方式可以实现Context配置的深度定制（如为Context增加安全管理，甚至重新指定Context和Wrapper的实现类），我们可以根据需要添加任何Context支持的属性和子元素，而不局限于其默认配置。

另一个入口则是由HostConfig自动扫描部署目录，创建Context实例并启动。这是大多数Web应用的加载方式，此部分将在3.4.2节详细讲解。

StandardHost的启动加载过程如下。

(1) 为Host添加一个Valve实现ErrorReportValve（我们也可以通过修改Host的errorReport-ValveClass属性指定自己的错误处理Valve），该类主要用于在服务器处理异常时输出错误页面。如果我们没有在web.xml中添加错误处理页面，Tomcat返回的异常栈页面便是由ErrorReportValve生成的。

注意 如果希望定制Web应用的错误页面，除了按照Servlet规范在web.xml中添加<error-page>外，还可以通过设置Host的errorReportValveClass属性实现。前者的作用范围是当前Web应用，后者是整个虚拟机。除非错误页面与具体Web应用无关，否则不推荐使用此配置方式。当然，修改该配置还有一个重要的用途，出于安全考虑对外隐藏服务器细节，毕竟ErrorReportValve输出内容是包含了服务器信息的。

---

(2) 调用StandardHost父类ContainerBase的startInternal()方法启动虚拟主机，其处理主要分为如下几步。

① 如果配置了集群组件Cluster，则启动。
② 如果配置了安全组件Realm，则启动。
③ 启动子节点（即通过server.xml中的<Context>创建的StandardContext实例）。Standard-Context启动见3.4.3节。
④ 启动Host持有的Pipeline组件。
⑤ 设置Host状态为STARTING，此时会触发START_EVENT生命周期事件。HostConfig监听该事件，扫描Web部署目录，对于部署描述文件、WAR包、目录会自动创建StandardContext实例，添加到Host并启动，具体见3.4.2节。

⑥ 启动Host层级的后台任务处理：Cluster后台任务处理（包括部署变更检测、心跳）、Realm后台任务处理、Pipeline中Valve的后台任务处理（某些Valve通过后台任务实现定期处理功能，如StuckThreadDetectionValve用于定时检测耗时请求并输出）。

3.4.2　HostConfig

如前所述，实际上在大多数情况下，Web应用部署并不需要配置多个基础目录，而是能够做到自动、灵活部署，这也是Tomcat的默认部署方式。

在默认情况下，server.xml并未包含Context相关配置，仅包含Host配置如下：

```
<Host name="localhost" appBase="webapps" unpackWARs="true" autoDeploy="true"></Host>
```

其中，appBase为Web应用部署的基础目录，所有需要部署的Web应用均需要复制到此目录下，默认为$CATALINA_BASE/webapps。Tomcat通过HostConfig完成该目录下Web应用的自动部署。

前面的时序图仅描述了HostConfig的基本的API调用，它实际的处理过程要复杂得多，接下来让我们进行仔细分析。

在讲解Server的创建时，我们曾讲到，HostConfig是一个LifecycleListener实现，并且由Catalina默认添加到Host实例上。

HostConfig处理的生命周期事件包括：START_EVENT、PERIODIC_EVENT、STOP_EVENT。其中，前两者都与Web应用部署密切相关，后者用于在Host停止时注销其对应的MBean。

1. START_EVENT事件

该事件在Host启动时触发（见3.4.1节），完成服务器启动过程中的Web应用部署（只有当Host的deployOnStartup属性为true时，服务器才会在启动过程中部署Web应用，该属性默认为true）。

注意　该事件处理仅用于服务器启动过程，而Tomcat的Web应用可以通过多种方式进行部署，如后台定时加载、通过管理工具进行部署、集群部署等，在后续章节会陆续讲到。

从前面的时序图可以知道，该事件处理包含了3部分：Context描述文件部署、Web目录部署、WAR包部署，而且这3部分对应于Web应用的3类不同的部署方式。

● **Context描述文件部署**

Tomcat支持通过一个独立的Context描述文件来配置并启动Web应用，配置方式同server.xml中的<Context>元素。该配置文件的存储路径由Host的xmlBase属性指定。如果未指定，则默认值为$CATALINA_BASE/conf/<Engine名称>/<Host名称>，因此，对于Tomcat默认的Host，Context描述文件的路径为$CATALINA_BASE/conf/Catalina/localhost。

注意　Context的path和webappVersion与Context描述文件、Web应用目录、WAR包命名存在对应关系，在接下来的章节中我们会详细讲述。在此之前，我们使用最简单的path配置（即不采用如/a/b样式的多级路径），同时不配置webappVersion。Web目录部署以及WAR包部署均基于此约束进行说明。

例如我们在该目录下建立一个文件，名为"myApp.xml"，内容如下：

```
<Context docBase="test/myApp" path="/myApp" reloadable="false">
    <WatchedResource>WEB-INF/web.xml</WatchedResource>
</Context>
```

与此同时，将目录名为myApp的Web应用复制到test目录下，Tomcat启动时便会自动部署该Web应用，根请求地址为http://127.0.0.1:8080/myApp。

此种方式与在server.xml中的配置相比要灵活得多，而且可以实现相同的部署需求。

Context描述文件的部署过程如下（具体可阅读HostConfig.deployDescriptors源代码）。

（1）扫描Host配置文件基础目录，即$CATALINA_BASE/conf/<Engine名称>/<Host名称>，对于该目录下的每个配置文件，由线程池完成解析部署。

（2）对于每个文件的部署线程，进行如下操作。

① 使用Digester解析配置文件，创建Context实例。

② 更新Context实例的名称、路径（不考虑webappVersion的情况下，使用文件名），因此<Context>元素中配置的path属性无效。

③ 为Context添加ContextConfig生命周期监听器。

④ 通过Host的addChild()方法将Context实例添加到Host。该方法会判断Host是否已启动，如果是，则直接启动Context。

⑤ 将Context描述文件、Web应用目录及web.xml等添加到守护资源，以便文件发生变更时（使用资源文件的上次修改时间进行判断），重新部署或者加载Web应用。

注意　即便要对Web应用单独指定目录管理或者对Context的创建进行定制，我们也建议采用该方案或者随后讲到的配置文件备份的方案，而非直接在server.xml文件中配置。它们功能相同，但是前两者灵活性要高得多，而且对服务器的侵入要小。

● **Web目录部署**

以目录的形式发布并部署Web应用是Tomcat中最常见的部署方式。我们只需要将包含Web应用所有资源文件（JavaScript、CSS、图片、JSP等）、Jar包、描述文件（WEB-INF/web.xml）的目录复制到Host指定appBase目录下即可完成部署。

注意 此时Host的deployIgnore属性可以将符合某个正则表达式的Web应用目录忽略而不进行部署。如果不指定，则所有目录均进行部署。

此种部署方式下，Catalina同样支持通过配置文件来实例化Context（默认位于Web应用的META-INF目录下，文件名为context.xml）。我们仍可以在配置文件中对Context进行定制，但是无法覆盖name、path、webappVersion、docBase这4个属性，这些均由Web目录的路径及名称确定（因此，此种方式无法自定义Web应用的部署目录）。

Catalina部署Web应用目录的过程如下（具体可阅读HostConfig.deployDirectories源代码）。

(1) 对于Host的appBase目录（默认为$CATALINA_BASE/webapps）下所有符合条件的目录（不符合deployIgnore的过滤规则、目录名不为META-INF和WEB-INF），由线程池完成部署。

(2) 对于每个目录进行如下操作。

① 如果Host的deployXML属性值为true（即通过Context描述文件部署），并且存在META-INF/context.xml文件，则使用Digester解析context.xml文件创建Context对象。如果Context的copyXML属性为true，则将描述文件复制到$CATALINA_BASE/conf/<Engine名称>/<Host名称>目录下，文件名与Web应用目录名相同。

如果deployXML属性值为false，但是存在META-INF/context.xml文件，则构造FailedContext实例（Catalina的空模式，用于表示Context部署失败）。

其他情况下，根据Host的contextClass属性指定的类型创建Context对象。如不指定，则为org.apache.catalina.core.StandardContext。此时，所有的Context属性均采用默认配置，除name、path、webappVersion、docBase会根据Web应用目录的路径及名称进行设置外。

② 为Context实例添加ContextConfig生命周期监听器。

③ 通过Host的addChild()方法将Context实例添加到Host。该方法会判断Host是否已启动，如果是，则直接启动Context。

④ 将Context描述文件、Web应用目录及web.xml等添加到守护资源，以便文件发生变更时重新部署或者加载Web应用。守护文件因deployXML和copyXML的配置稍有不同。

- **WAR包部署**

WAR包部署和Web目录部署基本类似，只是由于WAR包作为一个压缩文件，增加了部分针对压缩文件的处理。

其具体的部署过程如下。

(1) 对于Host的appBase目录（默认为$CATALINA_BASE/webapps）下所有符合条件的WAR包（不符合deployIgnore的过滤规则、文件名不为META-INF和WEB-INF、以war作为扩展名的文件），由线程池完成部署。

(2) 对于每个WAR包进行如下操作。

① 如果Host的deployXML属性为true,且在WAR包同名目录(去除扩展名)下存在META-INF/context.xml文件, 同时Context的copyXML属性为false, 则使用该描述文件创建Context实例(用于WAR包解压目录位于部署目录的情况)。

如果Host的deployXML属性为true, 且在WAR包压缩文件下存在META-INF/context.xml文件, 则使用该描述文件创建Context对象。

如果deployXML属性值为false, 但是在WAR包压缩文件下存在META-INF/context.xml文件, 则构造FailedContext实例(Catalina的空模式, 用于表示Context部署失败)。

其他情况下, 根据Host的contextClass属性指定的类型创建Context对象。如不指定, 则为org.apache.catalina.core.StandardContext。此时, 所有的Context属性均采用默认配置, 除name、path、webappVersion、docBase会根据WAR包的路径及名称进行设置外。

② 如果deployXML为true, 且META-INF/context.xml存在于WAR包中, 同时Context的copyXML属性为true, 则将context.xml文件复制到$CATALINA_BASE/conf/<Engine名称>/<Host名称>目录下, 文件名称同WAR包名称(去除扩展名)。

③ 为Context实例添加ContextConfig生命周期监听器。

④ 通过Host的addChild()方法将Context实例添加到Host。该方法会判断Host是否已启动, 如果是, 则直接启动Context。

⑤ 将Context描述文件、WAR包及web.xml等添加到守护资源, 以便文件发生变更时重新部署或者加载Web应用。

2. PERIODIC_EVENT事件

如前所述, Catalina的容器支持定期执行自身及其子容器的后台处理过程(该机制位于所有容器的父类ContainerBase中, 默认情况下由Engine维护后台任务处理线程)。具体处理过程在容器的backgroundProcess()方法中定义。该机制常用于定时扫描Web应用的变更, 并进行重新加载。后台任务处理完成后, 将触发PERIODIC_EVENT事件。

在HostConfig中通过DeployedApplication维护了两个守护资源列表: redeployResources和reloadResources, 前者用于守护导致应用重新部署的资源, 后者守护导致应用重新加载的资源。两个列表分别维护了资源及其最后修改时间。

当HostConfig接收到PERIODIC_EVENT事件后, 会检测守护资源的变更情况。如果发生变更, 将重新加载或者部署应用以及更新资源的最后修改时间。

注意 重新加载和重新部署的区别在于, 前者是针对同一个Context对象的重启, 而后者是重新创建了一个Context对象。Catalina中, 同时守护两类资源以区别是重新加载应用还是重新部署应用。如Context描述文件变更时, 需要重新部署应用; 而web.xml文件变更时, 则只需要重新加载Context即可。

其具体的部署过程如下（只有当Host的`autoDeploy`属性为true时处理）。

(1) 对于每一个已部署的Web应用（不包含在serviced列表中，Serviced列表的具体作用参见下面的"注意"。），检查用于重新部署的守护资源。对于每一个守护的资源文件或者目录，如果发生变更，那么就有以下几种情况。

- 如果资源对应为目录，则仅更新守护资源列表中的上次修改时间。
- 如果Web应用存在Context描述文件并且当前变更的是WAR包文件，则得到原Context的docBase。如果docBase不以".war"结尾（即Context指向的是WAR解压目录），删除解压目录并重新加载，否则直接重新加载。更新守护资源。
- 其他情况下，直接卸载应用，并由接下来的处理步骤重新部署。

(2) 对于每个已部署的Web应用，检查用于重新加载的守护资源，如果资源发生变更，则重新加载Context对象。

(3) 如果Host配置为卸载旧版本应用（`undeployOldVersions`属性为true），则检查并卸载。

(4) 部署Web应用（新增以及处于卸载状态的描述文件、Web应用目录、WAR包），部署过程同上面叙述。

注意　HostConfig的`serviced`属性维护了一个Web应用列表，该列表会由Tomcat的管理程序通过MBean进行配置。当Tomcat修改某个Web应用（如重新部署）时，会先通过同步的`addServiced()`将其添加到serviced列表，并且在操作完毕后，通过同步的`removeServiced()`方法将其移除。通过此方式，避免后台定时任务与Tomcat管理工具的冲突。因此，在部署HostConfig中的描述文件、Web应用目录、WAR包时，均需要确认serviced列表中不存在同名应用。

回顾上述Web应用的部署方式，无论是Context描述文件，还是Web目录以及WAR包，归结起来，Catalina支持Web应用以文件目录或者WAR包的形式发布；同时，如果希望定制Context，那么可以通过$CATALINA_BASE/conf/<Engine名称>/<Host名称>目录下的描述文件或者Web应用的META-INF/context.xml来进行自定义。

因此，从这个角度来看，基本可以将Catalina的Web应用部署分为目录和WAR包两类，每一类进一步支持Context的定制化。而默认情况下，Catalina会根据发布包的路径及名称自动创建一个Context对象。

3.4.3　StandardContext

从前面的讲述可以知道，对于StandardHost和HostConfig来说，只是根据不同情况（部署描述文件、部署目录、WAR包）创建并启动Context对象，并不包含具体的Web应用初始化及启动工作，该部分工作由组件Context完成（当然这也是由各个组件定位所决定的）。

在上一章的最后，我们给出了一张Tomcat相关组件的整体设计类图，但是该类图并不包含Web容器实现相关的类。由于在讲解Web应用初始化时，会频繁涉及Servlet规范以及Tomcat对应的实现类，因此，为了便于理解，我们先给出Tomcat针对此部分的静态设计。

Web容器相关的静态结构如图3-4所示。

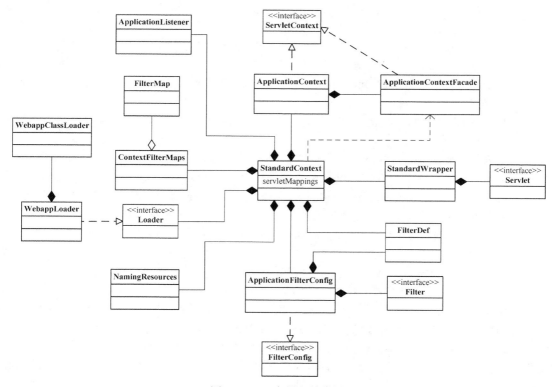

图3-4　Web容器相关类图

从图3-4中可知，Tomcat提供的ServletContext实现类为ApplicationContext。但是，该类仅供Tomcat服务器使用，Web应用使用的是其门面类ApplicationContextFacade。FilterConfig实现类为ApplicationFilterConfig，同时该类也负责Filter的实例化。FilterMap用于存储filter-mapping配置。NamingResources用于存储Web应用声明的命名服务（JNDI）。StandardContext通过servletMappings属性存储servlet-mapping配置。

接下来看一下StandardContext的启动过程（具体参见StandardContext.startInternal）。

（1）发布正在启动的JMX通知，这样可以通过添加NotificationListener来监听Web应用的启动。

（2）启动当前Context维护的JNDI资源。

（3）初始化当前Context使用的WebResourceRoot并启动。WebResourceRoot维护了Web应用所有的资源集合（Class文件、Jar包以及其他资源文件），主要用于类加载和按照路径查找资源文件。

注意　WebResourceRoot是Tomcat 8新增的资源接口，旧版本采用FileDirContext管理目录资源，采用WARDirContext管理WAR包资源。WebResourceRoot表示组成Web应用的所有资源的集合。在WebResourceRoot中，一个Web应用的资源又可以按照分类划分为多个集合（WebResourceSet）。当查找资源时，将按照指定顺序处理。其分类和顺序如下。

- **Pre资源**：即在context.xml中通过<PreResources>配置的资源。这些资源将按照它们配置的顺序查找。
- **Main资源**：即Web应用目录、WAR包或者WAR包解压目录包含的文件。这些资源的查找顺序为WEB-INF/classes、WEB-INF/lib。
- **Jar资源**：即在context.xml中通过<JarResources>配置的资源。这些资源将按照它们配置的顺序查找。
- **Post资源**：即在context.xml中通过<PostResources>配置的资源。这些资源将按照它们配置的顺序查找。

由WebResourceRoot支持的资源集合以及配置方式，我们可以发现，从Tomcat 8版本开始，Context不仅可以加载Web应用内部的资源，还可以加载位于其外部的资源，而且通过PreResources、JarResources、PostResources这3类资源集合控制其在资源查找时的优先级。通过这种方式，我们可以实现对某些资源的复用。如1.4节所述，提供一个公用的Web应用包，然后其他Web应用均以此为基础，添加相关的定制化功能。

（4）创建Web应用类加载器（WebappLoader）。WebappLoader继承自LifecycleMBeanBase，在其启动时创建Web应用类加载器（WebappClassLoader）。此外，该类还提供了background-Process，用于Context后台处理。当检测到Web应用的类文件、Jar包发生变更时，重新加载Context。

（5）如果没有设置Cookie处理器，则创建默认的Rfc6265CookieProcessor。

（6）设置字符集映射（CharsetMapper），该映射主要用于根据Locale获取字符集编码。

（7）初始化临时目录，默认为$CATALINA_BASE/work/<Engine名称>/<Host名称>/<Context名称>。

（8）Web应用的依赖检测，主要检测依赖扩展点[①]完整性。

（9）如果当前Context使用JNDI，则为其添加NamingContextListener。

（10）启动Web应用类加载器（WebappLoader.start），此时才真正创建WebappClassLoader实例。

（11）启动安全组件（Realm）。

（12）发布CONFIGURE_START_EVENT事件，ContextConfig监听该事件以完成Servlet的创建，具体在下一节讲解。

（13）启动Context子节点（Wrapper）。

（14）启动Context维护的Pipeline。

---

① Web应用扩展点依赖：可参见Servlet规范（JSR340）的10.7.1节以及Java EE规范（JSR342）的第8章。如果想详细了解扩展点是如何工作的，可以阅读http://docs.oracle.com/javase/tutorial/ext/basics/index.html。

（15）创建会话管理器。如果配置了集群组件，则由集群组件创建，否则使用标准的会话管理器（StandardManager）。在集群环境下，需要将会话管理器注册到集群组件。

（16）将Context的Web资源集合（org.apache.catalina.WebResourceRoot）添加到ServletContext属性，属性名为org.apache.catalina.resources。

（17）创建实例管理器（InstanceManager），用于创建对象实例，如Servlet、Filter等。

（18）将Jar包扫描器（JarScanner）添加到ServletContext属性，属性名为org.apache.tomcat.JarScanner。

（19）合并ServletContext初始化参数和Context组件中的ApplicationParameter。合并原则：ApplicationParameter配置为可以覆盖，那么只有当ServletContext没有相关参数或者相关参数为空时添加；如果配置为不可覆盖，则强制添加，此时即使ServletContext配置了同名参数也不会生效。

（20）启动添加到当前Context的ServletContainerInitializer[①]。该类的实例具体由ContextConfig查找并添加，具体过程见下一节讲解。该类主要用于以可编程的方式添加Web应用的配置，如Servlet、Filter等。

（21）实例化应用监听器（ApplicationListener），分为事件监听器（ServletContextAttribute-Listener、ServletRequestAttributeListener、ServletRequestListener、HttpSessionIdListener、HttpSession-AttributeListener）以及生命周期监听器（HttpSessionListener、ServletContextListener）。这些监听器可以通过Context部署描述文件、可编程的方式（ServletContainerInitializer）或者Web.xml添加，并且触发ServletContextListener.contextInitialized。

（22）检测未覆盖的HTTP方法的安全约束。

（23）启动会话管理器。

（24）实例化FilterConfig（ApplicationFilterConfig）、Filter，并调用Filter.init初始化。

（25）对于loadOnStartup≥0的Wrapper，调用Wrapper.load()，该方法负责实例化Servlet，并调用Servlet.init进行初始化。

（26）启动后台定时处理线程。只有当backgroundProcessorDelay>0时启动，用于监控守护文件的变更等。当backgroundProcessorDelay≤0时，表示Context的后台任务由上级容器（Host）调度。

（27）发布正在运行的JMX通知。

（28）调用WebResourceRoot.gc()释放资源（WebResourceRoot加载资源时，为了提高性能会缓存某些信息，该方法用于清理这些资源，如关闭JAR文件）。

（29）设置Context的状态，如果启动成功，设置为STARTING（其父类LifecycleBase会自动将状态转换为STARTED），否则设置为FAILED。

通过上面的讲述，我们已经知道了StandardContext的整个启动过程，但是这部分工作并不包含如何解析Web.xml中的Servlet、请求映射、Filter等相关配置。这部分工作具体是由ContextConfig完成的。

---

① ServletContainerInitializer：从3.0版本开始，Servlet规范支持通过该接口以可编程的方式定义Servlet、Filter以及对应的URL映射，具体参见规范说明。

3.4.4　ContextConfig

在3.3.4节中我们曾讲到，Context创建时会默认添加一个生命周期监听器——ContextConfig。该监听器一共处理6类事件，此处我们仅讲解其中与Context启动关系重大的3类：AFTER_INIT_EVENT、BEFORE_START_EVENT、CONFIGURE_START_EVENT，以便读者可以了解该类在Context启动中扮演的角色。

1. AFTER_INIT_EVENT事件

严格意义上讲，该事件属于Context初始化阶段（参见2.1.4节），它主要用于Context属性的配置工作。

通过前面章节的讲解我们可以知道，Context的创建可以有如下几个来源。

- ❑ 在实例化Server时，解析server.xml文件中的Context元素创建。
- ❑ 在 HostConfig 部署 Web 应用时，解析 Web 应用（目录或者 WAR 包）根目录下的META-INF/context.xml文件创建。如果不存在该文件，则自动创建一个Context对象，仅设置path、docBase等少数几个属性。
- ❑ 在Host部署Web应用时，解析 $CATALINA_BASE/conf/<Engine名称>/<Host名称>下的Context部署描述文件创建。

除了Context创建时的属性配置，将Tomcat提供的默认配置也一并添加到Context实例（如果Context没有显式地配置这些属性）。这部分工作即由该事件完成。具体过程如下。

(1) 如果Context的override属性为false（即使用默认配置）：

- ❑ 如果存在conf/context.xml文件（Catalina容器级默认配置），那么解析该文件，更新当前Context实例属性；
- ❑ 如果存在conf/<Engine名称>/<Host名称>/context.xml.default文件（Host级默认配置），那么解析该文件，更新当前Context实例属性。

(2) 如果Context的configFile属性不为空，那么解析该文件，更新当前Context实例的属性。

注意　此处我们可能会产生疑问，为什么最后一步还要解析configFile呢？因为在服务器独立运行时，该文件和创建Context时解析的文件是相同的。这是由于Digester解析时会将原有属性覆盖。试想一下，如果在创建Context时，我们指定了crossContext属性，而这个属性恰好在默认配置中也存在，此时我们希望的效果当然是忽略默认属性。而如果不在最后一步解析configFile，此时的结果将会是默认属性覆盖指定属性。除此之外，在嵌入式启动Tomcat时，Context为手动创建，即使存在META-INF/context.xml文件。此时，也需要解析configFile文件（即META-INF/context.xml文件），以更新其属性。

通过上面的执行顺序我们可以知道，Tomcat中Context属性的优先级为：configFile、conf/

<Engine名称>/<Host名称>/context.xml.default、conf/context.xml，即Web应用配置优先级最高，其次为Host配置，Catalina容器配置优先级最低。

2. BEFORE_START_EVENT事件

该事件在Context启动之前触发，用于更新Context的docBase属性和解决Web目录锁的问题。

更新Context的docBase属性主要是为了满足WAR部署的情况。当Web应用为一个WAR压缩包且需要解压部署（Host的unpackWAR为true，且Context的unpackWAR为true）时，docBase属性指向的是解压后的文件夹目录，而非WAR包的路径。

具体的处理过程如下（ContextConfig.fixDocBase）。

(1) 根据Host的appBase以及Context的docBase计算docBase的绝对路径。

(2) 如果docBase为一个WAR文件，且需要解压部署：

❏ 解压WAR文件；

❏ 将Context的docBase更新为解压后的路径（基于appBase的相对路径）。

如果不需要解压部署，只检测WAR包，不更新docBase。

(3) 如果docBase为一个有效目录，而且存在与该目录同名的WAR包，同时需要解压部署，则重新解压WAR包。

(4) 如果docBase为一个不存在的目录，但是存在与该目录同名的WAR包，同时需要解压部署：

❏ 解压WAR文件；

❏ 将Context的docBase更新为解压后的路径（基于appBase的相对路径）。

如果不需要解压部署，只检测WAR包，docBase为WAR包路径。

当Context的antiResourceLocking属性为true时，Tomcat会将当前的Web应用目录复制到临时文件夹下，以避免对原目录的资源加锁。

具体过程如下（ContextConfig.antiLocking）。

(1) 根据Host的appBase以及Context的docBase计算docBase的绝对路径。

(2) 计算临时文件夹中的Web应用根目录或WAR包名。

❏ Web目录：${Context生命周期内的部署次数}-${目录名}。

❏ WAR包：${Context生命周期内的部署次数}-${WAR包名}。

(3) 复制Web目录或者WAR包到临时目录。

(4) 将Context的docBase更新为临时目录下的Web应用目录或者WAR包路径。

通过上面的讲解我们知道，无论是AFTER_INIT_EVENT还是BEFORE_START_EVENT的处理，仍属于启动前的准备工作，以确保Context相关属性的准确性。而真正创建Wrapper的则是CONFIGURE_START_EVENT事件。

3. CONFIGURE_START_EVENT事件

3.4.3节讲到，Context在启动子节点之前，触发了CONFIGURE_START_EVENT事件。ContextConfig 正是通过该事件解析web.xml，创建Wrapper（Servlet）、Filter、ServletContextListener等一系列Web 容器相关的对象，完成Web容器的初始化的。

我们先从整体上看一下ContextConfig在处理CONFIGURE_START_EVENT事件时做了哪些工作，然 后再具体介绍web.xml的解析过程。

该事件的主要工作内容如下。

❑ 根据配置创建Wrapper（Servlet）、Filter、ServletContextListener等，完成Web容器的初始 化。除了解析Web应用目录下的web.xml外，还包括Tomcat默认配置、web-fragment.xml[①]、 ServletContainerInitializer，以及相关XML文件的排序和合并。

❑ 如果StandardContext的ignoreAnnotations为false，则解析应用程序注解配置，添加相关 的JNDI资源引用。

❑ 基于解析完的Web容器，检测Web应用部署描述中使用的安全角色名称，当发现使用了未 定义的角色时，提示警告同时将未定义的角色添加到Context安全角色列表中。

❑ 当Context需要进行安全认证但是没有指定具体的Authenticator时，根据服务器配置自动创 建默认实例。

● **Web容器初始化**

根据Servlet规范，Web应用部署描述可来源于WEB-INF/web.xml、Web应用JAR包中的 META-INF/web-fragment.xml和META-INF/services/javax.servlet.ServletContainerInitializer。

其中META-INF/services/javax.servlet.ServletContainerInitializer文件中配置了所属JAR中该接 口的实现类，用于动态注册Servlet，这是Servlet规范基于SPI机制的可编程实现。

除了Servlet规范中提到的部署描述方式，Tomcat还支持默认配置，以简化Web应用的配置工 作。这些默认配置包括容器级别（conf/web.xml）和Host级别（conf/<Engine名称>/<Host名 称>/web.xml.default）。Tomcat解析时确保Web应用中的配置优先级最高，其次为Host级，最后为 容器级。

Tomcat初始化Web容器的过程如下（ContextConfig.webConfig）。

(1) 解析默认配置，生成WebXml对象（Tomcat使用该对象表示web.xml的解析结果）。先解析 容器级配置，然后再解析Host级配置。这样对于同名配置，Host级将覆盖容器级。为了便于后续 过程描述，我们暂且称之为"默认WebXml"。为了提升性能，ContextConfig对默认WebXml进行

[①] web-fragment.xml：可以看作web.xml的片段，其绝大部分元素均与web.xml相同，通过将其置于JAR包的 META-INF目录下，可以将Web应用的配置拆解到各个模块中，而不必统一在web.xml中配置。这有利于Web应用 的可插拔和模块化。具体可参见《Java Servlet 3.1 Specification》的8.2节。

了缓存，以避免重复解析。

(2) 解析Web应用的web.xml文件。如果StandardContext的altDDName不为空，则将该属性指向的文件作为web.xml，否则使用默认路径，即WEB-INF/web.xml。解析结果同样为WebXml对象（此时创建的对象为主WebXml，其他解析结果均需要合并到该对象上）。暂时将其称为"主WebXml"。

(3) 扫描Web应用所有JAR包，如果包含META-INF/web-fragment.xml，则解析文件并创建WebXml对象。暂时将其称为"片段WebXml"。

(4) 将web-fragment.xml创建的WebXml对象按照Servlet规范进行排序[1]，同时将排序结果对应的JAR文件名列表设置到ServletContext属性中，属性名为javax.servlet.context.orderedLibs。该排序非常重要，因为这决定了Filter等的执行顺序。

注意 尽管Servlet规范定义了web-fragment.xml的排序（绝对排序和相对排序），但是为了降低各个模块的耦合度，Web应用在定义web-fragment.xml时，应尽量保证相对独立性，减少相互间的依赖，将产生依赖过多的配置尝试放到web.xml中。

---

(5) 查找ServletContainerInitializer实现，并创建实例，查找范围分为两部分。

❑ Web应用下的包：如果javax.servlet.context.orderedLibs不为空，仅搜索该属性包含的包，否则搜索WEB-INF/lib下所有包。

❑ 容器包：搜索所有包。

Tomcat返回查找结果列表时，确保Web应用的顺序在容器之后，因此容器中的实现将先加载。

(6) 根据ServletContainerInitializer查询结果以及javax.servlet.annotation.HandlesTypes注解配置，初始化typeInitializerMap和initializerClassMap两个映射（主要用于后续的注解检测），前者表示类对应的ServletContainerInitializer集合，而后者表示每个ServletContainerInitializer对应的类的集合，具体类由javax.servlet.annotation.HandlesTypes注解指定。

(7) 当"主WebXml"的metadataComplete[2]为false或者typeInitializerMap不为空时。

① 处理WEB-INF/classes下的注解，对于该目录下的每个类应做如下处理。

❑ 检测javax.servlet.annotation.HandlesTypes注解。

❑ 当 WebXml 的 metadataComplete 为 false，查找 javax.servlet.annotation.WebServlet、javax.servlet.annotation.WebFilter、javax.servlet.annotation.WebListener[3]注解配置，将其合并到"主WebXml"。

---

[1] 具体的排序规则可参见Servlet规范3.0的8.2.2节。
[2] 该属性的含义具体参见Servlet规范3.0的8.1节。
[3] 具体支持注解参见Servlet规范3.0的8.1节。

② 处理JAR包内的注解，只处理包含web-fragment.xml的JAR，对于JAR包中的每个类做如下处理。

- ❑ 检测javax.servlet.annotation.HandlesTypes注解；
- ❑ 当 "主WebXml" 和 "片段WebXml" 的metadataComplete均为false，查找javax.servlet.annotation.WebServlet、javax.servlet.annotation.WebFilter、javax.servlet.annotation.WebListener注解配置，将其合并到 "片段WebXml"。

(8) 如果 "主WebXml" 的metadataComplete为false，将所有的 "片段WebXml" 按照排序顺序合并到 "主WebXml"。

(9) 将 "默认WebXml" 合并到 "主WebXml"。

(10) 配置JspServlet。对于当前Web应用中JspFile属性不为空的Servlet，将其servletClass设置为org.apache.jasper.servlet.JspServlet（Tomcat提供的JSP引擎），将JspFile设置为Servlet的初始化参数，同时将名称为 "jsp" 的Servlet（见conf/web.xml）的初始化参数也复制到该Servlet中。

(11) 使用 "主WebXml" 配置当前StandardContext，包括Servlet、Filter、Listener等Servlet规范中支持的组件。对于ServletContext层级的对象，直接由StandardContext维护，对于Servlet，则创建StandardWrapper子对象，并添加到StandardContext实例。

(12) 将合并后的WebXml保存到ServletContext属性中，便于后续处理复用，属性名为org.apache.tomcat.util.scan.MergedWebXml。

(13) 查找JAR包 "META-INF/resources/" 下的静态资源，并添加到StandardContext。

(14) 将ServletContainerInitializer扫描结果添加到StandardContext，以便StandardContext启动时使用。

至此，StandardContext在正式启动StandardWrapper子对象之前，完成了Web应用容器的初始化，包括Servlet规范中涉及的各类组件、注解以及可编程方式的支持。

- ● **应用程序注解配置**

当StandardContext的ignoreAnnotations为false时，Tomcat支持读取如下接口的Java命名服务注解配置，添加相关的JNDI资源引用，以便在实例化相关接口时，进行JNDI资源依赖注入。

支持读取的接口如下。

- ❑ Web应用程序监听器
  - ▪ javax.servlet.ServletContextAttributeListener
  - ▪ javax.servlet.ServletRequestListener
  - ▪ javax.servlet.ServletRequestAttributeListener
  - ▪ javax.servlet.http.HttpSessionAttributeListener
  - ▪ javax.servlet.http.HttpSessionListener

- javax.servlet.ServletContextListener

☐ javax.servlet.Filter
☐ javax.servlet.Servlet

支持读取的注解包括类注解、属性注解、方法注解，具体注解如下。

☐ 类：javax.annotation.Resource、javax.annotation.Resources
☐ 属性和方法：javax.annotation.Resource

3.4.5　StandardWrapper

我们知道StandardWrapper具体维护了Servlet实例，而在StandardContext启动过程中，StandardWrapper的处理分为两部分。

☐ 首先，当通过ContextConfig完成Web容器初始化后，先调用StandardWrapper.start，此时StandardWrapper组件的状态将变为STARTED（除广播启动通知外，不进行其他处理）。
☐ 其次，对于启动时加载的Servlet（load-on-startup≥0），调用StandardWrapper.load，完成Servlet的加载。

StandardWrapper的load过程具体如下。

(1) 创建Servlet实例，如果添加了JNDI资源注解，将进行依赖注入。

(2) 读取javax.servlet.annotation.MultipartConfig注解配置，以用于multipart/form-data请求处理，包括临时文件存储路径、上传文件最大字节数、请求最大字节数、文件大小阈值。

(3) 读取javax.servlet.annotation.ServletSecurity()注解配置，添加Servlet安全。

(4) 调用javax.servlet.Servlet.init()方法进行Servlet初始化。

至此，整个Web应用的加载过程便已完成，可以结合图3-3再回顾一下，以便加深理解。

3.4.6　Context 命名规则

在"Web应用加载"的最后，我们讲解一下Context的命名规则。尽管在大多数情况下，Context的名称与部署目录名称或者WAR包名称（去除扩展名，下文称为"基础文件名称"）相同，但是Tomcat支持的命名规则要复杂得多。在部署较简单的情况下，我们基本可以忽略Tomcat对Context命名规则的处理，但是在复杂部署的情况下，这可能会给我们的应用部署管理带来极大便利。

实际上，Context的name、path和version这3个属性与基础文件名称有非常紧密的关系。

当未指定version时，name与path相同。如果path为空字符串，基础文件名称为"ROOT"；否则，将path起始的"/"删除，并将其余"/"替换成"#"即为基础文件名称。

如果指定了version，则path不变，name和基础文件名称将追加"##"和具体版本号。

尽管以上描述以 name、path、version 推导基础文件名称，但是在自动部署的情况下，则是由基础文件名称生成 name、path、version 信息，具体规则实现参见 org.apache.catalina.util. ContextName。

规则示例如表3-4所示。

表3-4　Tomcat部署文件与请求路径转换规则

基础文件名称	Name	Path	Version	部署文件名称
foo	/foo	/foo		foo.xml、foo.war、foo
foo#bar	/foo/bar	/foo/bar		foo#bar.xml、foo#bar.war、foo#bar
foo##2	/foo##2	/foo	2	foo##2.xml、foo##2.war、foo##2
foo#bar##2	/foo/bar##2	/foo/bar	2	foo#bar##2.xml foo#bar##2.war foo#bar##2
ROOT				ROOT.xml、ROOT.war、ROOT
ROOT##2	##2		2	ROOT##2.xml ROOT##2.war ROOT##2

那么问题来了，以"foo"和"foo##2"为例，既然当版本号不同时，Tomcat的基础文件名称不同，那么同一个Tomcat实例下是否可以同时部署多个版本的Web应用呢？答案是肯定的。

Tomcat支持同时以相同的Context路径部署多个版本的Web应用，此时Tomcat将按照如下规则将请求匹配到对应版本的Context。

□ 如果请求中不包含session信息，将使用最新版本。
□ 如果请求中包含session信息，检查每个版本中的会话管理器，如果会话管理器包含当前会话，则使用该版本。
□ 如果请求中包含session信息，但是并未找到匹配的版本，则使用最新版本。

通过Context的命名规则，我们可以更合理地划分请求目录，尤其是当我们面临的是数个Web应用统一部署时。例如我们对外提供的是一个CRM产品，包括销售、市场营销、客户服务3个独立的应用。对于CRM，企业提供的统一根请求地址是http://ip:port/crm，3个应用的子地址分别为http://ip:port/crm/sale、http://ip:port/crm/market、http://ip:port/crm/customer。这时，我们只需要将3个应用的部署目录命名为：crm#sale、crm#market、crm#customer即可。通过这种方式，我们在保证请求目录统一的情况下，实现了对Web应用的分解。

通过在部署目录名称中增加版本号信息，在请求路径不变的情况下，实现了Web应用的多版本管理，便于系统的升级和降级。

3.5　Web 请求处理

介绍完Catalina中Web应用的加载过程，本节再来看一下它是如何处理Web应用请求的。

3.5.1　总体过程

在第2章中讲到，Tomcat通过org.apache.tomcat.util.http.mapper.Mapper维护请求链接与Host、Context、Wrapper等Container的映射。同时，通过org.apache.catalina.connector.MapperListener监听器监听所有的Host、Context、Wrapper组件，在相关组件启动、停止时注册或者移除相关映射。

此外，通过org.apache.catalina.connector.CoyoteAdapter将Connector与Mapper、Container联系起来。当Connector接收到请求后，首先读取请求数据，然后调用CoyoteAdapter.service()方法完成请求处理。

CoyoteAdapter.service的具体处理过程如下（只列出主要步骤）。

(1) 根据Connector的请求（org.apache.coyote.Request）和响应（org.apache.coyote.Response）对象创建Servlet请求（org.apache.catalina.connector.Request）和响应（org.apache.catalina.connector.Response）。

(2) 转换请求参数并完成请求映射。

❑ 请求URI解码，初始化请求的路径参数。

❑ 检测URI是否合法，如果非法，则返回响应码400。

❑ 请求映射，具体算法参见3.5.2节，映射结果保存到org.apache.catalina.connector.Request.mappingData，类型为org.apache.tomcat.util.http.mapper.MappingData，请求映射处理最终会根据URI定位到一个有效的Wrapper。

❑ 如果映射结果MappingData的redirectPath属性不为空（即为重定向请求），则调用org.apache.catalina.connector.Response.sendRedirect发送重定向并结束。

❑ 如果当前Connector不允许追踪（allowTrace为false）且当前请求的Method为TRACE，则返回响应码405。

❑ 执行连接器的认证及授权。

(3) 得到当前Engine的第一个Valve并执行（invoke），以完成客户端请求处理。

注意　由于Pipeline和Valve为职责链模式，因此执行第一个Valve即保证了整个Valve链的执行。详细的请求处理过程参见3.5.3节。

---

(4) 如果为异步请求：

❑ 获得请求读取事件监听器（ReadListener）；

❑ 如果请求读取已经结束，触发ReadListener.onAllDataRead。

(5) 如果为同步请求：

❑ Flush并关闭请求输入流；
❑ Flush并关闭响应输出流。

3.5.2 请求映射

请求映射过程具体分为两部分，一部分位于CoyoteAdapter.postParseRequest，负责根据请求路径匹配的结果，按照会话等信息获取最终的映射结果（因为只根据请求路径匹配，结果可能为多个）。第二部分位于Mapper.map，负责完成具体的请求路径的匹配。

1. CoyoteAdapter.postRequest()

该方法中的映射处理算法如图3-5所示。

从图中可以看出，请求映射算法非常复杂（该图还不包含请求路径的匹配——加粗部分），接下来将对每一步做一个详细介绍，以便读者理解。

(1) 定义3个局部变量。

❑ version：需要匹配的版本号，初始化为空，也就是匹配所有版本。
❑ versionContext：用于暂存按照会话ID匹配的Context，初始化为空。
❑ mapRequired：是否需要映射，用于控制映射匹配循环，初始化为true。

(2) 通过一个循环（mapRequired==true）来处理映射匹配，因为只通过一次处理并不能确保得到正确结果（第(3)步至第(8)步均为循环内处理）。

(3) 在循环第(1)步，调用Mapper.map()方法按照请求路径进行匹配，参数为serverName、url、version。因为version初始化时为空，所以第一次执行时，所有匹配该请求路径的Context均会返回，此时MappingData.contexts中存放了所有结果，而MappingData.context中存放了最新版本。

(4) 如果没有任何匹配结果，那么返回404响应码，匹配结束。

(5) 尝试从请求的URL、Cookie、SSL会话获取请求会话ID，并将mapRequired设置为false（当第(3)步执行成功后，默认不再执行循环，是否需要重新执行由后续步骤确定）。

(6) 如果version不为空，且MappingData.context与versionContext相等，即表明当前匹配结果是会话查询的结果，此时不再执行第(7)步。当前步骤仅用于重复匹配，第一次执行时，version和versionContext均为空，所以需要继续执行第(7)步，而重复执行时，已经指定了版本，可得到唯一的匹配结果。

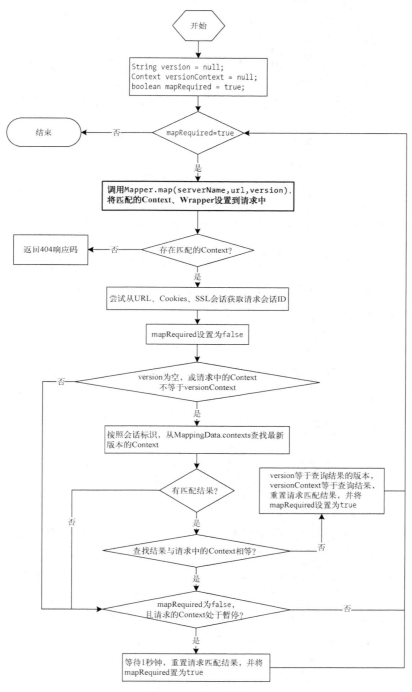

图3-5 请求映射算法

(7) 如果不存在会话ID，那么第(3)步匹配结果即为最终结果（即使用匹配的最新版本）。否则，从MappingData.contexts中查找包含请求会话ID的最新版本，查询结果分如下情况。

- 没有查询结果（即表明会话ID过期）或者查询结果与第(3)步匹配结果相等，这时同样使用的是第(3)步的匹配结果。
- 有查询结果且与第(3)步匹配结果不相等（表明当前会话使用的不是最新版本），将version设置为查询结果的版本，versionContext设置为查询结果，将mapRequired设置为true，重置MappingData。此种情况下，需要重复执行第(3)步（之所以需要重复执行，是因为虽然通过会话ID查询到了合适的Context，但是MappingData中记录的Wrapper以及相关的路径信息仍属于最新版本Context，是错误的），并明确指定匹配版本。指定版本后，第(3)步应只存在唯一的匹配结果。

(8) 如果mapRequired为false（即已找到唯一的匹配结果），但匹配的Context状态为暂停（如正在重新加载），此时等待1秒钟，并将mapRequired设置为true，重置MappingData。此种情况下，需要进行重新匹配，直到匹配到一个有效的Context或者无任何匹配结果为止。

通过上面的处理，Tomcat确保得到的Context符合如下要求。

- 匹配请求路径。
- 如果有有效会话，则为包含会话的最新版本。
- 如果没有有效会话，则为所有匹配请求的最新版本。
- Context必须是有效的（非暂停状态）。

2. Mapper.map

以上我们只讲解了Tomcat对于请求匹配结果的处理，接下来再看一下请求路径的具体匹配算法（即图3-5中加粗的部分）。

在讲解算法之前，有必要先了解一下Mapper的静态结构，这有助于我们加深对算法的理解。Mapper的静态结构如图3-6所示。

第一，Mapper对于Host、Context、Wrapper均提供了对应的封装类，因此描述算法时，我们用MappedHost、MappedContext、MappedWrapper表示其封装对象，而用Host、Context、Wrapper表示Catalina中的组件。

第二，MappedHost支持封装Host缩写。当封装的是一个Host缩写时，realHost即为其指向的真实Host封装对象。当封装的是一个Host且存在缩写时，aliases即为其对应缩写的封装对象。

第三，为了支持Context的多版本，Mapper提供了MappedContext、ContextVersion两个封装类。当注册一个Context时，MappedContext名称为Context的路径，并且通过一个ContextVersion列表保存所有版本的Context。ContextVersion保存了单个版本的Context，名称为具体的版本号。

第四，ContextVersion保存了一个具体Context及其包含的Wrapper封装对象，包括默认

Wrapper、精确匹配的Wrapper、通配符匹配的Wrapper、通过扩展名匹配的Wrapper。

第五，MappedWrapper保存了具体的Wrapper。

第六，所有注册组件按层级封装为一个MappedHost列表，并保存到Mapper。

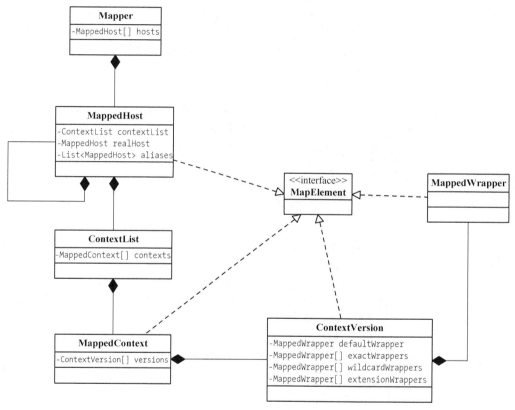

图3-6　Mapper静态类图

在Mapper中，每一类Container按照名称的ASCII正序排序（注意排序规则，这会影响一些特殊情况下的匹配结果）。以Context为例，下列名称均合法（参见3.4.6节）：/abbb/a、/abbb、/abb、/Abbb、/Abbb/a、/Abbb/ab，而在Mapper中，它们的顺序为：/Abbb、/Abbb/a、/Abbb/ab、/abb、/abbb、/abbb/a，无论以何种顺序添加。

Mapper.map()方法的请求映射结果为org.apache.tomcat.util.http.mapper.MappingData对象，保存在请求的mappingData属性中。

org.apache.tomcat.util.http.mapper.MappingData的结构如下，具体含义参见注释：

```
public class MappingData {
    public Object host = null;//匹配的Host
```

```
public Object context = null;//匹配的Context
public int contextSlashCount = 0;//Context路径中"/"的数量
public Object[] contexts = null;//匹配的Context列表, 只用于匹配过程, 并非最终使用结果
public Object wrapper = null;//匹配的wrapper
//对于JspServlet, 其对应的匹配pattern是否包含通配符
public boolean jspWildCard =false;
public MessageBytes contextPath = MessageBytes.newInstance();//Context路径
public MessageBytes requestPath = MessageBytes.newInstance();//相对于Context的请求路径
public MessageBytes wrapperPath = MessageBytes.newInstance();//Servlet路径
public MessageBytes pathInfo = MessageBytes.newInstance();//相对于Servlet的请求路径
public MessageBytes redirectPath = MessageBytes.newInstance();//重定向路径
......
}
```

对于contexts属性, 主要使用于多版本Web应用同时部署的情况, 此时可以匹配请求路径的Context存在多个, 需要进一步处理。而context属性始终存放的是匹配请求路径的最新版本（注意, 匹配请求的最新版本并不代表是最后的匹配结果, 具体参见算法讲解）。

Mapper.map的具体算法如图3-7所示。

为了简化流程图, 部分处理细节并未展开描述（如查找Wrapper）, 因此我们仍对每一步做一个详细的讲解。

(1) 一般情况下, 需要查找的Host名称为请求的serverName。但是, 如果没有指定Host名称, 那么将使用默认Host名称。

注意 默认Host名称通过按照Engine的defaultHost属性查找其Host子节点获取。查找规则：Host名称与defaultHost相等或Host缩写名与defaultHost相等（忽略大小写）。

此处需要注意一个问题, 由于Container在维护子节点时, 使用的是HashMap, 因此在得到其子节点列表时, 顺序与名称的哈希码相关。例如, 如果Engine中配置的defaultHost为 "Server001", 而Tomcat中配置了 "SERVER001" 和 "Server001" 两个Host, 此时默认Host名称为 "SERVER001"。而如果我们将 "Server001" 换成 "server001", 则结果就变成了 "server001"。当然, 实际配置过程中, 应彻底避免此种命名。

---

(2) 按照host名称查询Mapper.Host（忽略大小写）, 如果没有找到匹配结果, 且默认Host名称不为空, 则按照默认Host名称精确查询。如果存在匹配结果, 将其保存到MappingData的host属性。

注意 此处有时候会让人产生疑惑, 第(1)步在没有指定host名称时, 已将host名称设置为默认Host名称, 为什么第(2)步仍需要按照默认Host名称查找。这主要满足如下场景：当host不为空, 且为无效名称时, Tomcat将会尝试返回默认Host, 而非空值。

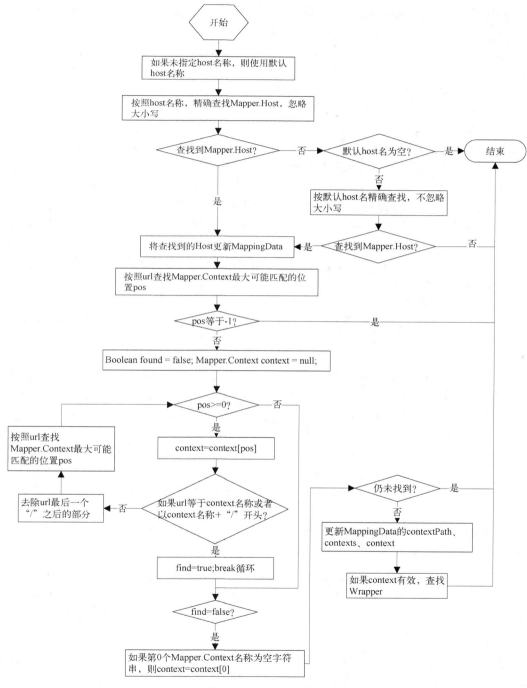

图3-7 Mapper映射算法

(3) 按照url查找MapperdContext最大可能匹配的位置pos（只限于第(2)步查找到的MappedHost下的MappedContext）。之所以如此描述，与Tomcat的查找算法相关。

注意 在Mapper中所有Container是有序的（按照名称的ASCII正序排列），因此Tomcat采用二分法进行查找。其返回结果存在如下两种情况。

- −1：表明url比当前MappedHost下所有的MappedContext的名称都小，也就是没有匹配的MappedContext。

- ≥0：可能是精确匹配的位置，也可能是列表中比url小的最大值的位置。即使没有精确匹配，也不代表最终没有匹配项，这需要进一步处理。

如果比较难以理解，我们下面试举一例。例如我们配置了两个Context，路径分别为：/myapp和/myapp/app1，在Tomcat中，这两个是允许同时存在的。然后我们尝试输入请求路径http://127.0.0.1:8080/myapp/app1/index.jsp。此时url为/myapp/app1/index.jsp。很显然，url不可能和Context路径精确匹配，此时返回比其小的最大值的位置（即/myapp/app1）。当Tomcat发现其非精确匹配时，会将url进行截取（截取为/myapp/app1）再进行匹配，此时将会精确匹配/myapp/app1。当然，如果我们输入的是http://127.0.0.1:8080/myapp/app2/index.jsp，Tomcat将会继续截取，直到匹配到/myapp。

由此可见，Tomcat总是试图查找一个最精确的MappedContext（如上例使用/myapp/app1，而非/myapp，尽管这两个都是可以匹配的）。

---

(4) 当第(3)步查找的pos≥0时，得到对应的MappedContext，如果url与MappedContext的路径相等或者url以MappedContext路径+"/"开头，均视为找到匹配的MappedContext。否则，循环执行第(4)步，逐渐降低精确度以查找合适的MappedContext（具体可参见第(3)步的例子）。

注意 对于第(3)步的例子，如果请求地址为：http://127.0.0.1:8080/myapp/app1，那么最终的匹配条件应该是url与MappedContext路径相等；如果请求地址为：http://127.0.0.1:8080/myapp/app1/index.jsp，那么最终匹配条件应该是url以MappedContext路径+"/"开头。

---

(5) 如果循环结束后仍未找到合适的MappedContext，那么会判断第0个MappedConext的名称是否为空字符串。如果是，则将其作为匹配结果（即使用默认MappedContext）。

(6) 前面曾讲到MappedContext存放了路径相同的所有版本的Context（ContextVersion），因此在第(5)步结束后，还需要对MappedContext版本进行处理。如果指定了版本号，则返回版本号相等的ContextVersion，否则返回版本号最大的。最后，将ContextVersion中维护的Context保存到MappingData中。

(7) 如果Context当前状态为有效（由图3-6可知，当Context处于暂停状态时，将会重新按照url映射，此时MappedWrapper的映射无意义），则映射对应的MappedWrapper。

3. MapperWrapper映射

我们知道ContextVersion中将MappedWrapper分为：默认Wrapper（defaultWrapper）、精确Wrapper（exactWrappers）、前缀加通配符匹配Wrapper（wildcardWrappers）和扩展名匹配Wrapper（extensionWrappers）。之所以分为这几类是因为它们之间是存在匹配优先级的。

此外，在ContextVersion中，并非每一个Wrapper对应一个MappedWrapper对象，而是每个url-pattern对应一个。如果web.xml中的servlet-mapping配置如下：

```
<servlet-mapping>
    <servlet-name>example</servlet-name>
    <url-pattern>*.do</url-pattern>
    <url-pattern>*.action</url-pattern>
</servlet-mapping>
```

那么，在ContextVersion中将存在两个MappedWrapper封装对象，分别指向同一个Wrapper实例。

Mapper按照如下规则将Wrapper添加到ContextVersion对应的MappedWrapper分类中去。

❑ 如果url-pattern以"/*"结尾，则为wildcardWrappers。此时，MappedWrapper的名称为url-pattern去除结尾的"/*"。
❑ 如果url-pattern以"*."结尾，则为extensionWrappers。此时，MappedWrapper的名称为url-pattern去除开头的"*."。
❑ 如果url-pattern等于"/"，则为defaultWrapper。此时，MappedWrapper的名称为空字符串。
❑ 其他情况均为exactWrappers。如果url-pattern为空字符串，MappedWrapper的名称为"/"，否则为url-pattern的值。

接下来看一下MappedWrapper的详细匹配过程。

(1) 依据url和Context路径计算MappedWrapper匹配路径。例如，如果Context路径为"/myapp"，url为"/myapp/app1/index.jsp"，那么MappedWrapper的匹配路径为"/app1/index.jsp"；如果url为"/myapp"，那么MappedWrapper的匹配路径为"/"。

(2) 先精确查找exactWrappers。

(3) 如果未找到，然后再按照前缀查找wildcardWrappers，算法与MappedContext查找类似，逐步降低精度。

(4) 如果未找到，然后按照扩展名查找extensionWrappers。

(5) 如果未找到，则尝试匹配欢迎文件列表（web.xml中的welcome-file-list配置）。主要用于我们输入的请求路径是一个目录而非文件的情况，如：http://127.0.0.1:8080/myapp/app1/。此时，使用的匹配路径为"原匹配路径+welcome-file-list中的文件名称"。欢迎文件匹配分为如下两步。

① 对于每个欢迎文件生成的新的匹配路径，先查找exactWrappers，再查找wildcardWrappers。如果该文件在物理路径中存在，则查找extensionWrappers，如extensionWrappers未找到，则使用defaultWrapper。

② 对于每个欢迎文件生成的新的匹配路径，查找extensionWrappers。

注意　在第①步中，只有当存在物理路径时，才会查找extensionWrappers，并在找不到时使用 defaultWrapper，而第②步则不判断物理路径，直接通过extensionWrappers查找。按照这 种方式处理，如果我们的配置如下：

- □ url-pattern配置为 "*.do"；
- □ welcome-file-list包括index.do、index.html。

当我们输入的请求路径为http://127.0.0.1:8080/myapp/app1/，且在app1目录下存在index. html文件时，打开的是index.html，而非index.do，即便它位于前面（因为它不是个具体文 件，而是由Web应用动态生成的）。

---

(6) 如果未找到，则使用默认MappedWrapper（通过conf/web.xml，即使Web应用不显式地进 行配置，也一定会存在一个默认的Wrapper）。因此，无论请求链接是什么，只要匹配到合适的 Context，那么肯定会存在一个匹配的Wrapper。

3.5.3　Catalina 请求处理

在第2章我们曾讲到，Tomcat采用职责链模式来处理客户端请求，以提高Servlet容器的灵活 性和可扩展性。Tomcat定义了Pipeline（管道）和Valve（阀）两个接口，前者用于构造职责链， 后者代表职责链上的每个处理器。由于Tomcat每一层Container均维护了一个Pipeline实例，因此 我们可以在任何层级添加Valve配置，以拦截客户端请求进行定制处理（如打印请求日志）。与 javax.servlet.Filter相比，Valve更靠近Servlet容器，而非Web应用，因此可以获得更多信息。而且 Valve可以添加到任意一级的Container(如Host)，便于针对服务器进行统一处理，不像javax.servlet. Filter仅限于单独的Web应用。

Tomcat的每一级容器均提供了基础的Valve实现以完成当前容器的请求处理过程（如 StandardHost对应的基础Valve实现为StandardHostValve），而且基础Valve实现始终位于职责链的 末尾，以确保最后执行。

我们看一下一个典型的Valve实现：

```java
class SampleValve extends ValveBase {
    @Override
    public final void invoke(Request request, Response response)
        throws IOException, ServletException {
            if (isOk()) {
                //do something
                getNext().invoke(request, response);
            }
            else {
                log.error("Bad request!");
            }
```

```
    }
}
```

由上可知，只要我们得到Pipeline中的第一个Valve即可以启动整个职责链的执行，这也是为什么在3.5.1节中执行Engine的第一个Valve便可以完成整个客户端请求处理的原因。

基于此种设计方案，在完成请求映射之后，Tomcat的请求处理过程如图3-8所示。

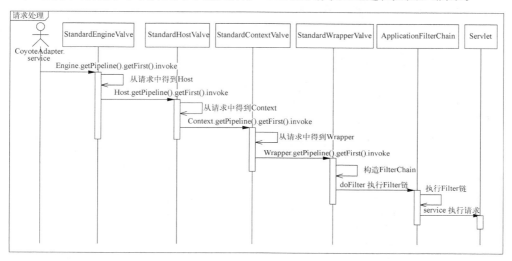

图3-8　请求处理

从图中我们可以知道，每一级Container的基础Valve在完成自身处理的情况下，同时还要确保启动下一级Container的Valve链的执行。而且由于"请求映射"过程已经将映射结果保存到请求对象中，因此Valve直接从请求中获取下级Container即可。

在StandardWrapperValve中（由于Wrapper为最低一级的Container，且该Valve处于职责链末端，因此它始终最后执行），Tomcat构造FilterChain实例完成javax.servlet.Filter责任链的执行，并执行Servlet.service()方法将请求交由应用程序进行分发处理（如果采用了如Spring MVC等Web框架的话，Servlet会进一步根据应用程序内部的配置将请求交由对应的控制器处理）。

3.6　DefaultServlet 和 JspServlet

Tomcat 在 $CATALINA_BASE/conf/web.xml 中默认定义了两个 Servlet：DefaultServlet 和 JspServlet，而且由于$CATALINA_BASE/conf/web.xml为Web应用的默认部署描述文件，因此这两个Servlet会默认存在于所有Web应用容器中。其具体配置如下：

```
<servlet>
    <servlet-name>default</servlet-name>
    <servlet-class>org.apache.catalina.servlets.DefaultServlet</servlet-class>
    <init-param>
```

```
                <param-name>debug</param-name>
                <param-value>0</param-value>
            </init-param>
            <init-param>
                <param-name>listings</param-name>
                <param-value>false</param-value>
            </init-param>
            <load-on-startup>1</load-on-startup>
    </servlet>
    <servlet>
            <servlet-name>jsp</servlet-name>
            <servlet-class>org.apache.jasper.servlet.JspServlet</servlet-class>
            <init-param>
                <param-name>fork</param-name>
                <param-value>false</param-value>
            </init-param>
            <init-param>
                <param-name>xpoweredBy</param-name>
                <param-value>false</param-value>
            </init-param>
            <load-on-startup>3</load-on-startup>
    </servlet>
    <servlet-mapping>
            <servlet-name>default</servlet-name>
            <url-pattern>/</url-pattern>
    </servlet-mapping>
    <servlet-mapping>
            <servlet-name>jsp</servlet-name>
            <url-pattern>*.jsp</url-pattern>
            <url-pattern>*.jspx</url-pattern>
    </servlet-mapping>
```

3.6.1　DefaultServlet

由前面的配置可知，DefaultServlet的url-pattern为"/"，因此，它将作为默认的Servlet。当客户端请求不能匹配其他所有Servlet时，将由该Servlet处理。

DefaultServlet主要用于处理静态资源，如HTML、图片、CSS、JS文件等，而且为了提升服务器性能，Tomcat对访问文件进行了缓存。按照默认配置，客户端请求路径与资源的物理路径是一致的。即当我们输入的链接为http://127.0.0.1:8080/myapp/static/sample.png时，加载的图片物理路径为\$CATALINA_BASE/webapps/myapp/static/sample.png。

当然，如果我们希望DefaultServlet只加载static目录下的资源，只需要将url-pattern改为"/static/*"即可（此时，DefaultServlet将不再是默认Servlet）。但是，这不会改变我们的请求路径，也就是说资源指向的仍旧是其物理路径，这是因为DefaultServlet根据完整的请求地址获取文件而非基于Servlet的相对路径。

如果我们希望Web应用覆盖Tomcat的DefaultServlet配置，只需要将"/"添加到自定义Servlet的url-pattern中即可（此时，自定义Servlet将成为默认Servlet）。

注意 覆盖DefaultServlet配置时要慎重，因为这可能导致无法加载静态文件，除非在覆盖的情况下，自定义Servlet可以兼容DefaultServlet的功能以及对请求地址的处理（大多数Servlet基于相对路径来分发请求，而非完整路径。此时如果直接覆盖，将导致客户端请求无效）。当然，我们应该尽量避免使不同Servlet之间产生覆盖，因为覆盖结果会与具体的加载顺序（web.xml、web-fragment.xml以及注解顺序）相关，当系统复杂度上升时，可维护性势必会降低。建议通过划分Servlet请求目录（如：/static/、/html/、/js/等）指定请求扩展名（如：*.do、*.action）来合理管理请求路径命名。

DefaultServlet除了支持访问静态资源，还支持查看目录列表，只需要将名为"listings"的init-param设置为true。此时如果我们输入http://127.0.0.1:8080/myapp/static/，且该目录下没有任何欢迎文件（welcome-file-list配置），Tomcat将返回对应物理目录下的文件目录列表。

注意 需要确保welcome-file-list不包含虚拟的文件名，如index.do，否则此时仍会由index.do匹配的Servlet处理。

默认情况下，Tomcat以HTML的形式输出文件目录列表（包括文件名、大小、最后修改时间）。此外，可以通过参数localXsltFile、contextXsltFile或globalXsltFile指定一个XSL或XSLT文件。此时，Tomcat将以XML形式输出文件目录，并使用指定的XSL或XSLT文件将其转换为响应输出。通过这种方式，我们可以根据需要定制文件目录输出界面。

Tomcat输出的XML内容格式如下：

```
<?xml version='1.0'?>
<listing contextPath='Web应用根目录' directory='当前查看目录' hasParent='true'>
    <entries>
        <entry type='file' urlPath='文件路径' size='文件大小' date='最后修改时间'>文件名</entry>
        <entry type='dir' urlPath='子目录路径' date='最后修改时间'>目录名</entry>
    </entries>
</listing>
```

XSL及XSLT相关知识参见http://www.w3.org/TR/xslt。

DefaultServlet支持的初始化参数如表3-5所示，我们可以根据实际需要进行配置。

表3-5 DefaultServlet支持的初始化参数

参　　数	描　　述
debug	Debug日志级别，主要用于开发环境。当前版本只有0、1~10、≥11这3个级别，而且同一级别内的值无论配置为何都是等价的
listings	如果配置为true，当请求目录下没有欢迎文件时，将显示文件目录列表，默认为false。如果目录下包含过多子目录和文件，该操作非常耗费性能，在请求访问量大的情况下占用大量系统资源
readmeFile	ReadMe文件名。当DefaultServlet允许显示文件目录，且当前文件目录下存在readmeFile指定的文件时，该文件将会被插入到最终的请求响应，以显示当前目录的ReadMe信息

（续）

参　　数	描　　述
globalXsltFile	Tomcat 支 持 通 过 XSL 定 制 文 件 目 录 显 示 列 表，该 参 数 用 于 指 定 XSL 文 件（基 于 $CATALINA_BASE/conf/或$CATALINA_HOME/conf/的相对路径），因此XSL文件可以在所有Web应用中共享
contextXsltFile	作用与globalXsltFile相同，但是文件路径相对于Web应用根目录，因此该参数指定的文件只用于具体的Web应用
localXsltFile	作用与globalXsltFile相同，但是文件路径相对于当前请求目录，因此该参数指定的文件只适用于当前请求目录。Tomcat优先使用该参数，其次为contextXsltFile，globalXsltFile优先级最低
input	读资源文件时，输入缓冲大小，单位为字节，默认为2048
output	写资源文件时，输出缓冲大小，单位为字节，默认为2048
readonly	如果配置为true，Tomcat将会拒绝由DefaultServlet处理的PUT和DELETE请求
fileEncoding	读取资源文件时使用的文件编码
sendfileSize	如果当前连接器支持sendfile，该参数用于配置使用sendfile的最小文件大小，单位为KB。如果为负数，表示禁用sendfile
useAcceptRanges	如果为true，将添加Accept-Ranges响应头
showServerInfo	如果为true，将会在文件目录列表中输出服务器信息，当前版本只适用于默认格式输出的情况

3.6.2　JspServlet

默认情况下，JspServlet的url-pattern为*.jsp和*.jspx，因此它负责处理所有JSP文件的请求。

JspServlet主要完成以下工作。

❑ 根据JSP文件生成对应Servlet的JAVA代码（JSP文件生成类的父类为org.apache.jasper.runtime.HttpJspBase——实现了Servlet接口）。

❑ 将JAVA代码编译为JAVA类。Tomcat支持Ant和JDT（Eclipse提供的编译器）两种方式编译JSP类，默认采用JDT。

❑ 构造Servlet类实例并执行请求。

关于JspServlet的更多内容，请参见第5章，本章不再详细展开。Tomcat默认配置的JspServlet不仅用于处理JSP文件，还用于配置指向单文件的Servlet。

单文件的Servlet示例如下：

```
<servlet>
    <servlet-name>sample</servlet-name>
    <jsp-file>/sample/index.jsp</jsp-file>
    <load-on-startup>2</load-on-startup>
</servlet>
<servlet-mapping>
    <servlet-name>sample</servlet-name>
    <url-pattern>*.x</url-pattern>
</servlet-mapping>
```

我们并没有指定servlet-class，而是增加了jsp-file，使其指向一个JSP文件。该Servlet处理所有扩展名为"*.x"的请求。

Tomcat如果指定了jsp-file，会自动将servlet-class设置为JspServlet，并将默认JspServlet中设置的初始化参数添加到当前Servlet。

3.7 小结

本章主要介绍了Tomcat提供的Servlet容器实现Catalina，包括如下几个方面。

❏ 使用Digester解析配置文件并实例化Servlet容器。
❏ Web应用的加载。
❏ Web请求的映射及处理。
❏ 两个默认的Servlet配置：DefaultServlet和JspServlet。

当然，我们还可以尝试将Digester用于实际项目或者自研技术框架的XML读取工作。

第 4 章

Coyote

通过上一章的讲解我们知道，Catalina是Tomcat提供的Servlet容器实现，它负责处理来自客户端的请求并输出响应。但是仅有Servlet容器服务器是无法对外提供服务的，还需要由链接器接收来自客户端的请求，并按照既定协议（如HTTP）进行解析，然后交由Servlet容器处理。可以说，Servlet容器和链接器是Tomcat最核心的两个组件，它们是构成一款Java应用服务器的基础。

本章主要介绍了Tomcat提供的链接器实现，包括其支持的协议以及I/O方式，主要内容如下。

❑ 什么是Coyote，Tomcat链接器的基础知识。

❑ Coyote的主要概念以及请求处理过程。

❑ HTTP、AJP、HTTP/2.0协议知识。

❑ NIO、NIO2、APR这3种I/O方式。

4.1 什么是 Coyote

Coyote是Tomcat链接器框架的名称，是Tomcat服务器提供的供客户端访问的外部接口。客户端通过Coyote与服务器建立链接、发送请求并接收响应。

Coyote封装了底层的网络通信（Socket请求及响应处理），为Catalina容器提供了统一的接口，使Catalina容器与具体的请求协议及I/O方式解耦。Coyote将Socket输入转换为Request对象，交由Catalina容器进行处理，处理请求完成后，Catalina通过Coyote提供的Response对象将结果写入输出流。

Coyote作为独立的模块，只负责具体协议和I/O的处理，与Servlet规范实现没有直接关系，因此即便是Request和Response对象也并未实现Servlet规范对应的接口，而是在Catalina中将它们进一步封装为ServletRequest和ServletResponse。

Coyote与Catalina的交互可以通过图4-1来表示。

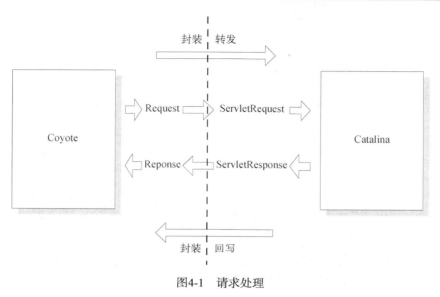

图4-1 请求处理

在Coyote中，Tomcat支持以下3种传输协议。

❑ HTTP/1.1协议：这是绝大多数Web应用采用的访问协议，主要用于Tomcat单独运行（不与Web服务器集成）的情况。

❑ AJP协议：用于和Web服务器（如Apache HTTP Server）集成，以实现针对静态资源的优化以及集群部署，当前支持AJP/1.3。

❑ HTTP/2.0协议：下一代HTTP协议，自Tomcat 8.5以及9.0版本开始支持。截至目前，主流浏览器的最新版本均已支持HTTP/2.0。

针对HTTP和AJP协议，Coyote又按照I/O方式分别提供了不同的选择方案（自8.5.0/9.0版本起，Tomcat移除了对BIO的支持）。

❑ NIO：采用Java NIO类库实现。

❑ NIO2：采用JDK 7最新的NIO2类库实现。

❑ APR：采用APR（Apache可移植运行库）实现。APR是使用C/C++编写的本地库，如果选择该方案，需要单独安装APR库。

我们可以采用一种简单的分层视图来描述Tomcat对协议及I/O方式的支持，如图4-2所示。

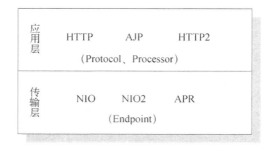

图4-2　协议分层

在8.0之前，Tomcat默认采用的I/O方式为BIO，之后改为NIO。无论NIO、NIO2还是APR，在性能方面均优于以往的BIO。如果采用APR，甚至可以达到接近于Apache HTTP Server的响应性能。

在Coyote中，HTTP/2.0的处理方式与HTTP/1.1和AJP不同，采用一种升级协议的方式实现，这也是由HTTP/2.0的传输方案所决定的，这一点接下来会讲到。

在本章中，我们先尝试通过讲解Web请求处理来说明Coyote的基本设计，然后再分别介绍HTTP、AJP、HTTP/2.0协议实现及其配置方式。

4.2　Web 请求处理

本节介绍Coyote的请求处理过程，结合第3章的Catalina容器处理，你就可以基本知晓Tomcat完整的请求处理过程。

4.2.1　主要概念

在讲解请求处理之前，我们先回顾一下链接器中涉及的主要概念（见第2章）。其整体内容如图4-3所示。

在图4-3中，我们并没有列出所有的实现类，只是通过接口、抽象类来展现Connector核心概念及其依赖关系（AbstractEndPoint.Handler的引用位于AbstractEndPoint各个实现类，此处仅为了便于展现其依赖关系）。

在Connector中有如下几个核心概念。

❑ Endpoint：Coyote通信端点，即通信监听的接口，是具体的Socket接收处理类，是对传输层的抽象。Tomcat并没有Endpoint接口，而是提供了一个抽象类`AbstractEndpoint`。根据I/O方式的不同，提供了NioEndpoint（NIO）、AprEndpoint（APR）以及Nio2Endpoint（NIO2）3个实现（8.0及之前版本还有JIoEndpoint（BIO））。

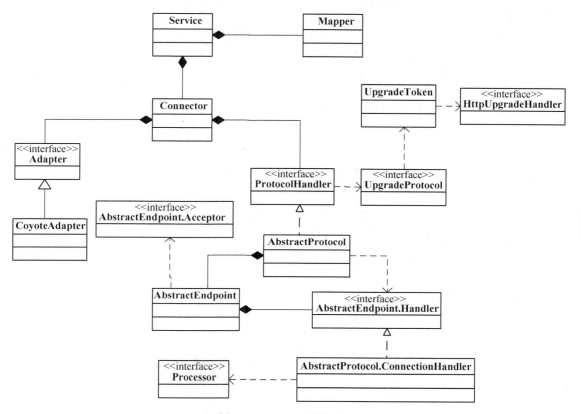

图4-3 Connector静态设计

❑ Processor：Coyote协议处理接口，负责构造Request和Response对象，并通过Adapter将其
提交到Catalina容器处理，是对应用层的抽象。Processor是单线程的，Tomcat在同一次链
接中复用Processor。Tomcat按照协议的不同提供了3个实现类：Http11Processor
（HTTP/1.1）、AjpProcessor（AJP）、StreamProcessor（HTTP/2.0）。除此之外，它还提供了
两个用于升级协议处理的实现：UpgradeProcessorInternal和UpgradeProcessorExternal，
前者用于处理内部支持的升级协议（如HTTP/2.0和WebSocket。至于UpgradeProcessor-
Internal是如何与StreamProcessor配合完成HTTP/2.0处理的，请参见4.2.3节），后者用于
处理外部扩展的升级协议支持。

❑ ProtocolHandler：Coyote协议接口，通过封装Endpoint和Processor，实现针对具体协议的
处理功能。Tomcat按照协议和I/O提供了6个实现类：Http11NioProtocol、Http11AprProtocol、
Http11Nio2Protocol、AjpNioProtocol、AjpAprProtocol、AjpNio2Protocol。我们在$CATALINA_
BASE/conf/server.xml中设置链接器时，至少要指定具体的ProtocolHandler（当然，也可以
指定协议名称。如"HTTP/1.1"，如果服务器安装了APR，那么将使用Http11AprProtocol，
否则使用Http11NioProtocol，Tomcat 7以及之前版本则会是Http11Protocol）。

❑ **UpgradeProtocol**：Tomcat采用`UpgradeProtocol`接口表示HTTP升级协议，当前只提供了一个实现（Http2Protocol）用于处理HTTP/2.0。它根据请求创建一个用于升级处理的令牌UpgradeToken，该令牌中包含了具体的HTTP升级处理器HttpUpgradeHandler，HTTP/2.0的处理器实现为Http2UpgradeHandler。Tomcat中的WebSocket也是通过UpgradeToken机制实现的，此部分在4.2.3节以及11.4节均有详细讲解。

4.2.2 请求处理

首先，一个简化的Tomcat Connector请求处理过程如图4-4所示。

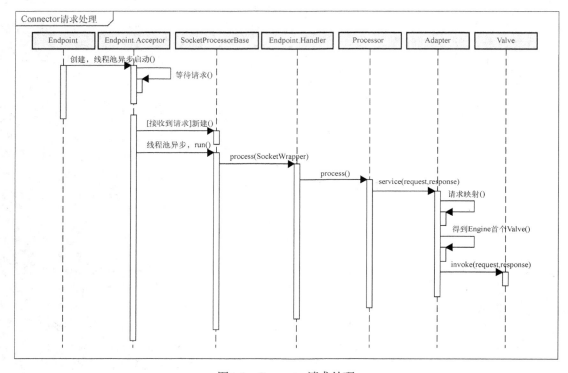

图4-4 Connector请求处理

自8.5版本开始，Tomcat增加了UpgradeProtocol以支持HTTP升级协议处理（之前版本采用另一种机制以支持WebSocket，此处不再赘述）用以支持HTTP/2.0。

因此，对于HTTP请求（以NIO为例），Tomcat 8.5的处理过程如图4-5所示。

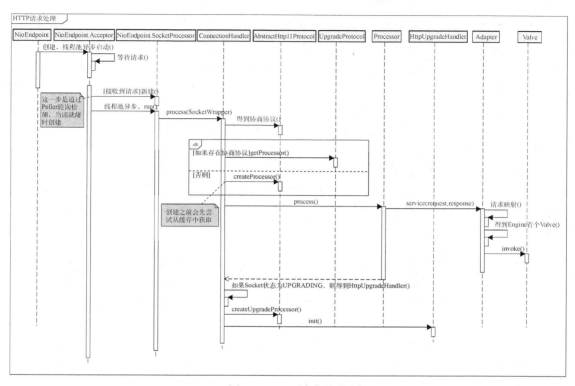

图4-5　HTTP请求处理

图4-4和图4-5只是从接口层面描述了Connector的请求处理，接下来让我们看一下它的详细过程（以HTTP为例）。

(1) 当Connector启动时，会同时启动其持有的Endpoint实例。Endpoint并行运行多个线程（由属性acceptorThreadCount确定），每个线程运行一个AbstractEndpoint.Acceptor实例。在Abstract-Endpoint.Acceptor实例中监听端口通信(I/O方式不同,具体的处理方式也不同),而且只要Endpoint处于运行状态，始终循环监听。

(2) 当监听到请求时，Acceptor将Socket封装为SocketWrapper实例（此时并未读取数据），并交由一个SocketProcessor对象处理（此过程也由线程池异步处理）。此部分根据I/O方式的不同处理会有所不同，如NIO采用轮询的方式检测SelectionKey是否就绪。如果就绪，则获取一个有效的SocketProcessor对象并提交线程池处理。

(3) SocketProcessor是一个线程池Worker实例，每一个I/O方式均有自己的实现。它首先判断Socket的状态（如完成SSL握手），然后提交到ConnectionHandler处理。

(4) 由图4-5可以知道，ConnectionHandler是AbstractProtocol的一个内部类，主要用于为链接选择一个合适的Processor实现以进行请求处理。

为了提升性能，它针对每个有效的链接都会缓存其Processor对象。不仅如此，当前链接关闭时，其Processor对象还会被释放到一个回收队列（升级协议不会回收），这样后续链接可以重置并重复利用，以减少对象构造。

因此，在处理请求时，它首先会从缓存中获取当前链接的Processor对象。如果不存在，则尝试根据协商协议构造Processor（如HTTP/2.0请求）。如果不存在协商协议（如HTTP/1.1请求）则从回收队列中获取一个已释放的Processor对象使用。如果回收队列中没有可用的对象，那么由具体的协议创建一个Processor使用（同时注册到缓存）。

然后，ConnectionHandler调用`Processor.process()`方法进行请求处理。如果不是协议协商的请求（如普通的HTTP/1.1请求或者AJP请求），那么Processor则会直接调用`CoyoteAdapter.service()`方法将其提交到Catalina容器处理。如果是协议协商请求，Processor会返回SocketState.UPGRADING，由ConnectionHandler进行协议升级。

> **注意** 无论HTTP/2.0还是WebSocket，在建立链接时会首先通过HTTP/1.1进行协议协商，此时服务器接收到的是带有特殊请求头的HTTP/1.1链接，因此仍由Http11Processor处理，它对于协议协商的请求会返回SocketState.UPGRADING，并由ConnectionHandler进行具体的升级处理。

(5) 协议升级时，ConnectionHandler会从当前Processor得到一个UpgradeToken对象（如果没有，则默认为HTTP/2），并构造一个升级Processor实例（如果是Tomcat支持的协议（如HTTP/2和WebSocket）则会是UpgradeProcessorInternal，否则是UpgradeProcessorExternal）替换当前的Processor，并将当前的Processor释放回收。替换后，该链接的后续处理将由升级Processor完成。

(6) 通过UpgradeToken中HttpUpgradeHandler对象的`init()`方法进行初始化，以便准备开始启用新协议。

在ConnectionHandler中还包含了其他Socket状态的处理，此处不再赘述。在Connector的请求处理过程中，Tomcat通过支持请求监听、请求处理的多线程并发以提升服务器请求处理速度。

4.2.3 协议升级

尽管4.2.2节涉及了部分升级协议机制的内容，但是本节我们仍计划系统性地介绍一下，因为这不仅关系到Tomcat的实现方案，还与Servlet规范有关。

在8.5版本，Tomcat重构了协议升级的实现方案，以支持HTTP/2.0，而且WebSocket也改由新的升级方案实现。尽管HTTP/2.0与WebSocket底层的升级方案是一致的，但是它们对协议协商的判断机制却是不同的。具体如图4-6所示。

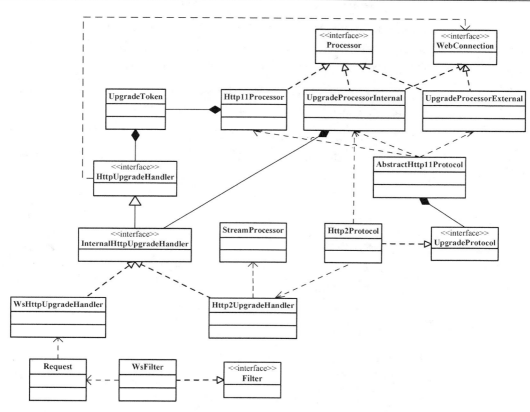

图4-6　升级协议类图

在Servlet规范3.1中，首先通过WebConnection接口表示一个用于升级请求的链接。Tomcat中的UpgradeProcessorExternal和UpgradeProcessorInternal类均实现了该接口。其次，又通过HttpUpgradeHandler接口表示升级协议的处理过程，Tomcat目前只提供了HTTP/2.0（Http2-UpgradeHandler）和WebSocket（WsHttpUpgradeHandler）两种协议的支持。如果阅读代码你会发现，尽管Tomcat提供了WebConnection实现，但它仅仅是对HttpUpgradeHandler的一个简单代理，至于升级协议的初始化、数据读写均由HttpUpgradeHandler完成。

对于升级协议，Tomcat通过一个UpgradeToken对象维护与其相关的信息，如当前Web应用上下文（StandardContext）、对象实例管理器（用于实例化对象）以及当前使用的HttpUpgradeHandler实例。无论HTTP/2.0还是WebSocket，均是先构造一个UpgradeToken对象，然后根据它创建UpgradeProcessorInternal实例，并替换当前的Http11Processor以完成协议升级。当前链接的后续处理均由UpgradeProcessorInternal维护的HttpUpgradeHandler完成。

从图4-6我们可以看出，HTTP/2.0与WebSocket链接的处理采用了一致的API实现，但是它们的初始化方式却是不同的。

HTTP/2.0通过8.5新增的`UpgradeProtocol`接口创建`HttpUpgradeHandler`以及`UpgradeToken`，而WebSocket则是通过过滤器`WsFilter`判断当前请求是否为WebSocket升级请求，如果是，则调用当前请求的`upgrade()`方法构造`UpgradeToken`并传递给`Http11Processor`。

也就是说，对于第一次协议协商的过程，HTTP/2.0是由链接器直接处理的，并未提交到Servlet容器，而WebSocket则提交到了Servlet容器。

由于HTTP/2.0是多路复用的协议，也就是多个HTTP请求通过一个链接完成。因此对于`Http2UpgradeHandler`，会将每次请求响应交给`StreamProcessor`处理。而`StreamProcessor`则会将请求提交到Servlet容器。

4.3   HTTP

HTTP协议可以说是互联网应用最广泛的网络协议，也是所有服务器均支持的基本的协议。它是一种基于请求与响应模式的、无状态的应用层协议。本节主要介绍了HTTP协议（1.1版本）的基础知识以及在Tomcat中如何配置使用。

4.3.1   基础知识

HTTP协议具有如下特点。

❑ 支持客户端/服务器模式。

❑ 简单快速：客户端向服务器请求服务时，只需要发送请求方法和路径即可。常见的请求方法包括GET、POST等。每种方法规定了客户端与服务器联系的不同类型。由于HTTP协议简单，HTTP服务器程序规模小、通信速度快。

❑ 灵活：HTTP允许传输任意类型的数据对象，正在传输的类型由Content-Type加以标记。

❑ 无链接：限制每次链接只处理一个请求，服务器处理完客户端请求并收到客户端应答后即断开链接。采用此种方式可以节省传输时间。

当然这只是短链接的处理方式。对于长链接，HTTP/1.1每次链接是可以处理多个请求的，但是请求是顺序执行的，因此更准确的说法是链接在同一时刻只能处理一个请求。

❑ 无状态：指协议对于事务处理没有记忆能力，意味着如果后续处理需要前面的信息，则必须重传。这样可能导致每次链接传送的数据量增大。

通常HTTP消息包括请求消息和响应消息。两者均由消息行、消息头和消息体3部分组成。

一个典型的HTTP请求消息如下：

```
GET / HTTP/1.1
Host: www.myhost.com
User-Agent: Mozilla/5.0 (Windows NT 6.2; WOW64; rv:36.0) Gecko/20100101 Firefox/36.0
Accept: */*
Accept-Language: zh-CN,zh;q=0.8,en-US;q=0.5,en;q=0.3
```

```
Accept-Encoding: gzip, deflate
Connection: keep-alive
If-None-Match: 10802316996441022840
Cache-Control: max-age=0
```

请求正文

第一行为请求行，格式为：Method（请求方法）、Request-URI（请求URI）、HTTP-Version（HTTP版本）。从第二行至空行为消息头，名称与值以冒号分隔，常见如Accept、Accept-Encoding等。空行之后为请求正文。

HTTP响应消息格式如下：

```
HTTP/1.1 200 OK
Cache-Control: public,max-age=25920000
Connection: keep-alive
Content-Encoding: gzip
Content-Type: application/javascript
Date: Fri, 27 Mar 2015 12:01:26 GMT
Etag: "2a64128429bce1:0"
Last-Modified: Fri, 15 Feb 2013 03:06:57 GMT
Transfer-Encoding: chunked
Vary: Accept-Encoding
```

响应正文

第一行为状态行，格式为：HTTP-Version（HTTP版本）、Status-Code（状态码）、Reason-Phrase（状态码描述），常见HTTP状态码如：200（请求成功）、400（请求错误）、404（请求资源不存在）、500（服务器内部错误）等。从第二行至空行为响应头，格式与请求相同。空行之后为响应正文。

如果希望详细了解HTTP协议，可以阅读图灵出版的《HTTP权威指南》一书。此书深入讲解了HTTP协议的基础原理、缓存、安全等方方面面，堪称HTTP协议的"圣经"。

4.3.2　配置方式

Tomcat在默认配置下即支持HTTP/1.1，不需要另行配置。我们可以在$CATALINA_BASE/conf/server.xml中找到相关配置，如下所示：

```
<Connector port="8080" protocol="HTTP/1.1" connectionTimeout="20000" redirectPort="8443"/>
```

从配置可知，HTTP请求的处理端口为8080，我们可以通过修改port属性，将其修改为希望分配的端口，如80。

其次，属性protocol为"HTTP/1.1"，表示当前链接器支持的协议为HTTP/1.1。采用此种方式配置，Tomcat会自动检测当前服务器是否安装了APR。如果安装了APR，那么Tomcat将自动使用APR处理HTTP（即Http11AprProtocol），否则使用NIO（Tomcat 7以及之前版本为BIO）。除此之外，我们还可以明确指定协议处理类，此时Tomcat的检测将不再生效。如下所示，我们指定采用NIO处理HTTP请求。

```
<Connector port="8080" protocol="org.apache.coyote.http11.Http11NioProtocol" connectionTimeout=
"20000" redirectPort="8443"/>
```

connectionTimeout属性表示Connector接收到链接后的等待超时时间，单位为毫秒，默认为20秒。

redirectPort属性表示如果当前Connector支持non-SSL请求，并且接收到请求内容中存在一个一致的<security-constraint>需要SSL传输，Catalina会自动将请求重定向到该属性指定的端口。Tomcat默认指定的端口为8443。

各种应用系统的部署千差万别，对应用服务器的要求也不尽相同。HTTP链接器支持非常多的属性用于满足各种部署场景。而且有些属性也是我们在系统性能优化过程中需要重点关注的。我们尝试提供几个与性能关系密切的属性配置以供参考。

- ❑ maxThreads：Tomcat是一款多线程Servlet容器，每个请求都会分配一个线程进行处理，因此Tomcat采用线程池来提高处理性能。maxThreads用于指定Connector创建的请求处理线程的最大数目。该属性决定了可以并行处理的请求最大数目，即并发上限。当并发请求数超过maxThreads时，多余的请求只能排队等待。增大该属性可以提高Tomcat的并发处理能力。但这意味着会占用更多的系统资源。因此如果非常大反而会降低性能，甚至导致Tomcat崩溃。

- ❑ maxSpareThreads：Tomcat允许的空闲线程的最大数目，超出的空闲线程将被直接关闭。将该属性设置为较大值对性能并无益处，默认值（50）已经可以满足大多数Web应用的需要。

- ❑ minSpareThreads：Tomcat允许的空闲线程的最小数目，也是启动时Connector创建的线程数目。如果空闲线程数小于该值，Tomcat将创建新的线程。将该属性设置为较大值对性能并无益处，因为会占用额外的系统资源。默认值（4）可以满足大多数Web应用的需要。但是对于存在突发情况的Web应用，可以适当调大该值。

- ❑ tcpNoDelay：将该属性设置为true，会启用Socket的TCP_NO_DELAY选项。它会禁用Nagle算法，该算法通过降低网络发送包的数量提升网络利用率。在非交互式Web应用环境中，该算法会缩短响应时间。但是在交互式Web应用环境中则会加大响应时间，因为它会将小包拼接为大包再进行发送，从而导致响应延迟。

- ❑ maxKeepAliveRequest：用于控制HTTP请求的"keep-alive"行为，以启用持续链接（即多个请求通过同一个HTTP链接发送）。该属性指定HTTP链接在被服务器关闭之前处理的请求最大数目。Tomcat的默认值为100，如果设置为1表示禁用该特性。因此，该属性会提升单个客户端的请求效率，尤其当一个Web页面包含多个HTTP请求时（减少了新建链接的开销），但同时会影响到服务器整体的吞吐量（链接持续时间过长，使服务器容易达到最大链接数，此时其他客户端的请求只能等待，甚至被直接拒绝。这种情况下，我们可以适当调低keepAliveTimeout的值）。

- ❑ socketBuffer：用于指定Socket输出缓冲的大小，单位为字节。

❑ enableLookups：设置为false，会禁用request.getRemoteHost()方法的DNS查询，从而提升响应性能（减少DNS查询耗时）。

当然，这仅是与性能相关的一部分属性，而且也是影响性能的一个方面（还包括JVM、TCP栈，等等）。详见第6章和第10章。

4.4　AJP

除了HTTP，Tomcat还支持AJP协议，以便于Apache HTTP Server等Web服务器集成。本节主要讲解AJP协议的基础知识及其配置使用方式。

4.4.1　基础知识

为了满足负载均衡、静态资源优化、遗留系统集成（如集成PHP Web应用）等应用部署要求，我们习惯于在Servlet容器的前端部署专门的Web服务器，如Apache HTTP Server。由于增加了Web服务器的请求转发处理，虽然此时的单独请求性能必定低于直链Servlet容器的情况（增加了一层请求转发），但是整体性能却要大大好于直链。这主要有两个原因：(1)通过Web服务器的负载均衡机制，可以大大降低单台服务器的负载，从而提升请求处理效率；(2)充分利用Web服务器在静态资源处理上的性能优势，提升Web应用静态资源处理速度（尤其对于静态资源较多的Web应用）。

因此出于性能方面的考虑，要尽可能提高Web服务器与Servlet容器之间数据传输的效率，以减少由此带来的额外开销。服务器在传输可读性文本时，一种更好的方式是采用二进制格式进行传输，这样会大大降低每次请求发送的数据包的大小。此外，由于Web服务器与Servlet容器通过TCP链接通信。为了减少昂贵的Socket创建过程，Web服务器也会试图与Servlet容器保持持久的TCP链接，在多个请求/响应周期之间复用同一个链接。

只要链接被分配给一个特定的请求，它将不会被用于其他请求，直到请求处理周期终止。换句话说，请求不能通过链接实现多路复用（这简化了链接两端的编码工作，但是也会导致需要同时打开更多的链接）。

AJP便是按照以上思想设计实现的一种通信协议。采用AJP协议时，客户端与服务器的交互如图4-7所示。

AJP（Apache JServ Protocol）是Alexei Kosut创建的定向包（packet-oriented）通信协议，采用二进制格式传输可读文本。AJP 1.0版本发布于1997年，同年Alexei Kosut开发了第一个实现，并把它包含在Apache JServ Servlet Engine 0.9（Tomcat前身，Servlet容器参考实现）版本中，其对应的Web服务器端的实现为mod_jserv 0.9a（Apache HTTP Server模块，即现在的mod_jk）。

从该协议的命名不难看出，其最初的目标便是用于Apache HTTP Server（Web服务器）与Apache JServ之间的通信，以提升Web服务器与应用服务器集成时的通信性能。

　　当前AJP协议最新版本为1.3（1998年曾尝试推出2.0版本，但时至今日可用的最新版本仍为1.3）。至今除Apache、Tomcat外，Lighttpd（1.5.x）、Nginx、IIS等流行的Web服务器以及Jetty、JBoss AS/WildFly等Servlet容器/应用服务器均已支持AJP协议。

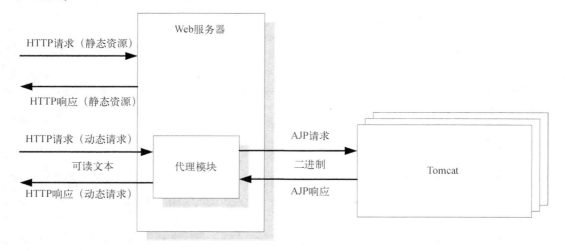

图4-7　基于AJP协议的请求处理

　　在AJP协议下，Web服务器打开一个与Servlet容器的链接后，该链接只可处于以下两种状态。

　　❑ 空闲：没有请求正在通过该链接处理。

　　❑ 已分配：链接正在处理一个特定请求。

　　一旦链接被分配用于处理一个特定的请求，请求的基本信息（如HTTP头）将会以高度精简的格式通过链接发送。如果存在请求体，它将会以单独的包紧随其后进行发送。

1. AJP消息包结构

　　AJP消息包分为请求消息（由Web服务器发送到Servlet容器）和响应消息（由Servlet容器发送到Web服务器），消息包最大为8KB。

注意　需要注意消息包大小限制。当请求体超过限制时，AJP协议会将其拆分为多条消息进行发送。但是，如果请求头的大小超出消息包上限（如Cookie信息过多），AJP协议则无法处理，此时只能使用HTTP协议。一旦出现此种情况，应合理评估应用系统，以确定是否可以将此部分剥离，单独采用HTTP协议集成，而其余功能采用AJP协议。

　　请求消息的格式如表4-1所示。

表4-1 Web服务器请求消息格式

Web服务器发送到Servlet容器的包格式（请求）				
字节位置	0	1	2	3	4~(n+3)
内容	0x12	0x34	数据长度（n）		数据

请求消息的前两个字节固定为0x1234，第2个和第3个字节用于记录有效载荷（payload，即具体的请求消息数据，包括请求方法、地址、请求头、请求体等），因此理论上每条消息的有效载荷上限为2^{16}，但是实际上最大只能为8KB。从第4个字节开始为具体的有效载荷。

响应消息的格式如表4-2所示。

表4-2 Servlet容器响应消息格式

Servlet容器发送到Web服务器的包格式（响应）				
字节位置	0	1	2	3	4~(n+3)
内容	A	B	数据长度（n）		数据

响应消息的前两个字节固定为AB两个字母的ASCII码，其余部分与请求消息相同。

绝大多数请求、响应消息的有效载荷首字节均记录了消息类型的编码，只有一个例外，就是发送请求体数据的消息，它没有记录相关信息。

AJP支持的请求及响应消息类型如表4-3所示。

表4-3 AJP支持的请求及响应类型

	编 码	类 型	描 述
请求	2	Forward Request	使用接下来的数据开始请求处理周期
	7	Shutdown	Web服务器请求Servlet容器关闭自己
	8	Ping	Web服务器请求Servlet容器采取控制（安全登录阶段）
	10	CPing	Web服务器请求Servlet容器通过一个CPong快速响应
	空	Data	主体数据及其大小
响应	3	Send Body Chunk	Servlet容器向Web服务器发送一个主体数据块
	4	Send Headers	Servlet容器向Web服务器发送响应头信息
	5	End Response	用于标记响应结束
	6	Get Body Chunk	如果请求数据未传完，用于得到更多的请求数据
	9	CPong Reply	CPing请求应答

出于安全考虑，对于Shutdown请求，Servlet容器只有在请求来自其部署的机器时才会实际执行关闭操作。

Web服务器在发送Forward Request后会立即发送第一个Data包。

基于上述消息类型，在一次HTTP请求过程中，Web服务器与Servlet容器交互如图4-8所示。

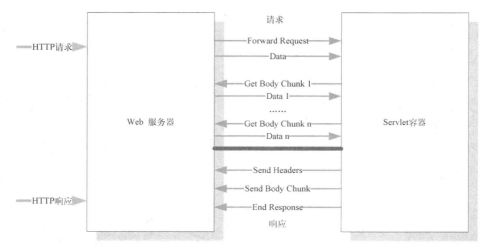

图4-8   基于AJP协议的请求处理过程

在AJP协议中，每种请求/响应消息拥有不同的结构，我们以Forward Request请求和Send Headers、Send Body Chunk响应为例进行说明。

注意   AJP 1.3消息中支持4种数据类型：字节、布尔、整型和字符串。

❑ 字节：占用单字节。

❑ 布尔：占用单字节，1表示true，0表示false。

❑ 整型：0~32768的数字，占用两个字节存储，高位字节优先。

❑ 字符串：可变长字符串，最大长度为32768。编码时，先将字符串长度写到两个字节中，然后字符串信息紧随其后（包括结束符"\0"）。注意，编码长度不包含结尾的"\0"。

---

2. Forward Request结构

Forward Request请求消息包结构如下所示：

```
AJP13_FORWARD_REQUEST :=
    prefix_code       (byte) 0x02 = JK_AJP13_FORWARD_REQUEST
    method            (byte)
    protocol          (string)
    req_uri           (string)
    remote_addr       (string)
    remote_host       (string)
    server_name       (string)
    server_port       (integer)
    is_ssl            (boolean)
    num_headers       (integer)
    request_headers *(req_header_name req_header_value)
    attributes        *(attribut_name attribute_value)
request_terminator (byte) 0xFF
```

首字节（prefix_code）表示消息类型编码，因此对于Forward Request来说，该字节固定为"2"。

第二个字节（method）表示HTTP请求Method的编码，具体如表4-4所示。

表4-4　AJP支持的HTTP Method编码

方 法 名	编 码	方 法 名	编 码
OPTIONS	1	ACL	15
GET	2	REPORT	16
HEAD	3	VERSION-CONTROL	17
POST	4	CHECKIN	18
PUT	5	CHECKOUT	19
DELETE	6	UNCHECKOUT	20
TRACE	7	SEARCH	21
PROPFIND	8	MKWORKSPACE	22
PROPPATCH	9	UPDATE	23
MKCOL	10	LABEL	24
COPY	11	MERGE	25
MOVE	12	BASELINE_CONTROL	26
LOCK	13	MKACTIVITY	27
UNLOCK	14		

protocol（请求协议）、req_uri（请求URI）、remote_addr（远程地址）、remote_host（远程主机）、server_name（服务器名称）、server_port（服务器端口号）、is_ssl（是否为SSL），这些属性均是自描述的，不再详细说明。

请求头由两个属性描述，首先num_headers存储请求中头信息的数目。其次request_headers存储具体的头信息的键值对。通用的头名称以整数编码形式存储，非通用头名称，以字符串形式存储。值为普通的字符串，紧随请求头名称之后。

通用头名称编码如表4-5所示。

表4-5　AJP支持的HTTP请求头编码

头 名 称	编 码	头 名 称	编 码
accept	0xA001	content-length	0xA008
accept-charset	0xA002	cookie	0xA009
accept-encoding	0xA003	cookie2	0xA00A
accept-language	0xA004	host	0xA00B
authorization	0xA005	pragma	0xA00C
connection	0xA006	referer	0xA00D
content-type	0xA007	user-agent	0xA00E

Servlet容器解析时，可以先尝试读取前两个字节，如果第一个字节为"0xA0"，那么前两个字节即为请求头名称的编码（如果将所有请求头按编码顺序存储到一个数组中，第二个字节可以

直接作为请求头名称在数组中的位置，以简化查询）。否则前两个字节为头名称字符串的长度，并继续读取后续字节作为请求头名称。

当然，这种设计基于的前提是请求头名称的长度不会超过0x9999（0xA000-1），虽然有些随意，但却是合理的。

请求属性由attributes描述（因为Forward Request不包含请求体数据，所以不需要额外字节来描述attributes的数目，请求头之后的所有数据均可认为是attributes）。

与请求头类似，请求属性也以键值对形式存储。键为属性编码，除are_done外，其他属性值均为字符串。are_done没有对应的属性值，其编码为特殊字符，用以表示attributes以及当前请求包的结束。

当前支持的请求属性编码如表4-6所示。

表4-6　AJP支持的HTTP请求属性编码

属性名称	编　　码	是否必须
context	0x01	否
servlet_path	0x02	否
remote_user	0x03	否
auth_type	0x04	否
query_string	0x05	否
jvm_route	0x06	否
ssl_cert	0x07	否
ssl_cipher	0x08	否
ssl_session	0x09	否
req_attribute	0x0A	否
ssl_key_size	0x0B	否
are_done	0xFF	是

在具体实现中，context、servlet_path两个属性并未使用，不再详细说明。

remote_user、auth_type用于HTTP请求认证。

query_string、ssl_cert、ssl_cipher、ssl_session分别对应于HTTP请求中相应的内容，如果你了解HTTP协议，那么这些名称的具体含义不难理解。

jvm_route用于支持粘性会话主要用于集群环境，具体使用参见第7章和第8章。

req_attribute用于支持扩展请求属性的发送，所有扩展属性名和属性值以一个字符串的形式存储到req_attribute的值中。

3. Send Headers结构

Send Headers响应消息包结构如下所示：

```
AJP13_SEND_HEADERS :=
    prefix_code            4
    http_status_code    (integer)
    http_status_msg     (string)
    num_headers          (integer)
    response_headers *(res_header_name header_value)
```

prefix_code固定为4，表示响应消息类型为"Send Headers"。http_status_code和http_status_msg表示HTTP响应码和描述。

响应头的结构与Forward Request中的请求头结构相同，支持的响应头编码如表4-7所示。

表4-7　AJP支持的HTTP响应头编码

头　名　称	编　码	头　名　称	编　码
Content-Type	0xA001	Set-Cookie	0xA007
Content-Language	0xA002	Set-Cookie2	0xA008
Content-Length	0xA003	Servlet-Engine	0xA009
Date	0xA004	Status	0xA00A
Last-Modified	0xA005	WWW-Authenticate	0xA00B
Location	0xA006		

4. Send Body Chunk结构

Send Body Chunk响应消息包结构如下所示：

```
AJP13_SEND_BODY_CHUNK :=
    prefix_code      3
    chunk_length   (integer)
    chunk              *(byte)
```

prefix_code固定为3，表示Send Body Chunk响应消息。chunk_length表示响应体数据长度，chunk表示具体的响应体数据。

4.4.2　Web 服务器组件

我们知道，要采用AJP协议进行通信，Web务器和Servlet容器必须均支持AJP协议才可以。Tomcat、Jetty等Servlet容器均已支持AJP协议，而Web服务器端稍有不同。

首先，Tomcat提供了子项目Tomcat Connectors用于为有限的几款Web服务器提供AJP协议模块，我们只要在Web服务器端部署对应的模块，Web服务器便可以支持AJP协议。

1. Tomcat Connectors

Tomcat Connectors提供了3款Web服务器的AJP协议模块，分别为Apache HTTP Server、IIS、SunOne。此处我们只做概要介绍，具体的安装及配置方式请参见第7章。

- **Apache HTTP Server**

Tomcat Connectors提供了一个Apache模块mod_jk，用于AJP协议处理。

它支持的环境如下。

❑ 操作系统：主流的Windows、Linux以及基于Unix的各种操作系统（甚至Cygwin模拟环境、Netware网络操作系统以及一些专业的服务器操作系统，如IBMi5/OS V5R4）。

❑ Web服务器：Apache 1.3以及2.x。

❑ Tomcat：Tomcat 3.2至Tomcat 8的各个版本。

模块文件视操作系统而定，可能为mod_jk.so、mod_jk.nlm或MOD_JK.SRVPGM以及一个配置文件workers.properties（用于配置Tomcat实例的主机及端口）。

其具体工作方式如下。

❑ Web服务器在启动时加载Servlet容器适配器并进行初始化（由mod_jk模块提供）。

❑ 当Web服务器接收到客户端请求后，先检查该请求是否属于Servlet容器。如果是，则将请求交由Servlet容器适配器处理，否则仍由Web服务器处理。

❑ 适配器根据请求URL等信息确定发送到的具体的Servlet容器实例，并通过AJP协议发送请求数据并接受响应。

● **IIS**

Tomcat Connectors提供了一个IIS定向器插件JK ISAPI，用于AJP协议处理。

它支持的环境如下。

❑ 操作系统：主要的Windows版本。

❑ Web服务器：IIS 4.0、PWS 4.0、IIS 5、IIS 7。

❑ Tomcat：Tomcat 3.2至Tomcat 8的各个版本。

其插件文件为isapi_redirect.dll，workers.properties用于配置Tomcat实例，uriworkermap.properties用于配置URL与Tomcat实例的映射。

JK ISAPI主要包含过滤器和扩展两部分功能，其具体工作方式如下。

❑ IIS启动时加载JK ISAPI定向器插件，并对每个来自客户端的请求执行其过滤器功能。

❑ 过滤器根据uriworkermap.properties文件中配置的URI信息监测当前请求的URL，如果存在匹配的URI，则将请求交由JK ISAPI扩展处理。

❑ JK ISAPI扩展收集请求参数，通过AJP协议将其转发到合适的Servlet容器。

❑ JK ISAPI扩展收集来自Servlet容器的响应，并将其转换为HTTP协议返回浏览器。

● **SunONE**

Sun ONE Web服务器（即以前的Netscape Web服务器、iPlanet Web服务器[①]）拥有自己的Servlet容器，但是我们仍然可以通过配置将Servlet请求定向到Tomcat。Tomcat Connectors通过NSAPI定

---

① iPlanet Web服务器历史介绍参见：http://en.wikipedia.org/wiki/IPlanet。

向器插件来实现该功能。

它支持的环境如下。

❑ Windows以及一部分Unix系统。
❑ 服务器：Sun ONE 6.1。其他版本只是未进行充分测试，并不代表不支持。
❑ Tomcat：Tomcat 3.2至Tomcat 8的各个版本。

其插件文件为nsapi_redirect.dll（Windows）或nsapi_redirector.so（Unix）、workers.properties。

其具体工作方式如下。

(1) NSAPI定向器是一个Netscape服务步骤插件，Netscape加载NSAPI定向器插件并对分配到servlet配置对象的请求调用服务处理功能。

(2) 对于每个来自客户端的请求，Netscape执行一组NameTrans指令（在obj.conf文件中添加），其中一类指令为assign-name，用于检测URL是否匹配。

(3) 如果匹配，assign-name将为请求分配Servlet命名对象，这会使Netscape将请求发送到servlet配置对象。

(4) 此时会执行插件提供的jk_service扩展。该扩展收集请求参数，通过AJP协议将其转发到合适的Servlet容器。

(5) jk_service扩展收集来自Servlet容器的响应，并将其转换为HTTP协议返回浏览器。

2. mod_proxy_ajp

在Apache HTTP Server 2.1及之后版本中，可以通过两种方式支持AJP协议，一种是使用前面讲到的mod_jk，另一种是使用mod_proxy和mod_proxy_ajp。

mod_proxy是Apache的代理模块，它与其他代理模块（mod_proxy_http、mod_proxy_ftp、mod_proxy_ajp）配合以实现对具体协议的代理功能。因此，如果我们要使用Apache代理AJP协议，必须确保mod_proxy和mod_proxy_ajp模块同时加载。

mod_proxy和mod_proxy_ajp已默认包含在Apache服务器发布包中（是Apache HTTP Server项目的一部分），因此只需要修改配置文件以确保在启动时加载即可。

mod_proxy和mod_proxy_ajp的工作过程与mod_jk类似，这里不再详细说明。具体配置方式可参见第7章。

3. nginx_ajp_module

Nginx服务器可以通过第三方插件nginx_ajp_module[①]支持AJP协议。由于该项目资料较少，不再详细说明，具体使用方式可参见项目官方地址。

---

① nginx_ajp_module项目地址：https://github.com/yaoweibin/nginx_ajp_module。

4.4.3   配置方式

此处我们只讲解Tomcat服务器中的配置，Web服务器的配置可以参见第7章。

Tomcat在默认情况下即支持AJP/1.3，不需要我们另行配置。我们可以在$CATALINA_BASE/conf/server.xml中找到相关内容，如下所示：

```
<Connector port="8009" protocol="AJP/1.3" redirectPort="8443"/>
```

从配置可知，AJP请求的处理端口为8009，我们可以通过修改port属性，将其修改为希望分配的端口。

其次，属性protocol为"AJP/1.3"表示当前链接器支持的协议为AJP/1.3。与HTTP协议配置类似，采用此种方式，Tomcat会自动检测当前服务器是否安装了APR。如果安装了APR，那么Tomcat将自动使用APR处理AJP（即AjpAprProtocol），否则使用NIO（Tomcat 7以及之前版本为BIO）。除此之外，我们还可以明确指定协议处理类，此时Tomcat的检测将不再生效。如下所示，我们指定采用NIO处理AJP请求。

```
<Connector port="8009" protocol="org.apache.coyote.ajp.AjpNioProtocol" redirectPort="8443"/>
```

4.5   HTTP/2.0

自8.5版本开始，Tomcat增加了对HTTP/2.0的支持。在本节中，我们将简单介绍HTTP/2.0的发展、基本知识及其配置使用方式。

4.5.1   基础知识

谈到HTTP/2.0，我们就不得不先说一下SPDY协议。SPDY是Google开发的用于传输Web内容的开放网络协议，可以说是HTTP/2.0的母体。SPDY通过巧妙地控制HTTP通信，以达到降低Web页面加载延迟和提高Web安全的目标。SPDY通过压缩、多路复用、优先级来实现降低延迟，但是这依赖于网络和Web应用部署条件的组合。

SPDY的设计目标是降低Web页面加载时间。通过优先级和多路复用，SPDY使得只需要建立一个TCP链接即可传送网页内容及图片等资源。SPDY中广泛应用了TLS加密，传输内容也均以GZIP或DEFLATE格式压缩（与HTTP不同，HTTP的头部并不会被压缩）。另外，除了像HTTP网页服务器被动等待浏览器发起请求外，SPDY网页服务器还可以主动向浏览器推送内容。

SPDY并不是用于取代HTTP协议的，它修改了HTTP请求和响应在网络上的传输方式。这意味着只需增加一个SPDY传输层，现有所有服务端应用均不需要做任何的修改。SPDY是HTTP和HTTPS协议的有效隧道。当通过SPDY发送时，HTTP请求会被处理、标记简化和压缩。例如，每一个SPDY端点会持续跟踪在之前请求中已经发送的HTTP报文头部，从而避免重复发送还未改变的头部，未发送的报文数据部分将在压缩后发送。

考虑到SPDY已获得的实现者（如Mozilla、Nginx）的支持以及与HTTP/1.1相比获得的性能提升，HTTPbis工作小组最终决定采用SPDY/2作为HTTP/2的基础，而且SPDY/4已经与HTTP/2草稿非常接近。

2015年2月，Google宣布，随着HTTP/2标准的正式批准，他们将不再支持SPDY，而且2016年完全移除Chrome浏览器对SPDY的支持。

Tomcat在8.0的最初几个版本中，增加了对SPDY/2协议的支持，以用于实验目的。随着在8.5版本中对HTTP/2.0的支持，SPDY/2的相关功能已经移除。

虽然HTTP/2.0托体于SPDY/2，但是仍有与SPDY不同之处，主要有以下两点。

❑ HTTP/2.0支持明文传输，而SPDY强制使用HTTPS。
❑ HTTP/2.0消息头的压缩算法采用HPACK，而SPDY采用DELEFT。

与HTTP/1.1相比，HTTP/2.0在传输方面进行了如下重要改进。

❑ 采用二进制格式传输数据而非HTTP/1.1的文本格式。
❑ HTTP/2.0对消息头采用了HPACK压缩，提升了传输效率。
❑ 基于帧和流的多路复用，真正实现了基于一个链接的多请求并发处理。
❑ 支持服务器推送。

在HTTP/2.0中，一个基本的协议单元是帧（Frame）。帧在HTTP/2.0中的概念可以理解为数据包之于TCP的概念。按照用途不同，分为不同类型的帧，如HEADERS和DATA帧用于HTTP的请求和响应，而如SETTINGS、WINDOW_UPDATE、PUSH_PROMISE等则用于支持HTTP/2.0的特性。

一个Frame由9字节定长头以及变长的Payload组成，具体格式如图4-9所示。

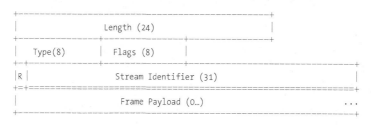

图4-9　HTTP/2.0 Frame结构

❑ Length：24位，表示Frame Payload部分的长度。
❑ Type：8位，表示Frame的类型。帧类型决定了帧的格式和语义。
❑ Flags：8位，每一位是一个布尔标记，用于特定的帧类型。对于每个类型的帧，这些标记都被赋予了特殊的语义。例如发送最后一个DATA类型的Frame时，就会将Flags最后一位设置1，表示END_STREAM。说明当前Frame是流的最后一个数据包。
❑ R：1位预留位，未明确定义语义。

- ❏ Stream Identifier：Frame所属流的标识。标识0作为预留值用于链接初始化，而非某个Frame。
- ❏ Frame Payload：Frame的有效荷载，每种类型的帧的Payload格式和语义均不相同。不论是HTTP Header还是Body，在HTTP/2.0中，都会被存储到Frame Payload中，组成Frame进行发送。它们通过 Frame Header中的Type进行区分。如图4-10所示。

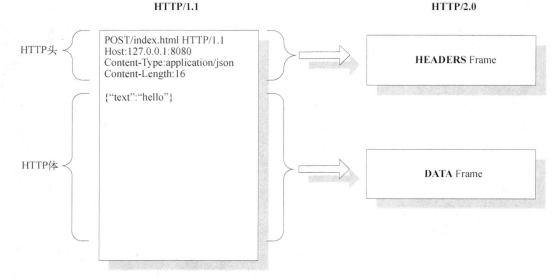

图4-10   HTTP/1.1转换为HTTP/2.0示意图

Stream（流）是客户端与服务器之间通过HTTP/2.0链接交换的独立的、双向的帧序列，我们可以将流视为一个完整的处理过程（请求/响应）。流的概念的提出是为了实现HTTP请求的多路复用，它具有以下特征。

- ❏ 一个HTTP/2.0链接可以并发地打开多个流，并可以从多个流的任意端点交换帧。
- ❏ 流可以创建并被客户端/服务器单边或共享使用。
- ❏ 流可以被任意端点关闭。
- ❏ 同一个流中的帧按顺序发送，接收者按照接收顺序进行处理。
- ❏ 流通过一个整数唯一标识，由初始化流的端点分配。
- ❏ 流是相互独立的，因此一个流的阻塞或停止的请求/响应并不会影响其他流的处理。

我们可以通过图4-11示意流通过HTTP/2.0链接传输的过程。

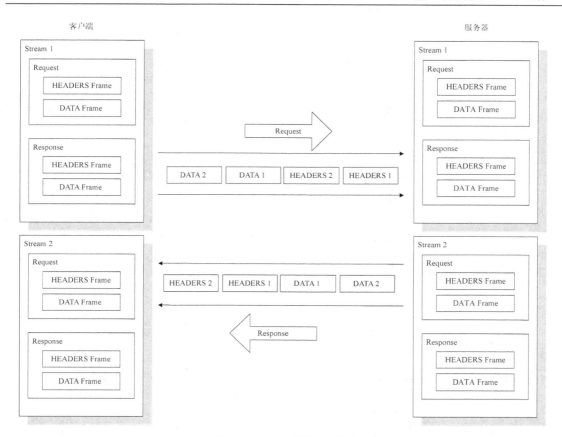

图4-11　Stream传输示意图

　　流将一次请求过程拆分为有序的更细粒度的帧，便拥有自己的生命周期和状态转换，我们每发送或者接收帧都会导致流状态的变化，从而可以确保流按照既定的规则和顺序接收帧。流的生命周期如图4-12所示。

　　图4-12展示了流的状态转换以及导致状态转换的帧类型以及标记，CONTINUATION帧不会导致流的状态转换，只作为它跟随的HEADERS或者PUSH_PROMISE的一部分，并未在图中体现。

　　采用流进行多路复用会导致TCP资源竞争，HTTP/2.0通过流控制确保流之间不会严重影响彼此。除此之外，通过引入优先级机制，可以使端点告知对端它希望对端在管理并发流时如何分配资源，以便给予指定流更多的资源支持。不仅如此，通过指定流之间的依赖关系，也可以影响资源的分配。

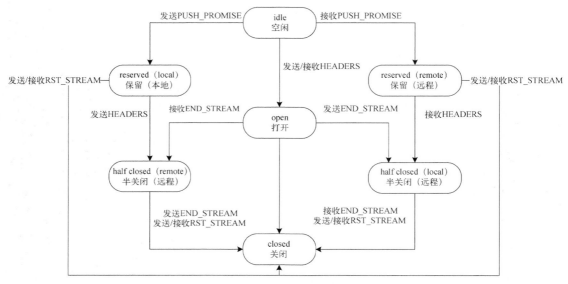

图4-12   Stream生命周期

对于HTTP/2.0规范的更多内容，本书不再展开讲解。如果你希望进一步了解SPDY和HTTP/2.0，可以查看以下资源。

❑ SPDY协议规范：http://www.chromium.org/spdy/spdy-protocol/spdy-protocol-draft3。

❑ HTTP/2协议规范：http://httpwg.org/specs/rfc7540.html。

如果只是简单了解SPDY和HTTP/2，可参见相关Wiki：http://en.wikipedia.org/wiki/SPDY和http://en.wikipedia.org/wiki/HTTP/2。

4.5.2   配置方式

由前面的讲解可知，在Tomcat中，通过UpgradeProtocol接口提供HTTP/2.0升级支持。因此，若要为HTTP链接器开启HTTP/2.0支持，只需要添加如下配置即可：

```
<Connector  port="8080" protocol="HTTP/1.1" connectionTimeout="20000" redirectPort="8443">
<UpgradeProtocol className="org.apache.coyote.http2.Http2Protocol" />
<Connector/>
```

HTTP/2.0同时支持TLS（h2）和非TLS（h2c）。如果希望使用TLS，那么需要为链接器添加证书信息。由于JDK 8的TLS实现不支持ALPN，因此我们需要采用基于OpenSSL的TLS实现，同时指定链接器的sslImplementationName属性，如下所示：

```
<Connector port="8443" protocol="HTTP/1.1" maxThreads="150" SSLEnabled="true"
    sslImplementationName=" org.apache.tomcat.util.net.openssl.OpenSSLImplementation">
    <UpgradeProtocol className="org.apache.coyote.http2.Http2Protocol" />
    <SSLHostConfig>
        <Certificate certificateKeyFile="conf/key.pem"
```

```
            certificateFile="conf/cert.pem"
            certificateChainFile="conf/chain.pem"
            type="RSA" />
        </SSLHostConfig>
</Connector>
```

当然，如果你使用的是Http11AprProtocol，则不需要指定sslImplementationName，因为Http11AprProtocol默认采用的便是OpenSSL。

4.6　I/O

本节我们将针对Tomcat支持的I/O方式进行讲解，包括每种I/O的基础知识以及在Tomcat中的实现。

谈到应用系统性能，通常我们会考虑如下几个方面（限于软件层面，未涵盖硬件）。

❑ 数据库I/O、数据文件存储、分区、配置（如ORACLE的默认优化规则）等。
❑ 应用系统功能算法、缓存、并发、SQL访问等。
❑ 应用服务器性能。

对于应用服务器性能，又可细分为以下几个方面。

❑ 请求处理的并发程度，当前主流服务器均采用异步的方式处理客户端请求，Tomcat采用JDK 5的线程池进行请求分发处理。我们前面讲到HTTP链接器的maxThreads便是用于控制链接器的并发程度，也是我们性能调优重点关注的属性配置。
❑ 减少网络传输的数据量，提高网络利用率，如AJP以二进制方式传输和SPDY对HTTP协议的优化。
❑ 降低新建网络链接的开销，以实现链接在多个请求之间的复用。如HTTP链接器的maxKeepAliveRequest属性和AJP链接器的持久性链接。
❑ 选择合适的I/O方式，以提升I/O效率。Java最早的I/O方式为BIO，即阻塞式I/O，仅适用于链接数目较小且固定的架构。无论JDK 1.4引入的NIO，还是JDK 7引入的NIO 2（即AIO）以及Apache提供的APR均可以有效地提高I/O性能。

在8.5版本之前（8.0版本之后），Tomcat同时支持BIO、NIO、NIO2、APR这4种I/O方式，其中NIO2为8.0版本新增。自8.5版本开始，Tomcat移除了对BIO的支持。

本节我们将对这4种I/O方式做一个简单的介绍，并结合Tomcat具体的使用方式，以便于读者进一步理解Tomcat链接器的原理。尽管在最新版本中，BIO已经被移除，但是考虑到8.0及之前版本仍被广泛使用及研究，我们仍保留了对BIO的讲解（如需阅读此部分代码，请下载8.0以及之前版本）。

当然，传统上我们说的I/O涵盖文件、网络、内存以及标准输入输出等不同种类，本节主要侧重讲述网络I/O相关的知识。

注意 作为补充，这里简单介绍一下阻塞与非阻塞、同步与异步之间的区别，以避免产生混淆。
阻塞与非阻塞指的是调用者在等待返回结果时的状态。阻塞时，在调用结果返回前，当
前线程会被挂起，并在得到结果之后返回。非阻塞时，如不能立刻得到结果，该调用不
会阻塞当前线程。因此对于非阻塞的情况，调用者需要定时轮询查看处理状态。
同步和异步指的是具体的通信机制。同步时，调用者等待返回结果。异步时，被调用者
会通过回调等形式通知调用者。

4.6.1 BIO

自8.5版本开始，Tomcat移除了对BIO的支持，本节内容只适用于8.0及之前版本。

BIO即阻塞式I/O，是Java提供的最基本的I/O方式。在网络通信（此处主要讨论TCP/IP协议）
中，需要通过Socket在客户端与服务端建立双向链接以实现通信，其主要步骤如下。

(1) 服务端监听某个端口是否有链接请求。
(2) 客户端向服务端发出链接请求。
(3) 服务端向客户端返回Accept（接受）消息，此时链接成功。
(4) 客户端和服务端通过Send()、Write()等方法与对方通信。
(5) 关闭链接。

Java分别提供了两个类Socket和ServerSocket，用来表示双向链接的客户端和服务端。基于
这两个类，一个简单的网络通信示例如下。

客户端：

```java
import java.io.BufferedReader;
import java.io.InputStreamReader;
import java.io.PrintWriter;
import java.net.Socket;

/**
 * @authorliuguangrui
 *
 */
public class Client {
    /**
     * @param args
     */
    public static void main(String[] args) throws Exception {
        // 向本机的8080端口发送请求
        Socket socket = new Socket("127.0.0.1", 8080);
        // 根据标准输入构造BufferedReader对象
        BufferedReader clientInput = new BufferedReader(new InputStreamReader(
            System.in));
        // 通过Socket得到输出流，构造PrintWriter对象
        PrintWriter writer = new PrintWriter(socket.getOutputStream());
```

```
            // 通过Socket得到输入流，构造BufferedReader对象
            BufferedReader reader = new BufferedReader(new InputStreamReader(
                    socket.getInputStream()));
            // 读取输入信息
            String input = clientInput.readLine();
            while (!input.equals("exit")) {// 若输入信息为"exit"，则退出
                // 将输入信息发送到服务端
                writer.println(input);
                // 刷新输出流，使服务端可以马上收到请求信息
                writer.flush();
                // 读取服务端返回信息
                System.out.println("服务端响应为:" + reader.readLine());
                // 读取下一条输入信息
                input = clientInput.readLine();
            }
            // 关闭
            writer.close();
            reader.close();
            socket.close();
        }
}
```

服务端：

```
import java.io.BufferedReader;
import java.io.InputStreamReader;
import java.io.PrintWriter;
import java.net.ServerSocket;
import java.net.Socket;
/**
 * @authorliuguangrui
 *
 */
public class Server {
    /**
     * @param args
     */
    public static void main(String[] args) throws Exception {
        // 创建ServerSocket监听端口8080
        ServerSocket server = new ServerSocket(8080);
        // 等待客户端请求
        Socket socket = server.accept();
        // 根据标准输入构造BufferedReader对象
        BufferedReader serverInput = new BufferedReader(new InputStreamReader(
                System.in));
        // 通过Socket对象得到输入流，构造BufferedReader对象
        BufferedReader reader = new BufferedReader(new InputStreamReader(
                socket.getInputStream()));
        // 通过Socket对象得到输出流，并构造PrintWriter对象
        PrintWriter writer = new PrintWriter(socket.getOutputStream());
        // 读取客户端请求
        System.out.println("客户端请求:" + reader.readLine());
        // 输入服务端响应
        String input = serverInput.readLine();
```

```
                // 如果输入内容为"exit"，则退出
        while (!input.equals("exit")) {
            writer.println(input);
            // 向客户端输出该字符串
            writer.flush();
            // 读取客户端请求
            System.out.println("客户端请求:" + reader.readLine());
            // 输入服务端响应
            input = serverInput.readLine();
        }
        // 关闭
        reader.close();
        writer.close();
        socket.close();
        server.close();
    }
}
```

我们的示例显然只支持一个客户端链接一个服务端，但是现实情况往往是多个客户端链接同一个服务器。在Web应用部署场景下，来自不同客户端浏览器的请求均通过服务器进行分发处理。每种服务器对于客户端请求的并发处理机制不同，我们接下来看一下Tomcat服务器的实现。

通过2.1节和4.2节的讲解可以知道，Tomcat的I/O监听由Endpoint完成，具体到BIO是JIoEndpoint。尽管Endpoint并未继承自Lifecycle，但它同样有相应的生命周期方法，并在Connector状态变化时调用。

JIoEndpoint启动过程如下。

(1) 根据IP地址（多IP的情况）及端口创建ServerSocket实例。

(2) 如果Connector没有配置共享线程池，创建请求处理线程池。

(3) 根据acceptorThreadCount配置的数量，创建并启动org.apache.tomcat.util.net.JIoEndpoint.Acceptor线程。Acceptor实现了Runnable接口，负责轮询接收客户端请求（Socket.accept()）。这些线程是单独启动的，并未放到线程池中，因此不会影响请求并发处理。Acceptor还会检测Endpoint状态（如果处于暂停状态，则等待）以及最大链接数。

(4) 当接收到客户端请求后，创建SocketProcessor对象（同样也实现了Runnable接口），并提交到线程池处理。

(5) SocketProcessor并未直接处理Socket，而是将其交由具体的协议处理类，如org.apache.coyote.http11.Http11Processor用于处理BIO方式下的HTTP协议。在Http11Processor中根据Socket构造具体的输入、输出缓冲对象。

(6) 此外，JIoEndpoint还构造了一个单独线程用于检测超时请求。

可见，Tomcat对于接收请求（Acceptor）和处理请求（Processor）均采用异步处理。异步接收可以保证服务器同时接收来自多个客户端的请求，而异步处理请求则可以避免请求处理过程阻塞服务器接收新请求。通过这种机制，Tomcat可以做到尽快接收请求并将其放入处理线程池。同时对于持续的链接（如文件上传）会放到一个单独的"等待请求集合"（线程安全）以实现超时检测。

4.6.2　NIO

传统的BIO方式是基于流进行读写的，而且是阻塞的，整体性能比较差。为了提高I/O性能，JDK于1.4版本引入NIO，它弥补了原来BIO方式的不足，在标准Java代码中提供了高速、面向块的I/O。通过定义包含数据的类以及以块的形式处理数据，NIO可以在不编写本地代码的情况下利用底层优化，这是BIO所无法做到的。

注意　JDK 1.4之后原有BIO的API已经以NIO为基础重新实现，因此即使采用流的方式进行读写，性能较之旧版本也会有很大提升。

与BIO相比，NIO有如下几个新的概念。

1. 通道

通道（Channel）是对BIO中流的模拟，到任何目的地（或来自任何地方）的所有数据都必须通过一个通道对象。

通道与流的不同之处在于通道是双向的。流只是在一个方向上移动（一个流要么用于读，要么用于写），而通道可以用于读、写或者同时用于读写。因为通道是双向的，所以它可以比流更好地反映底层操作系统的真实情况（特别是在UNIX模型中底层操作系统通道同样是双向的情况下）。

2. 缓冲区

尽管通道用于读写数据，但是我们却并不直接操作通道进行读写，而是通过缓冲区（Buffer）完成。缓冲区实质上是一个容器对象。发送给通道的所有对象都必须先放到缓冲区中，同样从通道中读取的任何数据都要先读到缓冲区中。

缓冲区体现了NIO与BIO的一个重要区别。在BIO中，读写可以直接操作流对象。简单讲，缓冲区通常是一个字节数组，也可以使用其他类型的数组。但是缓冲区又不仅仅是一个数组，它提供了对数据的结构化访问，而且还可以跟踪系统的读/写进程。

3. 选择器

Java NIO提供了选择器组件（Selector）用于同时检测多个通道的事件以实现异步I/O。我们将感兴趣的事件注册到Selector上，当事件发生时可以通过Selector获得事件发生的通道，并进行相关的操作。

异步I/O的一个优势在于，它允许你同时根据大量的输入、输出执行I/O操作。同步I/O一般要借助于轮询，或者创建许许多多的线程以处理大量的链接。使用异步I/O，你可以监听任意数量的通道事件，不必轮询，也不必启动额外的线程。

接下来让我们看一个简单的基于NIO的网络访问示例。

客户端代码如下：

```java
import java.io.BufferedReader;
import java.io.InputStreamReader;
import java.net.InetSocketAddress;
import java.nio.ByteBuffer;
import java.nio.channels.SelectionKey;
import java.nio.channels.Selector;
import java.nio.channels.SocketChannel;
import java.util.Iterator;
/**
 * @author liuguangrui
 */
public class NioClient {
    private Selector selector;
    private BufferedReader clientInput = new BufferedReader(
        new InputStreamReader(System.in));
    public void init() throws Exception {
        this.selector = Selector.open();//创建选择器
        SocketChannel channel = SocketChannel.open();//创建SocketChannel
        channel.configureBlocking(false); //设置为非阻塞
        channel.connect(new InetSocketAddress("127.0.0.1", 8080)); //链接服务器
        channel.register(selector, SelectionKey.OP_CONNECT); //注册connect事件
    }
    public void start() throws Exception {
        while (true) {
            selector.select();//此方法会阻塞，直到至少有一个已注册的事件发生
            Iterator<SelectionKey>ite = this.selector.selectedKeys()
                .iterator();//获取发生事件的SelectionKey对象集合
            while (ite.hasNext()) {
                SelectionKey key = (SelectionKey) ite.next();
                ite.remove();//从集合中移除即将处理的SelectionKey，避免重复处理
                if (key.isConnectable()) {//链接事件
                    connect(key);
                } else if (key.isReadable()) {//读事件
                    read(key);
                }
            }
        }
    }
    public void connect(SelectionKey key) throws Exception{
        SocketChannel channel = (SocketChannel) key.channel();
        if (channel.isConnectionPending()) {//如果正在链接
            if(channel.finishConnect()){//完成链接
                channel.configureBlocking(false); //设置成非阻塞
                channel.register(this.selector, SelectionKey.OP_READ); //注册读事件
                String request = clientInput.readLine();//输入客户端请求
                channel.write(ByteBuffer.wrap(request.getBytes()));//发送到服务端
            }
            else{
                key.cancel();
            }
        }
    }
}
```

```java
    private void read(SelectionKey key) throws Exception{
        SocketChannel channel = (SocketChannel) key.channel();
        ByteBuffer buffer = ByteBuffer.allocate(1024); //创建读取的缓冲区
channel.read(buffer);
        String response = new String(buffer.array()).trim();
        System.out.println("服务端响应:"+response);
        String nextRequest = clientInput.readLine();//读取客户端请求输入
        ByteBuffer outBuffer = ByteBuffer.wrap(nextRequest.getBytes());
channel.write(outBuffer); //将请求发送到服务端
    }
    public static void main(String[] args) throws Exception {
        NioClient client = new NioClient();
        client.init();
        client.start();
    }
}
```

服务端代码如下:

```java
import java.io.IOException;
import java.net.InetSocketAddress;
import java.net.ServerSocket;
import java.nio.ByteBuffer;
import java.nio.channels.SelectionKey;
import java.nio.channels.Selector;
import java.nio.channels.ServerSocketChannel;
import java.nio.channels.SocketChannel;
import java.util.Iterator;
/**
 * @author liuguangrui
*/
public class NioServer {
    private Selector selector;
    public void init() throws Exception {
        this.selector = Selector.open();//创建选择器
        //创建ServerSocketChannel
        ServerSocketChannel channel = ServerSocketChannel.open();
        channel.configureBlocking(false); //设置为非阻塞
        ServerSocket serverSocket = channel.socket();
        InetSocketAddress address = new InetSocketAddress(8080); //绑定端口
        serverSocket.bind(address);
        channel.register(this.selector, SelectionKey.OP_ACCEPT); //注册accept事件
    }
    public void start() throws Exception {
        while (true) {
            this.selector.select();//此方法会阻塞，直到至少有一个已注册的事件发生
            Iterator<SelectionKey>ite = this.selector.selectedKeys()
                    .iterator();//获取发生事件的SelectionKey对象集合
            while (ite.hasNext()) {
                SelectionKey key = (SelectionKey) ite.next();
                ite.remove();//从集合中移除即将处理的SelectionKey，避免重复处理
                if (key.isAcceptable()) {//客户端请求链接事件
                    accept(key);
                } else if (key.isReadable()) {//读事件
```

```
                            read(key);
                    }
                }
            }
        }
        private void accept(SelectionKey key) throws Exception {
            ServerSocketChannel server = (ServerSocketChannel) key.channel();
            SocketChannel channel = server.accept();//接收链接
            channel.configureBlocking(false); //设置为非阻塞
            channel.register(this.selector, SelectionKey.OP_READ); //为通道注册读事件
        }
        private void read(SelectionKey key) throws Exception {
            SocketChannel channel = (SocketChannel) key.channel();
            ByteBuffer buffer = ByteBuffer.allocate(1024); //创建读取的缓冲区
            channel.read(buffer); //读取数据
            String request = new String(buffer.array()).trim();
            System.out.println("客户端请求:"+request);
            ByteBuffer outBuffer = ByteBuffer.wrap("请求收到".getBytes());
            channel.write(outBuffer); //将消息回送给客户端
        }
        public static void main(String[] args) throws Exception {
            NioServer server = new NioServer();
            server.init();
            server.start();
        }
    }
```

与示例相比，Tomcat的实现要复杂得多，具体可参见NioEndpoint。

由于Selector.select()方法是阻塞的，因此Tomcat采用轮询的方式进行处理，轮询线程称为Poller。每个Poller维护了一个Selector实例以及一个PollerEvent事件队列。每当接收到新的链接时，会将获得的SocketChannel对象封装为org.apache.tomcat.util.net.NioChannel，并将其注册到Poller（创建一个PollerEvent实例，添加到事件队列）。

Poller运行时，首先将新添加到队列中的PollerEvent取出，并将SocketChannel的读事件（OP_READ）注册到Poller持有的Selector上，然后执行Selector.select。当捕获到读事件时，构造SocketProcessor，并提交到线程池进行请求处理。

为了提升对象的利用率，NioEndpoint分别为NioChannel和PollerEvent对象创建了缓存队列。当需要NioChannel和PollerEvent对象时，会检测缓存队列中是否存在可用的对象，如果存在则从队列中取出对象并重置，如果不存在则新建。

NioEndpoint的处理过程如图4-13所示。

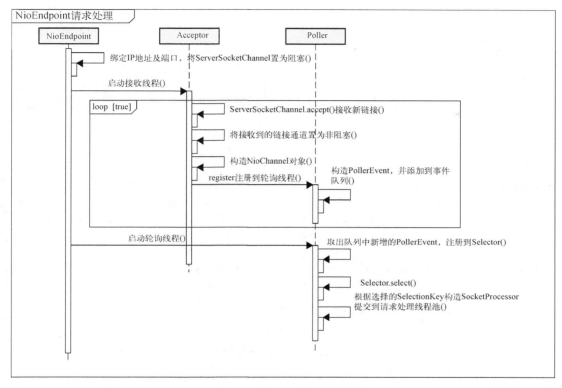

图4-13　NioEndpoint请求处理

- 与示例不同，NioEndpoint中ServerSocketChannel是阻塞的。因此，仍采用多线程并发接收客户端链接。
- NioEndpoint根据pollerThreadCount配置的数量创建Poller线程。与Acceptor相同，Poller线程也是单独启动，不会占用请求处理的线程池。默认Poller线程个数与JVM可使用的处理器个数相关，上限为2。
- Accepor接收到新的链接后，将获得的SocketChannel置为非阻塞，构造NioChannel对象，按照**轮转法**（Round-Robin）获取Poller实例，并将NioChannel注册到PollerEvent事件队列。
- Poller负责为SocketChannel注册读事件。接收到读事件后，由SocketProcessor完成客户端请求处理。SocketProcessor的处理过程具体可参见4.2节中的说明。

Poller在将SocketProcessor添加到请求处理线程池之前，会将接收到读事件的SocketChannel从Poller维护的Selector上取消注册，避免当前Socket多线程同时处理。而读写过程中的事件处理则是由NioSelectorPool完成的，事件变化如图4-14所示。

图4-14　NioEndpoint事件变化

NioSelectorPool提供了一个Selector池，用于获取有效的Selector供SocketChannel读写使用。它由NioEndpoint维护，可以通过系统属性org.apache.tomcat.util.net.NioSelectorShared配置是否在SocketChannel之间共享Selector，如果为true则所有SocketChannel均共享一个Selector实例，否则每一个SocketChannel使用不同的Selector，NioSelectorPool池维护的Selector实例数上限由属性maxSelectors确定。

通过此种方式，Tomcat将每个SocketChannel的事件分散注册到不同的Selector对象中，避免了因大量SocketChannel集中注册事件到同一个Selector对象而影响服务器性能。

NioSelectorPool读信息分为阻塞和非阻塞两种方式。

❏ 在阻塞模式下，如果第一次读取不到数据，则会在NioSelectorPool提供的Selector对象上注册OP_READ事件，并循环调用Selector.select，超时等待OP_READ事件。如果OP_READ事件就绪，则进行数据读取。

❏ 在非阻塞模式下，如果读不到数据，则直接返回。

同样，在NioEndpoint中，写信息也分为阻塞和非阻塞两种方式。

❏ 在阻塞模式下，如果第一次写数据没有成功，则会在NioSelectorPool提供的Selector对象上注册OP_WRITE事件，并循环调用Selector.select()方法，超时等待OP_WRITE事件。如果OP_WRITE事件就绪，则会进行写数据操作。

❏ 在非阻塞模式下，写数据之前不会监听OP_WRITE事件。如果没有成功，则直接返回。

综上可知，Tomcat在阻塞方式下读/写时并没有立即监听OP_READ/OP_WRITE事件，而是当第一次操作没有成功时再进行注册。这实际上是一种乐观设计，即假设网络大多数情况下是正常的。第一次操作不成功，则表明网络存在异常，此时再对事件进行监听。

注意　默认情况下，NioSelectorPool配置为共享Selector，并且是阻塞模式，此时读写操作通过NioBlockingSelector类完成。NioBlockingSelector维护了一个轮询线程（BlockPoller），当第一次读写不成功时，会在BlockPoller注册OP_READ/OP_WRITE事件（注册到共享Selector上），其事件注册的过程类似于Poller。

4.6.3 NIO2

NIO2是JDK 7新增的文件及网络I/O特性，它继承自NIO，同时添加了众多特性及功能改进，其中最重要的即是对异步I/O（AIO）的支持。

1. 通道

在AIO中，通道必须实现接口java.nio.channels.AsynchronousChannel（继承自java.nio.channels.Channel）。JDK 7提供了3个通道实现类：java.nio.channels.AsynchronousFileChannel用于文件I/O，java.nio.channels.AsynchronousServerSocketChannel和java.nio.channels.AsynchronousSocketChannel用于网络I/O。

2. 缓冲区

AIO仍通过操作缓冲区完成数据的读写操作，此处不再赘述。

3. Future和CompletionHandler

AIO操作存在两种操作方式：Future和CompletionHandler。我们可以使用其中任何一种来完成I/O操作。

首先，AIO使用了Java并发包的API，无论接收Socket请求还是读写操作，均可以返回一个java.util.concurrent.Future对象来表示I/O处于等待状态。通过Future的方法，我们可以检测操作是否完成（isDone）、等待完成并取得操作结果（get）等。当接收请求（accept）结束时，Future.get返回值为AsynchronousSocketChannel；读写操作时（read/write），Future.get返回值为读写操作结果。

除了Future外，接收请求以及读写操作还支持指定一个java.nio.channels.CompletionHandler<V, A>接口（此时不再返回Future对象），当I/O操作完成时，会调用接口的completed()方法，当操作失败时，则会调用failed()方法。

比较两种操作方式，Future方式需要我们自己监测I/O操作状态或者直接通过Future.get()方法等待I/O操作结束，而CompletionHandler方式则由JDK监测I/O状态，我们只需要实现每种操作状态的处理即可。在实际应用中，我们可以只采用Future方式或者CompletionHandler方式，也可以两者混合使用（具体见示例）。

4. 异步通道组

AIO新引入了异步通道组（Asynchronous Channel Group）的概念，每个异步通道均属于一个指定的异步通道组，同一个通道组内的通道共享一个线程池。线程池内的线程接收指令来执行I/O事件并将结果分发到CompletionHandler。异步通道组包括线程池以及所有通道工作线程共享的资源。通道生命周期受所属通道组影响，当通道组关闭后，通道也随之关闭。

在实际开发中，除了可以手动创建异步通道组外，JVM还维护了一个系统范围的通道组实例，作为默认通道组。如果创建通道时未指定通道组或者指定的通道组为空，那么将会使用默认通道组。

默认通道组通过两个系统属性进行配置。首先是java.nio.channels.DefaultThreadPool.threadFactory，该属性值为具体的java.util.concurrent.ThreadFactory类，由系统类加载器加载并实例化，用于创建默认通道组线程池的线程。其次为java.nio.channels.DefaultThreadPool.initialSize，用于指定线程池的初始化大小。

如果默认通道组不能满足需要，我们还可以通过AsynchronousChannelGroup的下列3个方法来创建自定义的通道组。

withFixedThreadPool用于创建固定大小的线程池，固定大小的线程池适合简单的场景：一个线程等待I/O事件、完成I/O事件、执行CompletionHandler（内核将事件直接分发到这些线程）。当CompletionHandler正常终止，线程将返回线程池并等待下一个事件。但是如果CompletionHandler未能及时完成，它将会阻塞处理线程。如果所有线程均在CompletionHandler内部阻塞，整个应用将会被阻塞。此时所有新事件均会排队等待，直到有一个线程变为有效。最糟糕的场景是没有线程被释放，内核将不再执行任何操作。这个问题避免的方法是在CompletionHandler内部不采用阻塞或者长时间的操作，也可以使用一个缓存线程池或者超时时间来避免这个问题。

withCachedThreadPool用于创建缓存线程池。异步通道组提交事件到线程池，线程池只是简单地执行CompletionHandler的方法。此时大家会有疑问，如果线程池只是简单地执行CompletionHandler的方法，那么是谁执行具体的I/O操作？答案是隐藏线程池。这是一组独立的线程用于等待I/O事件。更准确地讲，内核I/O操作由一个或者多个不可见的内部线程处理并将事件分发到缓存线程池，缓存线程池依次执行CompletionHandler。隐藏线程池非常重要，因为它显著降低了应用程序阻塞的可能性（解决了固定大小线程池的问题），确保内核能够完成I/O操作。但是它仍存在一个问题，由于缓存线程池需要无边界的队列，这将使队列无限制地增长并最终导致OutOfMemoryError。因此仍需要注意避免CompletionHandler中的阻塞以及长时间操作。

withThreadPool用于根据指定的java.util.concurrent.ExecutorService创建线程池。ExecutorService执行提交的任务并分发完成结果。采用该方法需要格外小心，当配置ExecutorService时，至少需要做两件事情：支持直接切换或者无边界队列，永远不要允许执行execute()方法的线程直接执行任务。

接下来我们分别看一下采用Future和CompletionHandler方式的AIO示例，并基于此探讨Tomcat的AIO使用。

基于Future的客户端：

```java
import java.io.BufferedReader;
import java.io.InputStreamReader;
import java.net.InetSocketAddress;
import java.net.StandardSocketOptions;
import java.nio.ByteBuffer;
import java.nio.CharBuffer;
import java.nio.channels.AsynchronousSocketChannel;
import java.nio.charset.Charset;
import java.nio.charset.CharsetDecoder;
```

```java
/**
 * @author liuguangrui
 */
public class Nio2Client {
    private AsynchronousSocketChannel channel;
    private CharBuffer charBuffer;
    private CharsetDecoder decoder = Charset.defaultCharset().newDecoder();
    private BufferedReader clientInput = new BufferedReader(
            new InputStreamReader(System.in));
    public void init() throws Exception {
        channel = AsynchronousSocketChannel.open();//创建异步Socket通道
        if (channel.isOpen()) {
            channel.setOption(StandardSocketOptions.SO_RCVBUF, 128 * 1024);
            channel.setOption(StandardSocketOptions.SO_SNDBUF, 128 * 1024);
            channel.setOption(StandardSocketOptions.SO_KEEPALIVE, true);
            Void connect = channel.connect(//链接服务器
                    new InetSocketAddress("127.0.0.1", 8080)).get();
            if (connect != null) {
                throw new RuntimeException("链接服务端失败！");
            }
        } else {
            throw new RuntimeException("通道未打开！");
        }
    }
    public void start() throws Exception {
        System.out.println("输入客户端请求：");
        String request = clientInput.readLine();
        //发送客户端请求
        channel.write(ByteBuffer.wrap(request.getBytes())).get();
        //创建读取的缓冲区
        ByteBuffer buffer = ByteBuffer.allocateDirect(1024);
        //读取服务端响应
        while (channel.read(buffer).get() != -1) {
            buffer.flip();
            charBuffer = decoder.decode(buffer);
            String response = charBuffer.toString().trim();
            System.out.println("服务端响应:" + response);
            if (buffer.hasRemaining()) {
                buffer.compact();
            } else {
                buffer.clear();
            }
            //读取并发送下一次请求
            request = clientInput.readLine();
            channel.write(ByteBuffer.wrap(request.getBytes())).get();
        }
    }
    public static void main(String[] args) throws Exception {
        Nio2Client client = new Nio2Client();
        client.init();
        client.start();
    }
}
```

在示例中，由于客户端读写操作均直接调用Future.get()方法，因此读写操作是阻塞的。只
有当一次请求处理完后，才会发起新的请求。

基于Future的服务端：

```java
import java.net.InetSocketAddress;
import java.net.StandardSocketOptions;
import java.nio.ByteBuffer;
import java.nio.CharBuffer;
import java.nio.channels.AsynchronousServerSocketChannel;
import java.nio.channels.AsynchronousSocketChannel;
import java.nio.charset.Charset;
import java.nio.charset.CharsetDecoder;
import java.util.concurrent.Callable;
import java.util.concurrent.ExecutorService;
import java.util.concurrent.Executors;
import java.util.concurrent.Future;
/**
 * @author liuguangrui
 */
public class Nio2Server {
    private ExecutorService taskExecutor;
    private AsynchronousServerSocketChannel serverChannel;
    class Worker implements Callable<String> {
        private CharBuffer charBuffer;
        private CharsetDecoder decoder = Charset.defaultCharset().newDecoder();
        private AsynchronousSocketChannel channel;
        Worker(AsynchronousSocketChannel channel) {
            this.channel = channel;
        }
        @Override
        public String call() throws Exception {
            final ByteBuffer buffer = ByteBuffer.allocateDirect(1024);
            //读取请求
            while (channel.read(buffer).get() != -1) {
                buffer.flip();
                charBuffer = decoder.decode(buffer);
                String request = charBuffer.toString().trim();
                System.out.println("客户端请求:" + request);
                ByteBuffer outBuffer = ByteBuffer.wrap("请求收到".getBytes());
                //将响应输出到客户端
                channel.write(outBuffer).get();
                if (buffer.hasRemaining()) {
                    buffer.compact();
                } else {
                    buffer.clear();
                }
            }
            channel.close();
            return"ok";
        }
    };
    public void init() throws Exception {
```

```
            //创建ExecutorService
            taskExecutor = Executors.newCachedThreadPool(Executors
                .defaultThreadFactory());
            //创建AsynchronousServerSocketChannel
            serverChannel = AsynchronousServerSocketChannel.open();
            if (serverChannel.isOpen()) {
                serverChannel.setOption(StandardSocketOptions.SO_RCVBUF, 4 * 1024);
                serverChannel.setOption(StandardSocketOptions.SO_REUSEADDR, true);
                //绑定端口
                serverChannel.bind(new InetSocketAddress("127.0.0.1", 8080));
            } else {
                throw new RuntimeException("通道未打开！");
            }
        }
    public void start(){
        System.out.println("等待客户端请求……");
        while (true) {
            //接收客户端请求
            Future<AsynchronousSocketChannel>future = serverChannel.accept();
            try {
                //等待并得到请求通道
                AsynchronousSocketChannel channel = future.get();
                //提交到线程池进行请求处理
                taskExecutor.submit(new Worker(channel));
            } catch (Exception ex) {
                System.err.println(ex);
                System.err.println("服务器关闭！");
                taskExecutor.shutdown();
                while (!taskExecutor.isTerminated()) {
                }
                break;
            }
        }
    }
    public static void main(String[] args) throws Exception {
        Nio2Server server = new Nio2Server();
        server.init();
        server.start();
    }
}
```

我们看到，服务端通过一个循环来接收客户端请求，并且接收过程是阻塞的（Future.get）。接收到客户端请求后，将其提交到线程池处理，因此请求读写是非阻塞的。

再看一下基于CompletionHandler的示例（此示例并不是完全使用CompletionHandler，而是与Future混合使用）。

基于CompletionHandler的客户端：

```
import java.io.BufferedReader;
import java.io.IOException;
import java.io.InputStreamReader;
import java.net.InetSocketAddress;
```

```java
import java.net.StandardSocketOptions;
import java.nio.ByteBuffer;
import java.nio.CharBuffer;
import java.nio.channels.AsynchronousSocketChannel;
import java.nio.channels.CompletionHandler;
import java.nio.charset.Charset;
import java.nio.charset.CharsetDecoder;
/**
 * @author liuguangrui
 */
public class Nio2Client2 {
    class ClientCompletionHandler implements CompletionHandler<Void, Void> {
        private AsynchronousSocketChannel channel;
        private CharBuffer charBuffer = null;
        private CharsetDecoder decoder = Charset.defaultCharset().newDecoder();
        private BufferedReader clientInput = new BufferedReader(
            new InputStreamReader(System.in));
        ClientCompletionHandler(AsynchronousSocketChannel channel) {
            this.channel = channel;
        }
        @Override
        public void completed(Void result, Void attachment) {
            try {
                System.out.println("输入客户端请求：");
                String request = clientInput.readLine();
                //发送客户端请求
                channel.write(ByteBuffer.wrap(request.getBytes())).get();
                //创建读取的缓冲区
                ByteBuffer buffer = ByteBuffer.allocateDirect(1024);
                //读取服务端响应
                while (channel.read(buffer).get() != -1) {
                    buffer.flip();
                    charBuffer = decoder.decode(buffer);
                    System.out.println(charBuffer.toString());
                    if (buffer.hasRemaining()) {
                        buffer.compact();
                    } else {
                        buffer.clear();
                    }
                    //读取并发送下一次请求
                    request = clientInput.readLine();
                    channel.write(ByteBuffer.wrap(request.getBytes())).get();
                }

            } catch (Exception ex) {
                System.err.println(ex);
            } finally {
                try {
                    channel.close();
                } catch (IOException ex) {
                    System.err.println(ex);
                }
            }
        }
```

```
            @Override
            public void failed(Throwable exc, Void attachment) {
                throw new RuntimeException("链接服务端失败！");
            }
        }
    public void start() throws Exception {
        //创建异步Socket通道
        AsynchronousSocketChannel channel = AsynchronousSocketChannel.open();
        if (channel.isOpen()) {
            channel.setOption(StandardSocketOptions.SO_RCVBUF, 128 * 1024);
            channel.setOption(StandardSocketOptions.SO_SNDBUF, 128 * 1024);
            channel.setOption(StandardSocketOptions.SO_KEEPALIVE, true);
            //链接服务器,指定CompletionHandler
            channel.connect(new InetSocketAddress("127.0.0.1", 8080), null,
                new ClientCompletionHandler(channel));
            //主线程等待
            while (true) {
                Thread.sleep(5000);
            }
        } else {
            throw new RuntimeException("通道未打开！");
        }
    }
    public static void main(String[] args) throws Exception {
        Nio2Client2 client = new Nio2Client2();
        client.start();
    }
}
```

在客户端示例中，只有链接服务器的代码采用了CompletionHandler的方式，而且我们提供了一个实现类ClientCompletionHandler，在completed()方法中完成发送请求和接收响应的操作（仍采用Future的方式），在failed()方法中处理链接失败的情况。

与Future方式中的Future.get()方法可以阻塞当前线程不同，CompletionHandler完全是异步的，因此我们在最后增加了主线程等待的处理。

基于CompletionHandler的服务端：

```
import java.io.IOException;
import java.net.InetSocketAddress;
import java.net.StandardSocketOptions;
import java.nio.ByteBuffer;
import java.nio.CharBuffer;
import java.nio.channels.AsynchronousServerSocketChannel;
import java.nio.channels.AsynchronousSocketChannel;
import java.nio.channels.CompletionHandler;
import java.nio.charset.Charset;
import java.nio.charset.CharsetDecoder;
/**
 * @author liuguangrui
 */
public class Nio2Server2 {
    private AsynchronousServerSocketChannel serverChannel;
```

```java
class ServerCompletionHandler implements
    CompletionHandler<AsynchronousSocketChannel, Void> {
    private AsynchronousServerSocketChannel serverChannel;
    private ByteBuffer buffer = ByteBuffer.allocateDirect(1024);
    private CharBuffer charBuffer;
    private CharsetDecoder decoder = Charset.defaultCharset().newDecoder();
    public ServerCompletionHandler(
            AsynchronousServerSocketChannel serverChannel) {
        this.serverChannel = serverChannel;
    }
    @Override
    public void completed(AsynchronousSocketChannel result, Void attachment) {
        //立即接收下一个请求
        serverChannel.accept(null, this);
        try {
            //读取当前请求
            while (result.read(buffer).get() != -1) {
                buffer.flip();
                charBuffer = decoder.decode(buffer);
                String request = charBuffer.toString().trim();
                System.out.println("客户端请求:" + request);
                ByteBuffer outBuffer = ByteBuffer.wrap("请求收到".getBytes());
                //将响应输出到客户端
                result.write(outBuffer).get();
                if (buffer.hasRemaining()) {
                    buffer.compact();
                } else {
                    buffer.clear();
                }
            }
        } catch (Exception ex) {
            System.err.println(ex);
        } finally {
            try {
                result.close();
            } catch (IOException e) {
                System.err.println(e);
            }
        }
    }
    @Override
    public void failed(Throwable exc, Void attachment) {
        //立即接收下一个请求
        serverChannel.accept(null, this);
        //当前请求处理提示异常
        throw new RuntimeException("链接失败! ");
    }
};
public void init() throws Exception {
    //创建AsynchronousServerSocketChannel
    serverChannel = AsynchronousServerSocketChannel.open();
    if (serverChannel.isOpen()) {
        serverChannel.setOption(StandardSocketOptions.SO_RCVBUF, 4 * 1024);
        serverChannel.setOption(StandardSocketOptions.SO_REUSEADDR, true);
```

```
            //绑定端口
            serverChannel.bind(new InetSocketAddress("127.0.0.1", 8080));
        } else {
            throw new RuntimeException("通道未打开！");
        }
    }
    public void start() throws Exception {
        System.out.println("等待客户端请求……");
        //接收客户端请求，指定CompletionHandler
        serverChannel.accept(null, new ServerCompletionHandler(serverChannel));
        //主线程等待
        while(true){
            Thread.sleep(5000);
        }
    }
    public static void main(String[] args) throws Exception {
        Nio2Server2 server = new Nio2Server2();
        server.init();
        server.start();
    }
}
```

在服务端代码中，只有接收客户端请求的代码采用了CompletionHandler的方式，而且我们提供了一个实现类ServerCompletionHandler，在completed()方法中完成接收请求和发送响应的操作（仍采用Future的方式），在failed()方法中处理操作失败的情况。同样我们在最后增加了主线程等待的处理。

当然，我们也可以将示例完全采用CompletionHandler的方式实现，只需要在读写操作时采用附带CompletionHandler参数的read()和write()方法即可。

需要注意的一个细节是，在ServerCompletionHandler中，无论是完成还是失败，一旦接收请求的处理返回，我们需要立即执行accept()方法，以便准备接收下一个请求（具体参见ServerCompletionHandler），由于是异步处理，这并不会阻塞当前请求的读写操作。而且这步操作越早越好（示例中是首行代码），以避免当前的读写操作阻塞接收新请求。

比较Future方式和CompletionHandler方式，我们可以发现，如果希望支持多客户端链接，Future方式的服务端需要自己维护线程池用于并发，而CompletionHandler方式则不需要，因此后者要简单一些。但是由于前者可以直接拿到Future对象，因此处理相对灵活一些。

Tomcat中AIO的使用可以参见Nio2Endpoint。与BIO、NIO类似，Tomcat仍使用Acceptor线程池的方式接收客户端请求。在Acceptor中，采用Future方式进行请求接收。此外，Tomcat分别采用Future方式实现阻塞读写，采用CompletionHandler方式实现非阻塞读写。

Nio2Endpoint的处理过程如图4-15所示。

❏ Nio2Endpoint创建异步通道时，指定了自定义异步通道组，并且使用的是请求处理线程池。
❏ Nio2Endpoint中接收请求仍采用多线程处理，以Future的方式阻塞调用。
❏ 当接收到请求后，构造Nio2SocketWrapper以及SocketProcessor并提交到请求处理线程池，最终由Http11Nio2Processor（HTTP协议）完成请求处理。

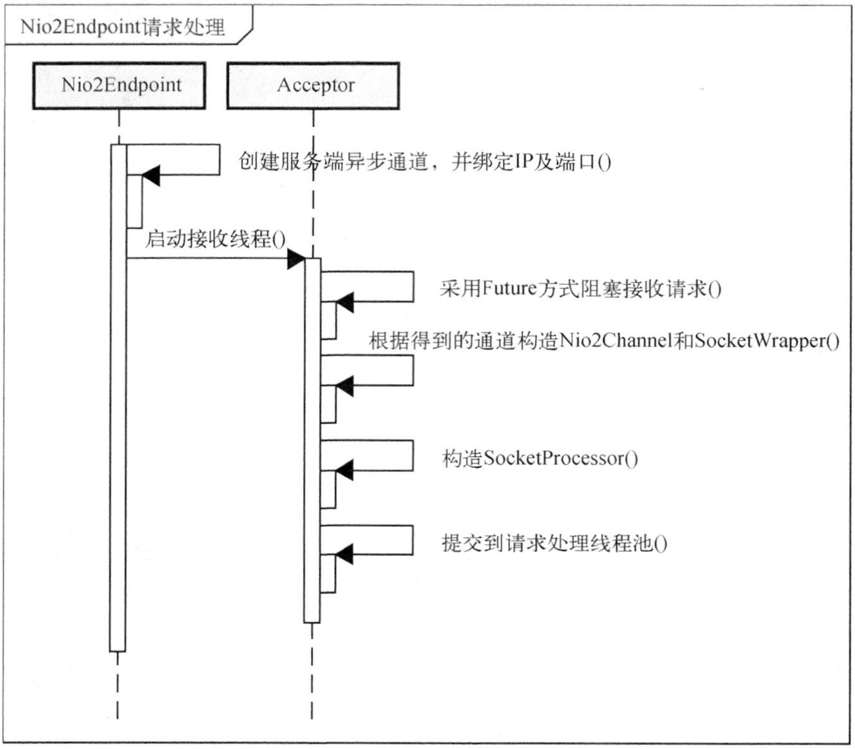

图4-15   Nio2Endpoint处理过程

❑ Nio2Endpoint通过Nio2Channel封装了AsynchronousSocketChannel和读写ByteBuffer，并提供了Nio2Channel缓存以实现ByteBuffer的重复利用。当接收到客户端请求后，Nio2Endpoint先从缓存中查找可用的Nio2Channel。如果存在，则使用当前的Asynchronous-SocketChannel进行重置，否则创建新的Nio2Channel实例。

❑ Nio2Endpoint只有在读取请求头时采用非阻塞方式，即CompletionHandler。在读取请求体和写响应时均采用阻塞方式，即Future。

4.6.4   APR

APR（Apache Portable Runtime），即Apache可移植运行库。正如官网所言，APR的使命是创建和维护一套软件库，以便在不同操作系统（Windows、Linux等）底层实现的基础上提供统一的API。通过APR的API，程序开发者可以在开发阶段不必考虑平台的差异性，也不必关心程序的最终构建环境。减少程序开发者编写特殊代码区分不同操作系统以避免系统缺陷或者利用系统特性的工作。

APR为应用程序开发提供统一的API，对于某些操作系统不支持的功能，APR则进行模拟实现，因此采用APR可以真正做到跨平台应用开发。

APR最早是Apache HTTP Server的一部分，后来Apache基金会考虑到其通用性，将其作为独立的项目进行维护。

APR提供的主要功能模块包括：内存分配及内存池、原子操作、文件I/O、锁、内存映射、哈希表、网络I/O、轮询、进程及线程操作，等等。全部模块列表可参见：http://apr.apache.org/docs/apr/1.5/modules.html。

通过采用APR，Tomcat可以获得高度可扩展性以及优越的性能，并且可以更好地与本地服务器技术集成，从而可以使Tomcat作为一款通用的Web服务器使用，而不仅仅作为轻量级应用服务器。在这种情况下，Java将不再是一门侧重于后端的编程语言，也可以更多地用于成熟的Web服务器平台。

Tomcat启动时，会自动检测系统是否安装了APR，如果已安装，则自动采用APR进行I/O处理（除非已指定Connector的protocol属性为具体的协议类）。

在Tomcat中使用APR需要安装以下3个本地组件：

❑ APR库
❑ APR JNI封装包（Tomcat使用）
❑ OpenSSL

1. Windows安装

在Windows下安装APR非常简单。首先，从http://tomcat.apache.org/download-native.cgi下载Windows二进制版本。Apache提供了两个发布包。一个是默认的tomcat-native-1.2.10-win32-bin.zip，一个是支持通过OCSP[①]协议认证客户端SSL证书的tomcat-native-1.2.10-ocsp-win32-bin.zip。官方推荐使用tomcat-native-1.2.10-win32-bin.zip。

tomcat-native-1.2.10-win32-bin.zip包中包含了32位系统、64位系统两个tcnative-1.dll文件。我们只需要将对应CPU类型（运行Tomcat的JVM的CPU架构类型）的文件复制到$CATALINA_HOME/bin下即可完成APR安装（除此之外，发布包还包含一个绿色版的openssl.exe文件）。

注意　Tomcat Native自1.2.x版本开始添加ALPN和SNI支持。由于8.5版本开始支持HTTP/2.0，因此Tomcat Native要求最低版本为1.2.2。

---

① OCSP：Online Certificate Status Protocol，在线证书状态协议，具体参见https://en.wikipedia.org/wiki/Online_Certificate_Status_Protocol。

启动Tomcat时，我们发现如下日志即表明安装成功：

```
六月 25, 2015 9:22:32 上午 org.apache.catalina.core.AprLifecycleListener init
信息: Loaded APR based Apache Tomcat Native library 1.2.10 using APR version 1.5.1.
六月 25, 2015 9:22:33 上午 org.apache.catalina.core.AprLifecycleListener init
信息: APR capabilities: IPv6 [true], sendfile [true], accept filters [false], random [true].
六月 25, 2015 9:22:33 上午 org.apache.catalina.core.AprLifecycleListener initializeSSL
信息: OpenSSL successfully initialized (OpenSSL 1.0.2h 19 Mar 2015)
六月 25, 2015 9:22:34 上午 org.apache.coyote.AbstractProtocol init
信息: Initializing ProtocolHandler ["http-apr-8080"]
六月 25, 2015 9:22:34 上午 org.apache.coyote.AbstractProtocol init
信息: Initializing ProtocolHandler ["ajp-apr-8009"]
六月 25, 2015 9:22:34 上午 org.apache.catalina.startup.Catalina load
信息: Initialization processed in 2790 ms
六月 25, 2015 9:22:34 上午 org.apache.catalina.core.StandardService startInternal
信息: Starting service Catalina
六月 25, 2015 9:22:34 上午 org.apache.catalina.core.StandardEngine startInternal
```

2. Linux（Ubuntu）安装

在Linux下安装APR稍微复杂一些。本书以Ubuntu为例，对于其他操作系统，可以参见http://tomcat.apache.org/native-doc/。

首先，我们需要执行如下命令下载并安装依赖库（APR和OpenSSL）：

```
kunrey@ubuntu:~$ apt-get install libapr1-dev libssl-dev
```

当然，如果当前用户没有足够权限，可以尝试：

```
kunrey@ubuntu:~$ sudo apt-get install libapr1-dev libssl-dev
```

然后，下载Tomcat Native包（地址为http://apache.dataguru.cn/tomcat/tomcat-connectors/native/1.2.10/source/tomcat-native-1.2.10-src.tar.gz）并解压。

进入到解压目录的jni/native/目录下，执行如下命令编译并安装Tomcat Native：

```
kunrey@ubuntu:~$ ./configure --with-apr=$HOME/APR --with-java-home=$JAVA_HOME
--with-ssl=$HOME/OPENSSL--prefix=$CATALINA_HOME
kunrey@ubuntu:~$ make && make install
```

❑ $HOME/APR为APR安装路径，通过apt-get安装，其默认路径为/usr/bin/apr-1-config。

❑ $JAVA_HOME为JDK安装路径。

❑ $HOME/OPENSSL为OpenSSL的安装路径。

❑ $CATALINA_HOME为Tomcat的安装路径。

安装完毕后，$CATALINA_HOME/lib下会新增libtcnative-1.so。此时，启动Tomcat，如发现如下日志，即表明安装成功：

```
30-Jun-2015 15:14:44.967 INFO [main]
org.apache.catalina.core.AprLifecycleListener.lifecycleEvent Loaded APR based Apache Tomcat Native
library 1.2.10 using APR version 1.5.1.
30-Jun-2015 15:14:44.968 INFO [main]
org.apache.catalina.core.AprLifecycleListener.lifecycleEvent APR capabilities: IPv6 [true], sendfile
```

```
[true], accept filters [false], random [true].
30-Jun-2015 15:14:44.997 INFO [main] org.apache.catalina.core.AprLifecycleListener.initializeSSL
OpenSSL successfully initialized (OpenSSL 1.0.2h 6 Jan 2014)
30-Jun-2015 15:14:45.191 INFO [main] org.apache.coyote.AbstractProtocol.init Initializing
ProtocolHandler ["http-apr-8080"]
30-Jun-2015 15:14:45.223 INFO [main] org.apache.coyote.AbstractProtocol.init Initializing
ProtocolHandler ["ajp-apr-8009"]
```

如果未能正常加载，可检查java.library.path目录是否已经包含libtcnative-1.so所在路径。如不包含，可通过添加java.library.path启动参数或者PATH系统环境变量的方式解决。

3. AprEndpoint

Tomcat中APR的实现可以参见AprEndpoint。首先，它与其他Endpoint实现遵循了一致的接口定义，其次，它与NioEndpoint类似，采用轮询的方式处理请求（正确地说是NioEndpoint模仿了Apr的轮询方式）。

AprEndpoint的处理过程如图4-16所示。

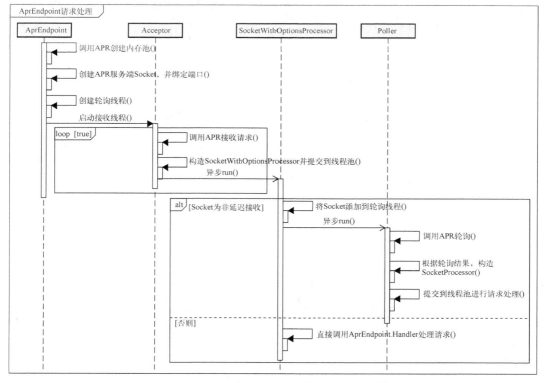

图4-16 AprEndpoint处理过程

限于篇幅，图4-16仅简要描述了AprEndpoint的关键处理过程，而不是详细说明，很多特性并未包含在图中（如Sendfile线程、SSL），感兴趣的读者可阅读AprEndpoint的源代码。

与其他Endpoint相比，AprEndpoint在启动时除了创建Socket、绑定地址及端口、创建SSL上下文环境，还会进行操作系统层级设置。如创建内存池、对于Unix和Windows系统设置Socket重用标识（SO_REUSEADDR）、设置延迟接收Socket的标识（TCP_DEFER_ACCEPT）。而且除了接收请求的线程池和异步超时线程外，还要创建轮询线程和Sendfile线程。

AprEndpoint的Acceptor线程以阻塞形式监听请求链接，当有新的请求链接时，它会构造一个SocketWithOptionsProcessor对象并提交到请求处理线程池。该对象会判断是否设置了TCP_DEFER_ACCEPT标识。如果是，直接调用Handler（负责构造具体的协议处理类，具体参见3.5节以及4.2节的讲解）处理请求；否则，将当前Socket添加到Poller线程的轮询队列，Poller线程轮询检测Socket的状态，并根据检测结果构造SocketProcessor对象并提交到请求处理线程池。SocketProcessor对象直接调用Handler进行请求处理。

之所以如此设计，是因为如果设置了TCP_DEFER_ACCEPT标识，只有数据到达后，服务端才会Accept请求，此时在SocketWithOptionsProcessor中可以直接处理请求，而不必再轮询检测状态。如果没有设置该标识，则需要轮询检测数据是否到达，此时需要将准备好的请求提交到线程池处理，以避免阻塞轮询线程。

4.7   小结

本章我们介绍了Tomcat链接器框架Coyote以及目前支持的协议、I/O方式。通过本章可以了解到客户端请求从接收到交由Servlet容器处理的整个过程。

对于每种协议，Tomcat均提供了对应I/O方式的实现，而且Tomcat官方还提供了在每种协议下每种I/O实现方案的差异。

HTTP协议下的处理方式如表4-8所示。

表4-8   HTTP协议3种I/O的处理方式

	NIO	NIO2	APR
引入版本	≥6.0	≥8.0	≥5.5
轮询支持	是	是	是
轮询队列大小	maxConnections	maxConnections	maxConnections
读请求头	非阻塞	非阻塞	非阻塞
读请求体	阻塞	阻塞	阻塞
写响应	阻塞	阻塞	阻塞
等待新请求	非阻塞	非阻塞	非阻塞
SSL支持	Java SSL/Open SSL	Java SSL/Open SSL	Open SSL
SSL握手	非阻塞	非阻塞	阻塞
最大链接数	maxConnections	maxConnections	maxConnections

实际上，每种I/O实现方案不仅受限于I/O技术本身，也与Servlet规范的相关约束有关，如NIO和NIO2的读请求体以及写响应。

AJP协议下的处理方式如表4-9所示。

表4-9　AJP协议3种I/O的处理方式

	NIO	NIO2	APR
引入版本	≥7.0	≥8.0	≥5.5
轮询支持	是	是	是
轮询队列大小	maxConnections	maxConnections	maxConnections
读请求头	阻塞	阻塞	阻塞
读请求体	阻塞	阻塞	阻塞
写响应	阻塞	阻塞	阻塞
等待新请求	非阻塞	非阻塞	非阻塞
最大链接数	maxConnections	maxConnections	maxConnections

那么在实际使用时，我们应如何选择协议以及具体的I/O方式？

总的来说，AJP协议的性能要优于HTTP协议，因此在Web服务器与Tomcat集成时，可优先使用AJP协议。

AJP采用二进制传输可读性文本，并且在Web服务器与Tomcat之间保持持久性TCP链接，这使得AJP占用更少的带宽，并且链接开销要小得多。但是由于AJP采用持久性链接，因此有效链接数较HTTP要多。

当然，某些Web服务器并不支持AJP协议，此时在集成时只能选择HTTP协议。

对于I/O选择，要依赖于具体业务场景下的性能测试结果（简单性能测试仅可作为参考，并不足以成为选择依据），通常情况下APR和NIO2的性能要优于NIO和BIO，尤其是APR，由于调用本地库，其性能接近于系统原生处理速度。

第 5 章

Jasper

5

大家都知道，对于基于JSP的Web应用来说，我们可以直接在JSP页面中编写Java代码，添加第三方框架的标签（如Spring MVC Tag）以及使用EL表达式。通过这些，我们可以实现动态组织页面内容，如读取数据库的记录输出到浏览器，根据记录的不同状态显示不同的字体颜色。除此之外，还可以将MVC框架控制层的处理结果写入请求，在JSP页面显示具体的处理结果。但是无论经过何种形式的处理，最终输出到客户端的却是标准的HTML页面（包含CSS、Javascript以及图片），并不包含任何Java相关的语法。也就是说，如果我们把JSP也看作一种脚本的话，它运行于服务端，是服务端脚本。那么应用服务器是如何将JSP页面转换为HTML页面的呢？

不同于PHP等脚本语言的处理方式，Java是一门编译型语言，因此Java应用服务器首先需要将JSP页面转换为一个标准的Java类文件，然后进行编译、加载并实例化。编译后的Java类是一个Servlet实现，负责将我们在JSP页面中编写的内容输出到客户端（其中会涉及动态执行、标签转换等工作）。

为了提升处理性能，应用服务器会对JSP类和实例进行缓存，并定时检测JSP页面的更新情况，如发生变更，将会重新编译。由于JSP页面采用单独的类加载器，因此重新编译不会导致整个应用重新加载，这也是我们可以在运行状态更新JSP页面的原因。

接下来我们就来了解一下Tomcat的JSP引擎——Jasper。本章内容主要包含以下3部分。

❏ Jasper现状简介。
❏ JSP的编译方式。
❏ JSP编译原理。

5.1 Jasper 简介

从4.1版本开始，Tomcat使用重新设计的Jasper 2作为JavaServer Pages规范的实现（8.5.6版本对应的规范版本为JavaServer Pages 2.3）。Jasper 2与旧版本相比显著提升了JSP处理性能。

首先，在Jasper 2中引入了定制标签（如Spring MVC Tag）池，用于缓存创建的定制标签对象，以提升在使用定制标签时JSP的处理性能。

其次，Tomcat采用后台线程的形式，定期检测JSP页面是否更新。如果发生更新，则重新编译JSP页面并加载，不必重启服务器，也不必重新加载整个应用。

再次，自动检测依赖的Include页面是否更新，如发生更新，Tomcat将重新编译当前JSP页面。

最后，从5.x版本开始，Tomcat同时支持Ant（javac）和JDT两种编译器，并且默认采用JDT，此时，Tomcat将不再依赖JDK，只需要安装JRE即可。

5.2　JSP 编译方式

Tomcat JSP编译分为运行时编译和预编译两种。我们先看一下运行时编译。

5.2.1　运行时编译

Tomcat并不会在启动Web应用时自动编译JSP文件，而是在客户端第一次请求时才编译需要访问的JSP文件。

1. 编译过程

在3.6节我们曾讲到，Tomcat在默认的web.xml中配置了一个org.apache.jasper.servlet.JspServlet，用于处理所有.jsp或者.jspx结尾的请求，该Servlet实现即为运行时编译的入口。

首先，获取JSP文件路径。Tomcat通过如下几种方式确定JSP文件的路径。

(1) 如果指定了jspFile属性，则该属性值即为JSP文件路径。除非Servlet对于所有请求均定向到单一的JSP页面，否则，多数不会配置该属性。

(2) 如果请求中javax.servlet.include.servlet_path属性值不为空，则将javax.servlet.include.servlet_path属性值加上javax.servlet.include.path_info属性值作为JSP文件路径。此种情况主要用于RequestDispatcher接口的include操作或<jsp:include>（实际上该标签编译后的结果即是采用RequestDispatcher.include处理请求）。

(3) 将HttpServletRequest.getServletPath加上HttpServletRequest.getPathInfo作为JSP路径。这是绝大多数情况下JSP路径的确认方式。

其次，判断当前请求是否为预编译请求。Tomcat支持通过客户端请求来使指定的JSP页面完成编译加载，而不实际执行该请求。那么如何判断当前请求是预编译请求呢？只要请求路径包含jsp_precompile参数即可。当该参数未指定值、指定值为true或者false时，均视为预编译请求，而其他值将视为非法并导致异常（当然，我们还可以通过系统属性org.apache.jasper.Constants.PRECOMPILE来自定义参数名称）。需要注意的是，该参数只适用于请求直接定向到JSP页面的情况，如果采用Spring MVC等Web开发框架，还是无法避免执行MVC控制层代码（因为MVC框架大多是执行完控制层代码后，再将请求forward到指定的JSP页面，也就是说JspServlet

的处理在控制层执行结束以后）。

最后，根据JSP文件构造JspServletWrapper对象。JspServletWrapper为JSP引擎的核心（也可以说就是JSP引擎），它负责编译、加载JSP文件并完成请求处理。每个JSP页面对应一个JspServletWrapper实例，Tomcat会缓存JspServletWrapper对象以提升系统性能（并且会定期清除一段时间内未使用的页面对象，减少内存占用）。

JspServletWrapper会判断当前是否为开发环境或者是首次加载，如果是则调用JspCom-pilationContext的compile()方法进行编译，然后加载并实例化JSP编译成功后对应的Servlet类。此时，如果当前请求为预编译请求，将结束处理，否则更新JspServletWrapper的使用时间（避免其被回收），调用Servlet的方法完成请求处理。

处理过程如图5-1所示。

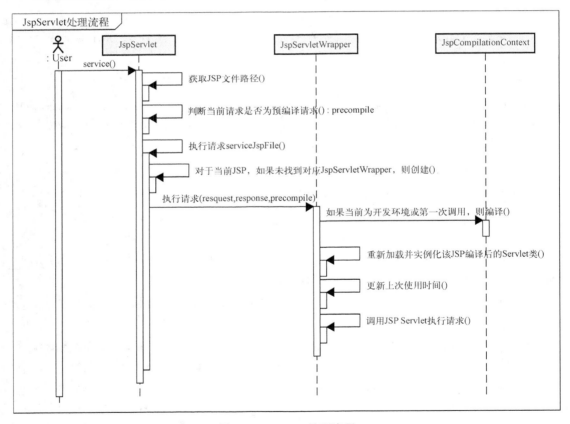

图5-1　JspServlet处理流程

对于非开发环境且不是首次加载的情况，JspServletWrapper将直接使用其持有的Servlet对象处理请求。

2. 编译结果

JSP页面编译结果（包括Java源文件以及Class文件）的存放路径可以通过如下3个途径获得。

首先，ServletContext初始化参数scratchdir。只要我们配置了该参数，则将使用该参数的值作为当前应用编译结果的根目录。

```
<context-param>
    <param-name>scratchdir</param-name>
    <param-value>web-app/temp/jsp/</param-value>
</context-param>
```

其次，如果未配置scratchdir，将尝试读取ServletContext属性javax.servlet.context.tempdir的值作为编译根目录。实际上，该目录即为Web应用的临时目录。默认情况下，该目录为"$CATALINA_BASE/work/Engine名称/Host名称/Context名称"。假设我们的Web应用名为sample，且在不修改Tomcat中Engine和Host配置的情况下，该目录为$CATALINA_BASE/work/Catalina/localhost/sample。

最后，如没有配置javax.servlet.context.tempdir（只有Servlet容器低于2.2版本时才会出现该情况），将会使用系统属性java.io.tmpdir，即操作系统的临时目录。

如果查看编译结果，我们就会发现所有JSP编译类均使用org.apache.jsp作为基础包路径（Tomcat支持通过系统属性org.apache.jasper.Constants.JSP_PACKAGE_NAME来修改该包路径）。如果JSP页面位于Web应用的根目录下，那么该路径即为其最终包路径。如果其位于Web应用的子目录下，那么子目录将作为编译类的子包路径（例如JSP页面位于Web应用的pages/user目录下，那么其完整包路径为org.apache.jsp.pages.user）。对于WEB-INF下的JSP页面，包路径会做一个简单的转义处理（例如JSP页面位于WEB-INF/user目录下，那么其完整包路径为org.apache.jsp.WEB_002dINF.user）。

JSP的源文件和类文件位于同一目录，假使我们的JSP文件名为index.jsp，那么其类名为index_jsp（Tomcat确保将一个JSP文件名转换为一个合法的Java类名）。

3. JspServlet配置

JspServlet支持通过配置各种参数（Servlet初始化参数），以控制JSP页面的运行时编译过程。其支持参数如表5-1所示。

表5-1　JspServlet支持的初始化参数

属　性　名	描　　述
checkInterval	在非开发模式下，如果该属性大于0，那么Tomcat将会以后台任务的形式检测JSP页面及其依赖的页面是否需要重新编译。该属性用于指定后台任务执行的时间间隔，单位为秒。默认为0
classdebuginfo	编译生成的class文件是否包含debug信息，默认为true

（续）

属　性　名	描　　述
classpath	Jsp编译使用的classpath，该属性只有当没有设置ServletContext属性org.apache.catalina.jsp_classpath时才会生成。Tomcat在启动Web应用时，始终会设置该属性，因此在Tomcat，我们并不需要关注此参数。此参数主要用于JspC预编译，也可用于非Tomcat应用服务器但是使用Jasper编译JSP的情况
compilerClassName	使用的JSP编译器类名，如不设置，默认为Eclipse JDT编译器 JDT：org.apache.jasper.compiler.JDTCompiler Ant：org.apache.jasper.compiler.AntCompiler
compiler	当使用Ant编译JSP页面时，javac任务采用的编译器。可选值具体参见http://ant.apache.org/manual/Tasks/javac.html#compilervalues。此外，该属性还影响到Jasper编译器使用顺序，如果配置了该值，则Tomcat优先使用Ant，否则优先使用JDT
compilerSourceVM	JSP页面生成Java源代码兼容的JDK版本，默认为1.7
compilerTargetVM	JSP页面生成class文件兼容的JDK版本，默认为1.7
development	Jasper是否以开发模式运行。如果为true，那么Jasper可以通过属性modificationTestInterval指定检测JSP重新编译的时间间隔。默认为true
displaySourceFragment	是否在异常信息中包含代码片段，默认为true。该属性仅在开发模式下生效，用于系统调试
dumpSmap	是否将JSR45的SMAP信息输出到一个文件。默认为false，当suppressSmap为true时，该属性为false
enablePooling	是否启用Tag处理器池。这仅是一个编译选项，不会改变已经编译完成的JSP页面的处理方式。默认为true
engineOptionsClass	指定Jasper配置接口org.apache.jasper.Options的实现类，如不指定，默认为org.apache.jasper.EmbeddedServletOptions。当Tomcat在SecurityManager下运行时，该属性忽略
errorOnUseBeanInvalidClassAttribute	当使用<jsp:useBean>时，如果其class属性指定的是无效的类名，是否提示异常
fork	当使用Ant时，是否fork JSP页面编译，以使其运行于独立的JVM。默认为true，但是Tomcat在conf/web.xml中将其配置为false
genStringAsCharArray	是否在生成Java代码时将字符串转换为字符数组，这在某些情况下可能会提升性能。默认为false
ieClassId	使用<jsp:plugin>时，发送给IE浏览器的class-id的值，默认值为clsid:8AD9C840-044E-11D1-B3E9-00805F499D93
javaEncoding	生成Java代码时采用的文件编码，默认为UTF-8
keepgenerated	是否保留JSP页面生成的Java源代码文件，如果为false,源代码文件将在编译成功后删除。默认为true
mappedfile	在为JSP页面生成Java源代码时，对于静态内容，是否每一行生成一条输出语句。默认为true
maxLoadedJsps	Web应用加载的JSP页面的最大数量。当加载数量超出该值时，最近最少使用的JSP页面将会被卸载。小于等于0的数值表示不作限制。默认为-1
jspIdleTimeout	JSP页面卸载之前的最长闲置时间，单位为秒。小于等于0的数值表示不作限制。默认为-1
modificationTestInterval	development模式下，检测重新编译JSP的时间间隔。如果为0，则每次请求访问均会检测指向的JSP页面是否需要重新编译。默认为4秒

（续）

属 性 名	描 述
recompileOnFail	如果JSP页面编译错误，是否在下次请求时强制重新编译，不考虑参数modification-TestInterval。该参数只在开发模式下生效，并默认为false，因为编译过程会导致占用过多的资源
scratchdir	JSP页面编译生成的Java代码以及class文件的存放目录。当Tomcat在SecurityManager下运行时，该属性忽略
suppressSmap	是否阻止生成JSR45的SMAP信息，默认为false
trimSpaces	是否对于directive或action之间的空格进行截断处理，默认为false
xpoweredBy	编译生成的Servlet类是否自动添加X-Powered-By响应头信息，默认为false
strictQuoteEscaping	JSP规范中的引号转义是否应用于scriplet表达式定义的属性，默认为true
quoteAttributeEL	当在JSP属性值中使用EL表达式时，JSP规范中关于属性引号转义的规则是否应用于属性值中的EL表达式，默认为true

5.2.2 预编译

除了运行时编译，我们还可以直接将Web应用中的所有JSP页面一次性编译完成。在这种情况下，Web应用运行过程中便可以不必再进行实时编译，而是直接调用JSP页面对应的Servlet完成请求处理，从而提升系统访问性能。

Tomcat提供了一个Shell程序JspC，用于支持JSP预编译，而且在$CATALINA_HOME/bin目录下提供了一个catalina-tasks.xml文件声明了Tomcat支持的Ant任务。因此，我们很容易使用Ant来执行JSP预编译。

下面通过一个简单的示例来演示一下如何实现Web应用预编译。首先，应用目录如图5-2所示。

图5-2 预编译示例工程

sample工程一共包含了两个JSP页面，一个build.xml文件和一个build.properties文件。其中build.xml文件中为预编译JSP的Ant脚本，内容如下：

```xml
<project name="Sample预编译" default="all" basedir=".">
    <property file="build.properties"/>
    <import file="${tomcat.home}/bin/catalina-tasks.xml"/>
    <target name="jspc">
        <jasper validateXml="false"
            uriroot="${webapp.path}"
            webXmlFragment="${webapp.path}/WEB-INF/generated_web.xml"
            outputDir="${webapp.path}/jspsrc"/>
    </target>
    <target name="compile">
        <mkdir dir="${webapp.path}/WEB-INF/classes"/>
        <mkdir dir="${webapp.path}/WEB-INF/lib"/>
        <javac destdir="${webapp.path}/WEB-INF/classes"
            optimize="off" debug="on" failonerror="false"
            srcdir="${webapp.path}/jspsrc" excludes="**/*.smap">
            <classpath>
                <pathelement location="${webapp.path}/WEB-INF/classes"/>
                <fileset dir="${webapp.path}/WEB-INF/lib">
                    <include name="*.jar"/>
                </fileset>
                <pathelement location="${tomcat.home}/lib"/>
                <fileset dir="${tomcat.home}/lib">
                    <include name="*.jar"/>
                </fileset>
                <fileset dir="${tomcat.home}/bin">
                    <include name="*.jar"/>
                </fileset>
            </classpath>
            <include name="**"/>
            <exclude name="tags/**"/>
        </javac>
    </target>
    <target name="all" depends="jspc,compile">
    </target>
    <target name="cleanup">
        <delete>
            <fileset dir="${webapp.path}/jspsrc"/>
            <fileset dir="${webapp.path}/WEB-INF/classes/org/apache/jsp"/>
        </delete>
    </target>
</project>
```

我们在build.properties文件中定义了Ant脚本使用的属性参数：tomcat.home（Tomcat安装路径）、webapp.path（Web应用根目录），因此先将该文件导入（此步骤非必需，如果我们通过Ant运行参数指定属性值，可不必添加build.properties）。

通过导入catalina-tasks.xml文件，引入jasper任务定义。

build.xml的target执行顺序为：jspc、compile。其中jspc包含一个jasper任务，该任务的实现即为Shell程序org.apache.jasper.JspC。虽然入口不同，但是它和运行时编译一样，均由org.apache.jasper.JspCompilationContext完成Java代码生成。除此之外，JspC还负责生成所有Jsp编译Servlet

类的ServletMapping配置。

compile是一个Ant提供的javac任务，需要注意的是，必须把Web应用依赖的所有类库包含进来（应用服务器、WEB-INF/classes、WEB-INF/lib）。

可能很多人会有疑问，既然JspCompilationContext同时包含代码生成和编译的功能，那么为什么后面还定义了一个javac的任务？

实际上，在jspc任务中仅使用org.apache.jasper.JspCompilationContext生成了Java代码，并未进行编译，具体的编译工作由后面的javac完成。

但这并不是说我们不能用一个任务完成，只需要在jspc任务中增加属性compile="true"，即可同时完成代码生成和编译的工作。但是，这样会有一个问题，就是我们的Java代码和class文件将位于同一个目录下（与运行时编译一样），显然这并不符合我们的期望。

而通过拆分为两个任务，我们将Java代码和class文件分目录存放，便于后期整个应用的打包构建。

在Web应用根目录下执行ant命令进行构建（在此之前，确保你已经下载并安装了Apache Ant，同时将其bin目录添加到了path系统环境变量中），输出如下：

```
Buildfile: C:\eclipse\workspace\sample\build.xml
Trying to override old definition of datatype resources
jspc:
    [jasper] 七月 12, 2015 4:50:38 下午 org.apache.jasper.servlet.TldScanner scanJars
    [jasper] 信息: At least one JAR was scanned for TLDs yet contained no TLDs. Enable debug logging
    for this logger for a complete list of JARs that were scanned but no TLDs were found in them. Skipping
    unneeded JARs during scanning can improve startup time and JSP compilation time.
    compile:
    [mkdir] Created dir: C:\eclipse\workspace\sample\webapp\WEB-INF\lib
    [javac] C:\eclipse\workspace\sample\build.xml:18: warning: 'includeantruntime' was not set,
    defaulting to build.sysclasspath=last; set to false for repeatable builds
    [javac] Compiling 2 source files to C:\eclipse\workspace\sample\webapp\WEB-INF\classes
all:
BUILD SUCCESSFUL
Total time: 2 seconds
```

我们也可以直接在执行ant命令时指定参数。

```
ant -Dtomcat.home=<Tomcat安装路径> -Dwebapp.path=<Web应用根目录>
```

执行成功后，进入到Web应用jspsrc目录和WEB-INF/classes目录下可以分别查看生成的Java代码和class文件。除此之外，在WEB-INF目录下还创建了一个文件generated_web.xml用于临时存放JSP页面对应的ServletMapping配置，内容如下：

```
<!--
Automatically created by Apache Tomcat JspC.
Place this fragment in the web.xml before all icon, display-name,
description, distributable, and context-param elements.
-->
<servlet>
```

```
<servlet-name>org.apache.jsp.header_jsp</servlet-name>
<servlet-class>org.apache.jsp.header_jsp</servlet-class>
</servlet>
<servlet>
<servlet-name>org.apache.jsp.index_jsp</servlet-name>
<servlet-class>org.apache.jsp.index_jsp</servlet-class>
</servlet>
<servlet-mapping>
<servlet-name>org.apache.jsp.header_jsp</servlet-name>
<url-pattern>/header.jsp</url-pattern>
</servlet-mapping>
<servlet-mapping>
<servlet-name>org.apache.jsp.index_jsp</servlet-name>
<url-pattern>/index.jsp</url-pattern>
</servlet-mapping>
<!--
All session-config, mime-mapping, welcome-file-list, error-page, taglib,
resource-ref, security-constraint, login-config, security-role,
env-entry, and ejb-ref elements should follow this fragment.
-->
```

只需要将该文件的内容复制到WEB-INF/web.xml文件中，便可以直接通过编译好的Servlet处理客户端请求。

如果我们为jasper任务添加了addWebXmlMappings="true"，那么它会自动将ServletMapping配置合并到WEB-INF/web.xml，不再生成generated_web.xml文件。

5.3　JSP 编译原理

在讲解JSP编译原理之前，让我们先来看一个简单的JSP页面及其生成的Servlet类代码，从中简单分析一下JSP代码生成方式。

JSP代码如下（index.jsp）：

```
<%@page language="java" contentType="text/html; charset=ISO-8859-1"
pageEncoding="ISO-8859-1" %>
<%@taglib uri="http://java.sun.com/jsp/jstl/core" prefix='c' %>
<%@taglib uri="http://java.sun.com/jsp/jstl/fmt" prefix='fmt' %>
<%@page import="org.apache.tomcat.sample.Hello" %>
<%@page import="java.util.Date" %>
<!DOCTYPEhtmlPUBLIC"-//W3C//DTD HTML 4.01 Transitional//EN""http://www.w3.org/TR/html4/loose.dtd">
<html>
<head>
<meta http-equiv="Content-Type" content="text/html; charset=ISO-8859-1">
<title>Sample</title>
</head>
<body>
    <jsp:include page="header.jsp"></jsp:include>
    <%@include file="header.jsp" %>
    <fmt:formatDate value="<%=new Date() %>" type="date"/><br/>
    <%for(int i=0;i<10;i++) {%>
```

```
<%=new Hello().sayHello(i)%><br/>
<% } %>
</body>
</html>
```

为了更好地讲解JSP的编译，我们在这个小示例中包含了尽可能多的JSP特性。

(1) 使用JSP的page指令声明了发送到客户端的文档的MIME类型以及编码。

(2) 导入了两个常用的标签库。

(3) 导入了两个Java类。

(4) 通过两种方式引入了一个外部JSP页面（稍后你会看到它们的区别）。

(5) 使用formatDate标签格式化输出了一个日期。

(6) 添加了一段Java循环代码，每次循环输出Hello.sayHello方法的结果（"Hello i"）。

其生成的Java代码如下（为了减少篇幅，我们删除了部分代码）：

```
package org.apache.jsp;
import javax.servlet.*;
import javax.servlet.http.*;
import javax.servlet.jsp.*;
import org.apache.tomcat.sample.Hello;
import java.util.Date;
public final class index_jsp extends org.apache.jasper.runtime.HttpJspBase
    implements org.apache.jasper.runtime.JspSourceDependent,
        org.apache.jasper.runtime.JspSourceImports {
    private static final javax.servlet.jsp.JspFactory _jspxFactory =
        javax.servlet.jsp.JspFactory.getDefaultFactory();
    private static java.util.Map<java.lang.String,java.lang.Long> _jspx_dependants;
    static {
        _jspx_dependants = new java.util.HashMap<java.lang.String,java.lang.Long>(4);
        _jspx_dependants.put("/WEB-INF/lib/taglibs-standard-impl-1.2.5.jar", Long.valueOf
            (1436868614272L));
        _jspx_dependants.put("/header.jsp", Long.valueOf(1436877874662L));
        _jspx_dependants.put("jar:file:/WEB-INF/lib/taglibs-standard-impl-1.2.5.jar!/META-INF/
            c.tld", Long.valueOf(1425949870000L));

        _jspx_dependants.put("jar:file:/WEB-INF/lib/taglibs-standard-impl-1.2.5.jar!
            /META-INF/fmt.tld", Long.valueOf(1425949870000L));
        }

    private static final java.util.Set<java.lang.String> _jspx_imports_packages;

    private static final java.util.Set<java.lang.String> _jspx_imports_classes;

    static {
        _jspx_imports_packages = new java.util.HashSet<>();
        _jspx_imports_packages.add("javax.servlet");
        _jspx_imports_packages.add("javax.servlet.jsp");
        _jspx_imports_packages.add("javax.servlet.http");
        _jspx_imports_classes = new java.util.HashSet<>();
```

```
        _jspx_imports_classes.add("org.apache.tomcat.sample.Hello");
        _jspx_imports_classes.add("java.util.Date");
    }
    private org.apache.jasper.runtime.TagHandlerPool _005fjspx_005ftagPool_005ffmt_005fformat
        Date_0026_005fvalue_005ftype_005fnobody;

    private javax.el.ExpressionFactory _el_expressionfactory;
    private org.apache.tomcat.InstanceManager _jsp_instancemanager;

    //省略getDependants、getPackageImports、getClassImports方法
    //省略_jspInit方法
    //省略_jspDestroy方法
    public void _jspService(final javax.servlet.http.HttpServletRequest request,
        final javax.servlet.http.HttpServletResponse response)
        throws java.io.IOException,javax.servlet.ServletException {

final java.lang.String _jspx_method = request.getMethod();
if (!"GET".equals(_jspx_method) && !"POST".equals(_jspx_method) && !"HEAD".equals(_jspx_method)
&& !javax.servlet.DispatcherType.ERROR.equals(request.getDispatcherType())) {
response.sendError(HttpServletResponse.SC_METHOD_NOT_ALLOWED,
    "JSPs only permit GET POST or HEAD");
return;
}

    final javax.servlet.jsp.PageContext pageContext;
    javax.servlet.http.HttpSession session = null;
    final javax.servlet.ServletContext application;
    final javax.servlet.ServletConfig config;
    javax.servlet.jsp.JspWriter out = null;
    final java.lang.Object page = this;
    javax.servlet.jsp.JspWriter _jspx_out = null;
    javax.servlet.jsp.PageContext _jspx_page_context = null;

    try {
        response.setContentType("text/html; charset=ISO-8859-1");
        pageContext = _jspxFactory.getPageContext(this, request, response,
            null, true, 8192, true);
        _jspx_page_context = pageContext;
        application = pageContext.getServletContext();
        config = pageContext.getServletConfig();
        session = pageContext.getSession();
        out = pageContext.getOut();
        _jspx_out = out;

        //省略out.write("\r\n");
    out.write("<!DOCTYPE html PUBLIC \"-//W3C//DTD HTML 4.01 Transitional//EN\"
        \"http://www.w3.org/TR/html4/loose.dtd\">\r\n");
    out.write("<html>\r\n");
    out.write("<head>\r\n");
    out.write("<meta http-equiv=\"Content-Type\" content=\"text/html; charset=ISO-8859-1\">\r\n");
    out.write("<title>Sample</title>\r\n");
    out.write("</head>\r\n");
    out.write("<body>\r\n");
    out.write("\t");
```

```
org.apache.jasper.runtime.JspRuntimeLibrary.include(request, response, "header.jsp", out,
    false);
    //省略out.write("\r\n");
        out.write("<h2>Hello</h2>");
    //省略out.write("\r\n");
        //fmt:formatDate
        org.apache.taglibs.standard.tag.rt.fmt.FormatDateTag _jspx_th_fmt_005fformatDate_005f0 =
            (org.apache.taglibs.standard.tag.rt.fmt.FormatDateTag)
            _005fjspx_005ftagPool_005ffmt_005fformatDate_0026_005fvalue_005ftype_005fnobody.
            get(org.apache.taglibs.standard.tag.rt.fmt.FormatDateTag.class);
    _jspx_th_fmt_005fformatDate_005f0.setPageContext(_jspx_page_context);
    _jspx_th_fmt_005fformatDate_005f0.setParent(null);
    _jspx_th_fmt_005fformatDate_005f0.setValue(new Date() );
    _jspx_th_fmt_005fformatDate_005f0.setType("date");
    int _jspx_eval_fmt_005fformatDate_005f0 = _jspx_th_fmt_005fformatDate_005f0.doStartTag();
    if (_jspx_th_fmt_005fformatDate_005f0.doEndTag() == javax.servlet.jsp.tagext.Tag.SKIP_PAGE) {
        _005fjspx_005ftagPool_005ffmt_005fformatDate_0026_005fvalue_005ftype_005fnobody.
        reuse(_jspx_th_fmt_005fformatDate_005f0);
            return;
    }
    _005fjspx_005ftagPool_005ffmt_005fformatDate_0026_005fvalue_
    005ftype_005fnobody.reuse(_jspx_th_fmt_005fformatDate_005f0);
    out.write("<br/>\r\n");
    out.write("\t");
    for(int i=0;i<10;i++) {
        //省略out.write("\r\n");
        out.print(new Hello().sayHello(i));
        out.write("<br/>\r\n");
        out.write("\t");
    }
    out.write("\r\n");
    out.write("</body>\r\n");
    out.write("</html>");
    } catch (java.lang.Throwable t) {
        //省略异常处理
    } finally {
        _jspxFactory.releasePageContext(_jspx_page_context);
    }
    }
}
```

通过分析其代码，可以总结如下。

(1) 其类名为index_jsp，继承自org.apache.jasper.runtime.HttpJspBase（父类还可以通过系统属性org.apache.jasper.Constants.JSP_SERVLET_BASE和page指令的extends属性指定，前者影响所有JSP页面，后者只影响当前页面）。

(2) 通过属性_jspx_dependants保存了当前JSP页面依赖的资源，包括引入的外部JSP页面、导入的标签、标签所在的JAR包等，便于后续处理过程使用（如重新编译检测，因此它以Map的形式保存了每个资源的上次修改时间）。

(3) 通过属性_jspx_imports_packages存放导入的Java包，默认导入javax.servlet、javax.

servlet.jsp、javax.servlet.http。

(4) 通过属性_jspx_imports_classes存放导入的类，通过import指令导入的Hello、Date类均会包含到该集合中。_jspx_imports_packages和_jspx_imports_classes属性主要用于配置EL引擎上下文。

(5) 请求处理由_jspService()方法完成（具体可查看父类HttpJspBase的方法调用路径）。

(6) _jspService方法定义了几个重要的局部变量： pageContext、session、application、config、out、page。由于整个页面的输出由_jspService方法完成，因此这些变量和参数（request、response）会对整个JSP页面有效，这也是我们可以在JSP页面使用这些变量的原因。

(7) 指定文档类型的指令（page）最终转换为response.setContentType()方法的调用。

(8) 对于每一行的静态内容（HTML），调用out.write输出。

(9) 通过<jsp:include/>引用外部JSP页面时，Servlet类实际上通过org.apache.jasper.runtime.JspRuntimeLibrary.include将外部JSP的内容包含到当前页面，其内部调用了javax.servlet.RequestDispatcher.include完成。

(10) 通过<%@include%>引用外部JSP页面时，Jasper会将外部JSP页面看作当前页面的一部分，统一生成代码（因为我们的header.jsp页面内容为"<h2>Hello</h2>"，所以直接通过out.write输出）。由此可知，<%@include%>的性能要好于<jsp:include/>。

(11) 对于formatDate标签，创建标签对象（类型为org.apache.taglibs.standard.tag.rt.fmt.FormatDateTag），根据JSP页面中设置的标签属性值初始化标签对象。调用doStartTag()和doEndTag()方法输出标签。

(12) 对于<%%>中的Java代码，将直接转换到Servlet类中。如果在Java代码中嵌入了静态文本（如本例），则同样调用out.write输出。

通过这个小示例，我们基本了解了JSP页面与Servlet代码之间的转换方式，接下来看一下其转换原理。

从5.3节的讲解可以知道，无论是运行时编译还是预编译，均通过org.apache.jasper.JspCompilationContext类实现了Java代码以及class文件生成。那么，其具体的编译过程是如何实现的呢？接下来让我们看一下。

JspCompilationContext，顾名思义为JSP编译上下文，也可以称为JSP引擎上下文，封装了一个JSP页面在生成Java代码以及编译过程中的所有信息，因此每个JSP页面对应一个JspCompilationContext实例。

我们通过一张静态类图看一下JspCompilationContext几个核心对象的关系，如图5-3所示。

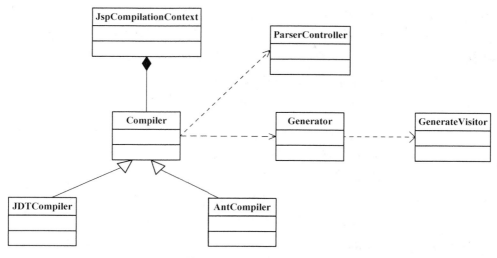

图5-3　JSP编译核心对象

JspCompilationContext只是封装了JSP页面编译过程中的信息，具体的编译工作由Compiler类实现。该类提供了两个实现：JDTCompiler和AntCompiler，两者只在编译阶段有所区别（前者采用JDT，后者采用Ant），而代码生成工作则统一由父类完成。

其处理过程如图5-4所示。

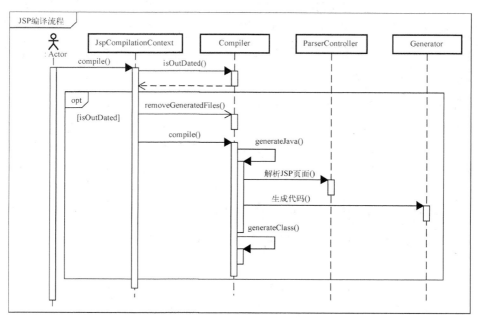

图5-4　JSP编译过程

　　JspCompilationContext在编译之前，先要确定当前JSP是否过时，如过时则重新编译。判断是否过时主要依据JSP文件与Java/class文件的修改时间比较结果，以及Servlet中_jspx_dependants保存的依赖资源的修改时间与实际文件的修改时间的比较结果。

　　在编译之前，JspCompilationContext首先清除旧的Java文件以及class文件。

　　Compiler编译工作主要包括代码生成和编译两部分。

1. 代码生成

　　在代码生成阶段，Compiler通过ParserController将JSP页面解析为Node节点，然后再调用Generator生成Java代码。其过程如下。

　　(1) Compiler通过一个PageInfo对象保存JSP页面编译过程中的各种配置，这些配置可能来源于Web应用初始化参数，也可能来源于JSP页面的指令配置（如page、include）。

　　(2) 调用ParserController解析指令节点，验证其是否合法，同时将配置信息保存到PageInfo中，用于控制代码生成。

　　(3) 调用ParserController解析整个页面，由于JSP是逐行解析，所以对于每一行会创建一个具体的Node对象，如静态文本（TemplateText）、Java代码（Scriptlet）、定制标签（CustomTag）、Include指令（IncludeDirective）等。

　　(4) 如果当前JspCompilationContext是原型模式（protoTypeMode），那么调用Generator生成代码并结束（protoTypeMode模式主要用于解决Tag循环依赖的问题，生成的Java类仅为临时结果，甚至方法体均为空，所以并不需要后续如Tag插件、EL等的处理）。

　　(5) 验证除指令外其他所有节点的合法性，如脚本、定制标签、EL表达式、Java内嵌代码等。

　　(6) 收集除指令外其他节点的页面配置信息。

　　(7) 编译并加载当前JSP页面依赖的标签。

　　(8) 对于定制标签应用插件（TagPlugin）。Tomcat提供了plugin机制以便在编译阶段更改标签的处理方式。只要我们实现接口TagPlugin，并在WEB-INF/tagPlugins.xml中添加相关配置即可。Tomcat在$CATALINA_HOME/lib/jasper.jar的org/apache/jasper/tagplugins/jstl目录下提供了一个示例配置。

　　(9) 对于JSP页面中的EL表达式，生成对应的映射函数。

　　(10) 生成JSP页面对应的Servlet类源代码。

2. 代码编译

　　代码生成完成后，Compiler还会生成SMAP信息。如果配置生成SMAP信息（suppressSmap为false），Compiler则会在编译阶段将SMAP信息写到class文件中。

　　在编译阶段，Compiler的两个实现AntCompiler和JDTCompiler分别调用相关框架的API进行源代码编译。

对于AntCompiler来说，构造了一个Ant的Javac任务完成编译。

对于JDTCompiler来说，调用`org.eclipse.jdt.internal.compiler.Compiler`完成编译。

5.4　小结

本章我们重点介绍了Tomcat的JSP引擎——Jasper。讲解了Jasper提供的几种编译方式（运行时编译、预编译），支持的编译器类型（Ant、JDT），以及代码生成和编译过程。了解Jasper原理可以帮助我们解决JSP编译阶段的相关问题，针对编译阶段进行优化，提升系统访问性能，也可以更改编译配置，以满足开发或者部署层面的要求。

5

第 6 章

Tomcat配置管理

在使用Tomcat的过程中，不可避免地要对它的配置进行定制，使其符合我们的要求。这些配置可能是JVM相关的，如内存、系统属性；也可能是服务器相关的，如端口、虚拟主机、I/O；也可能是Web应用相关的，如URL映射、过滤器等。这些配置会涉及多个方面，如开发约束、部署架构、性能、安全、监控管理等。因此无论项目处于开发阶段还是已经运行于生产环境，无论是一名开发人员还是一名架构师，都有必要了解Tomcat的各项配置，这可以使我们充分利用Tomcat的各种特性来完成相关工作。

本章主要通过以下4个方面介绍与Tomcat相关的配置。

❑ JVM配置：主要介绍Tomcat启动时支持的JVM相关配置项。
❑ 服务器配置：主要介绍$CATALINA_BASE/conf下的配置。
❑ Web应用配置：主要介绍Servlet容器配置以及通过context.xml进行Web应用定制部署。此外，还介绍了Tomcat默认提供的一些非常有用的Web应用过滤器实现。
❑ 管理配置：主要介绍了Tomcat支持的几种Web应用部署管理方式，如JMX、Ant。

接下来我们先看一下JVM配置。

6.1 JVM 配置

本节主要介绍了与JVM相关的配置，包括JVM支持的常用启动参数以及Tomcat支持的启动参数。这些参数有的与Tomcat运行性能相关，有的会影响Tomcat各模块的运行方式。

6.1.1 JVM 配置选项

我们接触到的最常见的JVM配置当属内存分配，因为在绝大多数情况下，JVM默认分配的内存并不足以满足我们现实的部署要求，尤其是生产环境，此时需要手动修改Tomcat启动时JVM的内存配置参数。

一个简单的内存配置如下（Windows）：

```
set JAVA_OPTS=-server -Xms1024m -Xmx2048m -XX:PermSize=256m -XX:MaxPermSize=512m
```

Linux平台如下：

```
JAVA_OPTS= " -server -Xms1024m -Xmx2048m -XX:PermSize=256m -XX:MaxPermSize=512m"
```

均需要添加到启动文件（catalina.bat/catalina.sh）的首行。

❑ Xms：堆内存的初始大小。

❑ Xmx：堆内存上限。

❑ XX:PermSize：非堆内存初始大小，在JDK 8中已经由-XX:MetaspaceSize替代。

❑ XX:MaxPermSize：非堆内存上限，在JDK 8中已经由-XX:MaxMetaspaceSize替代。

除此之外，JVM还支持各种配置选项，涉及JVM多个方面，如性能、调试、JVM行为、垃圾回收、JVM可维护性，我们可以根据需要添加到Tomcat启动配置中，具体参见：http://docs.oracle.com/javase/8/docs/technotes/tools/windows/java.html#CBBIJCHG，此处不再赘述（部分与性能优化相关的JVM参数也可以参见第10章）。

6.1.2 系统属性

除了JDK支持的配置选项外，我们还可以通过"-Dproperty"的方式指定系统属性。由前面几章的讲解可知，Tomcat支持的系统属性非常多，以使其易于定制化，例如通过org.apache.jasper.Constants.JSP_SERVLET_BASE属性，我们可以很容易变更JSP页面生成的Servlet类的父类，只需要配置-Dorg.apache.jasper.Constants.JSP_SERVLET_BASE=sample.MyBaseServlet即可。

Tomcat支持的系统参数涉及属性替换、集群、EL、Jasper、安全、规范、会话、日志、JAR扫描等多个方面。具体属性配置参见表6-1至表6-11。

6

表6-1 属性替换源

属　性	描　述
org.apache.tomcat.util.digester.PROPERTY_SOURCE	指定org.apache.tomcat.util.IntrospectionUtils.PropertySource接口的实现类（必须有无参构造方法），用于添加一个属性源。当Tomcat解析XML文件时，如果发现${parameter}格式的参数，将通过该属性源查找，而且优先于JVM系统属性。如果不配置，则仅查找JVM系统属性

表6-2 集群相关属性

属　性	描　述
org.apache.catalina.tribes.dns_lookups	如果为true，集群模块将尝试通过DNS来确定集群配置中的主机名称，如果不配置，默认为flase

表6-3 EL表达式相关属性

属　性	描　述
org.apache.el.BeanELResolver.CACHE_SIZE	EL分析器缓存的javax.el.BeanELResolver.BeanProperties对象的数目，如不指定，默认为1000
org.apache.el.ExpressionBuilder.CACHE_SIZE	EL分析器缓存的已解析EL表达式的数量，如不指定，默认为5000

（续）

属　　　性	描　　　述
org.apache.el.parser.COERCE_TO_ZERO	如果设置为true，当EL表达式强制转换为数字时，空字符串和null将转化为0。如不指定，默认为true
org.apache.el.parser.SKIP_IDENTIFIER_CHECK	如果设置为true，当分析EL表达式时，将不检测标识符是否符合Java语言规范。如不指定，默认为false

表6-4　Jasper相关属性

属　　　性	描　　　述
org.apache.jasper.compiler.Generator.POOL_TAGS_WITH_EXTENDS	默认情况下，如果JSP页面中通过page命令的extends属性指定了父类，此时标签池将会被禁用，因为Jasper不能保证自定义的父类也同样进行了必须的初始化。这会影响这些JSP页面的性能。通过在Servlet.init方法中调用自定义父类的_jspInit()方法，同时设置该属性为true，可以在自定义父类的情况下启用标签池。如果自定义父类没有调用_jspInit方法，同时该属性设置为true，使用标签时，将提示空指针异常。如不指定，默认为false
org.apache.jasper.compiler.Generator.STRICT_GET_PROPERTY	如果为true，在使用jsp:getProperty标签时，将强制先通过jsp:useBean进行声明，否则将提示异常。如果为false，则可以仅使用jsp:getProperty标签读取Bean。默认为true
org.apache.jasper.compiler.Generator.VAR_EXPRESSIONFACTORY	在JSP解析生成的Java代码中，EL表达式工厂对应的变量名称，如不指定，默认为_el_expressionfactory
org.apache.jasper.compiler.Generator.VAR_INSTANCEMANAGER	在JSP解析生成的Java代码中，实例管理器工厂对应的变量名称，如不指定，默认为_jsp_instancemanager
org.apache.jasper.compiler.Parser.STRICT_WHITESPACE	当设置为false，Tomcat将不会强制JSP标签属性名前必须存在空格以与前面的属性分隔，反之将会导致异常。例如，value="value"name="name"，在属性为false时，可以正常编译，但是当为true时，必须要修改为value="value" name="name"。如不指定，默认为true
org.apache.jasper.runtime.BodyContentImpl.LIMIT_BUFFER	设置为true，当tag缓冲超出org.apache.jasper.Constants.DEFAULT_TAG_BUFFER_SIZE时，将会被销毁，同时创建一个默认大小的新的缓冲
org.apache.jasper.runtime.JspFactoryImpl.USE_POOL	设置为true，Tomcat将会创建线程级的PageContext池。如不指定，默认为true
org.apache.jasper.runtime.JspFactoryImpl.POOL_SIZE	线程级PageContext池的大小，默认为8
org.apache.jasper.Constants.JSP_SERVLET_BASE	JSP页面解析生成的Servlet的父类。如不指定，默认为org.apache.jasper.runtime.HttpJspBase
org.apache.jasper.Constants.SERVICE_METHOD_NAME	JSP Servlet父类调用的处理请求的方法名，如不指定，默认为_jspService
org.apache.jasper.Constants.SERVLET_CLASS-PATH	用于提供JSP classpath的ServletContext属性名，如不指定，默认为org.apache.catalina.jsp_classpath
org.apache.jasper.Constants.JSP_FILE	请求属性名，当请求中包含该属性时，org.apache.jasper.servlet.JspServlet将通过该属性值查找JSP页面，而不是请求的路径信息。如不指定，默认为org.apache.catalina.jsp_file
org.apache.jasper.Constants.PRECOMPILE	查询参数名称，如果请求中包含该查询参数，将导致JSP引擎只是预生成JSP Servlet，而不执行。如不指定，默认为jsp_precompile
org.apache.jasper.Constants.JSP_PACKAGE_NAME	编译JSP页面时，JSP Servlet类默认的基础包路径。如不指定，默认为org.apache.jsp

（续）

属　　性	描　　述
org.apache.jasper.Constants.TAG_FILE_PACKAGE_NAME	标签文件生成的处理器类的默认包路径。如不指定，默认为org.apache.jsp.tag
org.apache.jasper.Constants.ALT_DD_ATTR	Servlet上下文属性名，该属性用于指定Web应用代替部署描述文件的存储路径。如果存在，那么将会使用该文件部署，而非WEB-INF/web.xml。如不指定，默认为org.apache.catalina.deploy.alt_dd
org.apache.jasper.Constants.TEMP_VARIABLE_NAME_PREFIX	临时变量名称前缀。如不指定，默认为_jspx_temp
org.apache.jasper.Constants.USE_INSTANCE_MANAGER_FOR_TAGS	如果为true，实例管理器将包含标签处理器实例。如不指定，默认为false

表6-5　安全相关属性

属　　性	描　　述
org.apache.catalina.connector.RECYCLE_FACADES	如果为true或者使用了安全管理器，每个请求将创建一个新的外观对象。如不指定，默认为false
org.apache.catalina.connector.CoyoteAdapter.ALLOW_BACKSLASH	如果为true，"\"将允许作为路径的分隔符。如不指定，默认为false
org.apache.tomcat.util.buf.UDecoder.ALLOW_ENCODED_SLASH	如果为true，"%2F"和"%5C"允许作为路径的分隔符。如不指定，默认为false

表6-6　Servlet规范相关属性

属　　性	描　　述
org.apache.catalina.STRICT_SERVLET_COMPLIANCE	该属性用于设置以下属性的默认值： ❑ org.apache.catalina.core.ApplicationContext.GET_RESOURCE_REQUIRE_SLASH ❑ org.apache.catalina.core.ApplicationDispatcher.WRAP_SAME_OBJECT ❑ org.apache.catalina.core.StandardHostValve.ACCESS_SESSION ❑ org.apache.catalina.session.StandardSession.ACTIVITY_CHECK ❑ org.apache.catalina.session.StandardSession.LAST_ACCESS_AT_START ❑ org.apache.tomcat.util.http.ServerCookie.STRICT_NAMING ❑ 链接器的URIEncoding属性 ❑ StandardContext的resourceOnlyServlets属性 ❑ StandardContext的tldValidation属性 ❑ StandardContext的useRelativeRedirects属性 ❑ StandardContext的xmlNamespaceAware属性 ❑ StandardContext的xmlValidation属性 如果设置了具体的系统属性，那么该属性的设置将会被覆盖
org.apache.catalina.connector.Response.ENFORCE_ENCODING_IN_GET_WRITER	如果设置为true，当调用Response.getWriter()时，如果没有指定字符集，将会调用Response.getCharacterEncoding()并返回ISO-8859-1。响应头的Content-Type将会包含charset=ISO-8859-1。如不指定，默认为true

6

（续）

属　　性	描　　述
org.apache.catalina.core.ApplicationContext. GET_RESOURCE_REQUIRE_SLASH	如果设置为true，传给ServletContext.getResource()和ServletContext. getResourceAsStream()的路径必须以"/"开头。如果为false，可不以"/" 开头。如不设置，其默认值使用org.apache.catalina.STRICT_SERVLET_ COMPLIANCE的值
org.apache.catalina.core.ApplicationDispat- cher.WRAP_SAME_OBJECT	如果设置为true，传给应用分发器的任何请求或者响应封装对象将会检 测以确保其包装了原始的请求或者响应。如不设置，其默认值使用 org.apache.catalina.STRICT_SERVLET_COMPLIANCE的值
org.apache.tomcat.websocket.STRICT_SPEC_ COMPLIANCE	用于设置 Tomcat WebSocket 实现 WsServerContainer 类 的 isEnforce- NoAddAfterHandshake属性值，默认为false
org.apache.tomcat.util.http.ServerCookie. STRICT_NAMING	如果设置为true，Cookie名称将必须符合RFC2109（不能使用分隔符）。 如不设置，其默认值使用org.apache.catalina.STRICT_SERVLET_COMP- LIANCE的值

表6-7　会话相关属性

属　　性	描　　述
org.apache.catalina.authenticator.Constants. SSO_SESSION_COOKIE_NAME	单点登录会话Cookie的名称，默认为JSESSIONIDSSO
org.apache.catalina.core.StandardHostValve. ACCESS_SESSION	如果设置为true，包含会话的每个请求都将会更新会话的 lastAccessedTime，不管请求是否明确访问会话。如不设置，其默认值 使用org.apache.catalina.STRICT_SERVLET_COMPLIANCE的值
org.apache.catalina.session.StandardSession. ACTIVITY_CHECK	如果设置为true，Tomcat将会追踪每个会话活跃请求的数量。当决定 Session是否有效时，存在至少一个活跃请求的会话将会被视为有效。 如 不 设 置 ，其 默 认 值 使 用 org.apache.catalina.STRICT_SERVLET_ COMPLIANCE的值
org.apache.catalina.session.StandardSession. LAST_ACCESS_AT_START	如果设置为true，会话的lastAccessedTime的计算将起自先前请求的起 始时间，否则将起自先前请求的截止时间。该属性也会影响空闲时间 的 计 算 。如 不 设 置 ，其 默 认 值 使 用 org.apache.catalina.STRICT_ SERVLET_COMPLIANCE的值

表6-8　日志相关属性

属　　性	描　　述
org.apache.juli.formatter	如果没有指定日志配置文件和日志配置类（通过java.util. logging.config.class和java.util.logging.config.file属性），默 认的日志框架org.apache.juli将使用java.util.logging.Simple- Formatter用于所有的控制台输出。可以通过设置该属性来覆盖 控制台输出格式，如Dorg.apache.juli.formatter=org.apache. juli.OneLineFormatter
org.apache.juli.AsyncOverflowDropType	当日志记录数到达内存限制时，系统的处理方式如下： ❑ int OVERFLOW_DROP_LAST = 1 日志队列的最后一条记录将会被移除 ❑ int OVERFLOW_DROP_FIRST = 2 日志队列的第一条记录将会被移除 ❑ int OVERFLOW_DROP_FLUSH = 3 暂停线程，等待队列清空并刷 　　新日志到写缓冲区 ❑ int OVERFLOW_DROP_CURRENT = 4 移除当前日志记录

（续）

属　　性	描　　述
org.apache.juli.AsyncMaxRecordCount	异步日志记录器在内存中保存的日志记录最大数目。当到达该限制时，JULI框架记录的新日志将由系统根据org.apache.juli.AsyncOverflow-DropType的配置处理。默认为10 000。该值为记录的总数，而非每个处理器的数量
org.apache.juli.AsyncLoggerPollInterval	异步日志记录器线程轮询时间间隔，单位为毫秒。默认为1000
org.apache.juli.logging.UserDataHelper.CONFIG	无效输入错误使用的日志类型。可选项为：DEBUG_ALL、INFO_THEN_DEBUG、INFO_ALL和NONE。当使用INFO_THEN_DEBUG时，将由org.apache.juli.logging.UserDataHelper.SUPPRESSION_TIME确定错误以DEBUG而非INFO输出的时间
org.apache.juli.logging.UserDataHelper.SUPPRESSION_TIME	当org.apache.juli.logging.UserDataHelper.CONFIG配置为INFO_THEN_DEBUG时，该属性用于控制在输出一条INFO日志后，以DEBUG级别输出日志的时间。一旦日志以DEBUG输出到达该时间，下一条日志将以INFO输出，并在接下来的时间，日志将继续以DEBUG输出，以此类推。该属性单位为秒，0主要用于org.apache.juli.logging.UserDataHelper.CONFIG为INFO_ALL时，负数表示时间为无限。默认为86 400（24小时）

表6-9　JAR扫描相关属性

属　　性	描　　述
tomcat.util.scan.StandardJarScanFilter.jarsToSkip	以“,”分割的文件名表达式，作为StandardJarScanFilter类pluggabilitySkip和tldSkip属性的默认值
tomcat.util.scan.StandardJarScanFilter.jarsToScan	以“,”分割的文件名表达式，作为StandardJarScanFilter类pluggabilityScan和tldScan属性的默认值

6

表6-10　Websocket相关属性

属　　性	描　　述
org.apache.tomcat.websocket.ALLOW_UNSUPPORTED_EXTENSIONS	是否允许用户定义的未知扩展，默认为false
org.apache.tomcat.websocket.DEFAULT_ORIGIN_HEADER_VALUE	客户端在升级阶段发送的Origin头的默认值，默认为空，即没有Origin头
org.apache.tomcat.websocket.DEFAULT_PROCESS_PERIOD	WebSocket会话过期检测时间间隔，默认为10秒
org.apache.tomcat.websocket.DISABLE_BUILTIN_EXTENSIONS	禁用服务器提供的所有built-in扩展，默认为false
org.apache.tomcat.websocket.STREAMS_DROP_EMPTY_MESSAGES	如果设置为true，当没有数据时执行flush或者当流未使用即关闭时，输出流将不会发送空消息，默认值为false

表6-11　其他属性

属　　性	描　　述
catalina.useNaming	如果设置为false，它将覆盖所有Context元素的useNaming属性
javax.sql.DataSource.Factory	创建javax.sql.DataSource资源的工厂类类名。如不指定，默认使用org.apache.tomcat.dbcp.dbcp.BasicDataSourceFactory
javax.mail.Session.Factory	创建javax.mail.Session资源的工厂类类名。如不指定，默认使用org.apache.naming.factory.MailSessionFactory

（续）

属　　　性	描　　　述
jvmRoute	Engine元素jvmRoute属性的默认值，它不会覆盖Engine的配置
catalina.config	catalina.properties文件的URL
tomcat.util.buf.StringCache.byte.enabled	如果为true，将为ByteChunk启用字符串缓存。如不指定，默认为false
tomcat.util.buf.StringCache.char.enabled	如果为true，将为CharChunk启用字符串缓存。如不指定，默认为false
tomcat.util.buf.StringCache.trainThreshold	缓存触发之前，toString()方法必须调用的次数。如不指定，默认为20 000
tomcat.util.buf.StringCache.cacheSize	String缓存的大小。如不指定，默认为200
tomcat.util.buf.StringCache.maxStringSize	可以缓存的字符串的最大长度。如不指定，默认为128
org.apache.tomcat.util.http.FastHttpDateFormat.CACHE_SIZE	用于解析和格式化日期值的缓存大小。如不指定，默认为1000
org.apache.tomcat.util.net.NioSelectorShared	如果为true，Servlet读写将使用共享的选择器。如不指定，默认为true
org.apache.catalina.startup.EXIT_ON_INIT_FAILURE	如果为true，当在服务器初始化阶段发生异常时，服务器将关闭。如不指定，默认为false
org.apache.catalina.startup.RealmRuleSet.MAX_NESTED_REALM_LEVELS	CombinedRealm允许嵌套Realm，该属性用于控制允许的嵌套层级数。如不指定，默认为3
org.apache.catalina.startup.CredentialHand-lerRuleSet.MAX_NESTED_LEVELS	NestedCredentialHandler允许嵌套CredentialHandlers，该属性用于控制允许的最大嵌套层级，默认为3

6.2　服务器配置

Tomcat 服务器的配置主要集中于 $CATALINA_HOME/conf 下的 catalina.policy 、catalina.properties、context.xml、server.xml、tomcat-users.xml、web.xml文件。catalina.policy将在第9章中讲解，tomcat-users.xml将在第6章后面讲解。其他文件的配置将在本节详细介绍（本节不包含集群相关的配置，具体参见第8章）。

6.2.1　catalina.properties

该文件主要用于Catalina容器启动阶段的配置，如服务器类加载器路径等，配置属性如表6-12所示。

表6-12　catalina.properties配置属性

属　　　性	描　　　述
package.access	该属性指定了一个包路径列表（以“,”分割），当Web应用加载类时，会判断加载的包路径是否包含在该列表中。如包含，则会进一步检查该包路径是否拥有RuntimePermission许可。如果没有，将提示加载异常。具体可参见第9章
package.definition	该属性与package.access类似，不同的是前者用于限制是否可以访问某个包下的类，而后者用于限制是否可以在某个包下定义类。相比较而言，后者要更严格

（续）

属　　性	描　　述
common.loader	Tomcat公共类加载器加载JAR包路径列表（类加载器介绍参见2.4节），默认值为$CATALINA_BASE/lib和$CATALINA_HOME/lib下的所有JAR包
server.loader	Tomcat应用服务器类加载器加载JAR包路径列表，默认值为空，此时Tomcat直接使用公共类加载器作为应用服务器类加载器
shared.loader	Tomcat Web应用父类加载器加载JAR包路径列表，默认值为空，此时Tomcat直接使用公共类加载器作为应用服务器类加载器
tomcat.util.scan.StandardJarScanFilter.jarsToSkip	这是当Tomcat使用JarScanner扫描JAR包时（主要是TLD文件和web-fragment.xml文件扫描）可以跳过的JAR包列表。合理配置该属性，可以提升Tomcat启动性能。该属性作为所有Web应用的默认配置，如果希望每个Web应用单独定义排除列表，可以在Context一级添加配置
tomcat.util.scan.StandardJarScanFilter.jarsToScan	这是当Tomcat使用JarScanner扫描JAR包时需要扫描的JAR包列表。该属性主要用于覆盖jarsToSkip，当jarsToSkip指定了一个相对较广泛的表达式时，可以通过该属性将少数几个符合表达式但需要扫描的JAR包含进来
tomcat.util.buf.StringCache.byte.enabled	是否为ByteChunk启用String缓存，用于ByteChunk的toString处理

6.2.2　server.xml

server.xml是Tomcat应用服务器的核心配置文件，它包括Tomcat Servlet容器（Catalina）的所有组件的配置，用于创建Tomcat Servlet容器。由于Catalina中每各组件支持的属性非常多，我们在本章只介绍一部分关键属性的配置方式，详细的属性描述可以参见附录。为了能够全面了解Tomcat的配置，我们建议你详细阅读附录的内容。

本节按照Catalina各组件层级逐一进行讲解，如果对Catalina中各组件的概念不是很了解，可参见第2章及第3章。

1. Server

server.xml的根元素为Server，用于创建一个Server实例，默认使用的实现类为org.apache.catalina.core.StandardServer。Server支持属性的详细描述参见附录中的"Server配置"。

默认配置如下：

```
<Server port="8005" shutdown="SHUTDOWN">
......
</Server>
```

port：Tomcat监听的关闭服务器的端口。

shutdown：关闭服务器的指令字符串。

Server可以内嵌的子元素为：Service、GlobalNamingResources和Listener。

其中，GlobalNamingResources定义了全局的命名服务。Listener用于为Server添加生命周期监听器。Tomcat默认配置了如下5个监听器。

- □ VersionLoggerListener：用于以日志形式输出服务器、操作系统、JVM的版本信息。
- □ AprLifecycleListener：用于加载（服务器启动）和销毁（服务器停止）APR。如果找不到APR库，则会输出日志，并不影响Tomcat启动。
- □ JreMemoryLeakPreventionListener：用于避免JRE内存泄露问题。如果JRE加载某些虚拟机内部的单例类（如javax.security.auth.login.Configuration）时，当前线程的ContextClassLoader恰好是Web应用的类加载器，此时将会出现内存泄露问题。为避免该问题，Tomcat通过该监听器尝试在服务器启动时初始化这些单例类。
- □ GlobalResourcesLifecycleListener：用于加载（服务器启动）和销毁（服务器停止）全局命名服务。
- □ ThreadLocalLeakPreventionListener：用于在Context停止时重建Executor池中的线程，以避免ThreadLocal相关的内存泄露。

2. Service

该元素用于创建Service实例，默认使用org.apache.catalina.core.StandardService。具体配置参见附录中的"Service配置"。

默认情况下，Tomcat仅指定了Service的名称，值为"Catalina"。

Service可以内嵌的元素为：Listener、Executor、Connector、Engine。同Server一样，Listener用于为Service添加生命周期监听器，默认情况下，Tomcat并未添加任何Service一级的监听器配置。Executor用于配置Service共享线程池。Connector用于配置Service包含的链接器。Engine用于配置Service中链接器对应的Servlet容器引擎。除Listener外，其他元素的配置可参见本节后续讲解。

注意　实际上，我们很少会修改Server和Service的属性。更多是对子元素如Executor、Connector、Host、Context等进行配置优化。

---

3. Executor

默认情况下，Service并未添加共享线程池配置。如果我们想添加一个线程池，可以在<Service>下添加如下配置：

```
<Executor name="tomcatThreadPool" namePrefix="catalina-exec-" maxThreads="150" minSpareThreads="4"/>
```

其属性说明如下。

- □ name：Executor的名称，用于在server.xml其他元素中引用该线程池。此属性必须指定且唯一。
- □ namePrefix：Executor创建的每个线程的名称前缀。每个线程的名称为namePrefix+threadNumber。

- ❏ maxThreads：线程池中活动线程的最大数目，默认为200。
- ❏ minSpareThreads：备用线程的最小数量，默认为25。

Executor支持的其他属性可以参见附录的"Executor配置"。

如果不配置共享线程池，那么Catalina各组件（如Connector）在用到线程池时会独立创建。此时，线程池的配置由相应组件的属性支持（如Connector也包含maxThreads、minSpareThreads等配置）。

当希望提高服务器请求并发处理能力时，我们需要同时修改线程池的配置。此时，通过增加共享线程池，不仅可以更加灵活地控制线程池配置，还可以提升线程的使用率，节省系统资源。

4. Connector

Connector用于创建链接器实例。默认情况下，server.xml配置了两个链接器，一个支持HTTP协议，一个支持AJP协议。因此大多数情况下，我们并不需要新增链接器配置，但是需要针对已有链接器进行优化。

链接器的配置主要分为协议和I/O两个方面。

- ❏ 协议层面，如protocol用于指定具体的处理协议，以及HTTP Connector的compression属性和compressableMimeType属性用于配置HTTP/1.1 GZIP压缩，以节省服务器带宽，提升系统性能。
- ❏ I/O层面，如maxConnections、acceptCount、maxThreads等用于控制服务器的请求链接数。

一个简单的链接器配置如下：

```
<Connector port="8080" protocol="HTTP/1.1" connectionTimeout="20000" redirectPort="8443" />
```

其中属性说明如下。

- ❏ port：端口号，Connector用于创建服务端Socket并进行监听，以等待客户端请求链接。同一个IP地址的同一个端口号，操作系统只允许存在一个服务端应用监听。如果该属性设置为0，Tomcat将随机选择一个可用的端口号给当前Connector使用。
- ❏ protocol：当前Connector支持的访问协议。默认为HTTP/1.1，并采用自动切换机制选择一个基于JAVA NIO的链接器或者基于本地APR的链接器。如果Windows的PATH或者类Unix系统的LD_LIBRARY_PATH环境变量包含一个Tomcat本地库，将使用本地的APR链接器。如果没有对应本地库，将使用基于Java的非阻塞式链接器。

注意，APR链接器与Java链接器相比有不同的HTTPS设置。如果不希望采用上述自动切换机制，而是明确指定协议，可以使用以下值。

HTTP协议：

org.apache.coyote.http11.Http11NioProtocol，非阻塞式Java NIO链接器。

org.apache.coyote.http11.Http11NioProtocol，非阻塞式Java NIO2链接器。

org.apache.coyote.http11.Http11AprProtocol，APR链接器。

AJP协议：

org.apache.coyote.ajp.AjpNioProtocol，非阻塞式Java NIO链接器。

org.apache.coyote.ajp.AjpNio2Protocol，非阻塞式Java NIO2链接器。

org.apache.coyote.ajp.AjpAprProtocol，APR链接器。

- ❑ connectionTimeout：Connector接收链接后的等待超时时间，单位为毫秒。–1表示不超时，在server.xml文件中配置的值为20000。除非disableUploadTimeout设置为false，此属性也用于控制读取请求体。
- ❑ redirectPort：如果当前Connector支持non-SSL请求，并且接收到一个请求，符合<security-constraint>约束，需要SSL传输，Catalina自动将请求重定向到此处指定的端口。

除此之外，对于链接器，我们经常需要增加一些高级属性以满足生产环境的需要。

- ❑ 线程池（executor）：增加线程池配置以提升服务器请求处理并发数。此时，可以通过属性executor指定共享线程池的名称，也可以通过maxThreads、minSpareThreads等属性配置链接器内部线程池。
- ❑ 最大接收链接数（acceptCount）：与maxConnections属性不同，acceptCount用于控制Socket中排队链接的最大个数，当Socket排队链接到达acceptCount时，服务器将拒绝新的链接请求。maxConnections用于控制服务端线程池可处理的最大链接数，当链接数到达该数值后，请求将处于等待状态。因此服务器可以接收的请求总数为maxConnections+acceptCount。

注意 maxConnections默认值为线程池的maxThreads。因为如果大于该值，即便服务器创建新的请求处理任务，该任务在线程池中也只能排队等待。如果小于该值，线程池中会存在空闲线程，如此会浪费系统资源。

- ❑ URI编码（URIEncoding）：用于指定解码URI的字符编码，在xx%解码之后。默认编码为ISO-8859-1。由于在实际开发中经常采用UTF-8编码，因此建议将该值设置为UTF-8，以减少开发过程中额外的编解码工作。
- ❑ GZIP压缩：Connector通过4个属性控制HTTP请求的GZIP压缩功能。首先，将属性compression设置为on开启GZIP压缩。其次，通过属性compressableMimeType指定哪些类型的响应可以压缩，如text/html、text/xml、text/plain。最后，通过compressionMinSize指定响应内容大小的限制，当响应内容大于该值时，才会进行GZIP压缩。最后，noCompressionUserAgents用于指定一个正则表达式，对于user-agent头信息匹配的HTTP请求将不进行压缩。采用GZIP压缩可以大大减少HTTP请求的传输数据量，提升系统访问性能，节省网络带宽，因此建议在生产环境中增加GZIP压缩相关配置。

❑ enableLookups：该属性设置为true，在调用request.getRemoteHost()方法时将执行DNS查询以返回远程客户端的实际主机名称。设置为false，将跳过该查询直接返回IP地址以提高性能。

综上，一个较为完整的Connector配置如下：

```
<Connector port="8080"
executor="sharedThreadPool"
enableLookups="false"
redirectPort="8443"
acceptCount="100"
connectionTimeout="20000"
URIEncoding="UTF-8"
compression="on"
compressionMinSize="2048"
noCompressionUserAgents="gozilla,traviata"
compressableMimeType="text/html,text/xml,text/javascript,text/css,text/plain" />
```

注意，上述配置必须确保已经添加了一个名为"sharedThreadPool"的共享线程池。

可以说，Connector是Tomcat中最复杂的组件，它具体支持的属性可以参见附录中的"Connector配置"，其中包含许多协议以及Socket通信相关的属性，如果你已经深度了解了HTTP/AJP协议以及Socket通信相关的知识，可以对Connector做更深入的定制。部分属性还会在第10章Tomcat性能调优部分讲解到。

在8.5版本之前，SSL是通过Connector属性添加的（如密钥库文件、密码、SSL协议等），而且JSSE与OpenSSL采用不同的属性。8.5版本之后，Connector通过<SSLHostConfig>子元素添加SSL配置（Connector SSL属性已经禁用，并计划在Tomcat 10版本中移除），这种方式更便于链接器在不同SSL实现之间切换。SSL具体配置可以参见9.4节。

自8.5版本开始，Tomcat为了支持HTTP/2.0，在<Connector>下新增了<UpgradeProtocol>元素，用于升级协议。我们可以通过属性className指定其具体的实现类，当前Tomcat只提供了org.apache.coyote.http2.Http2Protocol一个实现类。具体配置可以参见4.5节。

5. Engine

Engine作为Servlet引擎的顶级元素，它支持以下嵌入元素：Cluster、Listener、Realm、Valve和Host。

其中，Cluster用于集群配置，我们将在第8章Tomcat集群中讲解。Listener用于添加Engine一级的生命周期监听器，默认情况下未配置任何监听器。Realm将在第9章Tomcat安全中讲解。Valve用于添加一个org.apache.catalina.Valve实现，拦截Engine一级的请求处理（除非需要跨Host、跨Web应用进行拦截处理，否则不要轻易在Engine元素下配置Valve）。Host用于配置Tomcat虚拟主机组件。

Engine配置如下：

```
<Engine name="Catalina" defaultHost="localhost">
......
</Engine>
```

❑ name：用于指定Engine的名称，默认为Catalina。该名称会影响一部分Tomcat使用的存储路径，如临时文件。

❑ defaultHost：默认使用的虚拟主机的名称，当客户端请求指向的主机无效时，将交由默认虚拟主机处理。默认为localhost。

除此之外，在生产环境中我们还经常用到的一个属性就是jvmRoute，它主要用于在负载均衡场景下启用粘性会话。jvmRoute在整个集群所有Tomcat服务器中必须唯一，而且它会附加到生成的会话ID。通过此种方式，前端代理服务器可以将来自某个特定会话的请求定向到同一个Tomcat实例。

Engine更详细的属性配置可参见附录中的"Engine配置"。

6. Host配置

Host元素用于配置一个虚拟主机，它支持以下嵌入元素：Alias、Cluster、Listener、Valve、Realm和Context。其中，Cluster、Listener、Valve、Realm与Engine相同，不同的是作用域为Host。Alias用于为Host配置别名，这样我们除了通过Host名称访问当前主机外，还可以通过别名访问。Context用于配置Host下运行的Web应用。

如果在Engine下配置Realm，那么此配置将在当前Engine下的所有Host中共享。同样，在Host配置Realm，则在当前Host下的所有Context中共享。当然，Context中配置的Realm优先级最高，其次为Host，最后是Engine。

Host的配置如下：

```
<Host name="localhost"  appBase="webapps" unpackWARs="true" autoDeploy="true">
......
</Host>
```

默认情况下，Engine下只包含了一个虚拟机，其配置如下。

❑ name：当前Host通用的网络名称，必须与DNS服务器上的注册信息一致。因为Tomcat内部会将Host名称转换为小写，所以不能通过大小写来区分Host名称。Engine中包含的Host必须存在一个名称与Engine的defaultHost设置一致。

❑ appBase：当前Host的应用基础目录，在当前Host上部署的Web应用均在该目录下。可以是一个绝对路径，也可以是一个相对路径（相对于$CATALINA_BASE）。默认为webapps。

❑ unpackWARs：设置为true，Host在启动时会将appBase目录下的WAR包解压为目录。设置为false，Host将直接从WAR文件中启动Web应用。Host的appBase目录外的WAR文件不会解压缩。

❑ autoDeploy：该标识用于控制Tomcat是否在运行时定期检测新增或者存在更新的Web应用。如果为true，Tomcat将定期检测appBase和xmlBase目录，部署新发现的Web应用或者

Context描述文件。存在更新的Web应用或者Context描述文件将触发Web应用的重新加载。默认为true。

注意 Tomcat经常使用Engine和Host的名称来确定服务目录，如Web应用的临时工作目录（基于默认配置）：$CATALINA_BASE/work/Catalina/localhost，Web应用context.xml的副本目录：$CATALINA_BASE/Catalina/localhost。

通过为Host添加别名，我们可以实现同一个Host拥有多个网络名称。

示例配置如下：

```
<Host name="web1.mysite.com" appBase="webapps"unpackWARs="true" autoDeploy="true">
<Alias>web2.mysite.com</Alias>
</Host>
```

这样，我们可以同时通过web1.mysite.com和web2.mysite.com两个域名访问当前Host下的应用（当然，需要确保DNS中添加了相关配置，以便这两个域名可以定向到当前的主机）。

Host的更详细的属性配置，可以参见附录中的"Host配置"。

7. Context配置

Context用于配置一个Web应用，它支持的内嵌元素为：CookieProcessor、Loader、Manager、Realm、Resources、WatchedResource、JarScanner、Valve，下面分别进行介绍。

CookieProcessor用于将HTTP请求中的Cookie头信息转换为javax.servlet.http.Cookie对象，或者将Cookie对象转换为HTTP响应中的Cookie头信息。如不指定，将默认使用org.apache.tomcat.util.http.Rfc6265CookieProcessor。

Loader用于配置当前Context对应的Web应用的类加载器。如不指定，将默认为org.apache.catalina.loader.WebappLoader。

Manager用于配置当前Web应用的会话管理器。如不指定，将默认为org.apache.catalina.session.StandardManager。会话管理器存在独立启动和集群两种方式。独立启动的配置将在随后讲解，会话集群配置方式具体参见8.1节。

Resources用于配置Web应用的有效资源（类文件、JAR文件、HTML等静态文件、JSP等）。除非Web应用部分文件位于Web根目录之外，或存储于其他文件系统、数据库或者版本控制库，一般不需要额外添加资源，此时Tomcat会自动创建一个默认的文件系统，可以满足绝大多数的需要。

WatchedResource用于配置自动加载文件检测。当指定文件发生更新时，Web应用将会自动重新加载。对于每个Web应用，Tomcat默认检测的文件是WEB-INF/web.xml、$CATALINA_BASE/conf/web.xml。

JarScanner用于配置Web应用JAR包以及目录扫描器，扫描Web应用的TLD及web-fragment.xml

文件。如不配置，默认使用org.apache.tomcat.util.scan.StandardJarScanner。

一个简单的Context配置如下：

```
<Context docBase="myApp" path="/myApp">
......
</Context>
```

❑ docBase：Web应用目录或者WAR包的部署路径。可以是绝对路径，也可以是相对于HostappBase的相对路径。

❑ path：Web应用的Context路径，用于匹配请求地址的起始部分以选择合适的Web应用来处理请求。对于示例，如果我们的Host名为localhost，那么该Web应用的根地址为：http://localhost:8080/myApp。

Context支持很多高级属性，部分与规范相关（如Cookie的配置），部分与性能相关（如静态资源缓存），更详细的说明可以参见附录中的"Context配置"。

8. CookieProcessor

Tomcat提供了两个CookieProcessor实现：org.apache.tomcat.util.http.LegacyCookieProcessor和org.apache.tomcat.util.http.Rfc6265CookieProcessor，默认值为Rfc6265CookieProcessor。

LegacyCookieProcessor严格按照Cookie规范处理，而Rfc6265CookieProcessor要宽松得多，如cookie-octet中允许0x80到0xFF的字符，Cookie值允许"="和"/"，允许只包含名称。

Rfc6265CookieProcessor不支持其他附加属性，因此如果希望使用该类，只需要指定className即可。

尽管Tomcat提供了该扩展功能，但是在实际情况中，我们还是应该尽量规范化Cookie名称和值，并尽量不要将不必要的信息放到Cookie中。

9. Loader

Loader并不是一个Java类加载器，而是一个Tomcat组件，用于创建、加载以及销毁Web应用类加载器。它的生命周期管理与其他Tomcat组件一致。正因为如此，Web应用类加载器才会随着Web应用的状态而改变。

Tomcat提供的默认实现为org.apache.catalina.loader.WebappLoader。大多数情况下，我们并不需要配置Loader。但是在特殊情况下，Loader配置可以使我们能够灵活控制Java类加载方式和顺序。

首先，通过delegate属性可以控制类加载顺序。如果为true，当前Web应用将采用标准的Java2委派模式加载类。即先尝试从父类加载器加载，然后才会从Web应用的类加载器加载。设置为false，将先尝试从Web应用的类加载器加载，然后从父类加载器加载。该配置并不会影响JVM的Bootstrap类加载器，该类加载器始终优先加载，具体可参见2.4节。我们都知道，Tomcat默认情况下，先加载Web应用中的类，因此该值默认为false。

其次，`reloadable`属性。如果该属性为true，Catalina将监控/WEB-INF/classes和/WEB-INF/lib下的变更。当检测到变更时，自动重新加载Web应用。该特性在应用开发阶段非常有用，但是会显著地增加运行负载，因此不建议用于生产环境。注意，如果Context配置了`reloadable`，将会覆盖该属性设置。

最后，`loaderClass`属性。该属性用于指定Loader创建的Web应用类加载器的具体实现，必须要继承自类org.apache.catalina.loader.WebappClassLoaderBase。Tomcat默认提供了两个实现：org.apache.catalina.loader.WebappClassLoader 和 org.apache.catalina.loader.ParallelWebapp-ClassLoader，前者不支持并行加载Java类，因此在同一时刻只能有一个线程加载类，后者支持并行加载，而且自8.5版本开始，Tomcat采用ParallelWebappClassLoader作为默认采用的类加载器。

Loader配置示例如下：

```
<Context docBase="myApp" path="/myApp">
<Loader loaderClass="org.apache.catalina.loader.ParallelWebappClassLoader" reloadable="true"/>
</Context>
```

10. Manager配置

会话管理器是Web应用的重要组成部分，采用何种方式存储会话将会在一定程度上影响到Web应用的访问性能。Tomcat的会话管理兼容独立管理和集群管理两种方式，它们均实现了org.apache.catalina.Manager。集群会话管理器在此基础上又实现了org.apache.catalina.ha.ClusterManager接口。

本部分内容仅涉及独立会话管理器的配置，集群会话管理器的内容参见第8章Tomcat集群。

Tomcat提供了两种独立会话管理器方案：org.apache.catalina.session.StandardManager和org.apache.catalina.session.PersistentManager。StandardManager是Tomcat的标准实现，它提供了一种简单的会话存储方案，在Tomcat停止时（正常停止，而非强行关闭）会将所有会话串行化到一个文件中（默认为SESSIONS.ser），而在Tomcat启动时，将从该文件加载有效会话。可见StandardManager的方案非常简单，而PersistentManager要复杂得多。PersistentManager在每次会话过期检测（后台定时线程）之后，会将超过配置数量的活动会话以及空闲会话持久化到文件或者数据库。因此，如果使用PersistentManager，即使Tomcat强制关闭，也只会丢失未持久化的那部分会话（StandardManager将会全部丢失）。

在开发环境或者访问量较小的Web应用部署环境中，我们并不需要显式地配置Manager。此时，Tomcat将会自动为每个Web应用创建一个会话管理器，类型为org.apache.catalina.session.StandardManager，均采用默认属性配置。

如果希望定制StandardManager，我们则可以按如下方式进行配置：

```
<Context docBase="myApp" path="/myApp">
<Manager className="org.apache.catalina.session.StandardManager"
pathname="SESSIONS.ser"
    maxInactiveInterval="1800"
    maxActiveSessions="2000"
```

```
/>
</Context>
```

关键属性说明如下。

- ❑ pathname：用于保存会话状态的文件的绝对路径或相对路径（相对于当前Web应用的临时目录：$CATALINA_BASE/work/Catalina/localhost/Web应用名称）。将该属性设置为空字符串可以禁用会话持久化。
- ❑ maxInactiveInterval：会话失效时间（即当客户端两次请求的时间间隔超过该值时，会话将变为无效），单位为秒。负数表示会话永不失效，默认为1800（30分）。该属性仅提供了构造会话时，失效时间的初始值，但是可以通过HttpSession.setMaxInactiveInterval动态修改。如果web.xml中指定了session-timeout，那么会话超时时间将由session-timeout控制。
- ❑ maxActiveSessions：当前Manager创建的活跃会话的最大个数。默认值为−1，表示不限制。当到达上限后，任何创建会话的尝试均会抛出IllegalStateException异常。

当Web应用访问量较大时，我们需要更加智能的会话管理器，无论从性能上考虑还是从确保会话有效性上考虑，PersistentManager都是更好的选择方案。

针对会话的持久化方案，PersistentManager提供了一套统一的API。它封装了会话的持久化处理策略，并通过org.apache.catalina.Store接口抽象了具体的持久化存储及加载方式。因此，如果需要将会话保存到不同的存储系统（如NoSQL数据库）上，并不需要重新写一个会话管理器，只需要基于特定存储系统编写一个org.apache.catalina.Store实现即可。该接口比较简单，包括会话的保存、移除、加载、清空、得到所有会话标识等常见方法。至于这些方法在何时使用，完全由PersistentManager统一控制。

PersistentManager中的会话分为两部分：内存中的活动会话以及Store中的持久化会话。

首先，当创建一个新会话时，该会话会保存到内存中的活动会话列表。

其次，PersistentManager的后台任务除定期检测内存中的会话是否过期外，还会做如下工作。

- ❑ 将空闲超过一定时间（maxIdleSwap）的会话持久化到Store并从内存中移除。
- ❑ 如果内存中的会话超过maxActiveSessions配置的数目，PersistentManager会将空闲时间超过minIdleSwap的会话swapOut，通过此种方式，避免内存中会话数量超过maxActive-Sessions后，频繁加载和持久化。
- ❑ 对于内存中的空闲时间超过maxIdleBackup的会话，进行持久化备份（并不从内存中移除）。
- ❑ 将Store中过期的会话移除。

再次，按照ID查找会话时，PersistentManager将首先从内存中查找，如果未查找到，再从Store中查找。

最后，在Web应用停止时，如果saveOnRestart为true，PersistentManager会自动将内存中的会话持久化。

PersistentManager的详细配置参见附录中的“Manager配置”。

Tomcat默认提供了两种会话持久化存储方案：org.apache.catalina.session.FileStore和org.apache.catalina.session.JDBCStore。顾名思义，前者将会话存储到文件，后者将会话存储到数据库。

FileStore将swapOut或备份的每个会话串行化存储到一个单独的文件，文件名称为会话的ID。配置示例如下：

```
<Context docBase="myApp" path="/myApp">
<Manager className="org.apache.catalina.session.PersistentManager"
saveOnRestart="true"
maxActiveSession="-1"
minIdleSwap="0"
maxIdleSwap="30"
maxIdleBackup="0" >
<Store className="org.apache.catalina.session.FileStore" directory="sessions"/>
</Manager>
</Context>
```

Web应用的会话文件将被存储到$CATALINA_BASE/work/Catalina/localhost/myApp/sessions目录下。

JDBCStore将swapOut或者备份的会话存储到数据库的表中，表名、列名均可以通过属性进行配置（如果不配置，Tomcat将使用默认的表、列名进行数据操作，详细参见附录中的"Store配置"）。JDBCStore配置示例如下：

```
<Context docBase="myApp" path="/myApp">
<Manager className="org.apache.catalina.session.PersistentManager"
saveOnRestart="true"
maxActiveSession="-1"
minIdleSwap="0"
maxIdleSwap="30"
maxIdleBackup="0" >
    <Store
    calssName="org.apache.catalina.session.JDBCStore"
    driverName="com.mysql.jdbc.Driver"
    connectionURL="jdbc:mysql://localhost:3306/sessionsDB?user=tomcat&password="
    sessionTable="session_table"
    sessionIdCol="session_id"
    sessionDataCol="session_data"
    sessionValidCol="session_valid"
    sessionMaxInactiveCol="max_inactive"
    sessionLastAccessedCol="last_accessed"
    sessionAppCol="myApp"/>
</Manager>
</Context>
```

在使用JDBCStore之前，需要确保$CATALINA_BASE/lib下已经放置了对应数据库的JDBC驱动程序。

11. Resources

在8.0之前的版本中，Tomcat通过<Resources>配置Web应用的静态资源，以实现类加载以及提供HTML、JSP或其他静态文件的访问服务。通过该配置，Web应用可以被存放到各种介质上，而不仅限于文件系统。如WAR文件、JDBC数据库或者更先进的版本仓库。Tomcat的资源必须实现javax.naming.directory.DirContext接口。

在8.0版本中，Tomcat提供了一套新的资源实现，采用单独、一致的方法配置Web应用的附加资源，以替代原有的Aliases、VirtualLoader、VirtualDirContext、JAR。新的资源方案可以将外部资源添加到Web应用中，也可以实现Web应用之间资源的共享，如将一个WAR作为多个Web应用的基础，同时这些Web应用各自拥有自己的定制功能。对于<Resources>，Tomcat会创建一个org.apache.catalina.WebResourceRoot实例，该对象维护了一个Web应用中所有的有效资源。

WebResourceRoot维护的资源分为4部分：Pre、Main、JAR、Post，当我们查找资源时，其处理顺序也是如上所述。除Main资源是通过Context的docBase属性配置（对于自动部署的情况，该属性由Tomcat动态生成），其他3部分通过内嵌元素进行配置。

- ❑ PreResources：用于配置先于主体资源搜索的资源，如果有多个，则按照它们的配置次序处理。
- ❑ JarResources：资源搜索次序在主体资源之后，但是在PostResources之前。如有多个，处理同PreResources。
- ❑ PostResources：资源搜索次序在所有资源之后，如有多个，处理同PreResources。

这3类元素均会创建一个org.apache.catalina.WebResourceSet实例，支持的配置属性相同。

基于新的资源管理机制，Tomcat对于早期版本的资源功能，替换如下。

- ❑ Aliases：由PostResources替换。
- ❑ VirtualLoader：可分解为PreResources和PostResources。
- ❑ VirtualDirContext：可分解为PreResources和PostResources。
- ❑ 外部仓库：可分解为PreResources和PostResources。

注意：为Web应用添加资源时，需要注意如下几点。
- ❑ 只有主体资源支持写操作。
- ❑ WebResourceSet中的文件会导致搜索次序位于其后的同名目录（包括这个目录下的所有资源）不可见。
- ❑ 只有主体资源可以包含META-INF/context.xml文件。
- ❑ PreResources和PostResources应该按照次序定义WEB-INF/lib和WEB-INF/classes，以使配置的附加库和类文件对Web应用有效。

接下来看几个Resources的配置示例：

```
<Context docBase="myApp" path="/myApp">
<Resources>
    <PreResources
    className='org.apache.catalina.webresources.FileResourceSet'
    base="/Users/liuguangrui/Documents/sample/app.jsp"
    webAppMount="/app/app.jsp"/>
</Resources>
</Context>
```

上面的示例配置了一个文件资源集，路径为"/Users/liuguangrui/Documents/sample/app.jsp"，将其挂载到了"/app/app.jsp"，这样我们便可以通过http://localhost:8080/myApp/app/app.jsp访问该文件。

```
<Context docBase="myApp" path="/myApp">
<Resources>
    <PreResources
    className='org.apache.catalina.webresources.DirResourceSet'
    base="/Users/liuguangrui/Documents/sample/"
    webAppMount="/app"/>
</Resources>
</Context>
```

上面的示例配置了一个目录资源集，路径为"/Users/liuguangrui/Documents/sample"，将其挂载到了"/app"，这样对于其包含的app.jsp文件，仍然可以通过http://localhost:8080/myApp/app/app.jsp访问。

```
<Context docBase="myApp" path="/myApp">
<Resources>
    <JarResources
    className='org.apache.catalina.webresources.FileResourceSet'
    base="/Users/liuguangrui/Documents/woke/sample.jar"
    webAppMount="/WEB-INF/lib/sample.jar"/>
</Resources>
</Context>
```

上面的示例挂载了一个JAR包资源，注意挂载路径（由此可知，虽然JAR文件的物理路径可以任意指定，但是其逻辑路径必须符合Servlet规范，否则Web应用仍不能正常加载）。也可以使用DirResourceSet挂载一个目录下的多个JAR包。此时，挂载路径为"/WEB-INF/lib"。

注意　当配置JAR包资源时，不能使用org.apache.catalina.webresources.JarResourceSet，该类用于加载JAR包内的文件，而非加载JAR包本身。

---

12. JarScanner

该配置在配置Tomcat服务器很少使用到，故不再赘述，具体属性配置可参见附录中的"JarScanner配置"。

6.2.3　context.xml

　　此处的context.xml文件既指$CATALINA_BASE/conf/context.xml，又指Web应用中的META-INF/context.xml文件。在第3章中我们曾讲到，前者配置所有Web应用的公共信息，后者配置每个Web应用的定制化信息。它们的根节点为<Context>，配置方式与<Host>下的<Context>元素完全相同，此处不再赘述。

6.3　Web 应用配置

　　web.xml是Web应用的部署描述文件，它支持的元素及属性来自于Servlet规范定义。在Tomcat中，Web应用的部署描述信息包括$CATALINA_BASE/conf/web.xml中的默认配置以及Web应用WEB-INF/web.xml下的定制配置（暂不考虑web-fragment.xml等模块化机制）。Tomcat的默认配置比Web应用定制配置要复杂得多，如果是一个完全基于JSP的Web应用甚至可以不用添加任何定制配置。本节在讲解web.xml规范配置的同时，也会对Tomcat提供的默认配置进行说明。

　　Web应用部署描述文件的根元素为<web-app>，其支持的所有子元素如下（基于Servlet规范3.1）。

```
<?xml version="1.0" encoding="UTF-8"?>
<web-app xmlns:xsi="http://www.w3.org/2001/XMLSchema-instance"
    xmlns="http://xmlns.jcp.org/xml/ns/javaee"
    xsi:schemaLocation="http://xmlns.jcp.org/xml/ns/javaee
    http://xmlns.jcp.org/xml/ns/javaee/web-app_3_1.xsd"
    id="WebApp_ID" version="3.1">
    <absolute-ordering></absolute-ordering>
    <administered-object></administered-object>
    <connection-factory></connection-factory>
    <context-param></context-param>
    <data-source></data-source>
    <deny-uncovered-http-methods/>
    <description></description>
    <display-name></display-name>
    <ejb-local-ref></ejb-local-ref>
    <ejb-ref></ejb-ref>
    <env-entry></env-entry>
    <error-page></error-page>
    <filter></filter>
    <filter-mapping></filter-mapping>
    <icon></icon>
    <jms-connection-factory></jms-connection-factory>
    <jms-destination></jms-destination>
    <jsp-config></jsp-config>
    <listener></listener>
    <locale-encoding-mapping-list></locale-encoding-mapping-list>
    <login-config></login-config>
    <mail-session></mail-session>
    <message-destination></message-destination>
    <message-destination-ref></message-destination-ref>
```

```
    <mime-mapping></mime-mapping>
    <module-name></module-name>
    <persistence-context-ref></persistence-context-ref>
    <persistence-unit-ref></persistence-unit-ref>
    <post-construct></post-construct>
    <pre-destroy></pre-destroy>
    <resource-env-ref></resource-env-ref>
    <resource-ref></resource-ref>
    <security-constraint></security-constraint>
    <security-role></security-role>
    <service-ref></service-ref>
    <servlet></servlet>
    <servlet-mapping></servlet-mapping>
    <session-config></session-config>
    <welcome-file-list></welcome-file-list>
</web-app>
```

注意　部分元素尽管在xsd文件中存在定义，但是并未出现在Servlet规范中，或者Tomcat并未支持，对于这部分属性，本书不再进行介绍。

Web部署描述文件的配置主要分为如下几类：

- ❏ ServletContext初始化参数
- ❏ 会话配置
- ❏ Servlet声明及映射
- ❏ 应用生命周期监听器
- ❏ Filter定义及映射
- ❏ MIME类型映射
- ❏ 欢迎文件列表
- ❏ 错误页面
- ❏ 本地化及编码映射
- ❏ 安全配置
- ❏ JNDI配置

Servlet规范明确要求Servlet容器必须支持除JNDI配置外的其他所有分类。接下来我们按照分类逐一对Web应用部署描述文件支持的元素进行说明。

6.3.1　ServletContext 初始化参数

我们可以通过<context-param>添加ServletContext初始化参数，它配置了一个键值对，这样我们便可以在应用程序中使用javax.servlet.ServletContext.getInitParameter()方法，通过指定的键获取参数值，以控制应用程序的行为。我们可以使用它配置加载文件路径、应用运行状态（开发、测试、生产）以及日志等。其配置方式如下，可以同时配置多个初始化参数。

```
<context-param>
    <description>The servletContext parameter</description>
    <param-name>name</param-name>
    <param-value>The parameter value</param-value>
</context-param>
```

`<description>`不是必需的，但是在实际开发过程中建议保留参数描述，以提高系统可维护性。

6.3.2　会话配置

`<session-config>`用于配置Web应用会话，包括超时时间、Cookie配置以及会话追踪模式。它将覆盖server.xml和context.xml中的配置。

完整示例如下：

```
<session-config>
    <session-timeout>30</session-timeout>
    <cookie-config>
        <name>JSESSIONID</name>
        <domain>sample.myApp.com</domain>
        <path>/</path>
        <comment>The session cookie</comment>
        <http-only>true</http-only>
        <secure>true</secure>
        <max-age>3600</max-age>
    </cookie-config>
    <tracking-mode>COOKIE</tracking-mode>
</session-config>
```

`<session-timeout>`用于配置会话超时时间，单位为分钟。

`<cookie-config>`用于配置会话追踪Cookie，需要关注的是http-only和Isecure，这两个属性主要用来控制Cookie的安全性。只有当会话追踪模式是Cookie时，该配置才会生效（Tomcat默认支持通过Cookie追踪会话）。此外，`<domain>`用于配置当前Cookie所处的域，path用于配置Cookie所处的相对路径。

`<tracking-mode>`用于配置会话追踪模式，即通过何种方式从请求中获得会话标识（可配置多个），Servlet规范3.1支持3种追踪模式：COOKIE、URL、SSL。

❏ COOKIE：通过HTTP Cookie追踪会话是最常用的会话追踪机制，而且Servlet规范也要求所有Servlet容器实现均需要支持Cookie追踪。当首次发起HTTP请求时，Servlet容器会发送一个用于会话的Cookie（会话标识）到客户端，在后续的请求中，客户端会将该Cookie返回到服务端，服务端根据该Cookie确定请求会话。默认情况下，Cookie的名称为JSESSIONID，可以通过`<Context>`的sessionCookieName属性或者`<cookie-config>`的name属性修改，前者优先级更高。

❏ URL：URL重写是最基本的会话追踪机制。当客户端不支持Cookie时，可以采用URL重写的方式。当采用URL追踪模式时，请求路径需要包含会话标识信息，Servlet容器会根据路径中的会话标识设置请求的会话信息。Servlet规范要求会话标识必须为URL路径参数，参数名为jsessionid，如http://www.myserver.com/catalog/index.html;jsessionid=1234。URL重写会将会话标识暴露到日志、书签、HTTP referer头信息、缓存的HTML页面、浏览器URL条等，因此如果可以使用Cookie或者SSL会话，尽量不要使用URL重写。

□ SSL：对于SSL请求，通过SSL会话标识确定请求会话标识。

Tomcat在$CATALINA_BASE/conf/web.xml中添加了<session-config>，仅指定了会话超时时间，默认为30分钟。

Tomcat默认支持Cookie和URL两种方式的会话追踪，如支持SSL，需要按照上面的描述添加配置。

注意 一旦添加了<tracking-mode>，必须确保包含所有要支持的追踪模式，不可以只配置SSL，否则意味着Web应用仅支持SSL追踪。

6.3.3 Servlet 声明及映射

以下是对Servlet声明及映射配置的介绍，包含<servlet>和<servlet-mapping>两部分。

1. <servlet>

该元素用于声明一个Servlet，常见配置如下：

```
<servlet>
    <servlet-name>myServlet</servlet-name>
    <servlet-class>org.myapp.servlet.MainServlet</servlet-class>
    <init-param>
        <param-name>name</param-name>
        <param-value>value</param-value>
    </init-param>
    <load-on-startup>1</load-on-startup>
</servlet>
```

□ servlet-name：用于指定Servlet名称，该属性必须指定，而且在web.xml中必须唯一。

□ servlet-class：用于指定Servlet类名，当Servlet指向单一的JSP页面时，并不需要指定servlet-class，此时只需要通过jsp-file属性指定JSP文件相对于Web应用根目录的路径即可。

□ init-param：用于指定Servlet初始化参数，在应用中可以通过javax.servlet.http. HttpServlet.getInitParameter获取。同一个Servlet可以添加多个初始化参数。

□ load-on-startup：用于控制在Web应用启动时，Servlet的加载顺序。如果值小于0，在Web应用启动时，将不加载该Servlet。

除了上述属性外，<servlet>还支持以下属性。

❑ async-supported：用于指定当前Servlet是否启用异步处理，取值为true或者false，默认为false。异步处理的知识具体参见"Servlet规范3.1"。异步处理有利于在并发量较大时，及早释放Servlet资源，提升系统性能。

注意 该属性仅用于标识Servlet是否支持异步处理，如果希望请求处理异步，还需要在Servlet中增加相关处理代码。感兴趣的可以进一步了解javax.servlet.AsyncContext的使用方法。

❑ multipart-config：用于指定Servlet上传文件请求配置，包括文件大小限制、请求大小限制以及文件写到磁盘的阈值（文件大小超过该值后将写到磁盘）。

```
<servlet>
    <servlet-name>myServlet</servlet-name>
    <servlet-class>org.myapp.servlet.MainServlet</servlet-class>
    <multipart-config>
        <max-file-size>10485760</max-file-size>
        <max-request-size>10485760</max-request-size>
        <file-size-threshold>0</file-size-threshold>
    </multipart-config>
    <load-on-startup>1</load-on-startup>
</servlet>
```

❑ enabled：用于标识当前Servlet是否启用。如果为false，那么当前Servlet将不处理任何请求（返回404）。

❑ run-as：用于标识访问当前Servlet所需的安全角色，用于进行安全控制，具体参见第9章Tomcat安全。

❑ security-role-ref：用于声明Web应用中使用的安全角色的引用，role-name指定代码中使用的角色名称，role-link为role-name指向的服务器配置角色名称（tomcat-user.xml）。

```
<servlet>
    <servlet-name>myServlet</servlet-name>
    <servlet-class>org.myapp.servlet.MainServlet</servlet-class>
    <run-as>
        <role-name>admin</role-name>
    </run-as>
    <security-role-ref>
        <role-name>admin</role-name>
        <role-link>manager</role-link>
    </security-role-ref>
    <load-on-startup>1</load-on-startup>
</servlet>
```

2. <servlet-mapping>

用于定义Servlet与URL表达式之间的映射关系。

```
<servlet-mapping>
    <servlet-name>myServlet</servlet-name>
    <url-pattern>*.do</url-pattern>
    <url-pattern>/myapp/*</url-pattern>
```

```
</servlet-mapping>
```

servlet-name：用于指定映射对应的Servlet名称。

url-pattern：用于指定URL表达式，一个<servlet-mapping>可以同时配置多个url-pattern。

通过前面几章的讲解我们知道，Tomcat在$CATALINA_BASE/conf/web.xml中默认添加了两个Servlet：DefaultServlet和JspServlet，前者作为默认Servlet用于处理静态资源请求，后者用于处理JSP页面请求。

6.3.4　应用生命周期监听器

<listener>用于添加Web应用生命周期监听器，可以同时配置多个。监听器必须实现javax.servlet.ServletContextListener接口。Web应用启动时会调用监听器的contextInitialized()方法，停止时调用其contextDestroyed()方法。启动时，ServletContextListener的执行顺序与web.xml中的配置顺序一致，停止时执行顺序恰好相反。其配置示例如下：

```
<listener>
    <listener-class>org.myapp.servlet.MyAppListener</listener-class>
</listener>
```

6.3.5　Filter 定义及映射

<filter>用于配置Web应用过滤器，用来过滤资源请求及响应。经常用于认证、日志、加密、数据转换等。其配置示例如下：

```
<filter>
    <filter-name>myFilter</filter-name>
    <filter-class>org.myapp.servlet.MyFilter</filter-class>
    <async-supported>true</async-supported>
    <init-param>
        <param-name>name</param-name>
        <param-value>value</param-value>
    </init-param>
</filter>
```

filter-name：用于指定过滤器名称，在部署描述文件中，过滤器名称必须唯一。

filter-class：用于指定过滤器实现类，必须实现javax.servlet.Filter接口。

async-supported：用于配置过滤器是否支持异步，同Servlet。

init-param：用于配置过滤器初始化参数，可以配置多个，在过滤器中通过javax.servlet.FilterConfig.getInitParameter获取。

除filter-name和filter-class外，其他配置均非必需。

添加过滤器后，我们还需要通过<filter-mapping>配置与其匹配的Servlet或者URL的映射。

```
<filter-mapping>
    <filter-name>myFilter</filter-name>
    <url-pattern>/myApp/*</url-pattern>
</filter-mapping>
```

filter-name：指向一个有效的过滤器。

url-pattern：用于指定该过滤器可以处理的URL表达式。只有符合该表达式的请求URL，当前过滤器才会处理。

除了url-pattern，我们还可以通过设置servlet-name，使过滤器只处理指定Servlet的请求。

```
<filter-mapping>
    <filter-name>myFilter</filter-name>
    <servlet-name>myServlet</servlet-name>
</filter-mapping>
```

6.3.6　MIME 类型映射

MIME（Multipurpose Internet Mail Extensions）[①]即多用途互联网邮件扩展类型，用于设定某类型的扩展名文件将采用何种应用程序打开。当我们通过请求访问该扩展名的资源文件时，浏览器将自动使用指定的应用程序打开返回的资源文件。多用于客户端自定义的文件名，如Word、Excel等。

<mime-mapping>用于为当前Web应用指定MIME映射。

```
<mime-mapping>
    <extension>doc</extension>
    <mime-type>application/msword</mime-type>
</mime-mapping>
```

如上，我们指定使用MS Word打开doc文档。Tomcat在$CATALINA_BASE/conf/web.xml中已经为我们添加了绝大多数文档类型的MIME映射，因此一般并不需要额外配置该信息。假使存在新的类型的文档需要处理，我们只需要在WEB-INF/web.xml中添加即可。

6.3.7　欢迎文件列表

<welcome-file-list>用于指定Web应用的欢迎文件列表。当请求地址为Web应用根地址时，服务器会尝试在请求地址后加上欢迎文件并进行请求定向。

```
<welcome-file-list>
    <welcome-file>index.do</welcome-file>
    <welcome-file>index.jsp</welcome-file>
    <welcome-file>index.html</welcome-file>
</welcome-file-list>
```

如上，如果我们访问Web应用的根地址http://localhost:8080/myApp，服务器会先尝试匹配

---

① MIME的具体知识可参见https://en.wikipedia.org/wiki/MIME。

http://localhost:8080/myApp/index.do，如未找到符合条件的Servlet，则会进一步匹配http://localhost: 8080/myApp/index.jsp，以此类推。

6.3.8 错误页面

<error-page>用于配置Web应用访问异常时定向到的页面，支持HTTP响应码和异常类型两种形式。

```
<error-page>
    <error-code>404</error-code>
    <location>/404.html</location>
</error-page>
<error-page>
    <exception-type>java.lang.Exception</exception-type>
    <location>/error.jsp</location>
</error-page>
```

6.3.9 本地化及编码映射

<locale-encoding-mapping-list>用于指定本地化与响应编码的映射关系，如果未显式地指明响应编码，服务器将按照当前本地化信息确定响应编码。

```
<locale-encoding-mapping-list>
    <locale-encoding-mapping>
        <locale>zh</locale>
        <encoding>GBK</encoding>
    </locale-encoding-mapping>
</locale-encoding-mapping-list>
```

6.3.10 安全配置

通过web.xml中的安全配置，可以为Web应用增加页面访问权限。具体Tomcat页面访问权限的相关知识参见第9章Tomcat安全，本节仅简单讲解Web应用中的配置方式。

- □ <security-role>：为Web应用添加一个角色。
- □ <login-config>：指定Web应用的认证方式，当前支持BASIC、DIGEST、FORM、CLIENT-CERT这4种方式。
- □ <security-constraint>：指定针对符合url-pattern的请求进行安全约束，粒度可以控制到具体的http-method。
- □ <deny-uncovered-http-methods>：用于指定对于<security-constraint>中未包含的http-method是否允许访问。如不配置，这些http-method将可以被所有用户访问。

示例如下：

```
<security-constraint>
    <display-name>user-constaint</display-name>
```

```
<web-resource-collection>
    <web-resource-name>user-constaint</web-resource-name>
    <url-pattern>*.jsp</url-pattern>
    <http-method>GET</http-method>
    <http-method>PUT</http-method>
    <http-method>POST</http-method>
</web-resource-collection>
<auth-constraint>
    <role-name>user</role-name>
</auth-constraint>
<user-data-constraint>
    <transport-guarantee>NONE</transport-guarantee>
</user-data-constraint>
</security-constraint>
<security-role>
    <role-name>user</role-name>
</security-role>
<deny-uncovered-http-methods/>
<login-config>
    <auth-method>FORM</auth-method>
    <form-login-config>
        <form-login-page>/login.html</form-login-page>
        <form-error-page>/error.jsp</form-error-page>
    </form-login-config>
</login-config>
```

<security-constraint>和<security-role>可以同时添加多个，以便对不同目录下的请求进行不同的权限控制。

6.3.11   JNDI 配置

本节只介绍web.xml中支持的JNDI相关配置，JNDI的详细知识可参见第10章 Tomcat资源。

1. <env-entry>

在Servlet规范中，可以使用<env-entry>定义Web应用的环境参数，方式如下：

```
<env-entry>
<env-entry-name>sql_type</env-entry-name>
<env-entry-value>mysql</env-entry-value>
<env-entry-type>java.lang.String</env-entry-type>
</env-entry>
```

env-entry-name用于指定环境参数的名称，env-entry-value用于指定环境参数的值，env-entry-type用于指定环境参数的类型。在Web应用中，我们可以通过如下方式获取环境参数：

```
Context initCtx = new InitialContext();
Context envCtx = (Context)initCtx.lookup("java:comp/env");
String paramValue = (String)envCtx.lookup(paramName);
```

2. <ejb-ref>

<ejb-ref>用于声明一个EJB的主目录引用。其中，ejb-ref-name用于指定代码中使用的EJB

引用的名称。ejb-ref-type用于指定引用的EJB的类型（Entity或者Session）。home定义了引用EJB的home接口的完全限定名称（即包路径+类名）。remote定义了引用EJB的remote接口的完全限定名称。ejb-link用于指定一个连接到EJB的引用。

```
<ejb-ref>
    <description>User Bean/description>
    <ejb-ref-name>UserBean</ejb-ref-name>
    <ejb-ref-type>Session</ejb-ref-type>
    <home>org.myapp.ejb.UserHome</home>
    <remote>org.myapp.ejb.User</remote>
</ejb-ref>
```

3. `<ejb-local-ref>`

`<ejb-local-ref>`用于声明一个EJB本地主目录引用。其中local-home用于指定EJB本地主目录接口的完全限定名称。local用于指定EJB本地接口的完全限定名称。

```
<ejb-local-ref>
<ejb-ref-name>UserBean</ejb-ref-name>
<ejb-ref-type>Session</ejb-ref-type>
<local-home>org.myapp.ejb.UserLocalHome</local-home>
<local>org.myapp.ejb.UserLocal</local>
</ejb-local-ref>
```

4. `<service-ref>`

`<service-ref>`用于声明一个Web Service引用。

```
<service-ref>
    <description>My App Service Client</description>
    <display-name>My App Service Client</display-name>
    <service-ref-name>services/appService</service-ref-name>
    <service-interface>javax.xml.rpc.Service</service-interface>
    <wsdl-file>WEB-INF/wsdl/appService.wsdl</wsdl-file>
<jaxrpc-mapping-file>WEB-INF/serviceMapping.xml</jaxrpc-mapping-file>
    <service-qname>
        <namespaceURI>http://ws.myapp.com</namespaceURI>
        <localpart>MyAppService</localpart>
    </service-qname>
    <port-component-ref>
        <service-endpoint-interface>
            org.myapp.service.MyAppService
        </service-endpoint-interface>
        <port-component-link>MyAppServicePort</port-component-link>
    </port-component-ref>
    <handler>
        <handler-name>MyAppServiceHandler</handler-name>
        <handler-class>
            org.myapp.service.MyAppServiceHandler
        </handler-class>
    <init-param>
        <param-name>localState</param-name>
        <param-value>OH</param-value>
        </init-param>
```

```
        <soap-header>
            <namespaceURI>http://ws.myapp.com</namespaceURI>
            <localpart>MyAppServiceHeader</localpart>
        </soap-header>
            <soap-role>http://actor.ws.myapp.com</soap-role>
            <port-name>myServicePort</port-name>
        </handler>
</service-ref>
```

- ❑ `service-ref-name`：用于指定Web Service引用名称以供系统使用时查找，建议以"/service/"开头。
- ❑ `service-interface`：用于指定当前客户端依赖的JAX-RPC服务接口的完全限定名。
- ❑ `wsdl-file`：用于指定WSDL文件的URI相对路径（相对于Web应用根目录）。
- ❑ `jaxrpc-mapping-file`：用于指定应用程序使用的Java接口与WSDL文件描述中的Java接口之间的JAX-RPC映射文件。
- ❑ `service-qname`：用于指定WSDL服务元素的名称。
- ❑ `port-component-reference`：用于声明服务Endpoint接口或者提供一个指向端口组件的链接。其中，子元素`service-endpoint-interface`用于指定一个服务Endpoint接口的完全限定名称。子元素`port-component-link`为指向一个特定端口组件的引用链接。
- ❑ `handler`：用于声明端口组件的处理器。其中，子元素`handler-name`用于指定处理器名称，处理器名称必须唯一。`handler-class`用于指定处理器Java类的完全限定名称。`init-param`用于指定处理器的初始化参数。`soap-header`用于指定当前处理器处理的SOAP头的完全限定名称（qName）。`soap-role`用于指定当前处理器将充当的SOAP角色。`port-name`用于定义与处理器关联的WSDL端口。

5. `<resource-ref>`

`<resource-ref>`用于声明一个对外部资源的引用。其中`res-ref-name`指定资源管理链接工厂的引用名称。是一个相对于java/comp/env的JNDI名称。`res-type`指定数据源的类型，为数据源Java类或实现接口的完全限定名称。`res-auth`确定是由Web应用代码登录资源管理器还是由容器登录，属性值必须为Application或者Container。`res-sharing-scope`用于指定从资源管理器链接工厂中获取的链接是否可以共享。

示例如下：

```
<resource-ref>
    <res-ref-name>jdbc/MyDB</res-ref-name>
    <res-type>javax.sql.DataSource</res-type>
    <res-auth>Container</res-auth>
    <res-sharing-scope>Shareable</res-sharing-scope>
</resource-ref>
```

6. `<resource-env-ref>`

`<resource-env-ref>`用于指定对部署组件环境中资源相关管理对象的引用。其中它的子元素

resource-env-ref-name指定资源环境引用名称，是一个相对于java:/comp/env的JNDI名称。resource-env-ref-type指定资源环境引用的类型。示例如下：

```
<resource-env-ref>
    <resource-env-ref-name>jms/StockQueue</resource-env-ref-name>
    <resource-env-type>javax.jms.Queue</resource-env-type>
</resource-env-ref>
```

7. `<message-destination-ref>`

`<message-destination-ref>`用于声明一个消息目的地址的引用，这个引用关联到一个部署组件环境中的资源。其子元素message-destination-ref-name用于指定消息目的地引用的名称，是一个相对于java:/comp/env的JNDI名称。message-destination-type用于指定目的地类型，是一个Java接口的完全限定名称。message-destination-usage配置该消息目的地址是一个生产者还是一个消费者。message-destination-link用于指定当前消息目的地址的一个引用链接，它指向当前Web应用中一个有效的消息目的地址。示例如下：

```
<message-destination-ref>
    <message-destination-ref-name>jms/StockQueue</message-destination-ref-name>
    <message-destination-type>javax.jms.Queue</message-destination-type>
    <message-destination-usage>Consumes</message-destination-usage>
</message-destination-ref>
```

8. `<post-construct>` 和 `<pre-destroy>`

当我们使用@Resource、@EJB、@WebServiceRef、@PersistenceContext、@PersistenceUnit这些注解定义资源引用对象时，除了可以使用@PostConstruct和@PreDestroy指定生命周期方法外，还可以在web.xml中通过`<post-construct>`和`<pre-destroy>`指定。示例如下：

```
<post-construct>
    <lifecycle-callback-class>org.myapp.ejb.UserBean</lifecycle-callback-class>
    <lifecycle-callback-method>doPostConstruct</lifecycle-callback-method>
</post-construct>
<pre-destroy>
    <lifecycle-callback-class>org.myapp.ejb.UserBean</lifecycle-callback-class>
    <lifecycle-callback-method>doPreDestroy</lifecycle-callback-method>
</pre-destroy>
```

lifecycle-callback-class为资源对象的类型，lifecycle-callback-method为具体的生命周期方法。

6.3.12　其他

在web.xml中，除了以上支持的各类常见元素外，还有几个元素在实际系统开发中也可能会用到。

1. `<absolute-ordering>`

`<absolute-ordering>`用于指定web-fragment的顺序。自3.0版本开始，Servlet规范通过web-fragment实现Web应用的插件化。web-fragment的加载顺序会影响Web应用的运行，如ServletContext Listener即按照加载顺序执行，因此Servlet规范支持通过两种方式配置web-fragment的加载顺序：一是在web-fragment.xml中通过<ordering>指定，二是在web.xml中通过<absolute-ordering>指定。

```
<absolute-ordering>
    <name>WebFragment1</name>
    <name>WebFragment2</name>
</absolute-ordering>
```

如上例，`name`子元素为具体的web-fragment名称。Web应用将首先加载web.xml，然后加载名为WebFragment1的web-fragment.xml，最后加载名为WebFragment2的web-fragment.xml。

2. `<jsp-config>`

`<jsp-config>`用于提供Web应用中JSP文件全局配置信息。其子元素taglib用于指定Web应用中JSP页面可以使用的标签库。`jsp-property-group`用于设置Web应用全局有效的JSP页面配置。示例如下所示：

```
<jsp-config>
    <taglib>
        <taglib-uri>http://www.myapp.com/tags/mytaglib</taglib-uri>
        <taglib-location>/WEB-INF/tlds/mytaglib.tld</taglib-location>
    </taglib>
    <jsp-property-group>
        <url-pattern>/jsp/*</url-pattern>
        <page-encoding>UTF-8</page-encoding>
        <include-prelude>/include/prelude.jspf</include-prelude>
        <include-coda>/include/coda.jspf</include-coda>
    </jsp-property-group>
</jsp-config>
```

在taglib子元素中，taglib-uri用于指定标签库文件的URI，该URI并非一个有效地址，仅用于在JSP页面中引用，taglib-location用于指定标签库文件的物理地址（相对于Web应用根地址）。如示例所示，我们可以在JSP页面中通过以下方式引用该标签库。

```
<%@page taglib="http://www.myapp.com/tags/mytaglib" prefix="mytag"%>
```

在jsp-property-group子元素中，提供了以下JSP页面全局配置。

❑ url-pattern用于指定URL匹配模式，只有匹配该模式的URL才会应用jsp-property-group中的配置。

❑ el-ignored用于指定是否支持EL语法。如为true，表示不支持。

❑ page-encoding用于指定JSP页面的编码。

❑ scripting-invalid用于指定是否支持在JSP页面通过<%%>嵌入JAVA代码。

❑ is-xml用于指定JSP页面是否为XML格式文档。

❑ include-prelude指定一个JSP页面路径，所有匹配url-pattern的JSP页面均在顶部包含该页面。

❑ include-coda指定一个JSP页面路径，所有匹配url-pattern的JSP页面均在底部包含该页面。

❑ deferred-syntax-allowed-as-literal用于指定字符序列 "#{" 如果作为EL表达式的保留

字符，那么它们是否可以出现在字符串中。如果为true则表示允许，否则为false（默认）。

❑ `trim-directive-whitespaces`用于指定当JSP指令只呈现出空白字符串时，是否将其从响应中移除。默认为false。

❑ `default-content-type`用于指定请求响应默认的contentType，当JSP页面未通过page指令指定contentType时生效。

❑ `buffer`用于指定响应输出缓冲区大小，同`<%@page buffer%>`。服务器将会对页面进行缓存，除非超出缓存、页面完成或者手动清空（response.flushBuffer），服务器不会将文档发送到客户端。注意，如果web.xml和JSP页面同时配置了该值，Tomcat对于两者不一致的情况，会提示异常。

❑ `error-on-undeclared-namespace`用于指定当JSP页面中使用的Tag命名空间无效时是否提示异常。默认为false。

3. `<distributable>`

`<distributable>`该元素无任何属性，用于表明当前Web应用是否是分布式应用。当添加该配置后，Tomcat会针对分布式做一些处理或限制（如要求会话属性必须可串行化）。

4. `<message-destination>`

`<message-destination>`用于指定一个逻辑消息目的地址，它会映射到部署环境中一个有效的物理目的地址。其子元素message-destination-name用于指定消息目的地址的名称。示例如下所示：

```
<message-destination>
    <message-destination-name>CorporateStocks</message-destination-name>
</message-destination>
```

5. `<description>`、`<display-name>`和`<icon>`

在web.xml中，许多元素（如`<web-app>`、`<filter>`、`<listener>`等）通过这3个子元素来配置其描述信息，这些描述信息可以用于一些GUI工具的展现。

```
<icon>
    <small-icon>/images/icons/small.gif</small-icon>
    <large-icon>/images/icons/large.gif</large-icon>
</icon>
<display-name>My Example Application</display-name>
<description>
    This is my example application
</description>
```

其中图标仅支持GIF和JPEG格式。

6.4　Web 应用过滤器

针对一些常见的Web应用需求（如跨域资源共享、访问控制、设置请求响应编码等），Tomcat

提供了一系列Filter实现。我们可以将需要的过滤器直接添加到Web应用配置中，以满足实际项目需求。

6.4.1 CorsFilter

org.apache.catalina.filters.CorsFilter是W3C CORS（跨域资源共享）规范的一个实现，是启用跨域资源共享的一种途径。该过滤器主要在HttpServletResponse中增加Access-Control-*头，同时保护HTTP响应避免拆分[①]（HTTP响应拆分会被利用进行XSS攻击）。如果请求无效或者禁止访问，将返回403响应码。

CorsFilter支持以下初始化参数。

- cors.allowed.origins：允许访问资源的域列表。"*"表示允许访问来自任何域的资源。多个域以","分隔。默认为"*"。
- cors.allowed.methods：可以用于访问资源的HTTP方法列表，以","分隔，用于跨域请求。这些方法将作为Preflight响应头Access-Control-Allow-Methods的一部分。默认为"GET,POST,HEAD,OPTIONS"。
- cors.allowed.headers：当构造实际请求时可以使用的请求头，以","分隔。这些头也作为Preflight响应头Access-Control-Allow-Headers的一部分。默认为"Origin,Accept,X-Requested-With,Content-Type,Access-Control-Request-Method,Access-Control-Request-Headers"。
- cors.exposed.headers：浏览器允许访问的头信息列表，以","分隔。这些头也作为Preflight响应头Access-Control-Allow-Headers的一部分。默认为空。
- cors.preflight.maxage：浏览器允许缓存Preflight请求结果的时间，单位为秒。该参数将作为Preflight响应头Access-Control-Max-Age的一部分。负数时，CorsFilter将不会添加头到Preflight响应。默认为1800。
- cors.support.credentials：表示资源是否支持用户证书。该参数将作为Preflight响应头Access-Control-Allow-Credentials的一部分。它将帮助浏览器确定是否可以使用证书构造实际请求。默认为true。
- cors.request.decorate：Cors规范属性是否应添加到HttpServletRequest，默认为true。CorsFilter为HttpServletRequest添加了请求相关信息，用于下游消费。如果cors.request.decorate配置为true，下列属性将会被添加。

    - cors.isCorsRequest：用于确定请求是否为Cors请求。
    - cors.request.origin：源URL，请求源自的页面URL。
    - cors.request.type：Cors请求类型，可能值如下。

---

① HTTP响应拆分：具体参见https://en.wikipedia.org/wiki/HTTP_response_splitting。

- `SIMPLE`：非以Preflight请求为先导的请求。
- `ACTUAL`：以Preflight请求为先导的请求。
- `PRE_FLIGHT`：Preflight请求。
- `NOT_CORS`：正常的同域请求。
- `INVALID_CORS`：无效的跨域请求。

■ `cors.request.headers`：作为Preflight请求Access-Control-Request-Headers头发送的请求头信息。

一个完整的CorsFilter配置示例如下：

```xml
<filter>
    <filter-name>CorsFilter</filter-name>
    <filter-class>org.apache.catalina.filters.CorsFilter</filter-class>
    <init-param>
        <param-name>cors.allowed.origins</param-name>
        <param-value>*</param-value>
    </init-param>
    <init-param>
        <param-name>cors.allowed.methods</param-name>
        <param-value>GET,POST,HEAD,OPTIONS,PUT</param-value>
    </init-param>
    <init-param>
        <param-name>cors.allowed.headers</param-name>
        <param-value>
            Content-Type,
            X-Requested-With,
            accept,
            Origin,
            Access-Control-Request-Method,
            Access-Control-Request-Headers
        </param-value>
    </init-param>
    <init-param>
        <param-name>cors.exposed.headers</param-name>
        <param-value>
            Access-Control-Allow-Origin,Access-Control-Allow-Credentials
        </param-value>
    </init-param>
    <init-param>
        <param-name>cors.support.credentials</param-name>
        <param-value>true</param-value>
    </init-param>
    <init-param>
        <param-name>cors.preflight.maxage</param-name>
        <param-value>10</param-value>
    </init-param>
</filter>
<filter-mapping>
    <filter-name>CorsFilter</filter-name>
    <url-pattern>/*</url-pattern>
</filter-mapping>
```

6.4.2　CsrfPreventionFilter

org.apache.catalina.filters.CsrfPreventionFilter为Web应用提供了基本的CSRF[1]保护。该过滤器假定其映射为"/*"，返回客户端的所有链接均通过HttpServletResponse.encode-RedirectURL(String)和HttpServletResponse.encodeURL(String)进行编码。

该Filter通过生成一个随机数并存储到会话中来阻止CSRF，URL使用该随机数进行编码。当接收到下一个请求时，请求中随机数与会话中的进行对比，只有两者相同时，请求才会允许。

CsrfPreventionFilter支持以下初始化参数。

❑ denyStatus：HTTP响应码，用于驳回拒绝请求。默认为403。
❑ entryPoints：以","分隔的URL列表，这些URL将不会进行随机数检测。这主要用于在通过导航离开受保护应用时，可再通过导航的形式返回。可配置URL限制为GET请求且不应触发任何安全敏感的动作。
❑ nonceCacheSize：随机数缓存大小。先前发布的随机数将被缓存到一个LRU缓存中以支持并发请求、有限的用于浏览器刷新和返回以及一些相似行为，这些行为可能导致提交一个先前的随机数而不是当前的。如不设置，默认为5。
❑ randomClass：用于生成随机数的类名，必须是java.util.Random的实例。如不设置，默认为java.security.SecureRandom。

6.4.3　ExpiresFilter

org.apache.catalina.filters.ExpiresFilter是Java Servlet API当中的一部分，它负责控制设置服务器响应中的Expires头和Cache-Control头的max-age。过期时间可以设置为相对于源文件的最后修改时间，或者浏览器的访问时间。

这些HTTP头指示浏览器控制文档的缓存。如果使用了缓存，那么浏览器在下一次请求文档（HTML）时将首先从本地缓存中获取，而不是访问实际的资源服务器，直到超过失效时间。待超过失效时间后，缓存副本将会被视为过期，浏览器将会重新从服务器获得副本。

该Filter支持的初始化参数如下。

❑ ExpiresExcludedResponseStatusCodes：用于指定ExpiresFilter不会生成expiration头信息的HTTP响应码，多个以","分隔。默认情况下，响应码304（"Not modified"）将跳过。
❑ ExpiresByType <content-type>：用于为<content-type>指定的文档类型生成Expires和Cache-Control:max-age的值（如text/html）。Tomcat采用一种可读性较好的格式来定义过期时间：<base> [plus] {<num><type>}*。

---

[1] CSRF：Cross Site Request Forgery，跨站域请求伪造，详细介绍可参见：https://en.wikipedia.org/wiki/Cross-site_request_forgery。对于常见的应对方式，可以参见http://www.ibm.com/developerworks/cn/web/1102_niugang_csrf/。

<base>取值如下。

- access：表示基于客户端访问时间计算过期时间。
- now：与access相同。
- modification：表示基于文件上次修改时间计算过期时间。

当使用modification时，如果响应内容并非来源于硬盘中的文件，并不会添加Expires响应头。如果使用access，每个客户端的过期时间均不相同；而使用modification，缓存中当前文档所有副本的过期时间是相同的。

[plus]关键字可选，<num>为整数值。

<type>取值如下。

- year、years
- month、months
- week、weeks
- day、days
- hour、hours
- minute、minutes
- second、seconds

"<num><type>"可以添加多个。

❑ ExpiresDefault：用于指定所有文档类型过期时间的默认计算算法，可通过ExpiresByType覆盖。即未通过ExpiresByType <content-type>指定的文档类型，将根据ExpiresDefault的配置设置Expires和Cache-Control:max-age的值。配置格式同ExpiresByType。

只有当满足以下条件时，ExpiresFilter才会为响应设置expiration头信息。

❑ Servlet未添加expiration头信息。
❑ 响应码未包含到ExpiresExcludedResponseStatusCodes中。
❑ 响应的Content-Type存在匹配的ExpiresByType <content-type>配置，或者添加了Expires-Default配置。

ExpiresFilter配置的使用优先级如下。

❑ 首先精确匹配HttpServletResponse.getContentType()返回的文档类型，此时可能包含字符集（如application/javascript;charset=UTF-8）。
❑ 其次匹配不包含字符集的文档类型（如application/javascript）。
❑ 再次匹配文档的主类型（如application）。
❑ 最后匹配ExpiresDefault。

ExpiresFilter配置示例如下：

```
<filter>
    <filter-name>ExpiresFilter</filter-name>
    <filter-class>org.apache.catalina.filters.ExpiresFilter</filter-class>
    <init-param>
        <!--演示ExpiresDefault, 30分过期, 实际项目不建议添加 -->
        <param-name>ExpiresDefault</param-name>
        <param-value>access plus 30 minutes</param-value>
    </init-param>
    <init-param>
        <!--演示简单配置, 30分过期  -->
        <param-name>ExpiresByType text/css</param-name>
        <param-value>access plus 30 minutes</param-value>
    </init-param>
    <init-param>
        <!--演示复杂配置, 1个月15天2小时过期  -->
        <param-name>ExpiresByType image</param-name>
        <param-value>access plus 1 month 15 days 2 hours</param-value>
    </init-param>
    <init-param>
        <!--演示精确文档类型配置, 30分过期  -->
        <param-name>ExpiresByType application/javascript;charset=UTF-8</param-name>
        <param-value>access plus 30 minutes</param-value>
    </init-param>
</filter>
<filter-mapping>
    <filter-name>ExpiresFilter</filter-name>
    <url-pattern>/*</url-pattern>
    <dispatcher>REQUEST</dispatcher>
</filter-mapping>
```

6.4.4 FailedRequestFilter

org.apache.catalina.filters.FailedRequestFilter用于触发请求的参数解析，当参数解析失败时（失败原因可能是解析异常，也可能是请求大小超过限制，如最大参数限制），将会拒绝请求。该Filter用于确保客户端提交的参数信息不会发生丢失。

该Filter的原理是先调用ServletRequest.getParameter（首次调用该方法会触发Tomcat服务器的请求参数解析。如果解析失败，则将结果放到请求属性org.apache.catalina.parameter_parse_failed中），然后判断属性org.apache.catalina.parameter_parse_failed的值，如果不为空，则直接返回400。

需要注意的是，请求参数解析会消费HTTP请求体，因此如果Servlet通过该Filter保护请求，则当在Servlet中调用ServletRequest.getInputStream或者ServletRequest.getReader时将产生警告。一般来说，添加该Filter导致Web应用异常的风险不高，因为参数解析会在消费HTTP请求体之前检测请求的内容类型。

为了POST请求可以正确解析，需要在该Filter之前配置SetCharacterEncodingFilter过滤器。

FailedRequestFilter不支持任何初始化参数。

6.4.5　RemoteAddrFilter

org.apache.catalina.filters.RemoteAddrFilter允许比较提交请求的客户端IP地址（通过ServletRequest.getRemoteAddr获取）是否符合指定的正则表达式，以确定是否允许继续处理请求。当采用IPv6时需要注意，IP地址格式根据调用API不同而不同，如果通过Socket获取，格式为x:x:x:x:x:x:x:x。如对于localhost，将是0:0:0:0:0:0:0:1，而非::1。可以查看访问日志来确定正确的格式。

RemoteAddrFilter支持以下初始化参数。

❑ allow：正则表达式，用于指定允许访问的客户端IP地址。

❑ deny：正则表达式，用于指定拒绝访问的客户端IP地址。

❑ denyStatus：拒绝请求时返回的HTTP响应码，默认为403。

配置示例如下：

```
<filter>
    <filter-name>RemoteAddressFilter</filter-name>
    <filter-class>org.apache.catalina.filters.RemoteAddrFilter</filter-class>
    <init-param>
        <param-name>allow</param-name>
        <param-value>127\.\d+\.\d+\.\d+|::1|0:0:0:0:0:0:0:1</param-value>
    </init-param>
</filter>
<filter-mapping>
    <filter-name>RemoteAddressFilter</filter-name>
    <url-pattern>/*</url-pattern>
</filter-mapping>
```

6.4.6　RemoteHostFilter

org.apache.catalina.filters.RemoteHostFilter允许比较提交请求的客户端主机名是否符合指定的正则表达式，以确定是否允许继续处理请求。该Filter使用ServletRequest.getRemoteHost()方法获取主机名，因此为了使该方法返回合适的主机名，必须启用Connector上的DNS查找功能。

RemoteHostFilter支持以下初始化参数。

❑ allow：正则表达式，用于指定允许访问的客户端主机名。

❑ deny：正则表达式，用于指定拒绝访问的客户端主机名。

❑ denyStatus：拒绝请求时返回的HTTP响应码，默认为403。

配置示例如下：

```
<filter>
    <filter-name>RemoteHostFilter</filter-name>
    <filter-class>org.apache.catalina.filters.RemoteHostFilter</filter-class>
    <init-param>
```

```
            <param-name>allow</param-name>
            <param-value>127\.\d+\.\d+\.\d+</param-value>
        </init-param>
    </filter>
    <filter-mapping>
        <filter-name>RemoteHostFilter</filter-name>
        <url-pattern>/*</url-pattern>
    </filter-mapping>
```

6.4.7 RemoteIpFilter

当客户端通过HTTP代理或者负载均衡访问应用服务器时，对于服务器来说，请求直接源自前置的代理服务器，那么此时获取到的远程IP实际为代理服务器的IP地址。这种情况下，如何得到原始的客户端IP地址呢？HTTP协议通过"X-Forwarded-For"头信息记录了自客户端到应用服务器前置代理的IP路径，因此我们可以通过该属性获知客户端IP地址。但是为了使应用程序与部署环境松耦合，大多数情况下，我们并不希望在应用系统中手动解析X-Forwarded-For值，而是希望仍通过ServletRequest.getRemoteAddr和ServletRequest.getRemoteHost获取相关信息。Tomcat通过org.apache.catalina.filters.RemoteIpFilter实现了该功能。RemoteIpFilter通过解析请求头"X-Forwarded-For"，将请求中的IP地址和主机名替换为客户端真实的IP地址和主机信息。此外，RemoteIpFilter还通过请求头"X-Forwarded-Proto"替换当前的协议名称（http/https）、服务器端口及request.secure。

X-Forwarded-For的格式一般如下：

```
X-Forwarded-For: client, proxy1, proxy2
```

取值为一个以逗号加空格分隔的IP地址列表，最左侧为原始客户端IP，HTTP请求经过的每个代理服务器会逐次将其接收请求的来源IP地址添加到该头信息。在上面示例中，客户端请求经过了proxy1、proxy2、proxy3三级代理，因此，除proxy3的其他地址会出现在X-Forwarded-For的值中，而proxy3则可以通过ServletRequest.getRemoteAddr获取。

由于X-Forwarded-For易于伪造，所以要谨慎使用该头信息。末尾的IP地址一般是链接到最后一级代理的请求地址，意味着它是最可信的信息源。

在输出日志时需要注意，最后一级代理IP并不包含在X-Forwarded-For中，因此如果希望得到完整的IP地址链，需要将X-Forwarded-For与RemoteAddr合并。

默认情况下，该Filter不会影响Tomcat访问日志输出的地址信息（仍为替换前的值），但可以通过请求属性获取替换后的地址信息。AccessLogValve需要明确配置（通过属性requestAttributes-Enabled）才能使用这些属性。

在负载均衡的情况下，RemoteAddrFilter和RemoteHostFilter需要与该过滤器配合使用，否则无法正确限制访问客户端。

RemoteIpFilter支持以下初始化参数。

- remoteIpHeader：HTTP请求头名称，过滤器将从该请求头读取IP地址以完成转换，默认为X-Forwarded-For。

- internalProxies：IP地址的正则表达式，代理服务器IP地址匹配该表达式时将会被视为内部代理。remoteIpHeader包含的代理服务器如果是内部代理将被视为可信任，不会出现在proxiesHeader中。如不指定，默认为10\.\d{1,3}\.\d{1,3}\.\d{1,3}|192\.168\.\d{1,3}\.\d{1,3}|169\.254\.\d{1,3}\.\d{1,3}|127\.\d{1,3}\.\d{1,3}\.\d{1,3}。此外，只有当Request.getRemoteAddr()匹配该表达式时，过滤器才会转换IP地址。

- proxiesHeader：HTTP请求头名称，用于保存当前过滤器处理的remoteIpHeader中记录的代理服务器列表。如不指定，默认为X-Forwarded-By。

- requestAttributesEnabled：如果设置为true，过滤器将会使用转换后的值覆写AccessLog中使用的相关请求属性（IP地址、主机、端口号、协议）。此外，还用于存在代理服务器时，得到请求转发地址。默认为true。

- trustedProxies：正则表达式，如果代理服务器的IP地址匹配该表达式，那么将被视为可信任代理。remoteIpHeader中记录的可信任代理将会包含到proxiesHeader中。如不指定，所有代理均不被信任。

- protocolHeader：HTTP请求头名称，用于记录客户端链接代理所使用的协议。如不指定，默认为空。

- portHeader：HTTP请求头名称，用于记录客户端链接代理所使用的端口。如不指定，默认为空。

- protocolHeaderHttpsValue：当protocolHeader对应请求头的取值等于该属性值时，Tomcat将视当前请求类型为HTTPS。如不指定，默认为https。

- httpServerPort：当protocolHeader对应请求头表明是HTTP请求，但是portHeader对应请求头没有设置时，ServletRequest.getServerPort()的返回值。如不指定，默认为80。

- httpsServerPort：当protocolHeader对应请求头表明是HTTPS请求，但是portHeader对应请求头没有设置时，ServletRequest.getServerPort()的返回值。如不指定，默认为443。

- changeLocalPort：如果为true，portHeader对应请求头保存的端口号将会覆盖Servlet-Request.getLocalPort()的返回值。如不指定，默认为false。

通过上面的初始化参数描述，需要注意，只有可信任的外部代理才会出现在X-Forwarded-By中。下面我们通过一个完整的例子进行说明。

```
<filter>
    <filter-name>RemoteIpFilter</filter-name>
    <filter-class>org.apache.catalina.filters.RemoteIpFilter</filter-class>
    <init-param>
        <param-name>internalProxies</param-name>
        <param-value>192\.168\.0\.10|192\.168\.0\.11</param-value>
    </init-param>
```

```
<init-param>
    <param-name>remoteIpHeader</param-name>
    <param-value>x-forwarded-for</param-value>
</init-param>
<init-param>
    <param-name>remoteIpProxiesHeader</param-name>
    <param-value>x-forwarded-by</param-value>
    </init-param>
<init-param>
    <param-name>protocolHeader</param-name>
    <param-value>x-forwarded-proto</param-value>
</init-param>
<init-param>
    <param-name>trustedProxies</param-name>
    <param-value>proxy1|proxy2</param-value>
</init-param>
</filter>
<filter-mapping>
    <filter-name>RemoteIpFilter</filter-name>
    <url-pattern>/*</url-pattern>
    <dispatcher>REQUEST</dispatcher>
</filter-mapping>
```

当客户端请求经过可信任代理时，其处理前后相关属性变化如表6-13所示。

表6-13   请求属性处理前后变化（可信任代理）

属　　性	处　理　前	处　理　后
request.remoteAddr	192.168.0.10	clientIp
request.header['x-forwarded-for']	clientIp, proxy1, 192.168.0.11	
request.header['x-forwarded-by']		proxy1

192.168.0.11为内部代理，因此不会出现在x-forwarded-by中。

当客户端请求经过不可信任代理时，其处理前后相关属性变化如表6-14所示。

表6-14   请求属性处理前后变化（不可信任代理）

属　　性	处　理　前	处　理　后
request.remoteAddr	192.168.0.10	untrusted-proxy
request.header['x-forwarded-for']	clientIp, untrusted-proxy, proxy1, 192.168.0.11	clientIp
request.header['x-forwarded-by']		proxy1

同样，由于192.168.0.11为内部代理，因此不会出现在x-forwarded-by中。当处理到untrusted-proxy时，由于它是不可信任的代理，过滤器将不会继续向前追溯，此时request. remoteAddr变为untrusted-proxy，而未处理的信息仍保留在x-forwarded-for中。因此，我们可以通过处理后的x-forwarded-for判断是否存在不可信任的代理。

对于RemoteAddrFilter、RemoteHostFilter、RemoteIpFilter，Tomcat还提供了对应的Valve实现，这样我们可以通过在server.xml或者context.xml中添加配置，实现同样的功能。它们的映射关系如表6-15所示。

表6-15　Filter与Valve的对应关系

Filter	Valve
org.apache.catalina.filters.RemoteAddrFilter	org.apache.catalina.valves.RemoteAddrValve
org.apache.catalina.filters.RemoteHostFilter	org.apache.catalina.valves.RemoteHostValve
org.apache.catalina.filters.RemoteIpFilter	org.apache.catalina.valves.RemoteIpValve

6.4.8　RequestDumperFilter

org.apache.catalina.filter.RequestDumperFilter以日志形式输出请求和响应对象内容，主要用于调试。当使用该过滤器时，推荐将其输出到单独的文件，并使用org.apache.juli.VerbatimFormmater进行格式化。

使用该过滤器存在副作用。由于其输出内容包含请求的所有参数，并且参数使用默认的平台编码进行解码，因此后续调用request.setCharacterEncoding()将不会生效。

该过滤器不需要配置任何初始化参数，与其对应的日志配置建议如下：

```
1request-dumper.org.apache.juli.FileHandler.level = INFO
1request-dumper.org.apache.juli.FileHandler.directory = ${catalina.base}/logs
1request-dumper.org.apache.juli.FileHandler.prefix = request-dumper.
1request-dumper.org.apache.juli.FileHandler.formatter =
org.apache.juli.VerbatimFormatter
org.apache.catalina.filters.RequestDumperFilter.level = INFO
org.apache.catalina.filters.RequestDumperFilter.handlers = \
1request-dumper.org.apache.juli.FileHandler
```

6.4.9　SetCharacterEncodingFilter

用户的请求并非总是包含字符集编码信息。依赖于请求的处理方式，通常情况下使用默认的ISO-8859-1编码。org.apache.catalina.filters.SetCharacterEncodingFilter提供了一种设置字符集编码的方式（既可以在请求未指定编码时使用，也可以强制覆盖请求指定编码）。

该过滤器支持以下初始化参数。

❑ encoding：指定的字符集编码。

❑ ignore：布尔值，用于表示是否忽略客户端请求设置的字符集编码。如果为true，那么无论请求是否包含字符集编码，都将会被覆盖。如果为false，只有当请求没有指定字符集编码时设置。默认为false。

6.4.10   WebdavFixFilter

Windows操作系统存在两个WebDAV①客户端。其中一个使用80端口，另一个用于所有其他端口。使用80端口的实现不符合WebDAV规范，当与Tomcat WebDAV Servlet通信时会失败。org.apache.catalina.filters.WebdavFixFilter用于解决上述问题，它将强制链接到80端口的WebWAV实现。该过滤器不支持任何初始化参数。

6.5   Tomcat 管理

Tomcat从早期版本开始就提供了Web版的管理控制台，它们是两个独立的Web应用，位于webapps目录下。出于安全的需要，在应用到生产环境之前，我们要清除掉webapps下非必要的部署包，如doc、examples以及ROOT（或者将ROOT定向到我们自己的Web应用）。

Tomcat提供的管理应用有用于管理Host的host-manager和用于管理Web应用的manager。下面我们分别进行介绍。

6.5.1   host-manager

在Tomcat启动成功后，可以通过http://ip:port/host-manager/html访问该Web应用。host-manager默认添加了访问权限控制，当打开网址时，会提示输入用户名和密码（用户配置参见conf/tomcat-users.xml）。

如果登录成功后显示如图6-1所示，则需要检查是否在tomcat-users.xml中为当前用户分配了admin-gui和admin-script角色。这两个角色在host-manager中定义，admin-gui用于控制页面访问权限，admin-script用于控制以简单文本的形式进行访问。

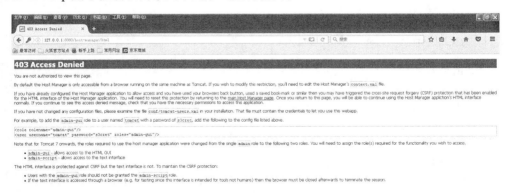

图6-1   host-manager禁止访问

---

① WebDAV：即Web-based Distributed Authoring and Versioning，基于Web的分布式创作和版本管理，详情可以参见 http://www.webdav.org/。

角色分配如下：

```
<user username="tomcat" password="tomcat" roles="admin-gui,admin-script"/>
```

此时，再次登录会显示如图6-2所示的管理页面。

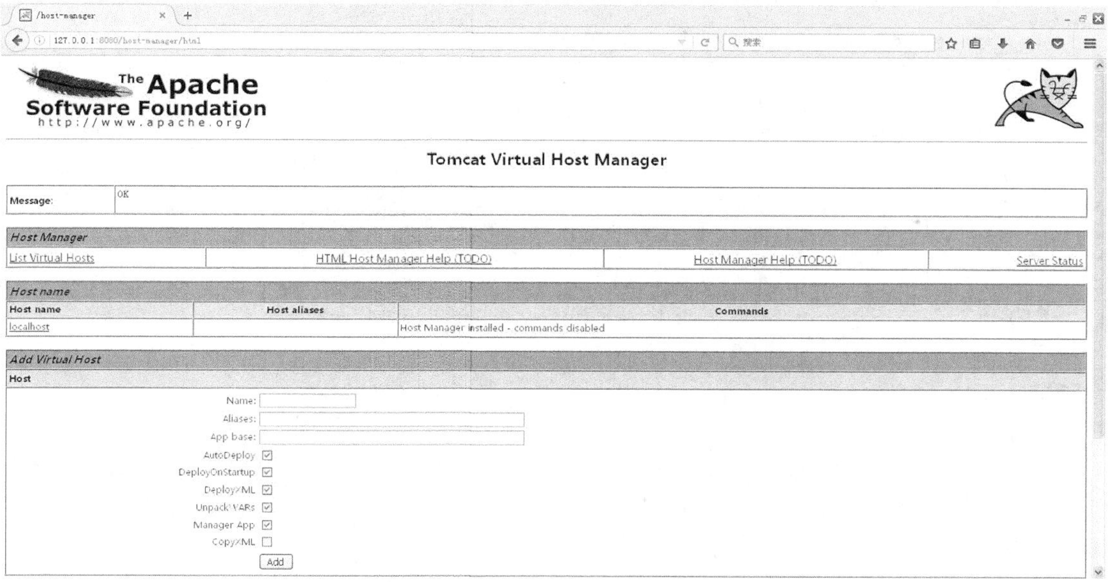

图6-2 host-manager主页

通过该界面，我们可以动态地添加一个虚拟主机。此外还可以启动、停止、删除虚拟主机。

6.5.2 manager

manager的访问地址为http://127.0.0.1:8080/manager。同样，manager也添加了页面访问控制，因此我们需要为登录用户分配角色如下：

```
<user username="tomcat" password="tomcat"
roles="manager-gui,manager-script,manager-jmx, manager-status"/>
```

其中，manager-ui用于控制manager页面访问，manager-script用于控制以简单文本的形式访问，manager-jmx用于控制JMX访问，manager-status用于控制服务器状态查看。

登录成功后，页面显示如图6-3所示。

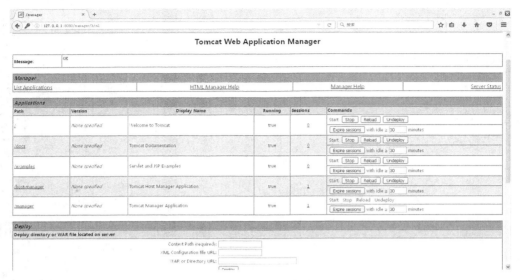

图6-3　manager主页

通过该界面，我们可以上传并部署一个WAR包，也可以将服务器上已经存在的部署包添加到应用服务器。可以启动、停止、重新加载、卸载指定的Web应用。除此之外，还可以诊断Web应用的内存泄露问题以及SSL配置。

点击界面右上角的"Server Status"（或者直接访问http://ip:port/manager/status）可以查看当前服务器的状态，如图6-4所示。

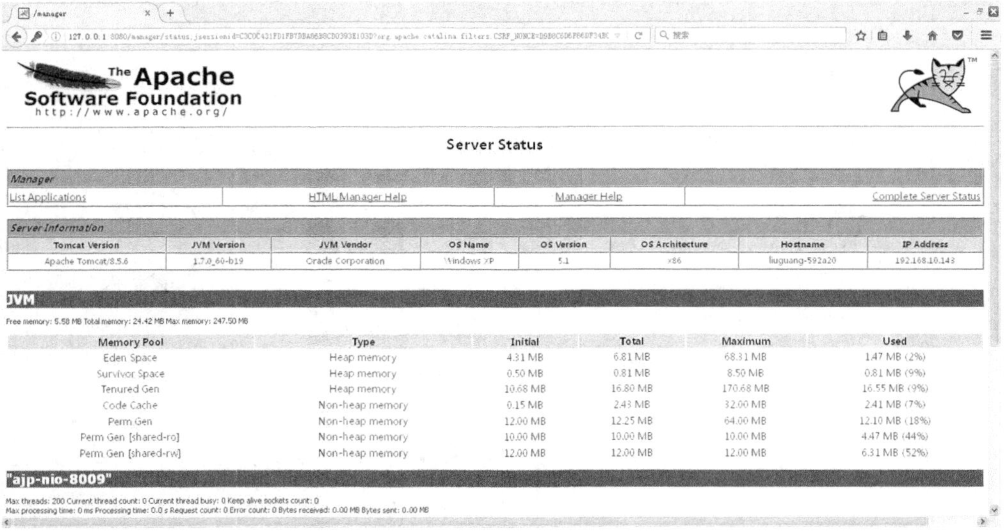

图6-4　服务器状态

主要包含如下几部分信息。

❑ 服务器基本信息：服务器版本、JVM版本、操作系统、IP地址。
❑ 系统信息：内存及CPU使用情况。
❑ JVM信息：JVM内存分配及使用情况。
❑ 链接器信息：HTTP和AJP链接器请求处理线程使用情况。

点击服务器状态页右上角的"Complete Server Status"（或者直接访问http://ip:port/manager/status/all），可以查看更详细的服务器信息。包括每个Web应用启动时间、会话数、会话有效期、JSP页面加载数等信息，还包括Web应用定义的Servlet及其匹配URL，每个Servlet请求处理时间、请求数等信息。

6.5.3 管理命令行

在Tomcat中，所有通过管理控制台进行的操作都可以支持以简单的URL命令的形式完成，并返回一个简单的文本作为响应。通过这种方式，我们可以开发自己的Tomcat管理客户端。

命令格式为：`http://{host}:{port}/manager/text/{command}?{parameters}`。其中，{command}为执行的管理命令，{parameters}为命令参数。

Tomcat支持的管理命令及示例如表6-16所示。

表6-16 Tomcat支持的管理命令

命　令	示　例	描　述
deploy	远程：http://localhost:8080/manager/text/deploy?path=/foo 本地：http://localhost:8080/manager/text/deploy?path=/foo&war=file:/path/to/foo	部署应用，可以是远程上传WAR包，也可以是部署本地的。当远程上传时，是一个PUT请求，部署本地包时，是一个GET请求
list	http://localhost:8080/manager/text/list	列出当前Host下所有Web应用路径、状态、活动会话数
reload	http://localhost:8080/manager/text/reload?path=/foo	重新加载Web应用
serverinfo	http://localhost:8080/manager/text/serverinfo	查看服务器信息，包括Tomcat版本、操作系统及JVM属性
resources	http://localhost:8080/manager/text/resources[?type=xxxxx]	查看有效的全局JNDI资源，可以通过指定参数type（值为具体的Java类名），只查看指定类型的资源
sessions	http://localhost:8080/manager/text/sessions?path=/foo	查看指定Web应用的会话统计信息
expire	http://localhost:8080/manager/text/expire?path=/foo&idle=num	查看指定Web应用的会话统计信息，并且对于空闲超过num的会话进行过期处理
start	http://localhost:8080/manager/text/start?path=/foo	启动Web应用
stop	http://localhost:8080/manager/text/stop?path=/foo	停止Web应用
undeploy	http://localhost:8080/manager/text/undeploy?path=/foo	卸载Web应用

（续）

命　　令	示　　例	描　　述
findleaks	http://localhost:8080/manager/text/findleaks[?statusLine=[true|false]]	内存泄露问题诊断。该命令会导致JVM完全垃圾回收，因此在生产环境中要谨慎使用。通过statusLine参数控制是否在响应中打印状态行
sslConnector-Ciphers	http://localhost:8080/manager/text/sslConnectorCiphers	链接器SSL/TLS 诊断
threaddump	http://localhost:8080/manager/text/threaddump	打印JVM线程栈
vminfo	http://localhost:8080/manager/text/vminfo	查看JVM信息
save	http://localhost:8080/manager/text/save	如果不指定任何参数，Tomcat会将当前服务器配置保存到server.xml，已存在的文件会重命名并进行备份。 如果指定了path参数，那么Tomcat会将path指向的Web应用的配置保存到一个合适命名的context.xml文件，路径由当前Host的xmlBase确定
status status/all	http://localhost:8080/manager/status http://localhost:8080/manager/status/all	默认以 HTML 展现，如果添加了参数 XML=true，则将以XML格式展现

6.5.4　Ant 任务

除了Web界面和URL命令外，Tomcat还支持通过Ant任务进行管理。其支持任务如表6-17所示（命令同6.5.3节）：

表6-17　Tomcat支持的Ant命令

命　　令	Ant任务
deploy	org.apache.catalina.ant.DeployTask
list	org.apache.catalina.ant.ListTask
start	org.apache.catalina.ant.StartTask
reload	org.apache.catalina.ant.ReloadTask
stop	org.apache.catalina.ant.StopTask
undeploy	org.apache.catalina.ant.UndeployTask
resources	org.apache.catalina.ant.ResourcesTask
sessions	org.apache.catalina.ant.SessionsTask
findleaks	org.apache.catalina.ant.FindLeaksTask
vminfo	org.apache.catalina.ant.VminfoTask
threaddump	org.apache.catalina.ant.ThreaddumpTask
sslConnectorCiphers	org.apache.catalina.ant.SslConnectorCiphersTask

基于该特性，我们可以实现Web应用的自动化构建、部署及运维。

6.5.5 JMX

在Tomcat中，JMX仅支持以简单文本命令的形式进行访问（与manager的管理命令行类似），地址为http://ip:port/manager/jmxproxy。根据请求参数确定具体执行的操作，包括查看MBean信息、获取或者设置MBean属性、执行MBean方法。

- ❑ 查询MBean的命令格式为：http://ip:port/manager/jmxproxy/?qry=查询条件。如qry=*%3Atype%3DRequestProcessor%2C*匹配type=RequestProcessor（注意字符转义）。
- ❑ 查看MBean属性的命令格式为：http://ip:port/manager/jmxproxy/?get=Bean名称&att=属性&key=可选用于查看CompositeDataMBean的属性。举例：http://ip:port/manager/jmxproxy/?get=java.lang:type=Memory&att=HeapMemoryUsage查看堆内存使用，http://ip:port/manager/jmxproxy/?get=java.lang:type=Memory&att=HeapMemoryUsage&key=used查看其used键。
- ❑ 设置MBean属性值的命令格式为：http://ip:port/manager/jmxproxy/?set=Bean名称&att=属性名称&val=属性值。
- ❑ 执行MBean方法的命令格式为：http://ip:port/manager/jmxproxy/?invoke=Bean名称&op=方法名&ps=以逗号分隔的参数。

6.6 小结

本章从多个方面介绍了Tomcat的配置。首先是JVM和服务器配置文件，如果希望深度定制及优化应用服务器，这是必须要详细了解的。其次是Web应用配置，这部分虽然属于Servlet规范的内容，但是与Web应用的运行部署密切相关，因此也纳入了本章进行讲解。同时，还介绍了Tomcat提供的几个过滤器实现，它们可以用于Web应用安全或者负载环境。最后，简单介绍了Tomcat应用管理，包括Web界面、URL命令行、Ant任务及JMX。

6

第 7 章

Web服务器集成

尽管诸如Tomcat等应用服务器都支持HTML、JavaScript、图片等静态资源的处理，可以用作Web服务器。但是随着系统并发量的上升以及应用部署复杂度的增加，传统的基于Java的应用服务器很难承担起Web服务器的作用。这主要是因为应用服务器对于静态资源的处理普遍性能相对较差，而Web服务器则可以充分利用操作系统本地I/O的优势。同时，对于静态资源，Web服务器可以通过缓存等各种方式来提高其访问性能。除此之外，Web服务器普遍支持作为前置的请求调度器以支持负载均衡。所有这些都是基于Java的应用服务器所欠缺的。

正是考虑到这些差异化，Tomcat从构建之初，便作为一款可以与Apache HTTP Server集成的Servlet实现，以支持复杂场景下的Java Web应用部署运行。

本章介绍了Tomcat与Web服务器进行集成相关的知识，主要包含以下内容。

- ❑ Web服务器与应用服务器的区别。为了更好地理清这两个概念，本章简单地做了定义区分。
- ❑ 需要与Web服务器集成的应用部署场景。
- ❑ 与Apache HTTP Server服务器集成。
- ❑ 与Nginx服务器集成。

7.1 Web 服务器与应用服务器的区别

我们经常听到，在部署架构中可以将Web服务器置于应用服务器的前端，用于处理来自客户端的静态请求（如JavaScript脚本、图片等），而应用服务器则专注于处理业务逻辑（即动态请求），以此提高系统的整体性能。

谈到Web服务器，我们会想到Apache HTTP Server、Nginx、Lighttpd、IIS等知名产品，而谈到应用服务器，则会想到Tomcat、JBoss、Weblogic、WebSphere等。但是，区分的标准是什么？如何定位一款产品是Web服务器还是应用服务器？就像有人将Tomcat划为Web服务器，而有人则将其称为应用服务器一样，在不同的环境下，这两个结论都是正确的。这是因为现在的服务器产品，尤其是应用服务器，已经包含了Web服务器的功能（Web也是应用程序的一类），因此两者的边界产生了模糊。

下面我们先看一下两者的定义。

Web服务器[①]

Web服务器是一个处理HTTP请求的计算机系统。这个术语既适用于整个系统，也可以指具体接收及管理HTTP请求的软件。Web服务器的常见作用是托管Web网站，也可以用于游戏、数据存储、运行企业应用、处理Email、FTP或者其他Web使用。

Web服务器的主要功能是存储、处理、传送Web页面到客户端。客户端和服务端之间的通信协议为HTTP。传送的页面多数情况下是HTML，同时包含图片、CSS以及JavaScript脚本等。

客户端采用HTTP初始化对某个特定资源的请求，服务端响应以该资源的内容或者一个错误消息。该资源可能是服务器上的一个真实文件，也可以动态生成，这取决于Web服务器的实现。

大多数通用的Web服务器也支持服务端脚本，如ASP、PHP、Ruby及其他脚本语言，以动态创建HTML文档。与静态文档相比，HTML文档主要用于从数据库检索和修改信息。静态文档尽管较快并易于缓存，但是无法传输动态内容。

应用服务器[②]

应用服务器的概念最初用于在讨论早期C/S系统时，区分包含应用逻辑、SQL服务的服务器和其他类型的数据服务器。应用服务器既指一个软件框架，用于提供创建应用程序服务端实现和应用程序功能的通用方法，也可以指一个应用程序实例的服务器部分。不管哪种情况，应用服务器的功能致力于过程（程序、脚本）的处理效率以支撑其应用。

大多数应用服务器框架包含了一个综合的服务层模型。应用服务器对于软件开发者来说是一套可访问的组件，是可通过平台定义的API访问。对于Web应用，这些组件通常在同一个运行环境中执行，即其Web服务器，而它们的主要任务则是动态页面的构造。尽管如此，多数应用服务器的目标并不仅限于Web页面生成，而是实现诸如集群、故障切换、负载均衡，因此开发人员可以集中于实现业务逻辑。

在Java应用服务器方面，服务器就像运行应用的一个扩展的虚拟机，一边透明地处理数据库链接，另一边链接Web客户端。

应用服务器的概念同时也指服务器提供的服务以及服务运行的计算机硬件。

从上面的定义我们可以认为，Web服务器技术实际上是应用服务器的一个子集，它仅提供了基本的面向文档的处理，并不支持复杂的业务过程处理。从这方面看，我们可以认为所有主流的应用服务器都是一款Web服务器。

如果你还是觉得不是很清楚，我们可以试举一例：如JBOSS，它本身即包含Web容器（即Web

①参考维基百科：http://en.wikipedia.org/wiki/Web_server。

②参考维基百科：http://en.wikipedia.org/wiki/Application_server。

服务器的功能），又包含诸如EJB、JMS、JTA等企业应用组件，这些显然不属于Web服务器的范畴，却是开发复杂企业系统所需要的技术组件。

所谓"术业有专攻"，我们会发现Java应用服务器并不完全包含Web服务器涉及的各种技术。这也是Java应用服务器需要将成熟的Web服务器（如Apache HTTP Server）作为其前端进行部署的原因。因此虽然每款应用服务器都是Web服务器，但是并不意味着每款应用服务器都可以作为Web服务器使用。

下面通过几个方面看看它们各自的优势和劣势。

- ❑ 当前主流的Web服务器，如Apache HTTP Server、Nginx、Lighttpd、IIS等更多侧重于系统吞吐量、并发量的支持，在多数情况下，它们的性能表现要优于应用服务器。
- ❑ Web服务器大多提供了反向代理，用于做负载均衡。因此基于当前主流的Web服务器很容易构建负载均衡方案。而应用服务器若要做负载均衡，只能将Web服务器置于其前端，或者采用诸如LVS等方案。虽然Web服务器可以做到负载均衡，但是并不能很好地支持集群架构，如会话集群、集群部署等，而这些功能却包含于多数应用服务器。
- ❑ 多数Web服务器提供了静态文件缓存服务，因此对于静态文件的请求性能要好于应用服务器。这也是其位于应用服务器前端的一个理由。
- ❑ 此外，Web服务器可以通过相关模块支持IMAP/POP3/SMTP等。显然，这不属于应用服务器的关注点。

总之，正如其概念所述，Web服务器侧重于HTTP请求的处理，而应用服务器则侧重于构建业务系统的组件支撑，以简化复杂系统的构建工作，甚至采用组件化方式构建系统，如现在基于OSGi的应用服务器。

最后，我们想阐述的一个观点就是：我们之所以将Apache HTTP Server、Nginx、Lighttpd、IIS等视为Web服务器，而将Tomcat、JBoss、Weblogic、WebSphere等视为应用服务器，是由它们各自适用的场景决定的，前者作为Web服务器拥有性能优势，可以支持负载均衡，后者作为应用服务器可以提供各种技术组件用于系统开发构建，可以支持应用集群。并非前者不能作为应用服务器，后者不能作为Web服务器（即便不支持负载均衡，也可以通过LVS解决），只因为前者进行应用服务器开发的成本要大得多，后者作为Web服务器过重，从而导致性能表现较差。一个典型的例子就是我们可以采用Apache HTTP Server作为应用服务器部署基于PHP的业务系统（前提是有完善的PHP框架作为技术支撑），而采用Nginx作为Web服务器。由此可以看出两者并没有明确的界限，是由具体的应用场景决定的——即部署架构。

接下来，我们将分别讲解在Tomcat作为应用服务器的情况下，如何与Apache HTTP Server、Ngnix等Web服务器进行集成，以支持如图7-1所示的架构。

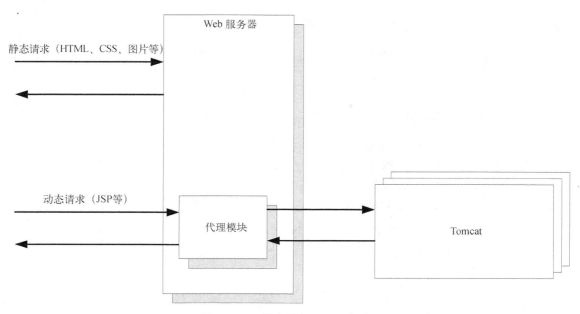

图7-1 Web服务器与Tomcat集成

7.2 集成应用场景

讲解完Web服务器与应用服务器的概念，我们再系统梳理一下Web服务器与应用服务器集成的几个应用场景，以期在部署架构上提供参考。你会发现，不同场景集成配置的差异非常明显。

Web服务器集成的场景主要有如下几种。

- ❑ 静态资源优化：当应用中包含静态资源较多，而且对性能要求比较高时，我们可以考虑将静态资源部署到Web服务器，然后将业务组件部署到应用服务器。
- ❑ 多应用、虚拟机整合：试想一下，我们需要集成多个Web应用，而这些应用可能来自不同的项目组，甚至不同的公司。它们在部署上要做到清晰隔离，位于不同的服务器、不同的主机，甚至它们选择的服务器类型也不同，如Tomcat、Jetty。此时，我们如何将它们整合为一个应用？一种有效的方案就是使它们集成到一个统一的Web服务器。
- ❑ 负载均衡：为了提高应用的有效性和访问性能，我们可以在应用服务器前端集成Web服务器，以便将客户端请求按照一定规则合理地分发到当前可用的应用服务器实例上，以降低单个应用服务器的负载。
- ❑ 复合场景：即前面几种场景的结合，实际部署架构不会是单一的理想化场景，我们需要结合几种不同场景来构建部署架构，如多应用整合+负载均衡。

7.3   与 Apache HTTP Server 集成

本节主要讲解了Tomcat与Apache HTTP Server的集成，包括Apache HTTP Server的安装以及模块配置。

7.3.1   Windows 环境安装

Apache HTTP Server（以下简称Apache）在Windows系统上的安装过程比较简单。首先，需要下载一个Apache的二进制安装包。由于现在Apache官方只提供源代码，不再提供二进制安装包，安装包完全由独立提交者维护，因此官方网站上提供了几个可以下载安装包的网站，具体可以参见http://httpd.apache.org/docs/current/platform/windows.html#down。

本书使用的是Apache Haus，下载地址为http://www.apachehaus.com/cgi-bin/download.plx。在Windows 7下，我们可以选择Apache 2.4 VC9（Windows 7默认已安装Microsoft Visual C++ 2008 Redistributable）。

下载文件为免安装的ZIP压缩包（httpd-2.4.16-x64.zip），我们只需要将其解压到指定目录下（本书为C:/Apache24）即可。

注意   如果安装目录与本书不同，需要找到"$INSTALL_HOME/conf/httpd.conf"文件，将ServerRoot设置为安装路径。

我们通过运行$INSTALL_HOME/bin/httpd.exe启动服务器。在浏览器输入http://127.0.0.1，显示如图7-2所示即表示服务器启动成功。

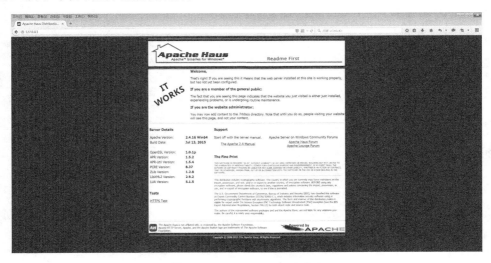

图7-2   Apache Haus启动成功

我们还可以通过执行命令httpd -k install将其注册为一个Windows服务，这样就可以通过Windows服务管理器或者$APACHE_HOME/bin/ApacheMonitor.exe启动停止服务器。

需要注意的是，该命令必须以管理员的权限运行。在Windows 7下，找到"开始→所有程序→附件→命令提示符"，右键点击"以管理员身份运行"即可。

命令执行成功后，我们可以在Windows服务管理器中找到一个名为"Apache2.4"的服务。打开$APACHE_HOME/bin/ApacheMonitor.exe，会发现"Service Status"中新增了一个名为"Apache2.4"的服务器（如图7-3所示），我们可以直接通过Start、Stop、Restart按钮改变服务器状态。

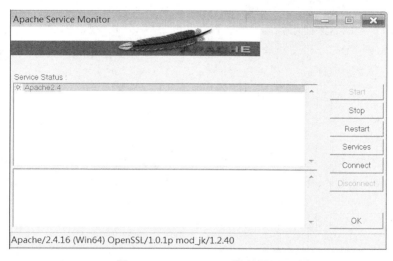

图7-3　ApacheMonitor管理界面

7.3.2　Linux 环境安装

在Linux系统中（本书以Ubuntu为例）安装Apache要复杂得多，通常采用编译源代码的方式进行安装。在安装Apache之前，我们需要做如下准备工作。

1. 发布包下载

首先，从http://httpd.apache.org/download.cgi#apache24下载最新版本的服务器源代码包（本书使用的是2.4.16）。然后执行命令将其解压到指定目录。

```
root@ubuntu:/home/liuguangrui# gzip -d httpd-2.4.16.tar.gz
root@ubuntu:/home/liuguangrui# tar xvf httpd-2.4.16.tar
```

如上操作完成后，服务器源代码位于/home/liuguangrui/http-2.4.16目录下。

2. 添加APR、APR-Util依赖

如果你的Linux系统已经安装了APR和APR-Util，可以跳过本小节。如果没有安装或者不希望

依赖已经安装的版本，那么请继续阅读。

在安装过程中，Apache支持直接依赖这两个库的源代码（必须放到"/源代码根目录/srclib/apr"和"/源代码根目录/srclib/apr-util"下），而不必单独进行安装，本节即采用这种方式。

首先，分别从http://apr.apache.org/download.cgi下载APR（apr-1.5.2.tar.gz）和APR-Util（apr-util-1.5.4.tar.gz）的最新包。然后，将其解压到/home/liuguangrui/http-2.4.16/srclib/下。命令如下：

```
root@ubuntu:/home/liuguangrui# gzip -d apr-1.5.2.tar.gz
root@ubuntu:/home/liuguangrui# tar xvf apr-1.5.2.tar-C httpd-2.4.16/srclib/
root@ubuntu:/home/liuguangrui# gzip -d apr-util-1.5.4.tar.gz
root@ubuntu:/home/liuguangrui# tar xvf apr-util-1.5.4.tar-C httpd-2.4.16/srclib/
```

由于默认解压完的目录是带版本号的，而Apache在编译时，只能识别不包含版本号的目录，因此我们需要将这两个目录进行重命名。

```
root@ubuntu:/home/liuguangrui# cd httpd-2.4.16/srclib
root@ubuntu:/home/liuguangrui# mv apr-1.5.2 apr
root@ubuntu:/home/liuguangrui# mv apr-util-1.5.4 apr-util
```

至此，我们已将APR和APR-Util添加到了编译依赖路径。

3. PCRE[①]安装

由于Apache编译时依赖pcre-config，所以需要事先安装PCRE库。最新版本的源代码包可以从ftp://ftp.csx.cam.ac.uk/pub/software/programming/pcre/上下载（本书使用版本为8.36）。执行如下命令进行安装。

```
root@ubuntu:/home/liuguangrui# gzip -d pcre-8.36.tar.gz
root@ubuntu:/home/liuguangrui# tar xvf pcre-8.36.tar
root@ubuntu:/home/liuguangrui# cd pcre-8.36
root@ubuntu:/home/liuguangrui/pcre-8.36# ./configure
root@ubuntu:/home/liuguangrui/pcre-8.36# make
root@ubuntu:/home/liuguangrui/pcre-8.36# make install
```

注意 PCRE依赖C++编译环境，因此在编译安装之前，需要确定系统已经安装了C++编译器。在Ubuntu系统下，可以通过执行apt-get install g++命令安装。

---

4. Apache安装

所有准备工作完成后，便可以进行编译安装Apache。执行命令如下：

```
root@ubuntu:/home/liuguangrui/httpd-2.4.16# ./configure --prefix=/apache2
--with-included-apr --with-pcre=/home/liuguangrui/pcre-8.36/pcre-config
root@ubuntu:/home/liuguangrui/httpd-2.4.16# make
root@ubuntu:/home/liuguangrui/httpd-2.4.16# make install
```

首先，通过--with-included-apr指定APR库使用srclib下的源代码，--with-pcre指定了pcre-config的路径。

---

① PCRE：即Perl Compatible Regular Expressions，Perl兼容正则表达式库，具体参见http://www.pcre.org/。

安装成功后，执行下列命令启动Apache服务器：

```
root@ubuntu:/apache2/bin# ./apachectl -k start
```

如果得到以下错误提示，表明libpcre.so.1文件路径不正确。

```
/apache2/bin/httpd: error while loading shared libraries: libpcre.so.1: cannot open shared object file:
No such file or directory
```

问题的原因是，当PCRE安装成功后，该文件默认位于/usr/local/lib，我们需要将其复制到/usr/lib目录下。

```
root@ubuntu:/user/local/lib# cp libpcre.so.1 /usr/lib
```

再次启动服务器，在浏览器输入服务器地址，显示"It works!"即表示启动成功。

注意　在Ubuntu下，我们可以直接通过apt-get命令一键安装Apache服务器，而不需要手动安装各种依赖包，具体命令为sudo apt-get install apache2。在诸如CentOS操作系统下，可以通过yum命令来安装，具体为yum -y install httpd。但是需要注意，在Ubuntu下，通过apt-get命令安装的是Ubuntu下发行的架构网站版本，与官方发布版本的配置文件命名等会稍有不同，因此为了与接下来讲解的内容匹配，我们建议采用编译源码的方式安装。

7.3.3　mod_jk

Apache与Tomcat集成时采用AJP协议进行通信（也可以说这是AJP协议诞生的目的）。由4.4节可知，Apache可以通过两种方式与Tomcat进行集成：mod_jk和mod_proxy_ajp。本节先讲解mod_jk的配置方式，mod_proxy_ajp将在7.3.4节介绍。

1. Windows下载及安装

首先从http://apache.fayea.com/tomcat/tomcat-connectors/jk/binaries/windows/下载合适的二进制版本（注意Apache版本以及操作系统要求）。本书测试环境为64位Windows 7下的2.4.x版本，因此选择下载包为tomcat-connectors-1.2.40-windows-x86_64-httpd-2.4.x.zip。

安装过程非常简单，只需要将压缩包中的mod_jk.so复制到Apache安装目录下的modules目录即可。

2. Linux下载及安装

Linux下采用编译源码的方式安装。首先，从http://apache.fayea.com/tomcat/tomcat-connectors/jk/tomcat-connectors-1.2.41-src.tar.gz下载源代码包。

执行命令将其解压：

```
root@ubuntu:/home/liuguangrui# gzip -d tomcat-connectors-1.2.41-src.tar.gz
root@ubuntu:/home/liuguangrui# tar xvf tomcat-connectors-1.2.41-src.tar
```

进入到解压目录的native目录下，进行编译：

```
root@ubuntu:/home/liuguangrui/tomcat-connectors-1.2.41-src/native# ./configure
--with-apxs=/apache2/bin/apxs
root@ubuntu:/home/liuguangrui/tomcat-connectors-1.2.41-src/native# make
```

注意需要指定apxs的路径，默认位于Apache安装目录的bin目录下。编译成功后，我们可以在native/apache-2.0目录下找到mod_jk.so文件。将其复制到Apache安装目录下的modules目录即可。

3. workers.properties文件配置

Apache与Tomcat集成时，除了需要安装mod_jk模块外，还需要添加一个workers.properties文件，该文件用于描述与Apache集成的Tomcat实例信息，mod_jk依据该文件加载并初始化Servlet容器适配器库，以便进行请求处理（将请求转发到对应的Tomcat实例）。

在worker.properties文件中，一个worker表示一个有效的Tomcat实例，我们可以通过一组属性来定义一个Worker。

● **worker.list属性**

该属性用来声明worker名称列表，多个属性以逗号分隔。当Web服务器启动时，mod_jk会把worker.list属性值中声明的worker实例化，而这些实例也是你可以拿来映射请求的worker。如不配置，默认为ajp13，即可以添加一个名为ajp13的worker。

```
#worker列表
worker.list= worker1, worker2
```

● **worker.maintain属性**

该属性与worker.list一样，是一个全局属性，而非针对某个worker。它用于指定worker连接池的维护时间间隔，单位为秒。mod_jk会根据指定的时间扫描worker.list中包含worker的所有链接，检测链接是否需要回收。如不配置，默认为60。

workers.properties中配置的负载均衡会按照worker.maintain指定的时间定期维护其成员worker。

● **worker.<worker名称>.type属性**

用于指定worker类型，worker名称只能是大小写字母、数字、下划线。worker类型只能是以下4种。

- ❑ ajp12：此类型的worker采用AJP12协议将请求转发到应用服务器。
- ❑ ajp13：此类型的worker采用AJP13协议将请求转发到应用服务器。
- ❑ lb：此类型为负载均衡worker，提供基于轮询调度的粘性负载均衡，并提供一定级别的容错处理。
- ❑ status：此类型为状态worker，用于管理负载均衡。

配置示例如下：

```
#指定worker1的类型为AJP13
worker.worker1.type=ajp13
```

每一类的worker支持一组属性来进行详细定制，这些属性都遵循如下格式：worker.<worker
名称>.<指令名称>。下面我们将分类进行介绍（只说明指令名称，实际使用时还需要按照前面的
格式补充为完整的属性名）。

- **链接属性**

这些属性用于类型为ajp12、ajp13的worker，如表7-1所示。

表7-1　worker支持的链接属性

属　　性	描　　述	默　认　值
host	Tomcat实例位于的主机名称或者IP地址。指向的Tomcat实例必须支持匹配版本的AJP协议。由于Tomcat 4.x以后已经禁用AJP12，因此若要集成4.x之后的版本，必须采用AJP13。主机名可以包含端口号，以“:”分隔	localhost
port	Tomcat实例监听AJP协议请求的端号。具体值可以参见Tomcat实例server.xml文件中的配置	8009
socket_timeout	mod_jk与远程主机通信通道的Socket超时时间。如果远程主机在指定的超时时间内没有响应，mod_jk将会生成一个错误并重试。如果设置为0，mod_jk对所有Socket操作等待时间为无限大。单位为秒	0
socket_connect_timeout	mod_jk与远程主机通信通道的Socket链接超时时间。如果远程主机在指定的超时时间内没有响应，mod_jk将会生成一个错误并重试。单位为毫秒	socket_timeout*1000
socket_keepalive	该属性在Web服务器与Tomcat实例之间存在防火墙时使用，它会降低闲置链接。该标识告知操作系统向闲置链接发送KEEP_ALIVE消息（发送间隔依赖于操作系统全局设置，多数为120分钟），这会阻止防火墙关闭闲置链接。将该属性设置为True，可以启用该功能	false
ping_mode	该标识用于决定在什么条件下需要探测建立的链接，以确保它们还工作。该探测发送一个空的AJP13包（CPing），等待接收到CPong响应。 该标识可以是下面选项的任意组合，不需要添加分隔符。 C：即connection，表示链接一旦建立即进行探测。超时时间可以由指令connect_timeout指定，如未设置该指令，将使用ping_timeout的值。 P：即prepost，表示链接会在向应用服务器发送每个请求之前进行探测。超时时间可以由指令prepost_timeout指定，如未设置该指令，将使用ping_timeout的值。 I：即interval，表示链接将在定期的内部维护周期内进行探测，而且只有当链接空闲时间超过connection_ping_interval时。超时时间可以由ping_timeout指定。 A：该值表示使用以上所有探测	

7

（续）

属　　性	描　　述	默　认　值
ping_timeout	等待CPing链接探测响应CPong的超时时间，单位为毫秒。通过ping_mode启用探测。connect和prepost两种方式的探测超时时间可以分别通过connect_timeout和prepost_timeout覆盖。 出于兼容性原因，设置了connect_timeout或prepost_timeout即会使用CPing/CPong，即使没有指定ping_mode	10000
connection_ping_interval	当使用interval链接探测时，如果链接空闲时间超过该属性值，将会发送CPing包探测其是否仍旧工作，单位为秒。Interval探测可以通过设置ping_mode或者将connection_ping_interval设置为大于0的值两种方式启用。如果通过ping_mode启用，connection_ping_interval默认值为(ping_timeout/1000)*10，即其值为ping_timeout的10倍（ping_timeout单位为毫秒）	(ping_timeout/1000)*10或0
connection_pool_size	链接池维护的链接数量。用于限制Web服务器每个子进程可以创建的链接的数量。 链接池相关属性仅可以用于多线程Web服务器，如Apache、IIS及Netscape/Sun。该参数会影响Web服务器进程并行发送到应用服务器的请求数量。通常情况下，该属性与每个Web服务器进程下的线程数相同。mod_jk会自动发现Apache中线程的数量，并将链接池大小设置为该值。对于IIS，默认值为250（1.2.20之前为10），Netscape/Sun默认值为1。 对于IIS和Netscape/Sun，强烈推荐将值调整为Web服务器进程应该能够并行发送到应用服务器的请求数量。你应该测量在没有性能问题时的峰值链接数，并按照成长率添加相应的百分比。最后，检查Web服务器进程是否能够使用你配置的那么多的线程。 注意，对于Apache 2.x的prefork模式或者Apache 1.3.x版本，该属性值不能大于1	
connection_pool_minsize	维护的链接池最小值，默认为(connection_pool_size+1)/2。 注意，对于Apache 2.x的prefork模式或者Apache 1.3.x版本，该属性值不能大于1	(pool+1)/2
connection_pool_timeout	该属性与connection_pool_minsize配合使用，用于指定对于链接池中缓存的无效Socket在关闭之前mod_jk持有的时间，单位为秒。 该属性用于降低Tomcat线程数量[①]。默认值为0，表示永不关闭	0
connection_acquire_timeout	worker从链接池中获取可用Socket的等待超时时间	retries * retry_interval
lbfactor	该属性仅用于负载均衡成员worker，表示在同一个负载均衡中，当前worker的工作配额。负载均衡会比较所有成员worker的lbfactor值来计算每个worker的工作配额。 举例，如果一个worker的lbfactor比其他worker大5倍，那么它将多接收5倍的请求	1

---

① Web服务器的每个子进程/线程在转发请求到Tomcat时，均会打开一个AJP13连接，此时Tomcat端会创建一个新的AJP13处理线程。问题是当AJP13链接创建后，子进程/线程并不会丢弃它，直到子进程/线程被杀掉。由于Web服务器持有子进程/线程运行以处理高负载，即便子进程/线程仅处理静态内容，因此在Tomcat端会有很多未使用的AJP13线程。应该使该属性值与Tomcat服务器server.xml文件中AJP链接器的connectionTimeout属性保持同步。需要注意，该属性值单位为秒，而connectionTimeout为毫秒。

● 负载均衡属性

当类型为lb时，表示worker为一个负载均衡实例。负载均衡是一个虚拟worker，并不真正与Tomcat通信，仅负责管理几个真实的Tomcat worker。

负载均衡属性主要用于创建真正链接到远程Tomcat集群的worker，每个集群节点对应一个worker定义。

负载均衡主要工作如下。

❑ 实例化其成员worker。
❑ 比较成员worker的lbfactor，按照加权轮询调度（weighed-round-robin）算法进行负载均衡。
❑ 确保属于相同会话的请求被分配到相同的Tomcat worker上执行（即粘性会话）。
❑ 识别故障Tomcat worker，暂停向其分配请求，在其他有效worker上进行故障恢复。

所有上述工作的结果就是，同一个lb worker管理的worker是负载均衡的（基于它们配置的lbfactor和当前用户会话），并且是可进行故障恢复的，因此一个Tomcat实例进程故障不会影响整个网站。

注意　如果需要使用粘性会话，必须在Tomcat server.xml中为Engine元素指定不同的jvmRoute。此外，负载均衡管理的成员worker名称必须与它们链接到的Tomcat实例的jvmRoute相同。如果指定了worker的route属性，那么name属性将不再要求必须设置。

负载均衡支持属性如表7-2所示。

7

表7-2　负载均衡支持属性

属　　性	描　　述	默　认　值
balance_workers	负载均衡管理的worker名称列表，多个以"，"分隔。在同一个负载均衡内，该属性可以使用多次。该属性替换了旧版本的balanced_workers属性，且只可以用于mod_jk 1.2.7之后的版本。 注意：只要这些worker通过负载均衡进行管理，那么就不必再添加到worker.list属性中	
sticky_session[①]	该属性用于确定是否启用粘性会话，即拥有相同会话标识的请求会路由到同一个Tomcat worker。该属性设置为true或1，表示启用粘性会话。如果Tomcat使用的会话管理器可以跨多个实例（支持集群），那么可以设置为false。 该属性可以被Apache环境变量JK_STICKY_IGNORE和worker映射扩展中的sticky_ignore忽略	true

---

① 需要注意，粘性会话与负载均衡在目标上是冲突的，尤其是在会话数量不多或会话使用极易变化的时候。对于海量会话的情况，这通常不是问题。

（续）

属　　性	描　　述	默　认　值
sticky_session_force	该属性用于确定是否强制启用粘性会话，即当前请求依据粘性会话定向到的Tomcat实例状态错误时，是否驳回请求。如果该属性被设置为true或1，且匹配当前会话标识的worker状态错误，客户端将收到HTTP响应码500（服务器错误）。如果设置为false或0，会将故障转移到另一个有效的worker。该属性只有当sticky_session为true时生效	false
method[①]	该属性用于指定负载均衡选择最合适worker的方法。该属性取值如下。 R（Request）：表示负载均衡会根据请求的数量确定最佳worker。在一个滑动时间窗口内，访问会根据lbfactor进行分配。该选项为默认值，并满足绝大多数应用需求。 S（Session）：表示负载均衡会根据会话的数量确定最佳worker。该方法主要用于会话为限制资源的情况，例如你的服务器内存有限，但是会话却占用较多内存。 因为负载均衡不会持有任何状态，甚至不知道会话的数量。在这种情况下，它会将每个不包含会话Cookie或URL编码的请求统计为新会话。该方法既无法知道会话何时变为无效，也不会根据会话超时或worker故障转移来调整计数。如果你希望某些不包含会话标识的请求URL不统计为新会话，可以将其添加到stateless映射规则扩展，或者为它们添加Apache环境变量JK_STATELESS。 N（Next）：该方法同样根据会话数量确定最佳worker。与S（Session）方法的区别在于滑动时间窗内会话的计数处理方式。Next方法不会除以2，而是减去当前最小数。这将会有效地导致一个轮询会话均衡，故称为Next。在高负载的情况下，这两种会话负载方法将导致相似的分布，但是Next在较少会话数量的情况下效果较好。 T（Traffic）：表示负载均衡根据mod_jk与Tomcat之间的网络通信确定最佳worker。访问请求在一个滑动时间窗口内根据lbfactor进行分发。当Web服务器与应用服务器链接的网络为限制资源时使用该方法。 B（Busyness）：表示负载均衡会选择当前负载最低的，基于worker当前处理的请求数量。在这个数量的基础上除以lbfactor，选择结果最低的worker。当请求需要花费较长时间处理时（如下载应用），可以考虑该方法	request
lock	该属性用于指定负载均衡同步共享内存运行时数据时使用的锁方法。 O（Optimistic）：负载均衡不会使用共享内存锁来查找最佳worker。 P（Pessimistic）：使用共享内存锁。 在使用Pessimistic锁的情况下，负载均衡会更准确，但是会延缓平均响应时间	optimistic
retries	负载均衡在无法得到一个有效成员worker或者在故障转移的情况下的重试次数。在每次重试之前，它将会先暂停指定时间（由属性retry_interval确定）	2

---

① 对于一些方法需要注意，它们是在一个滑动时间窗口内进行总计。它们在每次运行全局维护方法时增加访问次数。通常情况下，这会在一分钟内完成，具体取决于worker.maintain配置。负载计数器可以通过status worker检查。

- **状态worker属性**

类型为status的worker不与Tomcat通信，它的职责是负载均衡管理。它支持的属性如表7-3所示。

表7-3 状态worker支持属性

属　　性	描　　述	默　认　值
css	使用的CSS文件的URL	
read_only	如果配置为true，Status worker将不允许任何改变其他worker运行时状态或配置的操作（编辑、更新、重置、恢复）	false
user	指定可以访问状态worker的用户列表，如果Web服务器认证的用户不包含在列表中，那么访问将被拒绝。默认值为空，即所有用户均可访问	
user_case_insensitive	默认情况下，user属性匹配时是大小写敏感的。可以通过设置该属性为true，以使匹配变为大小写不敏感。这在Windows平台下较为有用	false
good	对于每一个负载均衡worker，状态worker会显示它包含的成员worker的状态概要信息，状态分为：good、bad、degraded。 这些状态由成员worker激活状态（active、disabled、stopped）以及它们的运行时状态（ok、n/a、busy、recovering、probing、forced recovery、error）确定。 默认情况下，如果成员worker状态为"good"，那么它首先激活状态是active并且运行时状态不是"error"。该属性支持设置一个值列表来改变这种映射（多个以","分隔），只要匹配其中一个值，即表明worker状态为"good"。值的格式是一个字符或者以"."分隔的两个字符，字符取值为active、disabled、stopped、ok、na、busy、recovering、error的首字母。因为上述取值既考虑了worker的激活状态又考虑了其运行时状态，所以当设置为单个字符时，表示只考虑其中一个因素（或者是激活状态或者是运行时状态）。 负载均衡成员首先会匹配"bad"状态，如不匹配，则再尝试"good"状态，如果仍不匹配，则归为"degraded"	a.o,a.n,a.b,a.r
bad	参见good属性。默认情况下，激活状态为"stopped"或者运行时状态为"error"的所有worker均视为"bad"	s,e
prefix	状态worker进行属性输出时使用的前缀信息。每一个属性键均会增加该前缀	worker
ns	该属性用于指定状态worker输出xml格式时的命名空间，如果设置为"-"，将不会使用任何命名空间	jk:
xmlns	该属性用于指定状态worker输出xml格式时的xmlns，如果设置为"-"，将不会使用任何xmlns。 默认为xmlns:jk="http://tomcat.apache.org"	-
doctype	该属性用于定制化状态worker的xml格式输出。属性值会被添加到输出xml头信息的后面	-

- **高级属性**

下面介绍的高级属性绝大多数仅适用于某几类worker，为了以示区分，我们以AJP表示直接在workers.list中配置的AJP类worker，以LB表示负载均衡，以SUB表示负载均衡包含的成员worker。具体如表7-4所示。

表7-4 worker高级属性

属　　性	适用类型	描　　述	默认值
connect_timeout	AJP、SUB	该属性告知Web服务器在建立AJP链接后发送一个PING请求。属性值为等待PONG回复的延迟时间，单位为毫秒。默认为0，即禁止超时	0
prepost_timeout	AJP、SUB	该属性告知Web服务器在向AJP链接转发请求时发送一个PING请求。属性值为等待PONG回复的延迟时间。0表示禁止超时	0
reply_timeout	AJP、SUB	在一个读事件中，等待成功的超时时间，单位为毫秒。因此它不是一个请求的完整应答超时时间，而只是从Tomcat服务器接收两次包的最大间隔时间。通常情况下，最长停顿时间为发送请求与得到响应的第一个数据包之间的时间间隔。 如果当时间超时时，未从Tomcat收到任何数据，Web服务器将不再等待剩余的响应数据，并返回错误到客户端。通常情况下，这并不意味着Tomcat上的请求处理也会终止。对于负载均衡的成员worker，负载均衡会将该worker置为error状态，并在其他成员worker上重试该请求。 默认情况下，Web服务器将永不超时。如果设置了该属性，调整时必须谨慎，确保没有长时间运行的servlet会超出该属性值。 该属性可以被Apache服务器环境变量JK_REPLY_TIMEOUT以及worker映射扩展中的reply_timeout覆盖	0
retries	AJP、SUB	注意该属性在负载均衡worker中也存在，但是意义不同。 该属性表示在通信错误的情况下worker向Tomcat发送请求的最大尝试次数。每次尝试通过一个链接发送。注意，第一次发送也被进行计数，因此配置为2表示错误后只重试一次。在重试之前，worker会等待指定时间（属性retry_interval值）	2
retry_interval	AJP、SUB	重试之前，worker等待时间，单位为毫秒	100
recovery_options	AJP、SUB	该属性表示在检测到Tomcat存在问题的情况下如何处理重试。该属性值为位掩码，支持掩码如下。 1：如果Tomcat在得到请求后失败，不重试。 2：如果Tomcat在发送头信息到客户端之后失败，不重试。 4：当将响应返回客户端时，如果检测到报错，关闭与Tomcat的链接。 8：对于HTTP的HEAD方法，总是重试请求。 16：对于HTTP的GET方法，总是重试请求	0
fail_on_status	AJP、SUB	该属性用于指定一个HTTP响应码列表（以空格或","分隔），当Servlet容器返回的响应码匹配指定值时，将导致worker失败。该属性主要用于Servlet容器短时间内返回非200响应的情况，如重新部署。 Servlet容器原始响应中的错误页面、头信息以及状态码将不会返回到客户端，取而代之的是503响应码。如果是负载均衡的成员worker，该成员将被置为错误状态，并执行请求故障转移及worker恢复。 自mod_jk 1.2.25之后，该属性支持设置不将worker置为错误的状态码，只需要在响应码前添加"-"即可	0

（续）

属　　性	适用类型	描　　述	默认值
max_packet_size	AJP、SUB	该属性用于设置AJP包的最大值，单位为字节，上限为65536。如果修改该属性，必须确保也修改Tomcat AJP链接器的packetSize属性。 通常情况下，不必修改包的最大值。但是使用默认值时，发送证书或者证书链时会报错	8192
mount	AJP、LB	worker可以处理的uri映射列表，以空格分隔，只能用于worker.list包含的worker	
secret	AJP 、 LB 、SUB	你可以为Tomcat AJP链接器指定secret关键字，只有来自secret关键字匹配的worker的请求才会被接受。 如果为负载均衡设置了secret属性，那么所有成员worker均会继承该属性	
max_reply_time-outs	LB	当负载均衡成员worker配置了reply_timeout属性时，通过设置该属性，可以容许少数请求超过reply_timeout限制。 对于长时间运行的worker在等待数据时间超出reply_timeout配置之后，仍会超时。但是对应成员worker只有超过max_reply_timeouts时才会标记为错误	0
recover_time	LB	该属性用于配置恢复时间，即当worker变为错误状态后，负载均衡不会尝试使用该worker的时限，单位为秒。只有经过该时限之后，错误状态的worker才会标记为恢复中，并尝试处理新请求。 该时间间隔并不会在每次请求处理时均检测，而是在全局维护时检测。两次全局维护之间的时间间隔由worker.maintain确定。 不要将recover_time设置为很短的值，除非确定理解该值的含义。每一次恢复尝试由一次真实的请求完成	60
error_escalation_time	LB	将负载均衡的成员worker置为错误状态是非常重要的时期，如果采用粘性会话，对于节点会话的访问将被阻塞。 某些类型的错误检测并未提供精确的信息表明一个节点是否完全中断。在这种情况下，负载均衡不会立即将节点置为错误状态。只有当出现这个错误error_escalation_time秒内未收到成功响应时，才会标为错误	recover_time/2
activation	SUB	通过该属性负载均衡的成员worker可以配置为禁用或停止。禁用的worker只处理会话属于该worker的请求。停用的worker不能处理任何请求。停用worker的用户会话将会丢失，除非通过集群实现了会话复制。 取值为d或者D表示禁用；取值为s或S表示停止。该属性可以在运行状态下通过状态worker修改	Active
route	SUB	通常负载均衡成员worker的名称与Tomcat实例的jvmRoute相同。如果希望Tomcat实例对应的worker可以添加到几个负载均衡中，那么可以使用该属性。 对于每个Tomcat实例，在每个负载均衡下配置一个单独的worker，随意指定一个名称，设置其route属性与Tomcat实例的jvmRoute属性相同。 如果该属性为空，则将使用worker的名称。 该属性可以在运行状态通过状态worker修改。 如果route属性值中包含"."，则第一个"."之前的部分被视为域名，除非域名已明确指定	
distance	SUB	该属性为一个整数，表示负载成员之间的距离（选择偏好），负载均衡优先选择可用的距离更近的worker	0

7

（续）

属　　性	适用类型	描　　述	默认值
domain	SUB	该属性用于指定成员worker的域名。共享同一域名的worker被视为单一worker。如果启用粘性会话，domain将被用作会话的route。 该属性主要用于多于6个Tomcat实例的集群，将其划分为两个集群组，降低会话复制带来的网络开销	
redirect	SUB	该属性用于指定优先进行故障转移的worker，当会话匹配的worker状态错误时，将首先使用redirect指定的worker。即使指向的worker处于禁用状态，从而提供热备	
session_cookie	LB	使用粘性会话时，会话标识对应的Cookie名称。mod_jk通过该Cookie获取会话标识，并解析得到jvmRoute	JSESSIONID
session_path	LB	使用粘性会话时，会话标识对应的请求路径参数名称。mod_jk通过该参数名获取会话标识，并解析得到jvmRoute	;jsessionid
set_session_coo-kie	LB	激活粘性会话缓存生成。多少情况下不需要配置该属性。 某些Web框架替换了Tomcat的会话管理器，采用一种不同的方式生成会话标识。这样导致的结果就是Tomcat添加到会话的route标识丢失了，从而无法使用粘性会话。如下是一种解决方式。 ❑ 通过session_cookie设置一个非标准的Cookie名称。 ❑ 将set_session_cookie设置为true。 ❑ 将session_cookie_path设置为正确的应用URL，如 "/myapp/"。 该Cookie只会在请求中不包含同名Cookie或者是Cookie值中没有包含有效的route标识时发送。尤其是当某个worker故障转移后，我们需要发送一个新的Cookie，以便将粘性转移到新的worker	false
session_cookie_path	LB	该属性只有当set_session_cookie设置为true时使用。详细见set_session_cookie描述。如果该属性为空，发送的Cookie将不包含PATH信息	
prefer_ipv6	AJP	当mod_jk支持IPV6时，如果同时存在IPV6和IPV4地址，该属性强制将主机名解析为IPV6地址。如果主机名没有对应的IPV6地址，该属性无效。如果主机只有IPV6地址或者host属性值为IP地址，该属性同样无效	0

以上为workers.properties文件支持的属性。workers.properties只用于定义worker，除此之外我们还需要指定哪些URL分发到哪些worker，尤其是使用Web服务器集成多个相互隔离的应用时，这部分工作由uriworkermap.properties文件完成，当然也可以通过httpd.conf文件中的JkMount指令实现，但是考虑到配置文件的隔离性，建议采用uriworkermap.properties文件的方式。

4. uriworkermap.properties文件配置

由Apache服务器到Tomcat的请求转发支持定义具体的映射规则，通过该规则可以将请求映射到具体的worker。映射规则包含请求（采用其URI表达式）和worker（采用其名称）两部分信息。

该文件格式支持以下特性。

❑ 精确和模糊匹配，支持映射一个目录及目录下的所有内容。
❑ 支持排除规则、规则禁用以及规则优先级。

> ❑ 支持规则扩展，按规则修改worker行为。
> ❑ 支持虚拟主机集成：按虚拟主机表述URI映射规则。
> ❑ 支持动态加载：定期检测文件变更。更新后动态加载而不需要重启Web服务器。
> ❑ 与状态worker集成。

该文件的基本格式是每一行定义一条映射规则，每一条规则由URI表达式和worker名称组成，以"＝"分隔：/myapp=myworker。其中，URI表达式大小写敏感，并且解析规则时，对于URI表达式和worker名称前后的空格会自动截取。

URI表达式支持3个特殊字符："*"、"?"和"|"。其中"*"表示匹配任何个数的任意字符。"?"匹配一个任意字符。每个URI表达式必须以"/"、"*"或者"?"开头（可以在其前增加"!"或"-"，具体作用见下面讲解）。"|"用于表述映射某一目录及其子目录的规则，即"X|Y"意味着"X"和"XY"两个映射规则。

规则示例如下：

```
#映射/myapp到myworker
/myapp=myworker
#映射/myapp下的所有URI到myworker
/myapp/*=myworker
#映射所有以*.jsp和*.do结尾的URI到myworker
*.jsp=myworker
*.do=myworker
#映射/myapp及其下面的所有URI到myworker
/myapp|/*=myworker
```

除了上述规则，我们还希望通过一种排除规则，将一些特例排除在通用规则之外，如我们希望将某个Web应用的所有请求都定向到一个指定worker，除了它下面的静态文件。这可以通过添加"!"实现。

```
#将/myapp及其下面的所有URI映射到myworker，除了/myapp/static及其下的所有URI
/myapp|/*=myworker
!/myapp/static|/*=myworker
```

通过在前面增加"-"可以禁用某条规则，示例如下：

```
#禁用规则：将/myapp及其下面的所有URI映射到myworker
-/myapp|/*=myworker
```

注意，当禁用该规则时，并不是直接修改原有规则，而是又增加了一条新的禁用规则，甚至原有规则可能分散在其他地方。排除规则也可以禁用，只需要增加前缀"-!"即可。

URI映射规则支持按优先级匹配，URI表达式限制性强的首先被应用。准确地说，URI表达式会按照其包含的"/"个数排序，个数最大的优先。对于数目相同的，将按照字符串长度排序，最长的优先。如果以上两种方式无法区分的规则，mod_jk会参照其定义来源确定优先级，uriworkermap.properties中的规则优先于httpd.conf中JkMount指令和workers.properties中mount属性定义的规则。所有禁用规则将会被忽略，所有排除规则在所有正常规则之后被应用。对于定义来源完全相同、URI表达式相同但是目标worker不同的情况，mod_jk将使用在文件中位置往后的规则。

自1.2.27版本之后，URI匹配规则支持扩展，即附加属性。这些属性可以添加到任何匹配规则的结尾，多个以分号分隔。格式如下：

```
#单个扩展示例
/myapp=myworker;reply_timeout=60000
#多个扩展示例
/myapp=myloadbalancer;reply_timeout=60000;stopped=member1
```

通过扩展方式设置的属性总是覆盖workers.properties中的配置，具体可以参见前面对于workers.properties文件属性的讲解。

URI匹配规则支持的扩展如表7-5所示。

表7-5　URI匹配规则支持的扩展

扩　　展	描　　述	worers.properties属性
reply_timeout	指定当前匹配规则的应答超时时间	reply_timeout
sticky_ignore	是否禁用当前匹配规则的粘性会话功能，"！"表示禁用。注意该扩展与workers.properties中的sticky_session属性含义恰好相反，前者表示是否禁用，后者表示是否启用	sticky_session
stateless	该扩展仅用于基于会话的负载均衡。在此种情况下，所有没有包含会话标识的请求均会被统计为新会话。如果在映射规则中添加了"stateless=1"，匹配该映射规则的请求将不会统计为新会话，即使不包含会话标识，如用于处理静态资源请求的情况。关于基于会话的负载均衡，可以参见worker属性method的描述	
active、disabled、stopped	这3个扩展用于负载均衡映射规则，设置负载均衡在指定活动状态下选择的成员worker。值为worker名称，多个以逗号分隔	
fail_on_status	具体参见worker的fail_on_status属性描述	fail_on_status
use_server_errors	该扩展允许Web服务器返回一个错误页面以替换后端服务器（Tomcat）的错误页面。如果我们希望定制错误页面，但是这些错误页面又未包含于所有后端Web应用时，可以使用该扩展。其取值为一个正数。任何发送到后端服务器的请求，如果其返回的HTTP状态码大于等于use_server_errors值，其响应将是Web服务器为该状态码指定的错误页面	
session_cookie session_path set_session_cookie session_cookie_path	为当前匹配规则指定粘性会话配置，具体描述参见worker相应属性	session_cookie session_path set_session_cookie session_cookie_path

mod_jk支持动态加载匹配规则，因此我们更新规则后不需要重启Web服务器。每当处理请求时，mod_jk会检测uriworkermap.properties文件的修改时间。为了降低该检测对性能的影响，两次检测之间会间隔一定时间。对于Apache服务器，间隔时间由JkMountFileReload指令配置（IIS为

worker_mount_reload属性），单位为秒。默认为60秒，如果为0，表示不动态加载。

如果uriworkermap.properties文件发生变更，它将完全重新加载。如果存在通过其他来源定义的规则（workers.properties中的mount属性或者httpd.conf文件中的JkMount指令），新文件会和这些规则动态合并，与Web服务器重启效果一样。

1.2.19版本之前，重新加载的处理方式稍有不同，它会持续的将整个文件添加到规则映射，而且合并规则是：重复规则排除，通过在新文件中添加对应禁用规则的方式禁用旧规则，规则永远不会被删除。

5. httpd.conf文件配置

介绍完workers.properties和uriworkermap.properties文件，我们进入最后一步——httpd.conf文件配置。

httpd.conf是Apache服务器的核心配置文件，需要在httpd.conf中添加mod_jk，以告知Apache服务器加载该模块。此外还需要添加mod_jk支持的指令以满足我们的部署架构。

mod_jk支持的指令（指令格式为：指令名与指令值以空格分隔）如表7-6所示。

表7-6　mod_jk支持指令

属　　性	描　　述	默　认　值
JkWorkersFile	woker配置文件（workers.properties）路径。该指令只允许配置一次，并且添加到全局配置。在不使用JkWorkerProperty指令的情况下，必须指定该属性	
JkWorkerProperty	通过该指令，可以在httpd.conf文件中配置worker。语法与workers.Properties相同。通过该指令，每行可以设置worker的一个属性。该指令可以使用多次，但是必须添加到全局配置部分	
JkShmFile	共享内存文件名称。仅用于Unix平台。Shm文件用于负载均衡和状态worker。该指令只允许配置一次，并且添加到全局配置。强烈建议shm文件放到本地驱动器，而非NFS共享。 共享内存包含了负载均衡及其成员的配置和运行时信息，主要用于： ❏ 为负载均衡成员共享相同的状态信息； ❏ 共享单个worker持有的负载信息； ❏ 共享状态worker可以在运行时变更的配置	logs/jk-runtime-status
JkShmSize	共享文件内存大小。该指令只允许配置一次，并且添加到全局配置。默认值依赖于具体平台，通常为64KB	
JkMountFile	URI映射文件（uriworkermap.properties）路径	
JkMountFileReload	URI映射文件检测更新的时间间隔，单位为秒。Mod_jk会按照该时间定期检测文件（JkMountFile指定）是否存在更新，如存在则重新加载。如果设置为0，将关闭更新自动检测，此时URI映射文件将无法动态加载	60

（续）

属　　　性	描　　　述	默　认　值
JkMount	URI表达式到worker的挂载点，等价于uriworkermap.properties中的一条映射规则。该指令可以配置多次，既可以添加到全局配置也可以添加到虚拟主机（VirtualHost）配置。还可以用在Location中，只是语法稍有不同。在Location中，省略掉第一个参数（即URI路径），直接使用Location的值。默认情况下，JkMount指令全局配置不会被继承到各虚拟机，虚拟机之间也不会继承，具体继承规则可以参见JkMountCopy。JkMount也支持扩展，扩展添加到worker名称后，语法同uriworkermap.properties	
JkUnMount	URI表达式到worker的拒绝挂载点，等价于uriworkermap.properties中的排除规则。拒绝挂载检测在请求映射到worker之后。如果请求链接匹配拒绝挂载点，则不会定向到Tomcat。该指令可以配置多次。默认情况下，JkUnMount指令全局配置不会被继承到各虚拟机，虚拟机之间也不会继承，具体继承规则可以参见JkMountCopy	
JkAutoAlias	为Web应用上下文目录在Apache服务器文档空间内自动命名别名。注意，作为使用该指令的结果，只有Web应用中的静态内容可以通过Apache提供服务，而且这些静态内容要避开Web应用web.xml文件中的安全约束。该指令的继承规则同样参见JkMountCopy	
JkMountCopy	如果该指令在虚拟主机（VirtualHost）下配置为"On"，则全局的挂载配置将会复制到当前虚拟主机（JkMount和JkUnMount配置）。如果当前虚拟机未指定JkMountFile或JkAutoAlias，则这两个指令定义的挂载信息只能通过继承获取。 如果希望所有的虚拟机都继承全局挂载，可以在全局配置里添加该指令值为"All"。 该指令只能添加到VirtualHost（值为On、Off）和全局配置（All、Off）。默认为Off，因此不会存在任何的挂载继承	Off
JkWorkerIndicator	Apache服务器环境变量名称，用于指定worker名称，与SetHandler jakartaservlet配合使用。每个虚拟主机只允许配置一次，也可以添加到全局配置	JK_WORKER_NAME
JkWatchdogInterval	该指令用于配置watchdog线程时间间隔，单位为秒。Apache服务器存在一个后台线程，每隔watchdog_interval秒定期运行以对worker进行维护。worker维护包括检测空闲链接、纠正负载状态以及能够检测后台健康状态。一次新的worker维护至少要距上次维护时间超过worker.maintain才可以，因此设置该指令值小于worker.maintain是无用的。 该指令默认值为0，表示不会创建watchdog线程，而是与正常请求结合进行维护	0
JkLogFile	mod_jk日志文件的绝对路径或者相对于Apache的路径。它可以与管道配合使用，通过将值设置为"|..."的格式	logs/mod_jk.log
JkLogLevel	mod_jk日志级别，可以为debug、info、warn、error、trace，默认为info	info
JkLogStampFormat	mod_jk日志中的日期格式，使用C语言的strftime函数格式化。日期格式化字符串长度限制为63个字符。在支持gettimeofday的平台上，默认值为[%a %b %d %H:%M:%S.%Q %Y]，不支持的平台上，默认值为[%a %b %d %H:%M:%S %Y]。 支持格式说明详细参见http://en.cpreference.com/w/c/chrono/strftime	

（续）

属　　性	描　　述	默　认　值
JkRequestLogFormat	请求日志格式化字符串，该指令如果不设置值，意味着关闭请求日志。支持参数如下。 %b：按照通用日志格式（CLF[①]）输出发送字节数，不包括HTTP头。 %B：输出发送字节数，不包括HTTP头。 %H：请求协议。 %m：请求方法。 %p：处理请求的服务器标准端口。 %q：URL中的查询字符串。 %r：请求首行。 %s：请求的HTTP状态码。 %T：请求持续时间，格式为"秒.毫秒"。 %U：请求的URL路径，不包括查询参数。 %v：处理请求的服务器的标准名称。 %V：根据UseCanonicalName指令确定的服务器名称。 %w：Tomcat woker名称。 %R：真实的worker名称	
JkExtractSSL	该指令用于开启SSL处理以及信息采集。为了使SSL数据对mod_jk有效，需要设置SSLOptions +StdEnvVars。对于证书信息，还需要添加SSLOptions +ExportCertData	On
JkHTTPSIndicator	用于指定Apache环境变量名称，该环境变量包含SSL indication	HTTPS
JkCERTSIndicator	用于指定Apache环境变量名称，该环境变量包含SSL客户端证书	SSL_CLIENT_CERT
JkCIPHERIndicator	用于指定Apache环境变量名称，该环境变量包含SSL客户端密码	SSL_CIPHER
JkCERTCHAINPrefix	用于指定Apache环境变量名称，该环境变量包含SSL客户端证书链	SSL_CLIENT_CERT_CHAIN_
JkSESSIONIndicator	用于指定Apache环境变量名称，该环境变量包含SSL会话	SSL_SESSION_ID
JkKEYSIZEIndicator	用于指定Apache环境变量名称，该环境变量包含使用的SSL Key大小	SSL_CIPHER_USEKEYSIZE
JkLocalNameIndicator	用于指定Apache环境变量名称，该环境变量的值用于覆写转发请求时的本地名称	JK_LOCAL_NAME
JkLocalPortIndicator	用于指定Apache环境变量名称，该环境变量的值用于覆写转发请求时的本地端口	JK_LOCAL_PORT
JkRemoteHostIndicator	用于指定Apache环境变量名称，该环境变量的值用于覆写转发请求时的远程客户端主机名称	JK_REMOTE_HOST
JkRemoteAddrIndicator	用于指定Apache环境变量名称，该环境变量的值用于覆写转发请求时的远程客户端IP地址	JK_REMOTE_ADDR
JkRemotePortIndicator	用于指定Apache环境变量名称，该环境变量的值用于覆写转发请求时的远程客户端端口	JK_REMOTE_PORT

7

① CLF：通用日志格式，具体参见https://en.wikipedia.org/wiki/Common_Log_Format。

（续）

属　性	描　述	默　认　值
JkRemoteUserIndicator	用于指定Apache环境变量名称,该环境变量的值用于覆写转发请求时的用户名称	JK_REMOTE_USER
JkAuthTypeIndicator	用于指定Apache环境变量名称,该环境变量的值用于覆写转发请求时的认证类型	JK_AUTH_TYPE
JkOptions	用于设置mod_jk模块的配置选项，在同一个虚拟主机可以配置多次	
JkEnvVar	该指令用于添加Apache环境变量及其默认值,这些变量和值将作为请求属性发送到Servlet引擎。如果没有明确指定默认值，则只有在运行环境设置了值时，该变量才会被发送。默认值为空，因此不会有任何附加变量被发送。在同一个虚拟主机中，该指令可以使用多次。而且全局配置和虚拟主机的配置将会合并。 这些变量可以在Tomcat通过request.getAttribute获取。注意，通过JkEnvVar设置的变量不会出现在request.getAttributeNames返回的列表中	
JkStripSession	如果该指令设置为On，对于没有匹配的URL，Apache将会移除会话标识部分：jsessionid=…。该指令只能用于虚拟主机	Off

通过JkOptions指令，可以设置mod_jk的请求转发配置选项，在配置项前加"+"表示启用，加"−"表示禁用。如果未添加任何前缀，表示启用配置项。

各个虚拟机可以继承全局的JkOptions配置选项，其继承方式为：虚拟机JkOptions选项=全局启用−全局禁用+虚拟机启用−虚拟机禁用。

JkOptions指令支持的配置选项如表7-7所示。

表7-7　JkOptions指令支持配置

配　置　项	描　述
ForwardURIProxy	转发的URI将会在Apache处理之后，转发到Tomcat之前，部分的进行重编码。它会兼容mod_rewrite的本地URL操作以及URL编码形式的会话标识
ForwardURICompatUnparsed	转发URI是未解析的，该配置兼容规范且安全性好。因为转发的是原始请求URI，mod_rewrite的覆写URI以及转发覆写URI将不会起作用
ForwardURICompat	转发URI将由Apache解码。此种情况不符合规范，而且在使用前缀式JkMount的情况下是不安全的。该选项允许在转发前通过mod_rewrite覆写URI
ForwardURIEscaped	转发URI将采用ForwardURICompat使用的编码形式。如果请求URI包含了URL编码会话标识，该选项将不生效。但是该选项允许通过mod_rewrite覆写URI。此种情况下，将由Tomcat进行解码
RejectUnsafeURI	该选项将会限制所有解码后包含"%"以及"\"的URL。绝大多数Web应用不会采用这种形式的URL，因此通过该选项可以阻止几个众所周知的URL编码攻击。除了该选项，我们也可以通过mod_rewrite实现此类检测，mod_rewrite功能更强大但是也更复杂
ForwardDirectories	该选项与Apache服务器的DirectoryIndex指令（确保mod_dir模块有效）配合使用。当配置了DirectoryIndex，Apache将会为每个指令中指定的本地URL创建子请求，以确定是否有匹配的本地文件。当禁用ForwardDirectories且Apache未找到匹配文件时，Apache将提供文件夹内容（文件夹Options指令指定了Indexes）或者返回403响应码（文件夹Options指令未指定Indexes）。当启用ForwardDirectories且Apache未找到匹配文件时，请求将被转发到Tomcat处理。这个用于Apache在本地文件系统找不到index文件的情况：Tomcat与Apache不在同一台机器、JSP页面已经预编译，等等

（续）

配　置　项	描　　述
ForwardLocalAddress	该选项要求mod_jk发送Apache服务器的本地地址以替代远程客户端地址。该选项可以与Tomcat中的RemoteAddrFilter配合使用，以限制只允许来自Apache服务器的请求可以访问
ForwardPhysicalAddress	该选项要求mod_jk发送物理地址作为客户端地址。默认情况下，mod_jk使用逻辑地址
FlushPackets	该选项要求每次从Tomcat接收到AJP包块后均要flush Apache的链接缓冲。当Apache与Tomcat之间写操作异常频繁时，该选项会显著降低系统性能
FlushHeader	该选项要求mod_jk在接收到来自Tomcat的响应头后flush Apache链接缓冲
DisableReuse	该选项要求mod_jk在使用链接后立即关闭。通常情况下，mod_jk使用持久链接并通过链接池管理空闲链接以进行重用。使用该选项会严重影响Apache与Tomcat的链接性能，因此仅作为解决未定位的网络问题的最后手段
ForwardKeySize	当使用ajp13时，要求mod_jk同时转发SSL Key Size（Servlet API 2.3需要）
ForwardSSLCertChain	当使用ajp13时，要求mod_jk同时转发SSL证书链。mod_jk仅传送SSL_CLIENT_CERT到AJP链接器。此种情况，对于自签名或者由根CA证书直接签名的证书是没有问题的。但是存在大量的证书是由中间CA证书签名，此时存在一个问题：Servlet没有自行验证客户端证书的能力。该问题可以通过向Tomcat发送SSL_CLIENT_CERT_CHAIN解决

需要注意的是，+ForwardURIxxx格式的4个配置选项是互斥的，即只能配置一个。自1.2.24版本，默认为ForwardURIProxy，1.2.23版本为ForwardURICompatUnparsed，1.2.22及之前版本为ForwardURICompat。

6. 配置示例

介绍完主要的配置文件，下面看一个简单的配置示例，该示例的配置环境如下：

在同一台物理机上分别安装了一个Apache服务器和两个Tomcat实例。两个Tomcat分别部署了sample1和sample2两个Web应用。我们希望通过Apache服务器将两个Web应用集成到一起。

首先需要添加一个workers.properties文件（目录和文件名任意，本示例位于$APACHE_HOME/conf/目录下）。

```
worker.list=worker1,worker2
#worker1的配置信息
worker.worker1.port=8009
worker.worker1.host=localhost
worker.worker1.type=ajp13
#worker2的配置信息
worker.worker2.port=8109
worker.worker2.host=localhost
worker.worker2.type=ajp13
```

本示例添加了两个worker，分别指向两个Tomcat实例，并且端口与AJP链接器端口一致（在与Apache服务器集成的情况下，建议直接将HTTP链接器注释掉）。

其次，修改httpd.conf文件，加载mod_jk模块。

7

```
#加载mod_jk模块
LoadModule jk_module modules/mod_jk.so
```

在httpd.conf文件中添加mod_jk配置。

```
#配置mod_jk模块
#指定workers.properties文件
JkWorkersFile conf/workers.properties
#指定日志文件路径
JkLogFile logs/mod_jk.log
#设置日志级别
JkLogLevel info
#日志日期格式
JkLogStampFormat  " [%a %b %d %H:%M:%S %Y] "
#JkOptions配置
JkOptions +ForwardKeySize +ForwardURICompat -ForwardDirectories
#请求日志格式
JkRequestLogFormat  " %w %V %T "
#将sample1/*的请求转发到tomcat1
JkMount /sample1/* worker1
#将sample2/*的请求转发到tomcat2
JkMount /sample2/* worker2
#添加共享内存文件
JkShmFile logs/jk.shm
```

由于该示例的URI映射非常简单,所以我们直接采用JkMount指令进行配置。当然,还可以采用uriworkermap.properties($APACHE_HOME/conf/目录下)文件的方式配置,uriworkermap.properties文件内容如下:

```
/sample1/*=worker1
/sample2/*=worker2
```

与之对应,修改httpd.conf文件,将之前的URI映射注释,添加JkMountFile指令:

```
#将sample1/*的请求转发到tomcat1
#JkMount /sample1/* worker1
#将sample2/*的请求转发到tomcat2
#JkMount /sample2/* worker2
JkMountFile conf/uriworkermap.properties
```

配置完毕之后,启动Apache以及Tomcat实例,便可以直接通过http://127.0.0.1/sample1访问Tomcat1,通过http://127.0.0.1/sample2访问Tomcat2。

7. 负载均衡

在上面的示例中,我们仅仅是将两个应用通过Apache服务器进行集成,使其访问入口统一。除此之外,Apache服务器还经常在系统架构中扮演一项重要的角色——负载均衡。接下来,让我们看一下Apache负载均衡的配置方式。

与前面的示例类似,我们在同一台服务器上安装了Apache以及两个相同的Tomcat实例,希望通过配置实现这两台Tomcat负载均衡。

同样,首先添加workers.properties文件。

```
worker.list=router

worker.worker1.port=8009
worker.worker1.host=localhost
worker.worker1.type=ajp13
worker.worker1.lbfactor=1
worker.worker1.connection_pool_timeout=600
worker.worker1.socket_keepalive=True
worker.worker1.socket_timeout=60

worker.worker2.port=8109
worker.worker2.host=localhost
worker.worker2.type=ajp13
worker.worker2.lbfactor=1
worker.worker2.connection_pool_timeout=600
worker.worker2.socket_keepalive=True
worker.worker2.socket_timeout=60

worker.router.type=lb
worker.router.balance_workers=worker1,worker2
worker.router.sticky_session=false
```

注意，此时两个Tomcat示例对应的worker改为配置到balance_workers下。

然后，将uriworkermap.properties修改为：/sample/*=router。即sample应用的所有请求均转发到负载均衡worker。重启Apache，负载均衡便配置完成。

上面示例并没有启用粘性会话，如果希望使用该特性，除了将sticky_session置为true外，还需要在Tomcat server.xml文件的<Engine>中添加jvmRoute属性（取值为worker名称）。示例如下：

```
<Engine name="Catalina" defaultHost="localhost" jvmRoute="worker1">
```

8. 状态监控

除此之外，mod_jk还提供了对worker的监控功能。我们可以通过添加类型为status的worker，实现对mod_jk状态的监控。

首先，在workers.properties中添加worker配置，并将其添加到worker.list。

```
worker.list=jkstatus
worker.jkstatus.type=status
```

其次，还要添加URI映射信息（uriworkermap.properties）

```
/jkmanager/*=jkstatus
```

启动Apache及Tomcat实例，在浏览器中输入http://127.0.0.1/jkmanager/，即可以进入mod_jk监控页面，如图7-4所示。

图7-4　mod_jk监控界面

　　当然,出于安全考虑,我们不希望所有的IP地址都可以访问监控界面。此时只需要在httpd.conf
文件中添加以下配置即可:

```
<Location /jkmanager/>
    JkMount jkstatus
    Order Allow,Deny
    Deny from all
    Allow from 127.0.0.1
</Location>
```

　　添加了该配置后,只有本机可以访问mod_jk监控页面。因为添加了JkMount命令,所以不再
需要uriworkermap.properties中的映射。

注意　自Apache 2.4版本开始,如果直接添加Order、Deny、Allow指令会导致服务器启动失败,
　　　　因为这些指令在2.4版本已被移到mod_access_compat模块(已不建议使用,仅用于旧版本
　　　　兼容),该模块默认情况并不加载,我们需要在httpd.conf中找到该文件,并删除注释。当
　　　　然Apache 2.4版本提供了全新的authz重构(mod_authz_host[①]),默认情况下,完全可以通
　　　　过新指令来替代旧指令。

　　在Apache 2.4版本下,可以通过添加下面的配置达到与上面完全相同的安全限制。

```
<Location /jkmanager/>
    JkMount jkstatus
```

---

① mod_authz_host:具体参见http://httpd.apache.org/docs/2.4/zh-cn/mod/mod_authz_host.html。

```
    Require all denied
    Require ip 127.0.0.1
</Location>
```

7.3.4 mod_proxy_ajp

mod_proxy及其相关模块作为Apache服务器的代理/网关，提供了一系列常用协议、几种不同负载均衡算法的支持。第三方模块提供者可以基于mod_proxy添加其他协议及负载均衡算法的支持。

要支持以上特性，Apache服务器必须确保加载以下模块（可以在构建时静态包含，也可以通过LoadModule指令动态加载）。

☐ 加载mod_proxy，提供基础代理能力。
☐ 如果启用负载均衡，需要加载mod_proxy_balancer以及一个或多个负载均衡模块（如负载均衡调度算法：mod_lbmethod_byrequests、mod_lbmethod_bytraffic、mod_lbmethod_bybusyness和mod_lbmethod_heartbeat）。
☐ 一个或多个代理scheme、协议模块，如表7-8所示。

表7-8 协议与Apache模块映射

协 议	模 块
AJP13	mod_proxy_ajp
CONNECT	mod_proxy_connect
FastCGI	mod_proxy_fcgi
FTP	mod_proxy_ftp
HTTP(0.9/1.0/1.1)	mod_proxy_http
SCGI	mod_proxy_scgi
WS/WSS(Web-sockets)	mod_proxy_wstunnel

除此之外，还有其他一些模块提供了相应的扩展功能，如mod_cache及相关模块提供的缓存功能、mod_ssl提供的SSL/TLS支持。

通过mod_proxy模块，Apache服务器支持正向代理和反向代理两种模式。

一个普通的正向代理是位于客户端和原始服务器之间的中间服务器，用于从原始服务器获取内容。客户端发送请求到代理服务器，代理服务器向原始服务器请求内容并返回到客户端。客户端必须准确配置以便使用正向代理访问网站。

正向代理的典型应用场景是为受防火墙限制的客户端提供网络访问。正向代理也可以通过缓存（mod_cache）降低网络使用。

正向代理通过ProxyRequests指令启用。因为正向代理允许客户端通过代理服务器访问任意网站并隐藏真实来源，所以有必要在启用正向代理之前对代理服务器进行安全防护，只运行授权的客户端访问。

与正向代理相比，反向代理对客户端来说只是一个普通的 Web 服务器，客户端不需要做任何特殊配置。客户端将请求发送的反向代理服务器，服务器决定将请求发送到哪台原始服务器或者直接返回内容（例如静态文件请求）。

反向代理典型的应用场景是对位于防火墙后的 Web 服务器提供网络访问，还可以用于多个后端服务器的负载均衡，或者为性能慢的后端服务器提供缓存。除此之外，它还可以简单地用于将多个服务器合并为一个 URL 命名空间。

反向代理通过 ProxyPass 指令或者 RewriteRule 指令的[P]标识启用。启用反向代理时没有必要将 ProxyRequests 打开。

由于本章侧重于 Web 服务器集成及负载均衡，因此我们主要讲解 mod_proxy 的反向代理功能。

1. mod_proxy 支持的指令

与 mod_jk 一样，mod_proxy 也支持一系列配置指令，具体如表 7-9 所示。

表7-9　mod_proxy支持指令

指　　令	描　　述	默认值
BalancerGrowth	该指令用于指定在配置完成后（运行时），可以添加的 Balancer 数量。在 2.4 版本之后，mod_balancer 模块除了可以变更运行时配置之外，还可以按需动态的添加/删除 Balancer。因此，Apache 需要预先分配共享内存以容许 Balancer 的动态增加。BalancerGrowth 表示除预配置的 Balancer 之外，可以动态添加的数量	5
BalancerInherit	该指令用于确定当前虚拟机是否从主服务上继承 ProxyPass 配置的负载均衡及 worker，取值为 On、Off。当使用负载均衡管理器时，该指令会导致问题以及不一致行为，此时应禁用该指令。如果在全局配置中配置了该指令，将影响所有虚拟机	On
BalancerMember	该指令用于为负载均衡组添加成员。可以配置到<Proxy balancer://...>内，并且所有用于 ProxyPass 指令的 Key/Value 参数同时也可以用于 BalancerMember。除此之外，还可以添加 loadfactor 参数，该参数为 1-100 的整数，用于表示成员的负载权重。 指令格式：BalancerMember [balancerurl] url [key=value [key=value ...]] balancerurl 仅用于不在<Proxy balancer://...>中配置时，需与 ProxyPass 配置的负载均衡 URL 一致。注意：BalancerMember 中的 URL 末尾不要包含"/"	
BalancerPersist	该指令用于确定当服务器重启时，通过负载均衡管理器进行的配置变更（负载均衡及其成员相关）是否持久化。这将确保服务器重启时这些本地变更不会丢失。取值为 On、Off	Off
NoProxy	该指令仅当 Apache 用于内联网时使用。它指定了一个以空格分隔的子网、IP 地址、主机、域名列表，当请求与配置信息匹配时，将会直接由 Apache 提供服务，而不会被转发到 ProxyRemote 配置的服务器	
<Proxy>	该指令用于将一组指令应用到代理资源，位于<Proxywildcard-url></Proxy>内部的指令仅对匹配 wildcard-url 的代理资源生效	
ProxyAddHeaders	该指令用于确定是否将代理相关的信息发送到后端服务器，通过 3 个 HTTP 头：X-Forwarded-For、X-Forwarded-Host、X-Forwarded-Server。取值为 On、Off。注意，该指令仅用于 HTTP 代理	On

（续）

指　令	描　述	默认值
ProxyBadHeader	该指令用于确定当mod_proxy从原始服务器收到不合法的响应头时的处理方式。可选值如下。 ❏ IsError：终止请求，返回502。 ❏ Ignore：忽略无效头。 ❏ StartBody：当接收到第一行无效头信息时，结束头信息读取，将剩余部分当作响应体。该选项可用于那些忘记在头信息和响应体之间插入空行的后台服务器	IsError
ProxyBlock	该指令指定了一组以空格分隔的单词、主机、域名。对于匹配的HTTP、HTTPS、FTP请求将会被服务器阻止。该指令支持"*"通配符。由于mod_proxy在启动时会尝试确定列表中主机名对应的IP地址，将其缓存用于匹配测试，因此该指令可能会延长服务器的启动时间	
ProxyDomain	该指令仅当Apache用于内联网时使用。用于指定Apache代理服务器所属的默认域名。当请求不存在域名的主机时，Apache将会生成一个到相同主机的重定向响应，同时添加了ProxyDomain指定的域名	
ProxyErrorOverride	该指令主要用于在反向代理的场景下，为终端用户提供公共的错误页面。该指令也允许include页面获取错误码并采取相应措施（默认处理方式是显示被代理服务器的错误页面，启用该指令后将显示SSI错误消息）。该指令不会影响1**、2**、3**系列的响应码。取值为On、Off	Off
ProxyIOBufferSize	内部数据吞吐缓冲大小，单位为字节，最小值为512，最大值为65536。绝大多数情况，不需要改变该值。 如果使用AJP，该指令用于设置AJP包最大值。如果修改了该值，需要同步修改Tomcat中AJP链接器的packetSize属性。注意，当在默认值的情况下，发送证书或者证书链会有问题	8192
<ProxyMatch>	该指令与<Proxy>指令相同，不同之处在于其采用正则表达式匹配URL	
ProxyMaxForwards	该指令用于指定请求可以通过的代理的最大数目，如果请求没有提供Max-Forwards头信息。该指令用于避免无限代理循环或者DoS攻击。如果设置为负数，表示不限制。 需要注意的是，该指令实际上违反了HTTP/1.1协议，该协议规定如果客户端没有设置Max-Forwards，那么禁止代理服务器设置	−1
ProxyPass	该指令用于将远程服务器映射为本地服务器URL空间。此时，本地服务器并不是扮演了代理的角色，而是远程服务器的镜像，即反向代理或者网关。 格式：ProxyPass [path] !|url [key=value [key=value ...]] [nocanon] [interpolate] [noquery]。其中path为本地虚拟路径的名称，url为远程服务器的URL，不包含查询字符串	
ProxyPassInherit	该指令用于确定当前虚拟机是否从全局配置继承ProxyPass指令。当使用负载均衡管理器动态变更配置时，这将导致问题以及不一致行为，此时应禁用该特性。取值为On、Off。 禁用ProxyPassInherit，同时也会禁用BalancerInherit	On
ProxyPassInterpolateEnv	对于反向代理相关的配置是否支持环境变量插入。通过使用环境变量可以动态的配置反向代理，对于指令中的${varname}将替换为具体的环境变量的值。其影响的反向代理指令包括ProxyPass、ProxyPassReverse、ProxyPassReverseCookieDomain、ProxyPassReverseCookiePath。取值为On、Off	Off

7

（续）

指　　令	描　　　述	默认值
ProxyPassMatch	该指令等价于ProxyPass，仅匹配方式不同，采用正则表达式匹配而不是简单的前缀匹配	
ProxyPassReverse	该指令用于调整HTTP重定向响应的Location、Content-Location、URI头信息。当Apache被用作反向代理时，该指令用于避免重定向请求绕开反向代理（因为被代理服务器的重定向位于代理服务器后端）。当我们的应用重定向地址是后端服务器的地址时，Apache会在转发HTTP重定向响应到客户端前自动调整为对应的代理地址	
ProxyPassReverseCookieDomain	该指令用法与ProxyPassReverse基本相似，只是用来覆写Set-Cookie头信息中的domain	
ProxyPassReverseCookiePath	当将后端服务器URL映射为反向代理的公共路径时，该指令与ProxyPassReverse配合使用。如果Cookie中path的开始部分与指令中指定的内部路径匹配，那么该值将会被替换为指定的公共路径	
ProxyPreserveHost	启用该指令，Apache会将源请求的Host头信息传递给后端主机，以取代ProxyPass指定的主机名。取值为On、Off。 该指令多用于后端服务器是基于名称的虚拟主机时，这种情况下，后端服务器需要评估原始的Host头信息	Off
ProxyReceiveBufferSize	指定被代理的HTTP/FTP链接的网络缓冲大小，以提升吞吐量，单位为字节。取值必须大于512。设置为0表示采用系统默认缓冲大小。	0
ProxyRemote	主要用于位于局域网内的Apache代理服务器经由公司的防火墙转发对外部的请求。语法为ProxyRemote match remote-server。其中match为匹配内容（可以是部分URL或者"*"），remote-server为远端服务器的部分URL	
ProxyRemoteMatch	与ProxyRemote相同，不同之处为按照正则表达式匹配	
ProxyRequests	此指令将允许或禁止Apache作为正向代理服务器的功能，设置为Off时并不会禁用ProxyPass指令	Off
ProxySet	该指令用于设置负载均衡以及worker的参数，作为ProxyPass指令参数的替代配置方式。格式为：ProxySet url key=value [key=value ...]。当在<Proxy>中添加时，可以去掉url参数。该指令可以用于通过RewriteRule实现反向代理时	
ProxySourceAddress	用于为Apache与后端服务器的链接指定一个本地地址	
ProxyStatus	该指令用于确定代理负载均衡的状态数据是否通过mod_status模块的server-status页面展现。取值为On、Off、Full（等同于On）	Off
ProxyTimeout	代理请求的网络超时时间，单位为秒	300
ProxyVia	此指令控制代理对Via头的使用。它的目的是控制位于代理服务器链中的代理请求的流向。取值如下： ❑ Off：请求或响应包含Via头时，不进行任何修改而直接通过。 ❑ On：每个请求和响应都会得到一个为当前主机添加的Via头。 ❑ Full：每个产生的Via头中都会额外加入Apache服务器的版本，以Via注释域出现。 ❑ Block：每个代理请求中的所有Via头行都将被删除，且不会产生新的Via头	Off

2. 配置示例

与mod_jk的示例类似,我们先演示一下如何使用mod_proxy将两个Tomcat实例进行集成。

如果采用HTTP协议集成,则至少要保证httpd.conf加载了mod_proxy和mod_proxy_http两个模块。

```
LoadModule proxy_module modules/mod_proxy.so
LoadModule proxy_http_module modules/mod_proxy_http.so
```

指令配置如下:

```
ProxyPass  "/sample1" "http://127.0.0.1:8080/sample1"
ProxyPassReverse  "/sample1" "http://127.0.0.1:8080/sample1"
ProxyPass  "/sample2" "http://127.0.0.1:8180/sample2"
ProxyPassReverse  "/sample2" "http://127.0.0.1:8180/sample2"
```

从配置方式上,可以发现,mod_proxy要比mod_jk简单和灵活。我们通过mod_ajp很容易改变后端服务器的URL地址,因为ProxyPass是URL之间的映射。如下所示,我们可以通过http://127.0.0.1/ sample11访问后端应用http://127.0.0.1:8080/sample1。

```
ProxyPass  "/sample11" "http://127.0.0.1:8080/sample1"
ProxyPassReverse  "/sample11" "http://127.0.0.1:8080/sample1"
```

如果采用AJP协议集成,则至少需要保证httpd.conf加载了mod_proxy和mod_proxy_ajp两个模块。

```
LoadModule proxy_module modules/mod_proxy.so
LoadModule proxy_http_module modules/mod_proxy_ajp.so
```

指令配置如下:

```
ProxyPass  "/sample1" "ajp://127.0.0.1:8009/sample1"
ProxyPassReverse  "/sample1" "ajp://127.0.0.1:8009/sample1"
ProxyPass  "/sample2" "ajp://127.0.0.1:8109/sample2"
ProxyPassReverse  "/sample2" "ajp://127.0.0.1:8109/sample2"
```

3. 负载均衡

接下来,我们再看一下如何通过mod_proxy配置负载均衡。

首先,我们要确保httpd.conf文件中加载了mod_proxy_balancer模块。其次,需要选择一种负载均衡调度算法。从2.3版本开始,每一种算法被拆分为一个独立的模块,具体如表7-10所示。

表7-10　负载均衡调度算法模块说明

模　　块	描　　述
mod_lbmethod_byrequests	按照每个worker配置的请求数量配额分发请求,lbfactor用于指定worker的请求数量配额
mod_lbmethod_bytraffic	按照每个worker配置的流量配额分发请求,lbfactor用于指定worker的请求流量配额
mod_lbmethod_bybusyness	此种方式的调度会持续监测每个worker当前分配的请求数量。新请求会自动分配到活跃请求最少的worker上。如果我们希望请求尽快处理以降低延迟,这种调度算法将非常有用

（续）

模　　块	描　　述
mod_lbmethod_heartbeat	该调度算法选择随着时间推移拥有更多空闲时间的worker。需要注意的是，并不是选择空闲时间最多的worker。当worker没有任何活动请求时，它会认为该worker没有初始化完成

本示例采用mod_lbmethod_byrequests调度算法。

```
LoadModule proxy_module modules/mod_proxy.so
LoadModule proxy_http_module modules/mod_proxy_ajp.so
LoadModule proxy_balancer_module modules/mod_proxy_balancer.so
LoadModule lbmethod_byrequests_module modules/mod_lbmethod_byrequests.so
LoadModule slotmem_shm_module modules/mod_slotmem_shm.so
```

负载均衡指令配置如下：

```
<Proxy "balancer://mycluster">
    BalancerMember "ajp://127.0.0.1:8009"loadfactor=2
    BalancerMember "ajp://127.0.0.1:8109"loadfactor=2
    ProxySet lbmethod=byrequests
</Proxy>
ProxyPass "/sample" "balancer://mycluster/sample"
ProxyPassReverse "/sample" "balancer://mycluster/sample"
```

如果希望支持粘性会话，配置如下：

```
<Proxy "balancer://mycluster">
    BalancerMember "ajp://127.0.0.1:8009"loadfactor=2route=node1
    BalancerMember "ajp://127.0.0.1:8109"loadfactor=2route=node2
    ProxySet lbmethod=byrequests
</Proxy>
ProxyPass "/sample" "balancer://mycluster" stickysession=JSESSIONID|jsessionid scolonpathdelim=On
```

要确保Tomcat实例配置的jvmRoute属性与BalancerMember中的route参数值对应。

4. 状态监控

Apache提供了一个负载均衡管理器来监控负载均衡及其成员的状态。要使用该功能，需要确保httpd.conf加载了mod_status模块。

```
LoadModule status_module modules/mod_status.so
```

其配置如下（我们对其进行了安全访问控制）：

```
<Location "/balancer-manager">
    SetHandler balancer-manager
    Require ip 127.0.0.1
</Location>
```

启动Apache，输入http://127.0.0.1/balancer-manager既可进入管理界面，如图7-5所示。

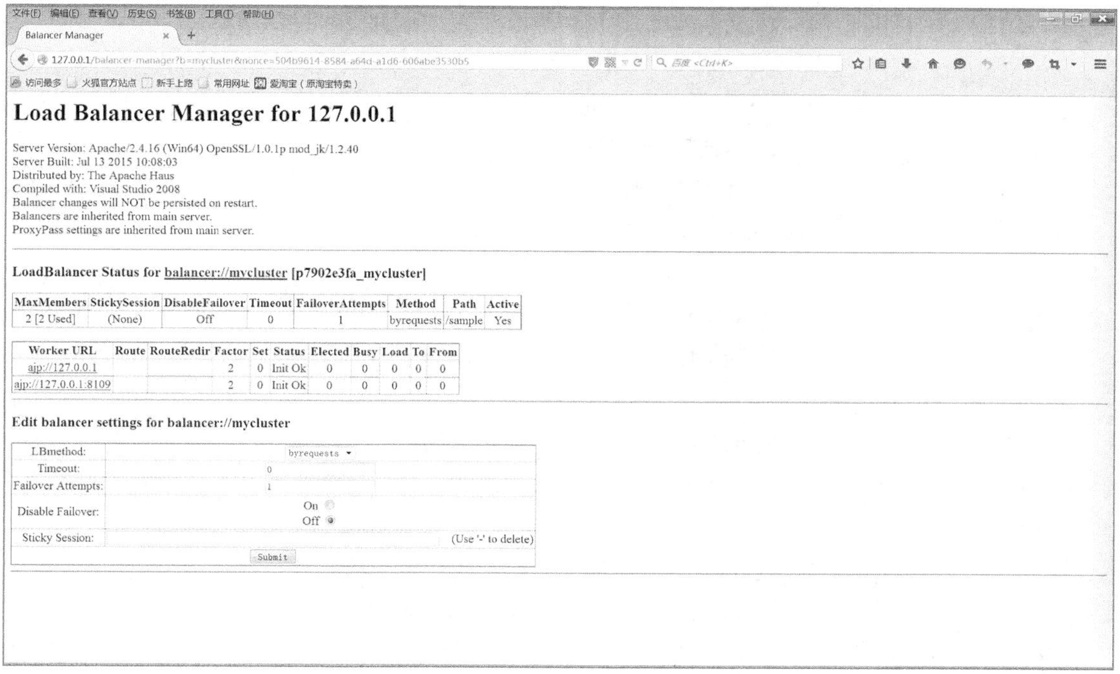

图7-5　负载均衡管理界面

7.4　与 Ngnix 集成

本节主要介绍了Tomcat与Nginx服务器的集成，包括Nginx服务器的安装、配置及两种集成方式。

7.4.1　Ngnix 简介

Nginx是俄罗斯软件工程师Igor Sysoev开发的免费开源的Web服务器。Nginx集中于解决Web服务器高性能、高并发及低内存消耗的问题，同时提供了负载均衡、缓存、访问控制、带宽控制及高效的应用整合能力等Web服务器功能特性。这些特性使得Nginx在现代互联网架构中广受欢迎，已成为使用排名第二的Web服务器软件。

1. 高并发

无论是以前的Web服务网站，还是后来的实时性更高的社交、电商、娱乐等网站，高并发始终是网站架构的最大挑战之一。在十年之前，网站并发的主要原因是客户端接入速度慢，从而延长了每次请求链接的处理时间。而现在，并发更多是由于移动终端和新的应用架构导致，这些应用通常基于持久链接提供实时新闻、微博消息等。还有一个重要的因素是，现代浏览器为了加快页面加载速度，会同时打开4到6个链接，这成倍增加了客户端并发链接的数量。

无论慢客户端还是持久链接，都会造成服务器积累了大量的并发链接。以Apache服务器为例，它会为每个客户端分配1MB内存，如果有1000个并发链接，就需要1000MB内存来处理。随着用户的持续增长，负载和并发会越来越高，网站需要大量高效的组件及更好的硬件配置。更高的CPU以及更多的内存可以提升服务器处理速度，而且可以同时为更多的链接分配内存，为更快的硬盘（如固态硬盘）提升应用读写性能，缩短请求处理时间。

大约十年前，Daniel Kegel提出了C10K的设想（Web服务器支持同时处理10 000个客户端请求）。显然传统Web服务器架构面临的问题很难达到这个要求，或者说即便达到，所花费的硬件成本也相对较高，于是许多人尝试通过改进Web服务器来支持大规模客户端链接的并发处理，Nginx便是其中最成功者之一。

为了解决C10K问题，Nginx采用了与Apache完全不同的架构。它基于事件模型实现，从而使其在负载增加的情况下，内存和CPU使用始终保持可预期。它在一台普通的硬件服务器上就可以实现数万链接的并发。

在传统的基于进程或线程的模型中，使用单独的进程或者线程处理并发链接，会阻塞于网络或者I/O操作。就内存和CPU而言，这是非常低效的。创建进程或者线程需要准备新的运行环境，包括在内存上分配堆和栈，生成新的运行上下文。所有这些都会占用额外的CPU时间，而且过多的上下文切换会引起线程抖动，最终导致性能低下。

注意　自2012年2月，Apache 2.4.x版本发布，增加了新的并发处理核心模块和代理模块用于加强伸缩性和性能。即便如此，现在说性能、并发能力和资源利用率是否赶上或者超过了事件驱动模型的Web服务器还为时尚早。

---

2. 其他优势

高并发和高性能是绝大多数人试图选择Nginx作为Web服务器的原因，但是除此之外，Nginx还具有其他一些优势，尤其在当下Web应用部署架构已经发生显著变化的情况下。

近几年，随着Web应用交互方式、实时性要求以及内容（由以文字为主转变为多媒体为主）的变化，系统架构越来越复杂。系统架构师越来越倾向于将应用基础设施与Web服务器解耦。这种变化不仅仅是由LAMP（Linux、Apache、MySQL、PHP、Python或者Perl）变为LEMP（E为Nginx，其他相同），而是将Web服务器推到基础设施的边缘，以不同的方式与应用基础设施集成。

Nginx提供了一系列特性以满足这种架构变化，如方便的卸载并发、延迟处理、SSL、静态内容压缩和缓存、请求限流、HTTP流媒体等。它还支持直接集成Memcached、Redis以及其他NoSQL数据库，通过这种方式，提高了服务大量并发用户时的性能。

7.4.2　Windows 环境安装

尽管Nginx提供了Windows发行版,但是仅可以视为beta版本,可以用于开发及功能测试环境,并不推荐用于性能测试以及生产环境。它采用了本地的Win32 API,并且当前只使用了select()链接处理方法,因此Windows版本并不具备高性能和可伸缩性。

Windows版本的安装非常简单,从http://nginx.org/en/download.html下载合适的Windows发行版,本书选择的是1.10.1版本。下载成功后,将压缩包解压到任意目录即可。

进入解压目录,双击"nginx.exe"或者通过命令行执行"start nginx"运行Nginx。在浏览器中输入http://127.0.0.1,显示如图7-6所示的界面即表示启动成功。

图7-6　Nginx欢迎界面

7.4.3　Linux 环境安装

在Linux环境下,我们可以通过两种方式安装Nginx:使用预编译安装包和编译源码。

1. 预编译安装包

在RedHat和CentOS中,通过yum命令安装预编译包。

第一步,在/etc/yum.repos.d目录下创建nginx.repo文件。

文件内容如下:

```
[nginx]
name=nginx repo
baseurl=http://nginx.org/packages/OS/OSRELEASE/$basearch/
```

```
gpgcheck=0
enabled=1
```

"OS"要替换为具体的操作系统：rhel或centos。OSRELEASE替换为操作系统版本（当前支持5、6、7）。$basearch为处理器架构（如x86_64），由命令自动设置，不需要处理。例如基于x86_64架构的centos 6的路径为http://nginx.org/packages/centos/6/$basearch/。

或者也可以直接执行命令（示例）：

```
rpm -ivh
http://nginx.org/packages/centos/6/noarch/RPMS/nginx-release-centos-6-0.el6.ngx.noarch.rpm
```

链接格式与前面相同，不同的是需要明确处理器架构（如不考虑具体处理器架构，可以选择noarch）和具体的Nginx版本。如不清楚具体链接，可以通过浏览器进入http://nginx.org/packages/，按照提示选择目录及文件，并将最终文件链接复制到命令参数。

第二步，执行yum命令安装nginx：

```
yum install nginx
```

对于Debian和Ubuntu，可以通过apt-get命令安装。

Ubuntu中已经附带了Nginx安装包，可以直接执行如下命令安装：

```
sudo apt-get install nginx
```

但是，如果你希望获取并安装Nginx新版本，可以按如下步骤操作。

第一步，将Nginx包和仓库签名使用的密钥添加到apt keyring，否则在执行第三步时会提示以下错误：

```
W: GPG 错误:http://nginx.org trusty Release: 由于没有公钥,无法验证下列签名: NO_PUBKEY ABF5BD827BD9BF62
```

从http://nginx.org/keys/nginx_signing.key下载密钥，执行如下命令添加：

```
sudo apt-key add nginx_signing.key
```

第二步，在/etc/apt/sources.list文件中添加以下内容：

```
deb http://nginx.org/packages/OS/ codename nginx
deb-src http://nginx.org/packages/OS/ codename nginx
```

其中，OS为操作系统名称（debian/ubuntu），codename为操作系统版本对应的代号，主要版本对应如表7-11所示。

表7-11　各操作系统版本及代号

系　　统	版　　本	代　　号
Debian	7.x	wheezy
	8.x	jessie
Ubuntu	12.04	precise
	14.04	trusty
	15.10	wily
	16.04	xenial

例如，在Ubuntu 14.04中安装Nginx时，文件中添加的内容如下：

```
deb http://nginx.org/packages/ubuntu/ trusty nginx
deb-src http://nginx.org/packages/ubuntu/ trusty nginx
```

第三步，执行命令安装Nginx：

```
sudo apt-get update
sudo apt-get install nginx
```

安装完成后，通过以下命令启动和停止Nginx：

```
sudo service nginx start
sudo service nginx stop
```

2. 编译源码安装

除了直接安装预编译的安装包，我们还可以通过编译源码的方式安装，而且这种方式可以灵活添加或去除相关的模块。

首先，从http://nginx.org/en/download.html下载Linux下的Nginx安装包，本书选择的是1.10.1版本。下载成功后，执行以下命令解压源代码压缩包：

```
tar -zxvf nginx-1.10.1.tar.gz
```

其次，执行configure命令进行配置。Nginx的configure命令支持的参数如表7-12所示。

表7-12　Nginx configure命令支持参数

参　　数	描　　述
--prefix=**path**	Nginx安装目录，默认为/usr/local/nginx
--sbin-path=**path**	设置Nginx的可执行文件路径，默认为*prefix*/sbin/nginx
--conf-path=**path**	设置nginx.conf文件的路径。Nginx支持使用不同的配置文件启动，可以通过命令选项-c指定，默认为*prefix*/confi/nginx.conf
--pid-path=**path**	设置nginx.pid文件的路径，该文件用于存储主进程的进程ID。安装完成后，我们可以在nginx.conf文件中通过pid指令修改。默认为*prefix*/logs/nginx.pid
--error-log-path=**path**	设置错误、警告及诊断文件名称。安装完成后，我们可以在nginx.conf文件中通过error_log指令修改。默认为*prefix*/logs/error.log
--http-log-path=**path**	设置HTTP服务器请求日志文件名称。安装完成后，我们可以在nginx.conf文件中通过access_log指令修改。默认为*prefix*/logs/access.log
--user=**name**	设置Nginx工作进程的用户，安装完成后，我们可以在nginx.conf文件中通过user指令修改。默认为nobody
--group=**name**	设置Nginx工作进程的用户组。安装完成后，我们可以在nginx.conf文件中通过user指令修改。默认为工作进程所属用户名
--with-select_module --without-select_module	允许或者禁止构建模块使服务器可以使用select()方法。如果当前平台不支持其他合适的方法，如kqueue、epoll 或 /dev/poll，那么该模块自动构建
--with-poll_module --without-poll_module	允许或者禁止构建模块使服务器可以使用poll()方法。如果当前平台不支持其他合适的方法，如kqueue、epoll 或 /dev/poll，那么该模块自动构建
--without-http_gzip_module	禁止构建HTTP服务器响应压缩的模块，如果构建该模块，需要添加zlib库
--without-http_rewrite_module	禁止构建HTTP请求重写模块。如果构建该模块，需要添加PCRE库

7

（续）

参　　数	描　　述
`--without-http_proxy_module`	禁止构建HTTP服务器代理模块
`--with-http_ssl_module`	允许构建HTTPS协议模块，该模块不是默认构建，因此必须显式添加该选项。如果构建该模块，需要添加OpenSSL库
`--with-pcre=path`	设置PCRE库的源代码路径，如果nginx.conf的location指令需要支持正则表达式或者需要编译ngx_http_rewrite_module模块，那么要么指定该选项，要么确保系统中已经安装了PCRE
`--with-pcre-jit`	构建PCRE库时，使其支持JIT编译
`--with-zlib=path`	设置zlib库的源代码路径。如果需要编译ngx_http_gzip_module模块，那么要么指定该选项，要么确保系统中已经安装了zlib
`--with-cc-opt=parameters`	添加额外的参数到CFLAGS变量。当在FreeBSD下，使用系统PCRE库时，需要添加`--with-cc-opt="-I /usr/local/include"`。如果需要增加select()支持的文件数量，需要添加如`--with-cc-opt="-D FD_SETSIZE=2048"`
`--with-ld-opt=parameters`	设置编译链接期间的附件参数，当在FreeBSD下使用系统PCRE库时，需要添加`--with-ld-opt="-L /usr/local/lib"`

在执行configure命令之前，我们需要先准备依赖环境。

其中，PCRE安装参见7.3.2节。

执行以下命令安装zlib：

```
wget http://zlib.net/zlib-1.2.8.tar.gz
tar -zxvf zlib-1.2.8.tar.gz
cd zlib-1.2.8
./configure
make
make install
```

绝大部分Linux系统预装了OpenSSL，如果你的系统没有安装，可以执行如下命令：

```
wget https://www.openssl.org/source/openssl-1.0.1t.tar.gz
tar -zxvf openssl-1.0.1t.tar.gz
cd openssl-1.0.1t
./configure
make
make install
```

依赖环境准备完毕之后，进入源代码解压根目录，执行以下命令配置Nginx（注意：以下命令需要在管理员权限下执行，因此如果当前不是root用户，需要添加sudo命令）：

```
./configure
    --sbin-path=/usr/local/nginx
    --with-http_ssl_module
```

我们还可以直接指定依赖库的源代码路径进行配置和编译（此时，依赖库不必进行安装），如下：

```
./configure
    --sbin-path=/usr/local/nginx
    --with-http_ssl_module
```

```
--with-pcre=../pcre-8.36
--with-zlib=../zlib-1.2.8
```

最后，执行make命令完成编译安装：

```
make
make install
```

进入Nginx的安装目录（/usr/local/nginx），执行以下命令启动Nginx：

```
./nginx -c conf/nginx.conf
```

7.4.4 Tomcat 集成

Tomcat与Nginx的集成方案相比于Apache要少一些。这主要因为Apache历史更为悠久，而且Tomcat自诞生之初就提供了与Apache的集成方案，包括协议（AJP）和实现模块。

这方面Nginx略显不足，Nginx官方只支持采用HTTP协议的方式集成，而不支持AJP协议。如果我们想要采用AJP协议集成，那么只能使用第三方模块（nginx_ajp_module，由阿里开发并开源，下载地址：https://github.com/yaoweibin/nginx_ajp_module）。

接下来，我们分别介绍一下HTTP和AJP的集成方式。与7.3节相同，我们会分别介绍多应用集成和负载均衡两个场景。

1. HTTP协议

如果采用HTTP与后端的Tomcat通信，我们是不需要添加任何额外模块的，采用Nginx的location指令在nginx.conf中配置即可。

集成多个应用的示例采用与7.3.3节相同的部署场景，配置如下：

```
#配置服务器1
upstream sample1 {
    server 127.0.0.1:8080;
}
#配置服务器2
upstream sample2 {
    server 127.0.0.1:8180;
}

server {
#其他配置……
#映射服务器1（服务器1包含应用sample1）
    location /sample1/{
        proxy_pass http://sample1;
    }
    #映射服务器2（服务器2包含应用sample2）
    location /sample2/{
        proxy_pass http://sample2;
    }
#其他配置
}
```

关键配置我们已经增加了相关的注释，不再赘述。

负载均衡与上述配置相差不大，示例如下：

```
#配置服务器集群组（包含两个服务器实例）
upstream sample1 {
    #实例1
    server 127.0.0.1:8080 weight=1 max_fails=3 fail_timeout=30s;
    #实例2
    server 127.0.0.1:8180 weight=1 max_fails=3 fail_timeout=30s;
}
server {
    #其他配置
    #映射服务器集群
    location /sample1/{
        proxy_pass http://sample1;
    }
#其他配置
}
```

Nginx使用server指令定义一个服务器实例，它的基本格式是server address [parameters]，address可以是一个域名或者IP地址以及端口号，也可以是一个UNIX域Socket路径（它包含一个"unix:"前缀）。除此之外，server指令支持各种参数来进行定制化配置，常用参数如表7-13所示。

表7-13　server指令支持参数说明

参　　数	描　　述
weight=**number**	默认情况下，请求在服务器间采用基于权重的轮询算法进行分配。该参数用于指定服务器的权重，默认为1
max_fails=**number**	用于设置与服务器通信失败的最大次数。当在fail_timeout指定的时间段内，失败次数到达max_fails时，服务器在该时间段内将被视为无效（即在该时间段内不再轮询当前服务器）。默认为1，如果设置为0表示禁用该检测
fail_timeout=**time**	与max_fails配合使用，指定一个时限，在该时限内如果通信失败次数到达max_fails，那么服务器将被视为无效。默认为10秒
backup	将服务器标识为备份服务器，当主服务器均无效时，会将请求发到该服务器
down	将服务器标记为下线

更详细的配置可以参见http://nginx.org/en/docs/http/ngx_http_upstream_module.html。

2. AJP协议

如前所述，Nginx默认不支持AJP协议，而是由第三方提供，因此需要在安装Nginx时指定。

首先，从https://github.com/yaoweibin/nginx_ajp_module下载AJP模块并解压。

然后，执行以下命令编译并安装Nginx（在root下执行，或者添加sudo）：

```
./configure--sbin-path=/usr/local/nginx--with-http_ssl_module--add-module=../nginx_ajp_module
make
make install
```

其中，--add-module指向nginx_ajp_module的源代码路径。

采用AJP协议的负载均衡配置如下：

```
#配置服务器集群组（包含两个服务器实例）
upstream sample1 {
    server 127.0.0.1:8009 weight=1 max_fails=3 fail_timeout=30s;
    server 127.0.0.1:8109 weight=1 max_fails=3 fail_timeout=30s;
}
server {
#其他配置
    location /sample1/{
        ajp_keep_conn on;
        ajp_pass sample1;
    }
}
```

与HTTP协议的区别见加粗部分。更多参数配置可以参见https://github.com/yaoweibin/nginx_ajp_module。

由于该模块为第三方提供，资料相对较少，更新频次低，健壮性和性能也未有权威测试，因此如果要用于生产环境，需要进行综合评估和完备的测试，如果性能相差不大，不推荐使用AJP协议进行负载均衡。

7.5 与 IIS 集成

Tomcat还支持与IIS服务器集成，用于多平台应用系统的整合（.NET和Java）。

这种情况只有当Java应用作为遗留系统时才可能被使用，如果.NET应用作为遗留系统，那么更多的是将IIS服务器实例作为后端服务器，而非将其前置。

由于实际情况使用不多，此部分不再赘述，感兴趣的读者可以参见http://tomcat.apache.org/connectors-doc/webserver_howto/iis.html。

7.6 小结

本章首先简单介绍了一下Web服务器与应用服务器的区别，并列举了常见的几个需要Web服务器与应用服务器集成的场景。

然后，重点讲解了Tomcat如何与Web服务器集成，包括Apache和Nginx这两款最主流的Web服务器产品。通过与Web服务器的集成，我们可以实现多个应用系统整合以及负载均衡架构。

通过本章的内容，你可以知道如何在不同平台下（Windows、Linux）安装Web服务器及其集成模块，如何配置Web服务器完成多应用集成和负载均衡架构。

第 8 章

Tomcat集群

集群是应用服务器不可或缺的一项重要特性。无论是高并发的互联网应用，还是重业务的企业级应用系统，其部署架构均需要不同程度地考虑对集群的支持。集群不仅要求应用服务器提供相关的管理、同步等功能，还要求应用系统具备与之相应的可伸缩性，这就对应用系统架构提出了更高的要求。

本章主要从技术角度，讲解Tomcat中集群的实现方案及其使用配置方式，包括以下内容。

- ❑ Tomcat集群架构的实现方案，以及集群通信框架Apache Tribes。
- ❑ Tomcat集群配置方式。
- ❑ Tomcat集群部署的原理及配置方式。
- ❑ 集群会话同步。

8.1　Tomcat 集群介绍

集群是一组相互连接的拥有相同功能的服务器，这些服务器通过高速网络实现互联并提供服务。集群对客户端完全透明，客户端可以像访问单台服务器一样访问集群。通常情况下，集群与负载均衡配合使用，以提供可伸缩、高可用、高性能的系统架构。

采用集群方式，可以为应用系统带来如下好处。

- ❑ **可伸缩性**。由于集群中的服务器提供相同的功能服务，因此随着需求和负荷的增加，我们很容易通过横向扩展的方式，增加服务器数目，提高集群的处理能力。负载均衡会按照策略自动将请求合理地分发到各个服务器上进行处理，这对于客户端来说是完全透明的。
- ❑ **高可用性**。所谓高可用性系统是指系统在不需要人工干预的情况下，通过故障转移恢复等措施，使系统正常运行时间达到99.99%以上。在集群环境下，由于服务是由一组服务器共同提供的，因此当某个服务器异常后，系统整体功能的可用性并不会受到影响。
- ❑ **高性能**。在集群环境下，负载均衡会将客户端请求合理地分配到集群中的每台服务器上，从而降低单台服务器请求处理数量，提升请求处理性能。

当然，以上集群带来的优势都伴随着更高的软硬件成本及管理复杂度的上升。

一个典型的基于Tomcat的集群部署架构如图8-1所示。

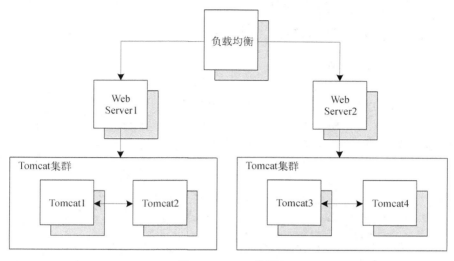

图8-1　Tomcat集群

来自客户端的请求通过负载均衡分配到前端的Web服务器。对于静态文件（html、js、css、image等）请求，Web服务器将直接处理并返回。对于Servlet请求，Web服务器将会按照一定的策略转发到Tomcat集群处理，处理完毕后，Web服务器将Tomcat的响应结果返回给客户端。

图8-1展示了多个Tomcat集群的部署架构。我们出于功能隔离（每个集群提供一组相同服务），或者出于非功能因素（Tomcat默认的集群方案并不适合大规模的集群部署），将其分隔为多个集群组。在一个相对简单的部署架构中，由于Web服务器大多都可以做负载均衡，因此我们可以将其简化，如图8-2所示。

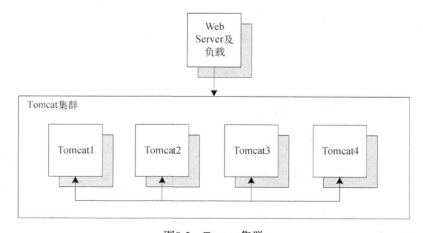

图8-2　Tomcat集群

Web服务器负责处理静态文件请求以及对Tomcat集群的负载均衡，由于Tomcat实例之间的相互通信会占用一定的带宽，因此此方案不适合Tomcat实例较多的情况。

接下来，我们详细看一下Tomcat集群的实现方案，进一步了解相关的功能特性。

8.1.1 Tomcat 集群基础

下面我们以一张类图展示一下Tomcat集群相关组件的关系，如图8-3所示。

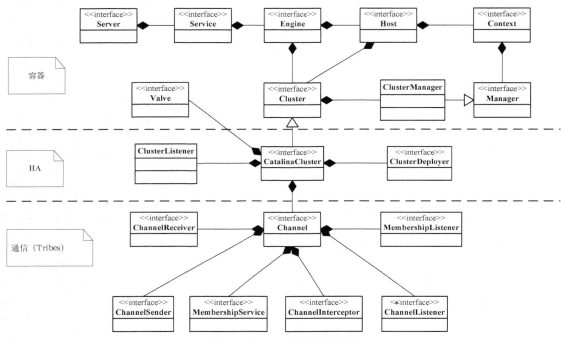

图8-3　Tomcat集群相关类图

首先，Tomcat使用org.apache.catalina.Cluster作为本地主机集群客户端/服务器组件，负责建立集群内实例之间的通信，发送/接收集群消息。虽然从类结构上看，所有Container均可以持有Cluster，但是在Tomcat通过server.xml实例化容器时，只有Engine和Host才可以配置Cluster组件。

org.apache.catalina.Cluster作为Catalina容器集群组件接口，仅定义了与容器相关的行为，其高可用相关的行为则由子接口org.apache.catalina.ha.CatalinaCluster定义。Tomcat提供的集群组件默认实现为org.apache.catalina.ha.tcp.SimpleTcpCluster，它基于简单的组播方式实现，负责建立集群并为成员提供有效的组播接收和发送机制。

Channel是Tomcat集群通信模块Apache Tribes的核心API，负责Tomcat集群中各节点之间的通信，具体内容将在下一节讲解。Cluster通过Channel进行集群消息的发送和接收。如果从分层的视角看，Cluster定义了Tomcat集群应用层的行为，而Channel则是位于其下一层的具体的I/O组件。

Cluster使用Valve追踪Web应用的请求，它本身并不维护一个Pipeline，而是将Valve添加到其所属容器（Engine或Host）上。Tomcat提供了两个集群相关的Valve实现：ReplicationValve用于在HTTP请求结束时通知集群，以使集群确定是否存在数据复制；JvmRouteBinderValve用于当集群中一个节点崩溃时的故障转移（使用mod_jk实现负载均衡的情况）。当一个节点崩溃之后，该节点的后续请求将会发送到集群中的一个有效备份节点，这会导致这部分请求访问性能下降。如果备份节点配置了JvmRouteBinderValve，并且接收到从崩溃节点转移的请求，那么该Valve会覆写Cookie中的jsessionid，将其路由改为备份节点的jvmRoute。随着响应返回客户端，后续的请求均会直接发送到备份节点。该变更也会通知集群中的其他节点。所有这些工作完成后，粘性会话将会直接作用于备份节点，即便故障节点重启（因此如果希望故障恢复，不可以配置该Valve）。

通过集群监听器ClusterListener，可以监听集群消息的接收。Tomcat提供了一个默认实现——ClusterSessionListener，该类负责接收来自集群中其他节点的复制会话消息，交给当前节点的会话管理器进行处理（如会话创建、过期、访问、变更等）。

在集群环境下，会话管理器需要支持消息以及复制相关的操作。Tomcat定义了一个集群会话管理器接口org.apache.catalina.ha.ClusterManager，它继承自会话管理器接口org.apache.catalina.Manager。同时，Tomcat提供了两个集群会话管理器实现类：org.apache.catalina.ha.session.DeltaManager和org.apache.catalina.ha.session.BackupManager。DeltaManager只将会话中的增量数据复制到集群中的所有成员，该实现要求集群中的所有成员必须部署相同的应用并且精确复制。BackupManager仅将会话的增量数据复制到一个备份节点，集群中的所有节点均知晓该备份节点的位置。

此外，Tomcat通过接口org.apache.catalina.ha.ClusterDeployer支持Web应用的集群部署。

接下来我们从通信、会话、部署等几个方面来介绍一下Tomcat的集群实现。

8.1.2 Apache Tribes

Apache Tribes是Tomcat的集群通信模块，是一个具有组通信能力的消息框架。在早期的Tomcat版本中，集群作为一个单独的模块存在。鉴于群组通信的复杂性，Tomcat在后续版本中将集群模块拆分为两个独立模块：组通信（Tribes）和HA（复制）。通过拆分，Tribes成为一个完全独立的、高度灵活的组通信模块，我们可以直接将其添加到应用中使用。

Tribes完全独立于Tomcat容器的集群以及会话复制功能。它的主要目的是简化分布式应用的点对点及点对组通信。Tribes支持两种类型的消息传递：可用于两个节点之间事件的**并发消息传递**和可用于发送消息给多个节点的**平行消息传递**。

Tribes提供的特性如下。

❑ 可插拔的模块：Tribes完全基于接口构建，它包含的任意模块或者组件都可以替换为定制化实现。

❑ 有保证的消息传递：Tribes默认基于TCP传递消息，同时支持TCP和UDP两种协议以及阻塞和非阻塞两种I/O操作方式。

❑ 不同的消息保证级别：Tribes支持3个不同级别的消息传递保证：NO_ACK（不确认）、ACK（确认）、SYNC_ACK（同步确认）。

　■ NO_ASK：速度最快，可靠性最低。只要消息发送到Socket缓冲区并接收即认为消息发送成功。

　■ ACK：推荐级别，保证传输。当远程节点接收到消息后，会返回给发送者一个确认，表示消息接收成功。

　■ SYNC_ACK：保证传输、处理，性能最差。当远程节点收到消息，并且消息处理成功后，会返回给发送者一个确认（ACK），表示消息接收并处理成功。如果远程节点接收到消息但是处理失败，会返回给发送者一个ACK_FAIL。在某些场景下，这会非常有用，尤其是当发送者需要知道消息的处理结果时，否则开发者只能将所有与消息处理结果相关的逻辑放到远程接收节点的应用系统中，这显然不利于系统解耦。如果采用该级别，并且发送者接收到ACK_FAIL，Tribes将会提示异常，通过异常信息，发送者可以知道具体处理失败的成员节点。当然，我们也可以根据需要增加更多更复杂保证级别，如两段提交，直到所有节点都接收到消息后，远程应用才开始接收消息。

❑ 支持每条消息的传递语义：该特征使Tribes从诸多组通信框架中脱颖而出。这些语义允许每条消息以不同的方式传递，同时采用不同的保证级别。这意味着基于某些静态配置，可以使消息不被传递。

❑ 基于拦截器的消息处理：Tribes使用定制化的拦截器栈处理消息的发送和接收。拦截器可以在消息发送过程中根据消息属性作出相关的处理。例如，如果你添加了一个加密拦截器来加密消息，那么你可以决定是否所有消息均应加密，还是只加密某一类消息。

❑ 无线程的拦截器栈：Tribes拦截器不需要任何单独的线程来执行消息操作。只有拦截器MessageDispatchInterceptor例外，该拦截器在一个单独的线程中排队并发送消息，以便进行异步消息传递。消息的接收工作由Receiver组件中的一个线程池控制。Channel对象可以通过拦截器栈发送一个心跳以用于超时、清理和其他事件。

❑ 并行传递：Tribes支持消息的并行传递。这意味着一个节点可以并行地将多个消息发送到另一个节点（当采用不同的传递语义发送消息时，该特征非常有用）。然而，如果消息A采用全序的方式发送，那么消息B需要等待消息A完成发送。采用NIO，Tribes也可以通过一个线程同时将一个消息发送到几个接收者。

❑ 支持沉默成员消息：Tribes支持发送消息到组外的成员。如果希望某个成员对组内剩余的成员隐藏，仅与它们保持通信，这个特性非常有用。

❑ 固定的节点层级：Tribes支持确定集群领导、自动合并组，在多播无法工作的情况下发现
节点。

❑ 失败检测：Tribes提供了一个简单的拦截器TcpFailureDetector，以便在集群成员宕机时提
供反馈。这样就不必等待超时，而且也不存在网络繁忙时节点ping被卡的风险。

1. Tribes组件结构

首先，Channel是Tribes的核心API，用于表示参与相互通信的一组节点，这也是应用程序需
要知道的唯一的类（除了相关事件的监听器）。通过Channel，应用程序可以发送和接收消息、获
取组内成员、监听成员添加和移除的通知。为了实现这些功能，Channel包含了数据接收及发送、
Membership监听及广播、Channel拦截器等组件。

我们通过一个类图来展示一下Tribes的组件结构，如图8-4所示。

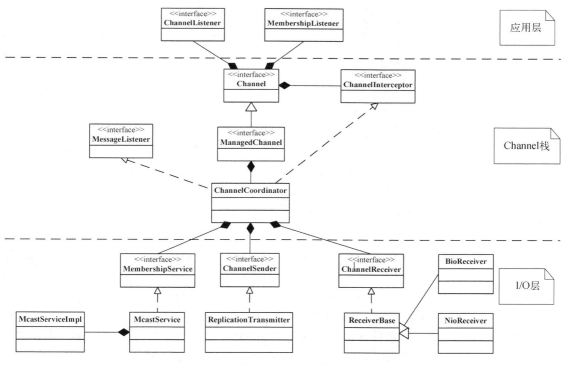

图8-4　Tribes类图

首先，在应用层，Tribes提供了ChannelListener和MembershipListener两个监听器。通过
ChannelListener监听器，我们可以监听并接收来自Channel的集群消息（消息为普通的Java串行化
对象），Tomcat集群组件中的很多类均实现了该接口，以用作不同的用途，在接下来的讲解中我
们会逐步提及。MembershipListener监听器用于监听成员的添加和移除。

其次，应用层组件通过Channel的send()方法向集群其他节点发送消息（消息同样为普通的Java串行化对象）。Channel通过ChannelInterceptor栈拦截消息处理，允许拦截器修改消息或在发送和接收消息时执行相关操作。

最后，Tribes在I/O层提供了MembershipService用于维护活动的集群节点列表，以及ChannelSender消息发送和ChannelReceiver消息接收的I/O组件。对于消息接收，Tribes支持BIO和NIO两种方式。

介绍完Tribes的静态设计，让我们继续看一下Tribes的几个关键处理过程。Tribes提供的Channel默认实现为GroupChannel，以下内容均基于该默认实现进行讲解。

2. Tribes发送消息

Tribes的消息发送如图8-5所示。

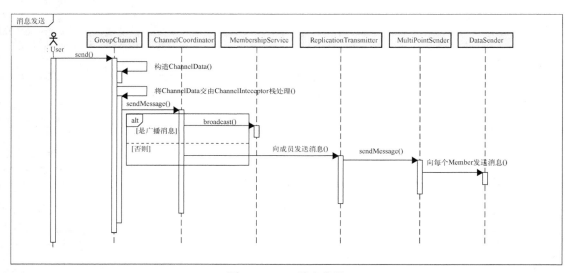

图8-5　Tribes消息发送

Tribes通过Channel.send()方法发送消息。该方法参数包括：目的成员列表、消息以及一个选项参数，还可以指定一个ErrorHandler对象用于异常以及成功回调。可以通过Channel.getMembers()方法获取当前集群中有效的成员，消息可以是任意序列化对象，通过选项参数，可以控制消息发送过程中的一些行为是否触发，如触发通道拦截器。Tribes支持的选项参数如表8-1所示。

表8-1　Channel支持的选项参数

选项参数	描　　述
Channel.SEND_OPTIONS_BYTE_MESSAGE	表明发送的是字节消息，不需要序列化和反序列化
Channel.SEND_OPTIONS_USE_ACK	消息发送，接收者接收到消息后会返回ACK，如果没有收到ACK，将视消息未发送成功

（续）

选项参数	描　述
Channel.SEND_OPTIONS_SYNCHRONIZED_ACK	消息同步发送，接收者接收到消息并处理成功后会返回ACK，如果没有收到ACK，将视消息未发送成功
Channel.SEND_OPTIONS_ASYNCHRONOUS	消息异步发送，接收者接收到消息并处理成功后会返回ACK，如果没有收到ACK，将视消息未发送成功
Channel.SEND_OPTIONS_SECURE	消息通过一个加密通道发送
Channel.SEND_OPTIONS_UDP	采用UDP的方式发送消息
Channel.SEND_OPTIONS_MULTICAST	消息将以广播的形式发送
Channel.SEND_OPTIONS_DEFAULT	等同于SEND_OPTIONS_USE_ACK

发送消息时，Channel先将消息封装为一个ChannelData对象，然后交由ChannelInterceptor栈发送。Channel的默认实现GroupChannel同样实现了ChannelInterceptor接口，它保证自己位于栈的顶部，而ChannelCoordinator位于栈的底部，具体的消息发送由ChannelCoordinator完成。

如果当前消息是一个广播消息，那么ChannelCoordinator将调用MembershipService.broadcast发送（底层通过java.net.MulticastSocket完成），否则调用ReplicationTransmitter.sendMessage发送。

ReplicationTransmitter并不负责具体的发送工作，消息发送由它维护的多点发送器MultiPoint-Sender完成。MultiPointSender对于每个Member构造DataSender实例进行消息发送。

DataSender通过具体的I/O方式，将消息发送到指定的Member。

按照I/O的不同，Tribes分别提供了BioSender和NioSender两个DataSender实现。同时，基于不同的DataSender，提供了4个MutilPointSender实现：基于BIO的多点发送MultipointBioSender、基于池的BIO多点发送PooledMultiSender、并行NIO发送ParallelNioSender、基于池的并行NIO发送PooledParallelSender。

3. Tribes接收消息

Tribes的消息接收如图8-6所示。

Tribes接收消息通过监听器ChannelListener完成，因此接收消息时首先需要将自己的监听器实现添加到Channel上。Channel启动时，会同时启动一个ChannelReceiver用以接收消息。根据I/O方式的不同，Tribes提供了BioReceiver和NioReceiver两个ChannelReceiver实现。

当ChannelReceiver接收到消息后，会回调ChannelCoordinator的messageReceived进行消息接收处理。ChannelCoordinator将消息交由ChannelInterceptor栈处理。接收消息时，栈的处理顺序与发送消息恰好相反，为自底向上，因此最后执行的ChannelInterceptor为Channel自身。

最后，Channel触发ChannelListener监听器完成消息接收。

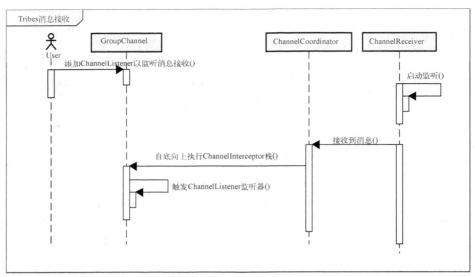

图8-6 Tribes消息接收

4. Tribes成员添加和移除

Tribes成员的添加和移除由MembershipService负责，它在内部启动了一个发送线程和一个接收线程用于处理成员的变更消息，如图8-7所示。

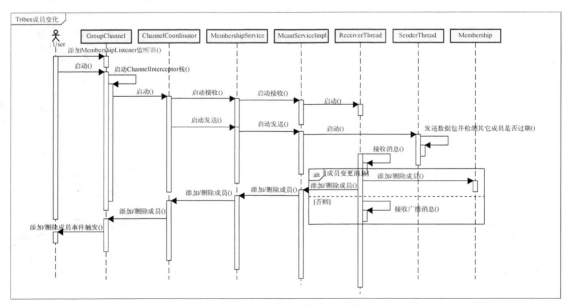

图8-7 Tribes成员添加和移除

发送线程会定时轮询以广播的方式将一个特定的数据包（包含了成员的基本信息）发送给其他成员，以表明当前成员处于有效状态。同时，还会检测本地维护的成员信息是否过期（超过指定时间没有收到来自该成员的数据包）。对于过期成员的处理方式与接收到成员移除消息的处理方式相同。

接收线程会轮询接收其他成员发来的广播数据包，如果是成员添加/移除消息，则会通过ChannelCoordinator和ChannelInteceptor栈回调最终触发MembershipListener监听器的member-Added和memberDisappeared。如果不是成员添加/移除消息，Tribes会当作普通的广播消息处理。

8.1.3 Tomcat 集群组件实现

我们知道，Cluster在服务器中承担了集群客户端/服务端的角色，它负责与集群通信，接收和发送集群消息，监听成员变化。它通过封装集成底层的通信框架，为Tomcat容器中支持集群的各个组件（会话管理器、集群部署组件）提供通信支持，使容器与具体的通信框架解耦。也可以说Cluster是容器与集群通信框架的桥梁。

SimpleTcpCluster作为Tomcat提供的默认实现，基于Tribes实现。我们通过一张静态类图看一下它的详细设计，如图8-8所示。

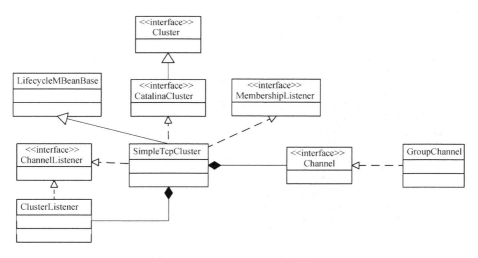

图8-8　SimpleTcpCluster相关类图

SimpleTcpCluster继承自生命周期管理的基础抽象类（LifecycleMBeanBase），因此它会随着上级容器组件的启动而启动。在SimpleTcpCluster启动时，如果我们没有对其进行定制化设置，它会自动添加一系列默认配置。

❑ 如果会话管理器模板为DeltaManager，那么为SimpleTcpCluster添加ClusterSessionListener监听器，用于接收处理来自其他节点的会话消息。

- □ 为SimpleTcpCluster添加JvmRouteBinderValve和ReplicationValve两个Valve（作用见8.1.1节）。
- □ 为持有的Channel添加MessageDispatchInterceptor和TcpFailureDetector两个拦截器（作用见8.2节）。

SimpleTcpCluster启动时，会将自己持有的Valve添加到其所属容器持有的Pipeline上。同时，将自己作为MembershipListener和ChannelListener监听器注册到Channel。最后启动Channel。

SimpleTcpCluster启动成功后，我们便可以通过SimpleTcpCluster.send()方法向集群节点发送消息。通过SimpleTcpCluster发送的消息必须是ClusterMessage的子类。

当SimpleTcpCluster接收到消息时，会调用ClusterListener监听器进行处理。因此，如果我们希望在容器中监听消息接收，只需要为SimpleTcpCluster添加一个ClusterListener子类即可，不必关心底层的Tribes API。

除了基础的消息接收/发送功能，SimpleTcpCluster还负责为Servlet容器创建维护集群会话管理器。集群会话管理器的相关知识，我们将在8.4节介绍。

8.2   集群配置

在server.xml文件中，通过<Cluster>元素为Tomcat添加集群配置。<Cluster>可以嵌入到<Engine>或者<Host>中，其最简单的配置如下：

```
<Cluster className="org.apache.catalina.ha.tcp.SimpleTcpCluster"/>
```

在这种情况下，Cluster的所有配置均为默认值，它等价于下面的详细配置：

```
<Cluster className="org.apache.catalina.ha.tcp.SimpleTcpCluster"
    channelSendOptions="8">
    <Manager className="org.apache.catalina.ha.session.DeltaManager"
        expireSessionsOnShutdown="false" notifyListenersOnReplication="true" />
    <Channel className="org.apache.catalina.tribes.group.GroupChannel">
    <Membership className="org.apache.catalina.tribes.membership.McastService"
        address="228.0.0.4" port="45564" frequency="500" dropTime="3000" />
    <Receiver className="org.apache.catalina.tribes.transport.nio.NioReceiver"
        address="auto" port="4000" autoBind="100" selectorTimeout="5000"
        maxThreads="6" />
    <Sender className="org.apache.catalina.tribes.transport.ReplicationTransmitter">
        <Transport
className="org.apache.catalina.tribes.transport.nio.PooledParallelSender"/>
    </Sender>
    <Interceptor
className="org.apache.catalina.tribes.group.interceptors.TcpFailureDetector" />
    <Interceptor
className="org.apache.catalina.tribes.group.interceptors.MessageDispatchInterceptor"/>
    </Channel>
    <Valve className="org.apache.catalina.ha.tcp.ReplicationValve"
        filter="" />
    <Valve className="org.apache.catalina.ha.session.JvmRouteBinderValve" />
    <ClusterListener
        className="org.apache.catalina.ha.session.ClusterSessionListener" />
</Cluster>
```

由上述配置可知，在<Cluster>中，<Manager>用于指定当前节点所使用的集群会话管理器，默认为DeltaManager。

<Channel>用于指定具体的Channel实现。在<Channel>内部，可以通过<MemberShip>指定通道的成员服务，默认的广播地址为228.0.0.4。通过<Receiver>、<Sender>指定接收器、发送器的实现，默认采用NIO实现。通过<Interceptor>添加ChannelInterceptor实现，默认情况下，Cluster会为Channel添加TcpFailureDetector和MessageDispatchInterceptor两个拦截器。Tribes支持的部分拦截器如表8-2所示。

表8-2 Tribes支持的拦截器

拦 截 器	描 述
DomainFilterInterceptor	成员域名过滤器。对于指定域名之外的成员，将拒绝添加到组，而且也不会接收其发送的消息
FragmentationInterceptor	分片拦截器。该拦截器会将大的消息进行拆分发送，避免此类消息过多占用发送Socket，导致其他消息无法通过
GzipInterceptor	Gzip压缩拦截器。用于对消息进行Gzip压缩，以提升传输效率
MessageDispatchInterceptor	消息分发器。用于在Channel中启用异步通信。该拦截器会判断是否设置了Channel.SEND_OPTIONS_ASYNCHRONOUS选项，如果是，则该拦截器会将消息放入队列进行异步发送并立即返回
OrderInterceptor	该拦截器确保消息接收的顺序与发送顺序相同。建议仅用于发送者需要ACK确认的场景，在不需要确认的情况下，该拦截器会降低消息发送效率
TcpFailureDetector	失败检测。当网络或系统繁忙，导致Membership接收器线程处理超时时，该拦截器将尝试采用TCP进行连接
TcpPingInterceptor	定期向组内成员发送ping
ThroughputInterceptor	以日志的形式输出集群消息的吞吐量
TwoPhaseCommitInterceptor	两段提交拦截器

通过<Valve>为Cluster添加过滤器，这些过滤器最终会添加到Cluster所属容器（Engine/Host）上，默认添加的Valve见8.1.1节介绍。

通过<ClusterListener>为Cluster添加监听器，该监听器在Cluster接收到集群消息时触发（SimpleTcpCluster实现了ChannelListener接口，并且会自动注册到Channel实例上），用于接收来自其他集群节点的会话消息。ClusterSessionListener主要用于接收会话消息并交由会话管理器处理，该拦截器与DeltaManager配合使用，以实现会话数据在集群之间的同步。使用BackupManager时，该拦截器无作用。

8.3 会话同步

Tomcat集群组件提供的两项主要功能便是会话同步和集群部署。本节主要介绍Tomcat会话同步的实现方案，集群部署的知识参见8.4节。

通过前面的讲解，我们知道，Tomcat提供了两个集群会话管理器实现：DeltaManager和BackupManager，并且它们的处理机制也有所不同，接下来分别看一下它们的实现方案。

8.3.1   DeltaManager

对于DeltaManager，Tomcat集群组件为会话消息单独定义了消息对象SessionMessage，它继承自ClusterMessage。同时，定义了一系列的会话消息类型，以实现会话的创建、更新、过期等处理。

当SimpleTcpCluster创建的会话管理器为DeltaManager时，它会自动添加一个ClusterSession-Listener。该监听器只接收来自其他集群节点的SessionMessage类型的消息。如果接收到的SessionMessage未设置管理器名称，则会将消息交由Cluster维护的所有会话管理器处理（调用管理器的messageDataReceived()方法）。如果设置了管理器的名称，则将消息交由指定管理器处理。此时如果不存在该名称的管理器，并且接收消息类型为EVT_GET_ALL_SESSIONS，则向消息发送者回复一个类型为EVT_ALL_SESSION_NOCONTEXTMANAGER的消息。

DeltaManager作为会话管理器，同时也是一个生命周期管理组件。它启动时会向集群中的主节点（默认为Cluster中维护的成员列表的第一个）发送一个EVT_GET_ALL_SESSIONS消息以获取当前集群中有效的会话，然后等待集群主节点返回消息。如果主节点找不到合适的会话管理器处理该消息，则直接返回EVT_ALL_SESSION_NOCONTEXTMANAGER，这样请求节点接收到回复消息后便可以结束等待（否则该等待操作会延长服务器的启动时间）。如果主节点找到合适的会话管理器，则交由该管理器处理。主节点会话管理器会将自己维护的会话分批封装为EVT_ALL_SESSION_DATA类型的消息返回给请求节点（请求节点将消息反串行化并将会话存储到本地）。当所有会话发送完成后，再向请求节点返回一个EVT_ALL_SESSION_TRANSFERCOMPLETE消息表示传输完成（请求节点接收到该消息后更新标志位以便结束等待操作）。

DeltaManager对于其他类型会话消息的处理参见表8-3，不再详细说明。

表8-3   会话消息处理说明

会话消息	描 述
EVT_GET_ALL_SESSIONS	主要用于服务器启动。此时服务器发送该消息到集群中的节点，以获取当前所有的有效会话
EVT_ALL_SESSION_DATA	服务器接收到EVT_GET_ALL_SESSIONS消息后，会将当前服务器本地的会话封装为EVT_ALL_SESSION_DATA消息发送给EVT_GET_ALL_SESSIONS消息的发送者。发送者收到EVT_ALL_SESSION_DATA消息后，反串行化会话对象，并保存到本地
EVT_ALL_SESSION_TRANSFERCOMPLETE	与EVT_ALL_SESSION_DATA配合使用，当所有会话的数据均发送完成后，服务器会发送一个EVT_ALL_SESSION_TRANSFERCOMPLETE消息给EVT_GET_ALL_SESSIONS发送者，表示传输完成

（续）

会话消息	描 述
EVT_SESSION_CREATED	当前节点创建一个新的会话时，会发送EVT_SESSION_CREATED消息到集群中其他节点，接收到该消息的节点会在本地创建一个标识相同的会话
EVT_SESSION_EXPIRED	当前节点的会话过期时，会发送一个EVT_SESSION_EXPIRED消息到集群中的其他节点，接收到该消息的节点会在本地对相同标识的会话执行过期操作
EVT_SESSION_ACCESSED	当每个请求结束时，Tomcat会判断当前会话是否存在变更，如不存在变更，则发送EVT_SESSION_ACCESSED消息到集群中的其他节点，接收到消息的节点在本地对相同标识的会话更新访问时间
EVT_SESSION_DELTA	当每个请求结束时，Tomcat会判断当前会话是否存在变更，如存在变更，则发送EVT_SESSION_DELTA消息到集群中的其他节点，接收到消息的节点将同步本地的会话信息
EVT_CHANGE_SESSION_ID	当前节点变更会话的ID时（如采用mod_jk），会发送EVT_CHANGE_SESSION_ID消息到集群中的其他节点，接收到消息的节点将变更本地的会话标识
EVT_ALL_SESSION_NOCONTEXTMANAGER	当前节点如果接收到EVT_GET_ALL_SESSIONS消息，且没有消息指定ContextName的会话管理器，将会发送EVT_ALL_SESSION_NOCONTEXTMANAGER消息给发送者

8.3.2 BackupManager

与DeltaManager不同，BackupManager并不是基于SessionMessage实现的。它的本地会话存储采用的是一个有状态的、可复制的Map——LazyReplicatedMap（它采用主从的备份策略）。通过这个Map，BackupManager仅将会话的增量数据复制到一个备份节点，集群中的所有节点均知晓该备份节点的位置。

BackupManager在每次请求结束时，都会调用LazyReplicatedMap的replicate()方法将当前会话的变更信息复制到备份节点。发送的消息是一个MapMessage对象，分为3类消息：新会话、会话更新和会话访问。除此之外，Map的移除等操作也会向备份节点发送MapMessage消息。

LazyReplicatedMap的父类实现了ChannelListene和MembershipListener接口，并且在实例化时，会将自己作为监听器注册到Channel上。当LazyReplicatedMap监听到来自集群节点的消息时（只处理MapMessage消息），根据消息类型更新当前Map存储的会话信息。

8.3.3 替代方案

如上所述，在"负载均衡+集群"的架构下，Tomcat的集群组件多用于实现会话同步。但是，这种方案并不适用于较大规模的集群。除了通信开销外，部署架构也显得比较复杂。实际上，在搭建负载均衡时，完全可以将会话集中管理。当规模较小时，可以采用数据库（此时可以使用PersistentManager+JDBCStore）；当规模较大时，可以采用高速缓存替代，如Redis、Memcached。此时，我们需要自己实现Tomcat的会话管理器，或者扩展org.apache.catalina. session.StoreBase。当前网上已经有非常多的实现方案，如redis-session-manager。

8.4   集群部署

在集群环境中,我们经常面临的一个问题就是集群化部署,尤其是服务器实例增多之后,我们不可能每台服务器均手动上传发布包并进行部署,这种方式除了运维工作量惊人(而且稍微上规模后,这根本就是一件不可能完成的任务)之外,部署耗费时间也是不可接受的,尤其是在对系统有效性要求极其严格的情况下,这时可以通过一些专业的自动化运维工具解决,如Puppet、Ansible等。它们很好地满足了大规模集群部署的要求,极大地提高了运维效率。

当然,如果在极小规模集群及其开发环境中,我们还可以尝试使用Tomcat的集群部署功能。它以文件消息的形式实现了发布包在集群之间的同步更新。

本节就来看一下它的实现原理,然后再简单介绍一下它的配置方式。

8.4.1   实现原理

由于Tomcat的集群部署基于文件消息实现,所以它要依赖Apache Tribes通信模块。我们先以一张图展示一下核心类及接口之间的关系,如图8-9所示。

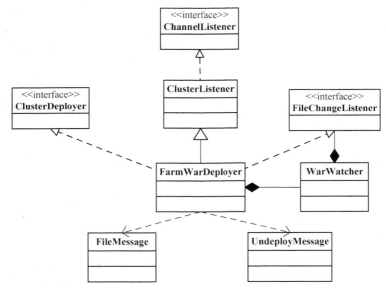

图8-9   FarmWarDeployer相关类图

Tomcat通过ClusterDeployer接口定义集群部署组件,同时提供了默认实现FarmWarDeployer。它作为Cluster的一个组件,实现了ClusterListener接口。在FarmWarDeployer启动时,它会自动将自己作为监听器注册到Cluster上,这样FarmWarDeployer便可以接收来自其他节点的集群消息。

FarmWarDeployer只接收和发送以下两类消息。

❏ **FileMessage**：文件消息，用于传输部署包文件（当前版本Tomcat只支持War包传输）。当FarmWarDeployer接收到FileMessage消息后，先将部署War写入临时文件目录，然后卸载当前服务器中的同名应用（contextName），将War复制到部署目录，并加载应用（对部署包的卸载及加载通过以MBean的形式执行HostConfig[①]相应方法实现）。

❏ **UndeployMessage**：卸载消息，用于卸载Web应用。当FarmWarDeployer接收到UndeployMessage消息后，会卸载当前服务器中指定名称的应用。

FarmWarDeployer通过WarWatcher定期检测指定目录是否存在文件变更。如存在，则触发FileChangeListener事件。FarmWarDeployer实现了FileChangeListener接口，对于新增和修改文件，先在当前服务器重新部署，然后向集群中其他节点发送FileMessage消息。对于删除文件，先向集群中其他节点发送UndeployMessage消息，然后再卸载当前服务器中的应用。

8.4.2 配置方式

FarmWarDeployer配置方式很简单，只需要在server.xml文件中的`<Cluster>`节点下面增加如下配置即可：

```
<Deployer className="org.apache.catalina.ha.deploy.FarmWarDeployer"
    tempDir="/tmp/web-temp/"
    deployDir="/webapps/"
    watchDir="/web-watch/"
    watchEnabled="true"/>
```

tempDir为接收新部署包的临时目录。deployDir为Web应用部署目录。watchDir为WarWatcher检测目录。watchEnabled用于控制是否启动文件变更检测，默认为false。

因为FarmWarDeployer是Tomcat Cluster的一个组件，它同样需要依赖Tribes通信组件，因此并不适用于大规模的集群环境。但是它的设计思想可以为我们在小规模集群环境下的同步方案提供参考。而且它直接通过Tomcat容器进行发布包的部署及卸载，省去了编写自动部署shell脚本的工作。

8.5 小结

本章主要介绍了Tomcat Cluster的实现原理及其底层的通信框架Tribes，并对Tomcat Cluster的配置方式进行了简单说明。尽管Tomcat的集群方案并不适合大规模的集群环境，但是在实现方案上仍可以为我们提供借鉴。当集群规模较大时，我们还可以通过分组将集群进行拆分，从而缩小集群规模，这样无论Tomcat的集群还是会话集中管理的方式，都有可能满足我们的部署架构要求。

---

① HostConfig：相关知识参见本书3.4节。

第 9 章

Tomcat安全

安全是系统架构中最重要的关注点之一，通常情况下，我们所说的安全涵盖网络安全、数据安全、操作系统安全、服务器安全以及应用系统安全等诸多方面。

Tomcat作为一款应用服务器，尽管默认情况下可以满足多数场景的安全需求，但是在安全要求相对较高的环境下，我们仍需要从多个方面对其进行配置。本章主要从以下几个方面介绍Tomcat中安全相关的一些配置及功能实现。

- ❑ 配置安全：介绍Tomcat安装、配置及部署过程中需要注意的一些常见问题。
- ❑ 应用安全：介绍Tomcat中应用安全管理的实现原理。
- ❑ 协议安全：简单介绍Tomcat中SSL的配置方式。
- ❑ Java安全策略许可：介绍Java安全策略许可的概念以及在Tomcat下的使用方式。

9.1　配置安全

本节将主要介绍与Tomcat安装配置相关的安全注意事项。通过前面几章的讲解我们知道，Tomcat出于功能演示、管理及配置复用等多方面的考虑，提供了尽可能完备的部署包及各种默认配置，如在线文档、示例工程、Web应用默认配置、默认安全用户等。根据实际部署环境的安全级别以及部署架构模式，我们可能并不需要一些附带的部署包以及默认配置，此时需要对它们进行修改或者删除，以避免可能由此导致的安全问题。下面主要从两个方面说明实际部署环境需要关注的一些问题。

9.1.1　安装部署问题

首先，下载安装Tomcat时，务必从官网或者知名服务商网站下载发布包，以确保发布包的安全性。下载完成后，可以通过MD5/PGP验证发布包的完整性，在Linux下，可以采用OpenPGP进行验证。

其次，Tomcat发布包中自带了几个Web应用，这些应用也可能会导致安全风险，因此应该尽量移除不必要的应用。对于docs、examples、ROOT，我们可以直接将其移除。host-manager和manager用于管理及监控Tomcat容器，如果我们已经使用第三方工具来管理Tomcat，那么这两个包可以直接移除。如果我们希望使用这两个包，那么可以为它们增加IP访问限制（Remote-AddrValve，可以查看这两个应用下META-INF/context.xml文件中的内容。8.5版本之前，需要手动开启，而8.5版本之后，则默认开启并只有本机可以访问）。虽然host-manager和manager必须在conf/tomcat-users.xml中添加了用户信息才可以正常访问，但是为了避免被攻击者攻击，我们还应该设置足够健壮的密码。除此之外，我们需要确保server.xml中配置了org.apache.catalina.realm.LockOutRealm（默认已包含），以避免攻击者进行密码暴力破解。

再次，我们应当避免使用root用户权限启动Tomcat（在Linux环境下），而应该单独为Tomcat服务器建立一个用户，并且授予运行应用服务器所需的最小系统权限，例如Tomcat用户不能远程访问Linux服务器（与Linux相关的安全知识可以进一步阅读专业的Linux参考书）。

9.1.2 server.xml 配置

server.xml是Tomcat的核心配置文件，里面包含了Tomcat容器的各种组件配置。既然Tomcat是开源软件，那么server.xml中的默认配置对所有人便都是可见的，它的运行机制也是众所周知的，因此使用默认配置会大大增加服务器受攻击的风险。

因此，在将Tomcat部署到正式环境前，我们有必要修改server.xml中的相关配置，以增加服务器的安全性。

1. 移除不必要的组件

默认情况下，server.xml配置了一个HTTP链接器（8080）和一个AJP链接器（8009），实际上绝大多数情况下，我们只需要一个链接器即可。如果Tomcat独立启动，并且不存在前置的Web服务器，此时可以保留HTTP而删除AJP链接器，反之则可以删除HTTP链接器而保留AJP。

如果我们不需要使用host-manager和manager管理Tomcat，可以将<Engine>下的<Realm>以及名为"UserDatabase"的Resource删除。

为了server.xml的可读性，我们还可以将server.xml附带的注释都删除，这些注释都是Tomcat提供的配置示例。当然，这一点与安全无关。

2. 修改关键配置

在server.xml中，默认配置的shutdown监听端口为8005，指令为"SHUTDOWN"。也就是说只要向服务器的8005端口发送SHUTDOWN字符串，Tomcat便会自动关闭。当然，由于默认情况下Tomcat监听的是localhost，所以只有本机发出的指令才可以接收到。但是为了避免本机的恶意程序攻击，我们还是有必要修改shutdown配置。如果不使用该功能，可以直接将其禁用（将port属性设置为-1）；如果需要，则可以将port改为其他未占用端口，同时将指令改为更复杂的字符串。

Tomcat链接器的默认配置比较简单。从安全角度考虑，在部署环境中需要重点关注表9-1中的属性。

表9-1　安全相关的链接器属性

属　　性	描　　述
address	该属性用于控制链接器监听的IP地址，默认情况下链接器监听服务器配置的所有IP地址。如果服务器存在多个IP地址，建议明确指定
allowTrace	该属性用于开启TRACE请求，多用于DEBUG，在某些浏览器可能会导致安全问题。默认禁用
maxPostSize	FORM URL参数转换处理的POST请求的最大字节数。由于转换参数在请求处理过程中会被缓存，因此设置合适的上限有助于减少DOS攻击。默认为2MB
maxSavePostSize	FORM或者CLIENT-CERT认证时，保存或者缓冲的POST请求最大字节数。由于参数在认证过程中会被缓存，因此设置合适的上限有助于减少DOS攻击。默认为4KB
maxParameterCount	自动转换的参数（GET和POST之和）最大个数，超出该个数的参数将被忽略。该属性默认值为10000，建议根据实际情况进行配置
xpoweredBy	如果设置为true，Tomcat将会为响应添加X-Powered-By头信息用于宣传Servlet规范支持信息，这会使攻击者很容易识别服务器类型及版本并据此发动针对性攻击。默认为false
server	该属性用于控制"Server"HTTP头的内容，默认为"Apache-Coyote/1.1"。同样，攻击者很容易据此识别服务器类型并发动针对性攻击，故建议在正式环境中将其改为其他值

链接器与SSL相关的属性可以参见9.3节，此处不再赘述。

在默认情况下，server.xml只配置了一个名为localhost的Host，它是自动部署的，而且Web应用目录为$CATALINA_BASE/webapps。因此，只要是webapps目录下的目录或者WAR包均会在Tomcat启动时自动部署，包括被植入的恶意Web应用。要避免恶意的Web应用自动启动，可以考虑从两个方面解决：一是修改Web应用部署目录为其他路径，这样攻击者很难找到正确的部署目录并部署Web应用；二是禁用自动部署，即将Host的autoDeploy和deployOnStartup属性设置为false，此时只有在<Host>下配置的<Context>子元素才会被部署为Web应用，而且当变更Web应用的类文件时，必须手动重启服务器。除此之外，如果我们希望控制Web应用的配置权限（即Web应用是不可信的），可以将Host的deployXML置为false，此时Tomcat将忽略Web应用META-INF目录下的context.xml配置。

除此之外，<Context>元素的以下属性与服务器安全密切相关，部署应用时也需要注意，如表9-2所示。

表9-2　安全相关的Context属性

属　　性	描　　述
crossContext	用于控制是否可以访问其他Context的资源，默认为false，除非是可信任的Web应用，不应该开启该属性
privileged	用于控制是否可以使用容器提供的Servlet，默认为false，除非是可信任的Web应用，不应该开启该属性
allowLinking	是否允许使用符号链接，默认为false。如果在大小写敏感的操作系统开启该属性将会禁用一些安全措施，且允许直接访问WEB-INF目录
sessionCookiePathUses-TrailingSlash	用于解决IE、Safari、Edge等浏览器的BUG，防止当多个应用共享通用的路径前缀时，会话Cookie跨应用暴露，默认为false。尽管如此，开启该属性时，对于Servlet映射路径为/*的情况会存在问题。最好的方式是避免多应用共享路径前缀

如果部署的Web应用仅允许有限的客户端访问（如一些管理型应用），此时可以通过Remote-AddrValve控制访问客户端IP。

默认情况下，Web应用的异常由ErrorReportValve处理，该类不但会输出Tomcat的版本信息，还会将异常栈显示到客户端，导致泄露系统信息的风险。在生产环境中，我们应该尽量避免这个问题。首先，可以在web.xml中添加<error-page>，为HTTP错误的状态码（404、500等等）或者Java异常类型指定对应的提示界面。其次，还可以定制化ErrorReportValve以使它符合我们的要求（将属性showServerInfo设置为false隐藏服务器信息，showReport设置为false隐藏异常栈）。

Tomcat提供的几个系统环境变量也会影响系统的安全性。org.apache.catalina.connector.RECYCLE_FACADES属性用于控制每次请求是否会重新创建Connector请求的外观类，如果配置为true，则每次请求均会重新创建Connector请求外观类和请求参数映射，否则，Tomcat将复用外观类和请求参数映射，此时会增加由于系统缺陷导致数据错误传递到后续请求的风险，该属性默认为false。org.apache.catalina.connector.CoyoteAdapter.ALLOW_BACKSLASH和org.apache.catalina.connector.CoyoteAdapter.ALLOW_BACKSLASH这两个属性允许请求URL的非标准转换。当使用这两个参数时，攻击者可能会绕过前置代理增加的安全约束，从而导致系统安全问题。默认情况下，这两个参数为false。org.apache.catalina.connector.Response.ENFORCE_ENCODING_IN_GET_WRITER用于控制GET请求响应是否强制编码（使用响应中设置的编码，如未指定，默认为ISO-8859-1），这是因为许多浏览器在响应使用默认编码时会违反RFC2616，试图猜测响应编码，如有一些浏览器会使用UTF-7，此时虽然字符做到了兼容，但是会导致安全风险（如XSS），该属性默认为true，即强制编码。

Web应用Servlet容器的定义由默认配置conf/web.xml和WEB-INF/web.xml两部分组成（不考虑web-fragment）。从容器安全角度考虑，有一些配置也需要注意。对于DefaultServlet（见conf/web.xml），需要设置readonly参数为true，如果设置为false，将允许客户端删除或修改服务器上的静态资源以及上传新的资源，还需要将参数listings设置为false，如果该参数为true除了可能会泄露应用目录信息，还容易导致DoS攻击（尤其目录文件非常多时，会显著地增加CPU占用），将参数showServerInfo配置为false，避免listings目录时输出Tomcat版本信息。

9.2 应用安全

大多数Web应用会实现自己的安全管理模块，用于控制应用系统访问安全，基本包括认证（登录验证、单点登录等）和授权（菜单权限、接口权限、数据权限等）两部分，而且当前也已经有许多功能完善的安全框架可以便捷地集成到Web应用中，如Spring Security[①]、Apache Shiro[②]等。本节并不讨论详细的应用框架集成，而是介绍一下Tomcat实现的应用安全管理。

---

① Spring Security：http://projects.spring.io/spring-security。

② Apache Shiro：http://shiro.apache.org/。

由 6.3.10 节我们知道，Servlet 规范[①]支持对 Web 应用进行安全配置。首先，通过 web.xml 中的<security-constraint>，可以对符合规则的请求增加安全访问控制，其次，通过<login-config>可以指定安全认证的方式。当我们在 web.xml 中添加了相关配置后，Web 容器会自动拦截相关请求，完成安全访问控制。除此之外，Servlet 规范还在 javax.servlet.http.HttpServletRequest 接口中声明了如下几个方法，便于应用程序集成容器的安全认证功能，而又不必按照规范的约束进行配置，从而更好地实现定制化（当然，此时需要我们自己实现请求访问的拦截）。

- login：用户登录。
- logout：用户注销。
- isUserInRole：用户是否拥有访问角色。
- getUserPrincipal：得到当前用户信息，未登录的情况下返回为空。

以上两种方式虽然认证的入口不同，但是 Tomcat 容器的实现却是一致的，均由 org.apache.catalina.Realm 完成。

9.2.1　Realm

在 Tomcat 中用 Realm 接口表示一个安全域，用于完成用户认证以及验证用户的角色授权。Realm 提供的核心方法如下。

- authenticate：对指定的用户进行认证。
- hasRole：判断用户是否拥有指定的角色。

基于不同的存储配置，Tomcat 提供了多个 Realm 实现。

- MemoryRealm：基于内存的 Realm，它从一个 XML 文件中读取用户、密码及角色分配（默认为 $CATALINA_BASE/conf/tomcat-users.xml）。
- JDBCRealm：基于 JDBC 的 Realm，它通过用户以及用户角色两张表存储认证及授权信息，表名和列名均可以配置，由于 JDBC 查询的 PreparedStatement 是复用的，因此认证、查询用户、角色等方法是同步的。
- DataSourceRealm：基于 JNDI 数据源的 Realm，表名及列名配置与 JDBCRealm 相同，不同之处在于指定的是 JNDI 数据源，因此可以采用数据库链接池提高性能。它的认证、查询用户、角色等方法不是同步的。
- JAASRealm：基于 JAAS[②]的 Realm。
- JNDIRealm：基于 JNDI 的 Realm。在该实现中，用户认证信息为 DirContext 中的顶层元素。
- UserDatabaseRealm：该 Realm 基于全局 JNDI 资源中配置的 UserDatabase 数据源。Tomcat 仅提供了一个基于内存的实现 MemoryUserDatabase，这也是 Tomcat 默认采用的 Realm。

---

① 具体参见 Servlet 规范 3.0 的 141 页（Security 章节）。

② JAAS：https://en.wikipedia.org/wiki/Java_Authentication_and_Authorization_Service。

- ❑ CombinedRealm：通过CombinedRealm可以将多个Realm实例合并，只要其中任意一个Realm认证通过即表示认证成功。如果使用CombinedRealm，必须保证用户名在所有Realm中唯一。
- ❑ LockOutRealm：该Realm继承自CombinedRealm，在此基础上提供了用户锁定机制，以避免用户在一定时间段内频繁认证。在使用该Realm时，为了避免DoS攻击，要合理指定无效用户缓存列表的大小。

Realm可以被添加到任意级别的Container（Context、Host、Engine），并对所有下级Container生效。默认情况下，Tomcat在Engine下添加了一个LockOutRealm，且包含了一个UserDatabaseRealm。

9.2.2　HttpServletRequest

Servlet规范在HttpServletRequest接口中定义了几个方法可以用于完成安全认证及授权，此时，我们不需要在web.xml中配置<security-constraint>，而是需要应用程序自己实现请求拦截处理，例如可以采用javax.servlet.Filter实现。如果应用程序基于Spring MVC等Web框架，也可以采用Web框架自带的拦截机制。

采用javax.servlet.Filter的示例如下：

```java
public class SecurityFilter implements Filter {
    private static final String LOGIN_URL = "/login.jsp";
    private static final String INDEX_URL = "/index.jsp";
    private static final String LOGOUT_URL = "/logout.jsp";
    private static final String P_USER_NAME = "username";
    private static final String P_PASSWORD = "password";
@Override
public void destroy() {
}
@Override
public void doFilter(ServletRequest request, ServletResponse response,
    FilterChain fc) throws IOException, ServletException {
    HttpServletRequest req = (HttpServletRequest) request;
    HttpServletResponse resp = (HttpServletResponse) response;
    if(req.getRequestURI().equals(req.getContextPath()+LOGIN_URL)){
        String username = req.getParameter(P_USER_NAME);
        String password = req.getParameter(P_PASSWORD);
        try {
            req.getSession(true);//登录之前先确保创建session
            req.login(username, password);
            resp.sendRedirect(req.getContextPath()+INDEX_URL);
        } catch (Exception e) {
            resp.sendError(HttpServletResponse.SC_UNAUTHORIZED);
        }
    }
    else if(req.getRequestURI().equals(req.getContextPath()+LOGOUT_URL)){
        req.logout();
        resp.sendRedirect(req.getContextPath()+LOGIN_URL);
    }
    else if(req.getUserPrincipal() == null){
        resp.sendError(HttpServletResponse.SC_UNAUTHORIZED);
```

9

```
        }
        else{
            fc.doFilter(request, response);
        }
    }
@Override
public void init(FilterConfig fc) throws ServletException {
}
}
```

通过此种方式，我们便可以基于Realm实现安全认证。

9.2.3 Authenticator

在Tomcat中，虽然认证授权数据由Realm维护，但是认证工作却是由接口Authenticator完成的。这是因为客户端的安全认证信息可能以多种形式提交到服务端，如HTTP DIGEST、SSL等，Authenticator负责按照不同的认证方式获取认证数据，并调用Realm完成认证。

Authenticator接口定义了如下3个方法。

❑ authenticate：用于在web.xml中配置了<security-constraint>时的认证，任何指定的约束都满足时返回true，否则返回false。

❑ login：用于Servlet规范中的认证方法。

❑ logout：用于Servlet规范中的注销方法。

针对支持的认证方式，Tomcat提供了以下几个Authenticator实现。

❑ BasicAuthenticator：基于HTTP基本认证[1]，此时客户端用户名及密码存储于名为authorization的请求头中。

❑ DigestAuthenticator：基于HTTP摘要认证[2]，传输方式与基本认证类似，采用加密传输，因此相对较安全。

❑ FormAuthenticator：基于表单的认证，用户名及密码通过表单的输入项提交。

❑ NonLoginAuthenticator：无登录认证，用于当web.xml中没有指定<login-config>的情况。如9.2.2节HttpServletRequest登录API示例，使用的即是NonLoginAuthenticator。

❑ SpnegoAuthenticator：基于SPNEGO[3]/Kerberos[4]的认证。

❑ SSLAuthenticator：基于SSL的认证。

Tomcat在初始化Context时，会根据web.xml中<login-config>配置的auth-method找到对应的Authenticator实现类并实例化，然后将其添加到Context请求执行链（Authenticator实现了Valve接口）。其映射关系如表9-3所示。

---

① HTTP基本认证：http://www.ietf.org/rfc/rfc2617.txt。

② HTTP摘要认证：http://www.ietf.org/rfc/rfc2069.txt。

③ SPNEGO：https://en.wikipedia.org/wiki/SPNEGO。

④ Kerberos：https://en.wikipedia.org/wiki/Kerberos_%28protocol%29。

表9-3　Tomcat支持的认证方式

auth-method	Authenticator实现
BASIC	BasicAuthenticator
CLIENT-CERT	SSLAuthenticator
DIGEST	DigestAuthenticator
FORM	FormAuthenticator
NONE	NonLoginAuthenticator
SPNEGO	SpnegoAuthenticator

　　如果我们没有配置<security-constraint>和<login-config>（绝大多数应用如此），那么Context将使用NonLoginAuthenticator，此实现不会对任何请求进行访问限制，仅适用于9.2.2节的情况。

　　由于Authenticator实现了Valve接口，并在Context启动时添加到了请求执行链（Pipeline），因此当Context接收到客户端请求时，会执行Authenticator的invoke()方法。在该方法中，Authenticator会调用authenticate()方法完成认证，并且调用Realm.hasResourcePermission进行权限验证。

9.3　传输安全（SSL）

　　SSL和TLS是用于网络通信安全的加密协议，它允许客户端和服务器之间通过安全链接通信，详细介绍参见https://en.wikipedia.org/wiki/Transport_Layer_Security，本书不再赘述。

　　SSL协议的3个特性如下。

- ❑ 保密：通过SSL链接传输的数据是加密的。
- ❑ 鉴别：通信双方的身份鉴别，通常是可选的，但至少有一方需要验证（通常是服务端）。
- ❑ 完整性：传输数据的完整性检查。

　　从性能角度考虑，加解密是一项计算昂贵的处理，因此尽量不要将整个Web应用采用SSL链接，实际部署过程中，选择有必要进行安全加密的页面（如存在敏感信息传输的页面）采用SSL通信。

　　接下来我们详细介绍一下如何在Tomcat中添加SSL支持。

　　注意　配置Tomcat以支持SSL通常只在其作为独立启动的Web服务器时有必要。当Tomcat作为Servlet容器运行于Web服务器后端时，只需要配置前置Web服务器支持SSL即可。Web服务器负责所有的SSL相关处理，Tomcat接收到的请求为解密后的数据，而且返回的响应也是明文，由Web服务器完成加密。

　　Tomcat可以通过两种方式支持SSL：一种是JSSE[①]，另一种是APR（默认使用OpenSSL引擎）。

---

① JSSE：参见http://docs.oracle.com/javase/8/docs/technotes/guides/security/jsse/JSSERefGuide.html。

前者适用于BIO、NIO、NIO2链接器（8.5版本之后，NIO和NIO2同时支持OpenSSL，以用于HTTP/2.0），后者适用于APR链接器。因为JSSE和APR配置有明显区别，因此我们最好在Connector的protocol属性中明确指定链接器的类名，而非协议名（如HTTP/1.1），否则，Tomcat会自动按照本地配置构造Connector（如果安装了APR，则使用APR链接器，否则使用NIO链接器），这样可能会导致SSL不可用。

在为Tomcat添加SSL配置之前，我们需要先创建一个密钥库。Tomcat支持的密钥库有JKS、PKCS11和PKCS12。JKS是Java标准的密钥库格式，由keytool命令行工具创建，该工具位于$JAVA_HOME/bin目录下。执行命令如下：

Windows（文件存放于C:\cert目录）：

```
keytool -genkey -alias tomcat -keyalg RSA -keystore C:\cert\mykey.keystore
```

Linux（文件存放于/home/liugr/cert目录）：

```
./keytool -genkey -alias tomcat -keyalg RSA -keystore /home/liugr/cert/mykey.keystore
```

执行命令时，需要输入以下信息：

```
输入密钥库口令:
再次输入新口令:
您的名字与姓氏是什么?
  [Unknown]:  Tomcat
您的组织单位名称是什么?
  [Unknown]:  Apache
您的组织名称是什么?
  [Unknown]:  Apache
您所在的城市或区域名称是什么?
  [Unknown]:  Beijing
您所在的省/市/自治区名称是什么?
  [Unknown]:  Beijing
该单位的双字母国家/地区代码是什么?
  [Unknown]:  CN
CN=Tomcat, OU=Apache, O=Apache, L=Beijing, ST=Beijing, C=CN是否正确?
  [否]:  Y

输入<tomcat>的密钥口令
        (如果和密钥库口令相同, 按回车):
```

密钥库密码将在server.xml配置时用到，其他信息作为基本信息，客户端可以通过浏览器查看。

命令执行成功以后，将生成的密钥库文件mykey.keystore复制到$CATALINA_BASE/conf目录下。

将默认注释的SSL链接器取消注释（位于server.xml的84行），并修改如下：

```
<Connector port="8443" protocol="org.apache.coyote.http11.Http11NioProtocol"
    maxThreads="150" scheme="https" secure="true" SSLEnabled="true">
      <SSLHostConfig certificateVerification="false">
          <Certificate certificateKeystoreFile="conf/mykey.keystore"
                       certificateKeystorePassword="tomcat"
                       type="RSA" />
      </SSLHostConfig>
```

```
</Connector>
```

以上是8.5版本最新的配置方式，当然你也可以采用8.5之前的配置方式（最新版本仍旧做了兼容处理）：

```
<Connector protocol="org.apache.coyote.http11.Http11NioProtocol"
           port="8443" maxThreads="150"
           scheme="https" secure="true" SSLEnabled="true"
           keystoreFile="conf/mykey.keystore" keystorePass="tomcat"
           clientAuth="false" sslProtocol="TLS"/>
```

注意这两种方式属性的对应关系。

链接器的protocol属性设置为org.apache.coyote.http11.Http11NioProtocol，以避免Tomcat自动选择HTTP链接器实现（当然，可以根据需要改为NIO2的实现，不能选择APR）。

certificateKeystorePassword（keystorePass）为创建密钥库时填写的密钥库密码，port为SSL链接器端口，如果要修改为其他端口，必须确保与无SSL的HTTP链接器的redirectPort属性一致。SSL链接器更多的配置属性可以参见附录Connector。

启动Tomcat，并输入https://localhost:8443，浏览器会弹出证书提示，接收后才会进入页面，而且通过浏览器还可以查看该证书信息，如图9-1所示。

图9-1 证书信息

9

除此之外，我们还可以通过OpenSSL创建证书并导入到密钥库。

注意　绝大多数Linux系统已经默认安装了OpenSSL。Windows系统中，如果你安装了Apache服务器，那么也可以在安装目录的bin文件夹下找到openssl.exe可执行文件。如果未安装OpenSSL，具体可参见https://wiki.openssl.org/index.php/Compilation_and_Installation。

OpenSSL的命令格式都是"openssl命令 命令参数"的形式。首先，执行以下命令生成根密钥：

```
openssl genrsa -out rootkey.pem 2048
```

输出如下：

```
Loading 'screen' into random state - done
Generating RSA private key, 2048 bit long modulus
.................................................................+++
..........................................................+++
unable to write 'random state'
e is 65537 (0x10001)
```

执行命令创建根证书（用根证书来签发服务器端请求文件）：

```
openssl req -x509 -new -key rootkey.pem -out root.crt
```

输出如下：

```
Loading 'screen' into random state - done
You are about to be asked to enter information that will be incorporated
into your certificate request.
What you are about to enter is what is called a Distinguished Name or a DN.
There are quite a few fields but you can leave some blank
For some fields there will be a default value,
If you enter '.', the field will be left blank.
-----
Country Name (2 letter code) [AU]:CN
State or Province Name (full name) [Some-State]:Beijing
Locality Name (eg, city) []:Beijing
Organization Name (eg, company) [Internet Widgits Pty Ltd]:Apache
Organizational Unit Name (eg, section) []:Tomcat
Common Name (e.g. server FQDN or YOUR name) []:Tomcat
Email Address []:tomcat@apache.com
```

根据提示，需要输入国家、省份、城市以及公司信息等。

执行命令创建服务器密钥：

```
openssl genrsa -out serverkey.pem 2048
```

输出如下：

```
Loading 'screen' into random state - done
Generating RSA private key, 2048 bit long modulus
.................................................+++
.....+++
unable to write 'random state'
e is 65537 (0x10001)
```

执行命令生成服务器端证书的请求文件：

```
openssl req -new -key serverkey.pem -out server.csr
```

输出如下：

```
Loading 'screen' into random state - done
You are about to be asked to enter information that will be incorporated
into your certificate request.
What you are about to enter is what is called a Distinguished Name or a DN.
There are quite a few fields but you can leave some blank
For some fields there will be a default value,
If you enter '.', the field will be left blank.
-----
Country Name (2 letter code) [AU]:CN
State or Province Name (full name) [Some-State]:Beijing
Locality Name (eg, city) []:Beijing
Organization Name (eg, company) [Internet Widgits Pty Ltd]:Apache
Organizational Unit Name (eg, section) []:Tomcat
Common Name (e.g. server FQDN or YOUR name) []:Tomcat
Email Address []:tomcat@apache.com

Please enter the following 'extra' attributes
to be sent with your certificate request
A challenge password []:tomcat
An optional company name []:Tomcat
```

同样，根据提示，需要输入国家、省份、城市以及公司信息等。

执行命令用根证书来签发服务器端请求文件，生成服务器端证书：

```
openssl x509 -req -in server.csr -CA root.crt -CAkey rootkey.pem -CAcreateserial -days 3650 -out
server.crt
```

输出如下：

```
Loading 'screen' into random state - done
Signature ok
subject=/C=CN/ST=Beijing/L=Beijing/O=Apache/OU=Tomcat/CN=Tomcat/emailAddress=tomcat@apache.com
Getting CA Private Key
unable to write 'random state'
```

以上我们创建的是自签名证书，多用于开发测试环境。在生产环境中，我们需要向数字证书颁发机构（CA）提交证书请求文件（server.csr），CA则返回给我们数字证书。

执行命令将证书导出为pkcs12格式：

```
openssl pkcs12 -export -in server.crt -inkey serverkey.pem -out server.pkcs12
```

输出如下：

```
Loading 'screen' into random state - done
Enter Export Password:
Verifying - Enter Export Password:
unable to write 'random state'
```

需要根据提示输入一个导出密码。

执行keytool命令生成服务端密钥库：

```
keytool -importkeystore -srckeystore server.pkcs12 -destkeystore mykey.keystore -srcstoretype pkcs12
```

输出如下：

```
输入目标密钥库口令：
再次输入新口令：
输入源密钥库口令：
已成功导入别名 1 的条目。
已完成导入命令：1 个条目成功导入，0 个条目失败或取消
```

需要根据提示输入密钥库密码以及上一步的导出密码。至此，我们创建了一个mykey.keystore
密钥库文件。

通过keytool的list命令，可以查看其包含的证书信息：

```
keytool -list -v -keystore mykey.keystore
```

输出如下：

```
输入密钥库口令：

密钥库类型：JKS
密钥库提供方：SUN

您的密钥库包含 1 个条目

别名：1
创建日期：2016-4-20
条目类型：PrivateKeyEntry
证书链长度：1
证书[1]：
所有者：EMAILADDRESS=tomcat@apache.com, CN=Tomcat, OU=Tomcat, O=Apache, L=Beijing, ST=Beijing, C=CN
发布者：EMAILADDRESS=tomcat@apache.com, CN=Tomcat, OU=Tomcat, O=Apache, L=Beijing, ST=Beijing, C=CN
序列号：c93b5b1e9d59e614
有效期开始日期：Wed Apr 20 08:55:42 CST 2016, 截止日期：Sat Apr 18 08:55:42 CST 2026
证书指纹：
        MD5: AB:64:68:16:01:A5:4E:B9:83:FE:2B:3D:23:7E:C0:41
        SHA1: A3:0E:6D:34:5C:F4:94:5E:FD:39:23:10:80:C8:3A:A7:7F:2E:18:CC
        SHA256:
A2:7B:D1:C2:85:59:6C:B7:A1:16:86:D8:B4:AA:64:37:4D:00:1F:1D:D0:9B:E9:19:1A:92:42:CF:E0:F0:B6:B8
签名算法名称：SHA1withRSA
版本：1


*******************************************
*******************************************
```

根据提示输入密钥库密码后，即输出密钥库包含的证书信息。

将mykey.keystore密钥库文件按照前文说明的方式部署到Tomcat中（非APR链接器）。通过浏
览器，我们可以查看该证书的信息。

如果在APR链接器配置SSL，首先需要在server.xml的<Server>下添加监听器AprLifecycle-

Listener：

```
<!-- useAprConnector 为8.5版本新增属性, 用于启用Apr Connector, 8.5之前版本不必配置, 默认自动启用-->
<Listener className="org.apache.catalina.core.AprLifecycleListener"
        SSLEngine="on" SSLRandomSeed="builtin" useAprConnector="true"/>
```

证书必须采用OpenSSL，具体生成方式可以参照前面的讲解（只需要生成自签名证书，不需要导入密钥库）。

然后，添加SSL链接器配置如下（8.5版本）：

```
<Connector port="8443"
        protocol="org.apache.coyote.http11.Http11AprProtocol"
        maxThreads="150" scheme="https" secure="true" SSLEnabled="true" >
    <SSLHostConfig>
        <Certificate certificateKeyFile="${catalina.base}/conf/serverkey.pem"
                    certificateFile="${catalina.base}/conf/server.crt"
                    type="RSA" />
    </SSLHostConfig>
</Connector>
```

8.5之前的版本采用以下方式（8.5版本仍适用）：

```
<Connector
        protocol="org.apache.coyote.http11.Http11AprProtocol"
        port="8443" maxThreads="200"
        scheme="https" secure="true" SSLEnabled="true"
        SSLCertificateFile="${catalina.base}/conf/server.crt"
        SSLCertificateKeyFile="${catalina.base}/conf/serverkey.pem"
        SSLVerifyClient="optional" SSLProtocol="TLSv1+TLSv1.1+TLSv1.2"/>
```

注意这两种配置方式中属性的映射关系。certificateFile（SSLCertificateFile）用于配置服务端证书，certificateKeyFile（SSLCertificateKeyFile）用于配置服务端密钥，其他属性可参见附录中的 Connector配置。

9.4　Java 安全策略

本节将主要介绍JVM安全策略的基础知识以及Tomcat默认支持的安全访问策略。

9.4.1　简介

除了前面讲解的内容，还有一类安全问题需要考虑，就是恶意代码的远程执行。假设攻击者将如下的JSP文件上传到了Web应用的目录中：

```
<% System.exit(1); %>
```

那么，只要远程访问该JSP页面，就可以直接停止Web服务器。不仅如此，它还可以通过嵌入JSP脚本，直接访问并修改服务器的文件。所有这些都会严重影响Web服务器的正常运行，并导致系统安全风险。在Java平台下，我们可以通过"Java安全策略"避免该问题。它用于配置代码的资源访问许可。

Java安全策略许可相关的知识具体可以参见http://docs.oracle.com/javase/8/docs/technotes/guides/security/spec/security-specTOC.fm.html。

Java安全策略中一个基本的概念是保护域。从概念上讲，保护域是被授予相同权限集的类的集合。保护域一般分为两个不同类别：系统域和应用域。所有受保护的外部资源，如文件系统、网络、屏幕、键盘，只能通过系统域访问。

Java线程运行时，其执行路径可能跨多个保护域。计算代码的访问权限规则如下。

- ☐ 运行线程的权限集合是执行路径跨越的所有保护域包含的权限的交集。
- ☐ 如果代码片段调用了doPrivileged()方法，那么该代码片段所在保护域以及该代码直接或间接调用涉及的保护域均允许的权限将会添加到当前执行线程的权限集。举个例子：类A没有读文件的权限，类B拥有读文件的权限，正常情况下，类A是无法通过调用类B进行读文件操作的，但是如果类B的读文件操作调用了AccessController.doPrivileged，那么类A便可以通过类B进行读文件操作。

在Java运行环境中，执行代码对各种资源的操作权限（即安全策略）由一个Policy对象表示。Policy可以由一个或多个策略配置文件描述（.policy）。在任何时间运行时中只有一个Policy对象。

默认情况下，执行Java应用是不启用安全策略的，也就是说资源访问不受安全策略控制。如果要启用安全策略，需要在执行java命令时增加参数-Djava.security.manager，同时通过参数-Djava.security.policy指定安全策略文件。

同样，Tomcat默认也不启用安全策略，若要开启，需要在启动命令后增加-security。此时，在Windows系统下的启动命令变为：

```
startup -security
```

在Linux系统下的启动命令变为：

```
./startup.sh -security &
```

在这种情况下，Tomcat使用的安全策略文件为$CATALINA_BASE/conf/catalina.policy。

.policy文件由多个grant组成，其格式如下：

```
grant [SignedBy "signer_names"] [, CodeBase "URL"] [, Principal [principal_class_name]
"principal_name"] ...
{
permission permission_class_name [ "target_name" ][, "action"] [, SignedBy "signer_names"];
permission ...
};
```

grant为关键字，用于表示一个新的授权项。signedBy、codeBase、principal表示授权对象，"{}"中permission表示一条新的授予权限。

授权对象可以通过3种方式指定。

- signedBy[①]：表示由指定签名者签名的Jar包。
- codeBase：表示具体路径（本地文件路径或者远程URL）指向的Jar包。
- principal：表示具有指定身份标识的用户，与javax.security.auth.Subject.doAsPrivileged配合使用。

在"{}"中，以关键字permission定义一条权限。JDK支持的权限如表9-4所示。

表9-4 JDK支持的权限

权 限	描 述
java.io.FilePermission	对于指定文件或目录的操作权限，包括读、写、删除、执行
java.net.SocketPermission	通过Socket访问网络的权限，可以是IP或者域名，还可以指定一个端口号或者端口范围，操作包括accept、connect、listen、resolve
java.util.PropertyPermission	Java Properties的操作权限，包括读、写
java.lang.RuntimePermission	Java运行时权限，具体支持的操作可以参见Java API文档[②]。在该类的说明中，不仅包含了该类支持的目标名称、权限操作，还对权限所带来的风险进行了说明。下同，均可以通过API文档详细了解它们支持的操作
java.awt.AWTPermission	与java.lang.RuntimePermission类似，用于AWT应用权限
java.net.NetPermission	网络权限。与java.net.SocketPermission不同，它不是用于IP或域名的访问限制，而是网络操作的权限
java.lang.reflect.ReflectPermission	反射操作权限
java.io.SerializablePermission	串行化权限
java.security.SecurityPermission	用于控制安全相关对象的访问，如Security、Policy等
java.security.AllPermission	表示所有操作权限，授予该权限后，代码将不受安全性限制的运行
javax.security.auth.AuthPermision	用于控制认证相关对象的访问，如Subject、LoginContext等
java.lang.management.ManagementPermission	使用 SecurityManager 运行的代码调用 Java 平台的管理接口中定义的方法时，SecurityManager 将要检查的权限
java.util.logging.LoggingPermission	当 SecurityManager 运行的代码调用某个日志记录控制方法（如Logger.setLevel）时，SecurityManager 将要检查的权限

因为本书主要讲解Tomcat应用服务器相关知识，Java安全访问策略等基础知识不再详细叙述，感兴趣的可以进一步阅读《深入Java虚拟机》的第3章。

9.4.2 catalina.policy

介绍完Java安全策略的基础知识之后，我们分析一下Tomcat提供的默认安全策略，该文件位于$CATALINA_BASE/conf/catalina.policy。Tomcat默认安全策略文件主要包含3部分权限定义：JDK、Tomcat、Web应用。

```
//===================JDK相关包权限=====================
grant codeBase "file:${java.home}/lib/-" {
```

---

① Jar包签名具体参见http://docs.oracle.com/javase/8/docs/technotes/tools/windows/jarsigner.html。

② Java API文档（中文）：http://download.oracle.com/technetwork/java/javase/6/docs/zh/api/index.html。

```
        permission java.security.AllPermission;
};
grant codeBase "file:${java.home}/jre/lib/ext/-" {
        permission java.security.AllPermission;
};
grant codeBase "file:${java.home}/../lib/-" {
        permission java.security.AllPermission;
};
grant codeBase "file:${java.home}/lib/ext/-" {
        permission java.security.AllPermission;
};
```

JDK相关的Jar包以及ext目录下的扩展包均拥有所有权限。

```
// ========== Tomcat包相关的权限 ================================
grant codeBase "file:${catalina.home}/bin/commons-daemon.jar" {
        permission java.security.AllPermission;
};
grant codeBase "file:${catalina.home}/bin/tomcat-juli.jar" {
        permission java.io.FilePermission
        "${java.home}${file.separator}lib${file.separator}logging.properties", "read";
        permission java.io.FilePermission
        "${catalina.base}${file.separator}conf${file.separator}logging.properties", "read";
        permission java.io.FilePermission
        "${catalina.base}${file.separator}logs", "read, write";
        permission java.io.FilePermission
        "${catalina.base}${file.separator}logs${file.separator}*", "read, write";
        permission java.lang.RuntimePermission "shutdownHooks";
        permission java.lang.RuntimePermission "getClassLoader";
        permission java.lang.RuntimePermission "setContextClassLoader";
        permission java.lang.management.ManagementPermission "monitor";
        permission java.util.logging.LoggingPermission "control";
        permission java.util.PropertyPermission "java.util.logging.config.class", "read";
        permission java.util.PropertyPermission "java.util.logging.config.file", "read";
        permission java.util.PropertyPermission "org.apache.juli.AsyncLoggerPollInterval", "read";
        permission java.util.PropertyPermission "org.apache.juli.AsyncMaxRecordCount", "read";
        permission java.util.PropertyPermission "org.apache.juli.AsyncOverflowDropType", "read";
        permission java.util.PropertyPermission "org.apache.juli.ClassLoaderLogManager.debug",
                "read";
        permission java.util.PropertyPermission "catalina.base", "read";
};
grant codeBase "file:${catalina.home}/bin/bootstrap.jar" {
        permission java.security.AllPermission;
};
grant codeBase "file:${catalina.home}/lib/-" {
        permission java.security.AllPermission;
};
```

commons-daemon.jar①包用于将Tomcat以后台服务（如Windows Service）的形式运行，它被授予了所有的权限。

tomcat-juli.jar包主要是Tomcat的日志组件，它被授予的权限如下。

---

① Common Daemon项目参见http://commons.apache.org/proper/commons-daemon/index.html。

- ❑ $JRE_HOME/lib/logging.properties文件的读权限。
- ❑ $CATALINA_BASE/conf/logging.properties文件的读权限。
- ❑ $CATALINA_BASE/logs目录及其下日志文件的读写权限。
- ❑ 设置关闭钩子方法的权限（shutdownHooks）。
- ❑ 得到类加载器（getClassLoader）和设置线程使用上下文类加载器（setContextClassLoader）的权限。
- ❑ 可以获取 Java 虚拟机的运行时信息，如线程栈跟踪、所有已加载类名称的列表以及Java 虚拟机的输入参数。
- ❑ 可以调用日志控制方法。
- ❑ 对以下系统属性拥有读权限：

```
java.util.logging.config.class
java.util.logging.config.file
org.apache.juli.AsyncLoggerPollInterval
org.apache.juli.AsyncMaxRecordCount
org.apache.juli.AsyncOverflowDropType
org.apache.juli.ClassLoaderLogManager.debug
catalina.base
```

bootstrap.jar是Tomcat的启动包，用于构造Catalina容器，它被授予了所有权限。

$CATALINA_HOME/lib/目录下的包，被授予了所有权限。

下面是Web应用的授予权限：

```
//=====================Web应用权限=====================
grant {
    permission java.util.PropertyPermission "java.home", "read";
    permission java.util.PropertyPermission "java.naming.*", "read";
    permission java.util.PropertyPermission "javax.sql.*", "read";
    permission java.util.PropertyPermission "os.name", "read";
    permission java.util.PropertyPermission "os.version", "read";
    permission java.util.PropertyPermission "os.arch", "read";
    permission java.util.PropertyPermission "file.separator", "read";
    permission java.util.PropertyPermission "path.separator", "read";
    permission java.util.PropertyPermission "line.separator", "read";
    permission java.util.PropertyPermission "java.version", "read";
    permission java.util.PropertyPermission "java.vendor", "read";
    permission java.util.PropertyPermission "java.vendor.url", "read";
    permission java.util.PropertyPermission "java.class.version", "read";
    permission java.util.PropertyPermission "java.specification.version", "read";
    permission java.util.PropertyPermission "java.specification.vendor", "read";
    permission java.util.PropertyPermission "java.specification.name", "read";
    permission java.util.PropertyPermission "java.vm.specification.version", "read";
    permission java.util.PropertyPermission "java.vm.specification.vendor", "read";
    permission java.util.PropertyPermission "java.vm.specification.name", "read";
    permission java.util.PropertyPermission "java.vm.version", "read";
    permission java.util.PropertyPermission "java.vm.vendor", "read";
    permission java.util.PropertyPermission "java.vm.name", "read";
    permission java.lang.RuntimePermission "getAttribute";
```

9

```
        permission java.util.PropertyPermission "jaxp.debug", "read";
        permission java.lang.RuntimePermission "accessClassInPackage.org.apache.tomcat";
        permission java.lang.RuntimePermission "accessClassInPackage.org.apache.jasper.el";
        permission java.lang.RuntimePermission "accessClassInPackage.org.apache.jasper.runtime";
        permission java.lang.RuntimePermission "accessClassInPackage.org.apache.jasper.runtime.*";
        permission java.util.PropertyPermission
            "org.apache.jasper.runtime.BodyContentImpl.LIMIT_BUFFER", "read";
        permission java.util.PropertyPermission
            "org.apache.el.parser.COERCE_TO_ZERO", "read";
        permission java.util.PropertyPermission
            "org.apache.catalina.STRICT_SERVLET_COMPLIANCE", "read";
        permission java.util.PropertyPermission
            "org.apache.tomcat.util.http.ServerCookie.STRICT_NAMING", "read";
        permission java.util.PropertyPermission
            "org.apache.tomcat.util.http.ServerCookie.FWD_SLASH_IS_SEPARATOR", "read";
        permission java.lang.RuntimePermission
            "accessClassInPackage.org.apache.tomcat.websocket";
        permission java.lang.RuntimePermission
            "accessClassInPackage.org.apache.tomcat.websocket.server";
        permission java.lang.RuntimePermission
            "accessClassInPackage.org.apache.catalina.servlet4preview";
        permission java.lang.RuntimePermission
            "accessClassInPackage.org.apache.catalina.servlet4preview.http";
    };
    grant codeBase "file:${catalina.base}/webapps/manager/-" {
        permission java.lang.RuntimePermission "accessClassInPackage.org.apache.catalina";
        permission java.lang.RuntimePermission "accessClassInPackage.org.apache.catalina.ha.session";
        permission java.lang.RuntimePermission "accessClassInPackage.org.apache.catalina.manager";
        permission java.lang.RuntimePermission "accessClassInPackage.org.apache.catalina.manager.util";
        permission java.lang.RuntimePermission "accessClassInPackage.org.apache.catalina.util";
    };
    grant codeBase "file:${catalina.home}/webapps/manager/-" {
        permission java.lang.RuntimePermission "accessClassInPackage.org.apache.catalina";
        permission java.lang.RuntimePermission "accessClassInPackage.org.apache.catalina.ha.session";
        permission java.lang.RuntimePermission "accessClassInPackage.org.apache.catalina.manager";
        permission java.lang.RuntimePermission "accessClassInPackage.org.apache.catalina.manager.util";
        permission java.lang.RuntimePermission "accessClassInPackage.org.apache.catalina.util";
    };
```

主要分两部分，一部分是所有Web应用均授予的权限，一部分仅授予Tomcat的管理程序
（manager）。

所有Web应用的权限如下。

❑ 以下系统属性的读权限：

```
java.home
java.naming.*，即以 "java.naming." 作为前缀的所有属性
javax.sql.*，即以 "javax.sql." 作为前缀的所有属性
os.name
os.version
os.arch
file.separator
path.separator
```

```
line.separator
java.version
java.vendor
java.vendor.url
java.class.version
java.specification.version
java.specification.vendor
java.specification.name
java.vm.specification.version
java.vm.specification.vendor
java.vm.specification.name
java.vm.version
java.vm.vendor
java.vm.name
jaxp.debug
org.apache.jasper.runtime.BodyContentImpl.LIMIT_BUFFER
org.apache.el.parser.COERCE_TO_ZERO
org.apache.catalina.STRICT_SERVLET_COMPLIANCE
org.apache.tomcat.util.http.ServerCookie.STRICT_NAMING
org.apache.tomcat.util.http.ServerCookie.FWD_SLASH_IS_SEPARATOR
```

❑ 读取ServletContext属性的权限。
❑ 以下Tomcat包的访问权限：

```
org.apache.tomcat包，不包括子包
org.apache.jasper.el包
org.apache.jasper.runtime包及其子包
org.apache.tomcat.websocket包
org.apache.tomcat.websocket.server包
org.apache.catalina.servlet4preview包
org.apache.catalina.servlet4preview.http包
```

与普通Web应用相比，Tomcat管理应用增加了以下包的访问权限：

```
org.apache.catalina
org.apache.catalina.ha.session
org.apache.catalina.manager
org.apache.catalina.manager.util
org.apache.catalina.util
```

由此可知，在安全模式下，普通Web应用是没有Tomcat容器类的访问权限的，仅可以访问JSP依赖的相关类。

9.5　小结

本章讲解了Tomcat与安全相关的配置。在实际开发过程中，我们需要结合应用系统的业务场景，综合考虑，而非一味地堆积各种安全配置，否则不仅达不到预期效果，反而会影响系统的访问性能。此外，系统安全是一个非常复杂的领域，包括网络、应用、数据、操作系统等诸多方面，并不是通过简单的篇幅就可以概述的，本章也只是简单介绍了与Tomcat相关的安全配置，如需了解更详细的系统安全知识，还需要进一步阅读系统安全相关的图书。

第 10 章

Tomcat性能调优

10

性能是应用系统非常重要的非功能性需求之一，也是评价应用系统质量的重要方面，性能的好与坏甚至是软件产品能否取得成功的关键原因之一。

系统性能指标是影响软件架构的重要因素，在很大程度上影响了系统架构的技术选型，包括基础设施（物理主机或者云主机）、操作系统、应用中间件以及开发框架等。

为了确保交付的软件符合各项性能指标，我们不但要在选型阶段对采用和备选的各项技术进行性能测试，还要在软件部署到生产环境之前对应用系统进行性能压力测试，甚至在部署到生产环境之后，我们也要持续监控系统的运行状况并采集性能日志数据，以便及时发现系统的性能瓶颈并进行优化（如升级服务器、应用服务器调优、集群扩容等）。

因此性能测试和性能优化是软件开发中非常重要的两项工作。性能优化涵盖的范围非常广，既包括网络、磁盘、数据库，又包括服务器、应用系统代码优化，也涉及各个角色的协作，如运维工程师对基础设施的优化、DBA对数据库的优化、开发人员对资源访问及算法的优化。

尽管性能如此重要，但是正如Donald Knuth所说："过早的优化是一切邪恶的根源"。我们可以在项目的关键节点（如上线前）安排相关的性能压力测试，可以在开发中避免常见的导致性能的问题（如N+1次查询等），但是对于如何优化系统、达到何种性能指标，我们要结合项目情况综合考虑（如项目对并发用户数和访问响应时间的要求以及未来业务发展的合理预估等），尽量避免过度优化。开发人员花费数个小时来调整一个不经常使用的小组件的性能，最后往往会发现真正的性能问题另有出处。

本章主要从以下几个方面来讨论系统性能的优化。

❑ Tomcat性能测试及诊断：如何通过工具及命令进行系统性能测试、采集并分析性能数据。
❑ Tomcat性能优化：如何通过修改Tomcat配置来提升服务器性能。
❑ 应用系统性能优化建议：常见的应用优化方案。

10.1　Tomcat 性能测试及诊断

对于系统性能，用户最直观的感受就是系统的加载和操作响应时间，即用户执行某项操作的耗时（不考虑从用户体验层面对用户等待时间的改进，如增加等待框、进度条等）。

从更专业的角度上讲，性能测试可以从以下两个指标量化。

❑ 响应时间：如上所述，为用户执行某个操作的耗时。大多数情况下，我们需要针对同一个操作测试多次，以获取操作的平均响应时间。

❑ 吞吐量：即在给定的时间内，系统支持的事务数量，计算单位为TPS。

在开始性能测试之前，我们需要清楚地知道系统的性能指标要求，如每项事务操作的耗时、用户等待时间、支撑的用户规模、用户流量情况（是否存在高峰和低谷）等。只有确定系统性能指标之后，才可以设计测试用例，并开始系统性能测试工作。

系统性能压力测试的目标除了确定系统的性能外，同时会测试系统的可伸缩性[①]。如果没有性能测试，我们很难预知系统的可伸缩性以及额定的负载情况，也很难知道随着访问量增加，我们首先需要关注的问题是什么。

系统性能测试需要基于并发量进行抽样测试，除了需要获取每个并发抽样下的平均访问性能，还要分析所有并发抽样的性能曲线。一个随着并发量的增加，响应时间增加缓慢的应用自然优于响应时间增加明显的应用，尽管在某个并发量抽样下，两者的性能是相同的。

除此之外，系统性能测试还要考虑用户的访问环境，如WAN/LAN/2G/3G/4G，各种网络的访问带宽相差巨大，如果在WAN环境下测试一个3G网络的应用，或者在本机及局域网测试WAN下的Web应用，得出的性能指标没有任何参考意义。此外，还要考虑服务距离的问题，跨地域部署的访问性能肯定比同地域的差。

10.1.1　常见测试方式

我们可以通过各种方式来测试应用系统的性能，常见的测试方式基本上可以划归为以下3类。

❑ 负载测试
❑ 压力测试
❑ 持续运行时间测试

有些人经常将负载测试和压力测试的概念混淆，原因主要是这两类测试的过程非常相近。这两类测试都会接收大量的并发用户访问，但两者的测试目的不同。

10

---

① 可伸缩性：具体可参见https://en.wikipedia.org/wiki/Scalability。简单来说，就是指系统在不降低访问性能的条件下，应对负载不断增加的能力。当然，我们也应将负载降低考虑在内，此时我们应该能够灵活减少系统的资源配置。

在负载测试中，应用系统接收正常情况的用户访问量。一开始访问量较低，然后逐步增加，直至应用系统达到一个较高的负载。通过负载测试，我们可以知道应用系统随着并发用户数的增加，其响应时间的变化情况。从而确定系统的伸缩性以及在访问高峰系统响应时间是否仍然合理。

在压力测试中，应用系统接收异常情况的用户访问量，正常访问量的数倍甚至数十倍，并持续增加负载，直至系统崩溃（不可访问），原因可能是Web服务器拒绝连接，也可能是JVM内存溢出或其他任何情况。

通过压力测试，我们可以获知系统崩溃的临界负载以及在极端条件下才会出现的系统BUG，如系统崩溃导致的数据不一致问题。

因为压力测试时，系统的并发访问量是非正常的，因此绝大多数情况下，我们并不需要优化系统以满足如此的负载，但是我们仍需要关注在这种极端情况下暴露的BUG，甚至如果可能，我们应该将错误信息友好地提示给用户。

在持续运行时间测试中，我们需要让应用系统不间断运行数天甚至更久，而且模拟正常用户访问系统。在此期间，我们需要不间断检测系统响应时间、服务器的CPU以及内存使用情况。通过持续运行时间测试，我们可以发现那些负载测试中不易发现的BUG，基本上是资源未释放相关的问题，如内存泄露、数据库链接未释放。如果我们发现随着系统运行时间的增加，服务器内存占用不断增加，那么此时很可能就会存在内存泄露问题。严格意义上，这类测试不属于性能测试范畴，但是它也会发现某些负载测试不易发现的性能问题。

10.1.2   性能测试工具

通常情况下，我们需要借助一些自动化工具来进行性能测试，因为手动模拟大量用户的并发访问几乎是不可行的，而且现在已经有非常多的性能测试工具可以使用，商业的诸如LoadRunner、Rational Performance Tester，免费的诸如ApacheBench、Apache JMeter、Grinder、Pylot、WCAT、Web Polygraph等，简单的可以直接通过命令行进行操作和查看测试结果，复杂的还可以编排测试计划、执行测试脚本。本节我们仅挑选几个常用的免费负载测试框架进行说明。

1. ApacheBench

ApacheBench（ab）是一款Apache Server基准测试工具，用于测试Apache Server的服务能力（每秒处理请求数），它不仅可以用于Apache Server性能测试，还可以用于测试Tomcat、Nginx、lighthttp、IIS等服务器。该工具已经默认包含到Apache Server安装路径的bin目录下，Windows平台下为ab.exe，Linux平台下为ab，我们可以直接通过命令行执行，如下所示：

```
ab -n 500 -c 5 http://127.0.0.1:8080/sample/index.jsp
```

具体参数的含义我们随后会详细介绍。其输出结果如下：

```
This is ApacheBench, Version 2.3 <$Revision: 1663405 $>
Copyright 1996 Adam Twiss, Zeus Technology Ltd, http://www.zeustech.net/
Licensed to The Apache Software Foundation, http://www.apache.org/
```

```
Benchmarking 127.0.0.1 (be patient)
Completed 100 requests
Completed 200 requests
Completed 300 requests
Completed 400 requests
Completed 500 requests
Finished 500 requests


Server Software:        Apache-Coyote/1.1
Server Hostname:        127.0.0.1
Server Port:            8080

Document Path:          /sample/index.jsp
Document Length:        22 bytes

Concurrency Level:      5
Time taken for tests:   3.557 seconds
Complete requests:      500
Failed requests:        0
Total transferred:      139000 bytes
HTML transferred:       11000 bytes
Requests per second:    140.57 [#/sec] (mean)
Time per request:       35.569 [ms] (mean)
Time per request:       7.114 [ms] (mean, across all concurrent requests)
Transfer rate:          38.16 [Kbytes/sec] received

Connection Times (ms)
              min  mean[+/-sd] median   max
Connect:        0    0   4.0      0      78
Processing:     0   34 203.1      0    1872
Waiting:        0   26 193.2      0    1841
Total:          0   35 204.5      0    1950

Percentage of the requests served within a certain time (ms)
    50%      0
    66%      0
    75%     16
    80%     16
    90%     16
    95%     62
    98%    359
    99%   1825
   100%   1950 (longest request)
```

输出结果包含了基本的响应指标，每一项我们接下来会详细解释。

ab支持各种选项来调整测试基准和HTTP请求，如并发请求数、HTTP Cookie设置等，具体如表10-1所示（注意大小写区别）。

10

表10-1　ab支持的命令选项

ab命令选项	描　　述
-A	该选项用于向服务器提供BASIC认证凭证信息，格式为"用户名:密码"，并以base64编码发送，不考虑服务器端是否需要
-b	TCP发送接收缓冲大小，单位为字节
-B	创建连接时绑定的本地地址
-c	同一时刻执行的请求数目，即请求并发数
-C	为请求添加Cookie信息，格式为name=value，该选项可以设置多次
-d	添加该选项，输出结果将不包含"Percentage of the requests..."部分，见上面输出结果的加粗部分
-e	输出一个CSV文件，该文件包含两列，一列是处理请求数的百分比（1%~100%），一列是处理该百分比的请求数耗时（单位为毫秒）
-f	指定SSL/TLS协议，可以是SSL2/SSL3/TLS1/TLS1.1/TLS2/ALL
-g	将所有的测量值输出为gnuplot或TSV文件
-h	显示帮助信息
-H	为请求添加头信息，按照请求头的格式指定参数（以冒号分隔的属性-值对）
-i	执行HEAD请求，以替代GET请求
-k	启用HTTP KeepAlive
-l	当响应长度不恒定时，不提示异常。如果测试的是动态页面，可使用该选项（2.4.7版本之后生效）
-m	指定请求的HTTP Method，2.4.10之后生效
-n	本次测试执行的请求数目
-p	包含POST请求数据的文件，需要与-T配合使用
-P	对代理中转提供BASIC认证，格式同-A
-q	当处理请求数超过150时，ab每隔10%或者100个请求输出一次执行进度。该选项用于禁止进度输出
-r	Socket接收错误时不退出
-s	Socket超时之前最大等待时间（单位为秒），默认为30秒。2.4.4版本之后支持
-S	不显示中位数和标准差的值，当平均值和中位数超过标准差的一到两倍时，不显示错误和警告信息
-t	基准测试最大耗时，单位为秒。通过该选项，可以控制服务器基准测试的总时长
-T	POST/PUT使用的Content-type，默认为text/plain
-u	用于PUT请求的数据文件，同样与-T配合使用
-v	设置冗长级别。4及以上打印头信息，3及以上打印响应码，2及以上打印警告和信息提示
-V	显示当前版本信息并退出
-w	以HTML表格的形式输出结果
-x	如果以HTML表格输出结果，该选项用于指定<table>标签的属性
-X	请求采用代理服务器，格式为proxy:port
-y	如果以HTML表格输出结果，该选项用于指定<tr>标签的属性
-z	如果以HTML表格输出结果，该选项用于指定<td>标签的属性
-Z	指定SSL/TLS加密套件

ab测试输出如表10-2所示。

表10-2　ab输出结果说明

ab输出	描　　述
Server Software	输出第一个成功请求的"server"HTTP响应头信息，该响应头用于记录Web服务器软件名称
Server Hostname	命令行指定的请求DNS或者IP地址
Server Port	ab链接的端口，如果命令行没有指定端口，HTTP默认为80，HTTPS默认为443
SSL/TLS Protocol	客户端与服务器之间的协议参数协商，只有使用SSL时才会输出该部分
Document Path	命令行输入的请求URI
Document Length	第一个成功返回的文档的大小（单位为字节），在测试期间，如果返回文档大小发生变更，响应将被视为错误
Concurrency Level	测试期间，客户端的并发数目
Time taken for tests	自第一个请求创建至最后一个响应返回的耗时
Complete requests	接收到的成功响应的数目
Failed requests	视为失败的请求数目。如果该值大于0，还会分别输出链接失败、读失败、错误的内容长度以及异常的请求数目
Write errors	写错误的数目
Non-2xx responses	响应码不是2xx的响应数量。如果所有响应均为200，则不打印该信息
Keep-Alive requests	导致Keep-Alive请求的链接数量
Total body sent	测试中如果客户端发送数据，该部分用于显示测试期间发送的数据字节数。如果测试不发送请求体，该部分输出将省略
Total transferred	从服务器接收的总字节数，该数值基本等于通过网络接收的数据量
HTML transferred	从服务器接收的总的文档字节数，该数值排除了接收的HTTP头字节数
Requests per second	每秒请求数（吞吐率），计算方式为：总请求数/总耗时
Time per request	请求平均耗时，一共包含两个值：第一个是"并发数*总耗时*1000/请求数"，第二个是"总耗时*1000/请求数"
Transfer rate	传输速率，计算方式为"总读取字节数/1024/总耗时"

感兴趣的读者可以尝试在执行ab命令时添加不同的选项，并依据上面的讲解对测试结果进行分析。

2. Apache JMeter

JMeter是一款采用Java开发的负载测试工具，它既可以用于测试静态资源访问，又可以用于测试动态请求，如Web（HTTP/HTTPS）、FTP、JDBC、SOAP、LDAP、JMS、Java、JUnit，等等。JMeter可以用于模拟服务器、网络、对象使用等不同类型的高负载，以综合分析应用系统性能。

此外，通过编写测试脚本，JMeter还可以帮助我们进行回归测试。在测试脚本中我们可以添加断言（支持正则表达式）来验证应用系统返回结果。因此，JMeter不仅是一款负载测试工具，它还可以用于功能测试。

我们可以从http://jmeter.apache.org/download_jmeter.cgi下载JMeter最新版本（要求JDK 7.0及以上）。

10

注意　如果测试JDBC、JMS，我们需要自行下载供应商的实现包。

JMeter支持以下运行方式。

- ❏ 可以直接以GUI的形式启动JMeter，便于管理测试计划、直观地分析测试结果。
- ❏ 可以以命令行的形式启动JMeter，与Ant等构建工具结合，进行诸如每日构建测试。
- ❏ JMeter还提供了一种服务器模式，用于分布式测试。

JMeter是一款功能非常强大的测试工具，详细讲解它所包含的功能已经超出了本章的范畴。本章仅从负载测试的角度介绍一下JMeter的基本功能，想要了解更多可以参见http://jmeter.apache.org/usermanual/。在本章中，我们选择GUI这种比较简单的交互形式来讲解JMeter的基本使用方式。

JMeter的安装非常简单，只需要下载并解压即可（本书采用的是JMeter 3.0）。进入安装路径的bin目录下，执行jmeter.bat（Windows）或jmeter（Linux）启动JMeter。

启动成功后，其GUI界面如图10-1所示。

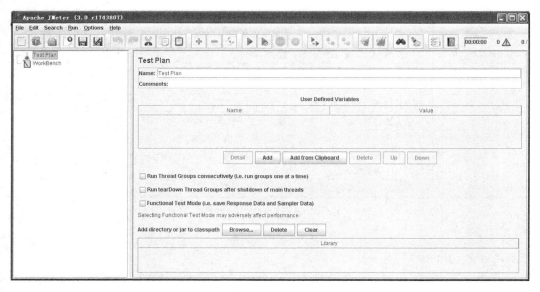

图10-1　JMeter

JMeter GUI主界面包含两部分：测试计划和工作台。测试计划用于描述JMeter运行时需要执行的一系列步骤。一个完整的测试计划包括一个或多个线程组、逻辑控制、样本生成控制、监听器、定时器、断言和配置元素。因此我们要执行的负载测试都会被包装成一个测试计划。工作台主要用于临时存储不使用的测试元素，用于复制粘贴以及其他你希望的操作，因此它仅是一个辅助性的工具。

注意　JMeter支持多语言设置，默认语言与操作系统一致，但是中文翻译有些地方并不恰当（如Functional译为"函数"，而不是"功能"），因此建议选择英文显示，修改方式"选项-选择语言-英语"。本章也是以英文环境进行讲解。

JMeter的测试计划支持添加多种元素以构建一个完整的测试流程，测试计划以树的形式维护包含的各级元素，如图10-2所示。

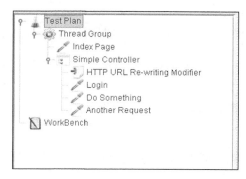

图10-2　测试计划示例

JMeter支持的主要元素如表10-3所示。

表10-3　Jmater支持元素说明

测试计划元素	描　　述
Thread group	任何测试计划均需要以线程组作为起点，所有的控制器和样本必须建在线程组下。线程组元素用于控制执行测试的线程数目、多长时间内建立全部的线程、执行测试的次数。
	每个线程完整且独立的执行测试计划，多线程用于模拟并发链接。此外，线程组元素还可以支持调度器配置，如持续时间、延迟时间、启动时间等
Controllers	JMeter提供的控制器包含两类：样本和逻辑控制器。
	样本告知JMeter向Server发送请求并等待响应，执行顺序与出现在测试计划树的次序一致。控制器可以用于修改样本的执行次数。
	JMeter支持的样本包括：FTP、HTTP、JDBC、Java对象、JMS、JUnit、LDAP、Mail、OS处理、TCP。此外，也可以定制化开发自己的样本。
	逻辑控制器可以用于定制化JMeter决策何时发送请求的逻辑。逻辑控制器可以变更来自子元素的请求的次序，修改请求，以使JMeter重复请求处理。JMeter提供了多种逻辑控制器，如循环、判断、包含等，具体可参见http://jmeter.apache.org/usermanual/component_reference.html#logic_controllers。
	除了样本和逻辑控制器外，还有一类特殊的控制器"Test Fragments"，在测试计划树中，它与线程组位于同一级别。除非被其他控制器引用，否则它并不会被执行
Listeners	监听器用于访问JMeter运行时收集的测试用例信息。通过监听器，我们可以方便地以图或者表的形式查看测试结果，JMeter支持的监听器可以参见：http://jmeter.apache.org/usermanual/component_reference.html#listeners

10

（续）

测试计划元素	描　　述
Timers	默认情况下，JMeter线程按次序执行样本而不会暂停，但是我们可以为线程组添加定时器以便指定一个延迟时间。如果没有延迟时间，JMeter会在很短的时间内向服务器发送大量请求，以致压垮服务器
Assertions	通过断言可以验证测试的响应结果与期望值是否一致
Configuration	配置元素与样本配合使用，用于添加请求配置信息，如HTTP Cookie、Header等
Pre-Processor	前置处理器用于在创建样本请求之前执行某些操作
Post-Processor	后置处理器用于在创建样本请求之后执行某些操作

JMeter元素的执行顺序为：配置元素、前置处理器、定时器、样本、后置处理器、断言、监听器。

接下来我们以Web负载测试为例演示如何使用JMeter。

首先，我们先为测试计划添加一个线程组，在一秒时间内创建50个线程，如图10-3所示。

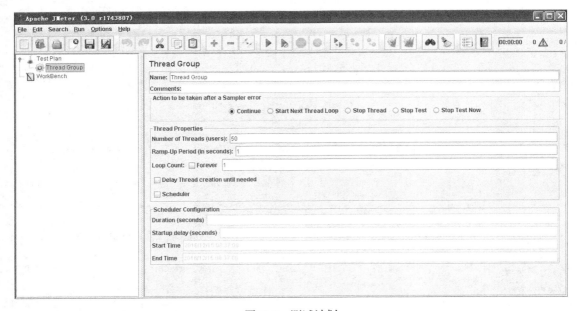

图10-3　测试计划

然后，为线程组添加一个样本。因为我们测试的是Web应用负载，所以选择的是HTTP Request。填写Web应用的IP地址、端口以及测试的请求路径，如图10-4所示。

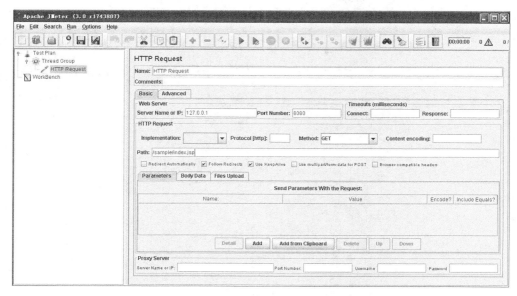

图10-4　测试计划

当然，你还可以根据实际情况，添加HTTP请求参数。

接下来，需要选择一个监听器来查看测试结果，此处使用简单的表格形式呈现，如图10-5所示。

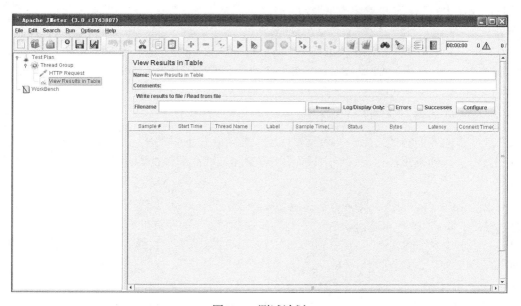

图10-5　测试计划

到此为止，一个简单的负载测试计划便已经创建完成。

点击"▶"执行测试计划，然后选中"HTTP Request"可以查看测试结果，如图10-6所示。

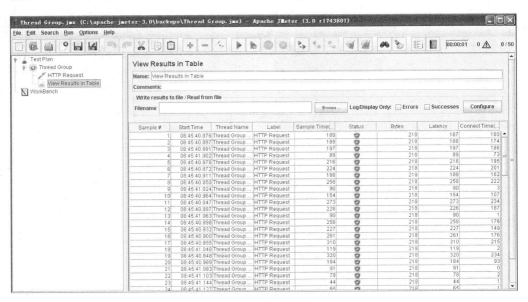

图10-6　测试计划

该表格会详细显示每次请求的耗时、延迟以及请求状态等信息，当然我们还可以通过"View Results Tree"查看更详细的请求结果，或者通过图来更直观地查看性能曲线。

Apache JMeter虽然可以用于负载测试，但是它提供的功能不仅限于此，我们可以将其用于更广泛的测试当中，这是与ApacheBench等专注于负载测试的工具所不同的地方。

10.1.3　数据采集及分析

完成初步的性能测试之后，如果发现系统性能较差，不能支撑计划的用户规模，此时我们不应该立即投入到系统优化工作当中，而是应先冷静分析一下系统缓慢的原因，识别系统性能瓶颈。

无论是ApacheBench、JMeter还是其他负载测试工具，均会以不同的形式输出测试结果。根据这些结果，我们虽然可以基本知道在一定并发量的情况下，系统的响应时间。但是，我们如果希望进一步定位系统的性能问题，则需要获取更详细的系统运行数据。这些数据包括网络使用、JVM内存/CPU使用、数据库访问等。

1. 网络

通过采集测试过程中的网络使用情况，我们可以知道系统随着并发用户数的增长，网络带宽的使用情况。这样，我们便可以有针对地降低网络数据传输量，提升系统访问性能。

　　Linux平台有许多可以查看网络使用情况的工具，查看总体带宽的如nload、bmon、slurm等，查看每个套接字的如iftop、iptraf、tcptrack、pktstat、netwatch等。这些工具的安装和使用并不复杂，此处不再赘述。

2. 内存/CPU

　　首先，可以通过Windows的任务管理器或者Linux的top命令查看服务器整体的资源使用情况。

top命令常用参数如下。

- ❏ -h：输出当前版本信息。
- ❏ -c：切换显示命令名称和完整命令行。
- ❏ -d：指定每两次屏幕信息刷新之间的时间间隔。
- ❏ -o：改变显示项目的顺序。
- ❏ -p：通过指定监控进程ID来仅仅监控某个进程的状态。
- ❏ -u：指定显示用户进程。

top命令输出信息：

```
top - 09:22:02 up 11:54,  5 users,  load average: 0.09, 0.07, 0.06
Tasks: 493 total,   2 running, 487 sleeping,   4 stopped,   0 zombie
%Cpu(s):  1.0 us,  0.3 sy,  0.0 ni, 98.7 id,  0.0 wa,  0.0 hi,  0.0 si,  0.0 st
KiB Mem:   2035444 total,  1325268 used,   710176 free,    43008 buffers
KiB Swap:  1046524 total,   289768 used,   756756 free.   471984 cached Mem

  PID USER      PR  NI    VIRT    RES    SHR S %CPU %MEM     TIME+ COMMAND
10322 liuguan+  20   0   29420   3316   2520 R  0.7  0.2   0:00.16 top
 1466 root      20   0  342448  36496   9836 S  0.3  1.8   1:43.92 Xorg
 2471 liuguan+  20   0 1226424  63680  36304 S  0.3  3.1   4:14.22 compiz
 9401 liuguan+  20   0 1415104 247972  23468 S  0.3 12.2   0:17.32 java
```

主要分为以下两部分。

- ❏ 汇总数据。

　　第一行是top命令的基本信息。

　　09:22:02：系统当前时间。

　　11:54：系统开机到现在经过了多少时间。

　　5 users：当前2用户在线。

　　load average: 0.09, 0.07, 0.06：系统1分钟、5分钟、15分钟的CPU负载信息。

　　第二行是任务信息。

　　493 total：总进程数。

　　2 running：正在运行的进程数。

　　487 sleeping：睡眠的进程数。

4 stopped：停止的进程数。

0 zombie：僵死的进程数。

第三行是CPU信息。

1.0 us：用户态进程占用CPU时间百分比，不包含renice值为负的任务占用CPU的时间。

0.3 sy：内核占用CPU时间百分比。

0.0 ni：改变过优先级的进程占用CPU的百分比。

98.7 id：空闲CPU时间百分比。

0.0 wa：等待I/O的CPU时间百分比。

0.0 hi：CPU硬中断时间百分比。

0.0 si：CPU软中断时间百分比。

0.0 st：Xen Hypervisor分配给运行在其他虚拟机上的任务的实际 CPU 时间。

第四行为内存信息。

2035444 total：物理内存总量。

1325268 used：已使用的物理内存。

710176 free：空闲的物理内存。

43008 buffers：用作内核缓冲的物理内存。

第五行为交换区信息。

1046524 total：交换区总量。

289768 used：已使用的交换区。

756756 free：空闲的交换区。

471984 cached Mem：缓冲交换区。

- ❑ 进程详细信息，具体可以参见表10-4。

表10-4　top输出进程详细信息说明

列　　名	描　　述
PID	进程ID
PPID	父进程ID
UID	进程所有者的用户ID
USER	进程所有者的用户名
GROUP	进程所有者的组名
TTY	启动进程的终端名。不是从终端启动的进程则显示为"?"
PR	优先级
NI	nice值。负值表示高优先级，正值表示低优先级
P	最后使用的CPU，仅在多CPU环境下有意义
%CPU	上次更新到现在的CPU时间占用百分比
TIME	进程使用的CPU时间总计，单位秒

（续）

列　　名	描　　述
TIME+	进程使用的CPU时间总计，单位1/100秒
%MEM	进程使用的**物理内存**百分比
VIRT	进程使用的虚拟内存总量，单位KB。VIRT=SWAP+RES
SWAP	进程使用的虚拟内存中，被换出的大小，单位KB
RES	进程使用的、未被换出的物理内存大小，单位KB。RES=CODE+DATA
CODE	可执行代码占用的**物理内存**大小，单位KB
DATA	可执行代码以外的部分(数据段+栈)占用的**物理内存**大小，单位KB
SHR	共享内存大小，单位KB
nFLT	页面错误次数
nDRT	最后一次写入到现在，被修改过的页面数
S	进程状态。 D=不可中断的睡眠状态 R=运行 S=睡眠 T=跟踪/停止 Z=僵尸进程
COMMAND	命令
WCHAN	若该进程在睡眠，则显示睡眠中的系统函数名

　　根据top命令输出结果，综合判断当前服务器的负载情况，如load average除以CPU个数长期达到0.7，则需要开始排查性能隐患，超过1则说明系统已经超负荷工作。

　　当然，如果我们仅仅希望查看服务器总体的CPU、内存以及I/O读写情况，还可以使用vmstat命令，它的输出信息如下：

```
procs -----------memory---------- ---swap-- -----io---- -system-- ------cpu-----
 r  b   swpd   free   buff  cache   si   so    bi    bo   in   cs us sy id wa st
 1  0 289692 563672  49232 592052    3   21   278    33   75  370  2  1 97  0  0
```

分为进程、内存、交换区、I/O、系统、CPU几部分，如表10-5所示。

表10-5　vmstat输出信息说明

分　类	列　　名	描　　述
进程	r	正在执行和等待CPU资源的任务个数，当其超过CPU数目时，便意味着存在CPU瓶颈
	b	阻塞的进程数
内存	swpd	虚拟内存已使用大小，大于0表示物理内存不足
	free	空闲物理内存大小
	buff	块设备读写缓冲的大小
	cache	文件系统缓存大小

10

（续）

分　类	列　名	描　述
交换区	si	每秒由交换区写入内存的数据量
	so	每秒从内存写入交换区的数据量
I/O	bi	每秒从磁盘读取的块数
	bo	每秒写入磁盘的块数
系统	in	每秒中断数
	cs	每秒上下文切换数
CPU（百分比）	us	用户进程执行消耗CPU时间
	sy	系统进程消耗CPU时间
	id	空闲时间
	wa	等待I/O时间
	st	虚拟机占用的时间

此外，我们还可以使用iostat查看具体设备的I/O情况，其输入信息如表10-6所示。

```
Device:          tps    kB_read/s    kB_wrtn/s    kB_read    kB_wrtn
sda             5.95       269.32        33.80   13939515    1749560
```

表10-6   iostat输出信息说明

列　名	描　述
Device	设备名
tps	该设备每秒的传输次数，"一次传输"意思是"一次I/O请求"，多个逻辑请求可能会被合并为"一次I/O请求"，"一次传输"请求的大小是未知的
kB_read/s	每秒从设备读取的数据量
kB_wrtn/s	每秒向设备写入的数据量
kB_read	读取的总数据量
kB_wrtn	写入的总数量数据量

常用的Linux命令只适合查看进程总体的资源使用情况，但是如果要进一步分析进程内部的资源使用情况，显然这些命令是无法满足要求的。

幸运的是，对于基于Java的应用，JDK在发布包中提供了内存及垃圾回收监控工具（位于$JAVA_HOME/bin）用于分析JVM的运行状况。

注意　本章基于JDK 8介绍相关的命令，较之之前的版本，JDK 8取消了永久代空间，代之以元空间，在分析命令输出结果时需要注意。

这些工具中，最常用的是jstat命令，它的命令格式如下：

```
jstat [ generalOption | outputOptions vmid [ interval[s|ms] [ count ] ]
```

jstat支持两类选项：generalOption和outputOptions。generalOption顾名思义是一些通用选

项，这类选项只能指定一个，不可以再增加其他选项或者参数，包括-help（输出帮助信息）和 -options（显示统计选项的列表）。outputOptions即输出选项，用于确定jstat命令的输出内容及格式。输出选项也只能指定一个，但是可以在其后添加-h、-t、-J选项。

vmid为虚拟机标识，其语法格式为：[protocol:][//]lvmid[@hostname[:port]/servername]。protocol为通信协议。如果不指定协议和主机名，则表明为本地协议。如果不指定协议，但是指定了主机名，则默认使用RMI。lvmid为监控目标JVM的本地虚拟机标识。lvmid是一个平台特定值，用于在系统中唯一标识JVM，从语法我们可以看出，lvmid是vmid中唯一必需的值。lvmid通常情况下是目标JVM进程的标识。hostname为目标主机的主机名或者IP地址。如果不指定主机名，则表明为本机。port为与目标主机通信的端口。如果未指定主机名或者协议为本地，那么将忽略端口值。servername参数的处理取决于实现。对于本地协议，该参数将被忽略。对于RMI协议，该参数为目标主机上RMI远程对象的名称。

interval为样本采集的时间间隔，单位为秒或者毫秒。

count为样本采集的次数。默认为无穷大，除非JVM或者jstat命令终止，jstat会始终采集样本数据。jstat的统计选项见表10-7。

表10-7　jstat统计选项说明

列　　名	描　　述	输出结果
-class	显示类加载器的统计信息	Loaded：已加载的类数量 Bytes：已加载的字节数（KB） Unloaded：卸载的类数量 Bytes：卸载的字节数（KB） Time：执行类加载和卸载操作的耗时
-compiler	显示JVM JIT编译器统计信息	Compiled：编译任务执行的次数 Failed：编译任务失败次数 Invalid：编译任务无效次数 Time：编译任务执行耗时 FailedType：最后一次失败编译的类型 FailedMethod：最后一次失败编译类及方法
-gc	显示垃圾回收统计信息	S0C：年轻代中第一个Survivor（幸存区）的容量（KB） S1C：年轻代中第二个Survivor（幸存区）的容量（KB） S0U：年轻代中第一个Survivor的已使用空间（KB） S1U：年轻代中第二个Survivor的已使用空间（KB） EC：年轻代中Eden（伊甸园）的容量（KB） EU：年轻代中Eden（伊甸园）的已使用空间（KB） OC：年老代的容量（KB） OU：年老代已使用空间（KB）

10

（续）

列　名	描　述	输出结果
-gc	显示垃圾回收统计信息	MC：元空间容量（KB） MU：元空间已使用（KB） CCSC：压缩的类空间容量（KB） CCSU：压缩的类空间已使用（KB） YGC：年轻代垃圾回收次数 YGCT：年轻代垃圾回收耗时 FGC：Full gc次数 FGCT：Full gc耗时 GCT：垃圾回收总耗时
-gccapacity	VM内存中各代对象的使用和占用大小	NGCMN：年轻代最小分配内存（KB） NGCMX：年轻代最大分配内存（KB） NGC：年轻代当前容量（KB） S0C：同-gc S1C：同-gc EC：同-gc OGCMN：年老代最小分配内存（KB） OGCMX：年老代最大分配内存（KB） OGC：当前年老新生成的容量（KB） OC：同-gc MCMN：元空间最小分配内存（KB） MCMX：元空间最大分配内存（KB） MC：同-gc CCSMN：压缩类空间最小分配内存（KB） CCSMX：压缩类空间最大分配内存（KB） CCSC：同-gc YGC：同-gc FGC：同-gc
-gccause	与-gcutil相同，统计信息除-gcutil包含列外，还增加了最近一次以及当前的垃圾回收事件	LGCC：最近垃圾回收的原因 GCC：当前垃圾回收的原因
-gcnew	年轻代统计信息	S0C：同-gc S1C：同-gc S0U：同-gc S1U：同-gc TT：持有次数限制 MTT：最大持有次数限制 DSS：所需幸存者区大小（KB） EC：同-gc

（续）

列　　名	描　　述	输出结果
-gcnew	年轻代统计信息	EU：同-gc YGC：同-gc YGCT：同-gc
-gcnewcapacity	年轻代对象的使用和占用大小	NGCMN：同-gccapacity NGCMX：同-gccapacity NGC：同-gccapacity S0CMX：第一个幸存区的最大容量（KB） S0C：同-gc S1CMX：第二个幸存区的最大容量（KB） S1C：同-gc ECMX：伊甸园区的最大容量（KB） EC：同-gc YGC：同-gc FGC：同-gc
-gcold	年老代以及元空间的统计信息	MC：元空间容量（KB） MU：元空间已使用（KB） CCSC：压缩类空间容量（KB） CCSU：压缩类空间已使用（KB） OC：同-gc OU：同-gc YGC：同-gc FGC：同-gc FGCT：同-gc GCT：同-gc
-gcoldcapacity	年老代的大小及使用情况	OGCMN：同-gccapacity OGCMX：同-gccapacity OGC：同-gccapacity OC：同-gccapacity YGC：同-gc FGC：同-gc FGCT：同-gc GCT：同-gc
-gcmetacapacity	元空间大小的统计信息	MCMN：同-gccapacity MCMX：同-gccapacity MC：同-gccapacity CCSMN：同-gccapacity CCSMX：同-gccapacity YGC：同-gc

10

（续）

列　名	描　述	输出结果
-gcmetacapacity	元空间大小的统计信息	FGC：同-gc FGCT：同-gc GCT：同-gc
-gcutil	垃圾回收统计的汇总信息	S0：第一个幸存区空间使用百分比 S1：第二个幸存区空间使用百分比 E：伊甸园空间使用百分比 O：年老代空间使用百分比 M：元空间使用百分比 CCS：压缩类空间使用百分比 YGC：同-gc YGCT：同-gc FGC：同-gc FGCT：同-gc GCT：同-gc
-printcompilation	显示JVM编译方法的统计信息	Compiled：最近编译方法执行的编译任务数目。 Size：最近编译方法生成的字节码大小 Type：最近编译方法的类型 Method：用来识别最近编译方法的类名和方法名。类名使用"/"代替"."作为命名空间分隔符。方法名是指定类中的方法。格式由-XX:+PrintCompilation选项设置

前面讲到，除了统计选项，我们还可以附加-h、-t和-J选项。

❑ -h：格式为"-h n"，表示每当输出 n 行后，就会显示列名。默认情况下，输出结果仅在第一行显示列名。

❑ -t：在输出结果添加一个时间戳列作为首列，该时间戳为目标JVM启动至今的时间。

❑ -J：用于向jstat命令运行的JVM传递参数，如"-J-Xms1024m"。

除了jstat，Java还提供了jmap命令用于打印进程的堆内存详情、产生对象数量以及内存使用情况。因此jmap命令可以用于检查内存泄露、对象的不合理创建及销毁等问题，从而发现一些更隐蔽的性能缺陷。

jmap支持3种格式的命令：

```
jmap [ options ] pid
jmap [ options ] executable core
jmap [ options ] [ pid ] server-id@ ] remote-hostname-or-IP
```

第一种为指定一个进程号，第二种为一个可执行文件及核心文件，第三种是远程调试的服务器主机名或IP地址。

jmap支持的命令选项（[options]）见表10-8。

表10-8　jmap支持的命令选项

列　　名	描　　述
-dump:[live,]　format=b, file=filename	将Java堆输出为hprof二进制格式文件，filename为文件名，live可选，如果指定，只输出堆内的活跃对象
-finalizerinfo	打印正在等待回收的对象信息
-heap	打印垃圾回收使用堆、堆配置及generation-wise堆使用的情况
-histo[:live]	打印每个class的实例数目、内存占用、类全名信息。JVM的内部类名字开头会加上"*"前缀。如果添加live，只统计活的对象数量
-clstats	打印类加载器wise统计。对于每个类加载器，其名称、活跃情况、地址、父类加载器、已经加载的类的数量及大小

以上选项同时只能指定一个，但是还有几个附加选项可以与它们一起使用。

❑ -F：强制输出，与-dump、-histo配合使用，当进程没有响应时。在此模式下，不支持live子选项。

❑ -h或者-help：打印帮助信息。

❑ -Jflag：向jmap命令运行的JVM传递参数（flag即具体参数）。比如对于64位机器，需要在jmap命令选项前增加-J-d64，示例：jmap -J-d64 -heap pid。

对于jmap -dump生成的hprof文件，我们可以使用jhat命令进行分析，格式如下：

jhat [options] heap-dump-file

然后在浏览器中输入"http://127.0.0.1:7000"即可查看结果，如图10-7所示。

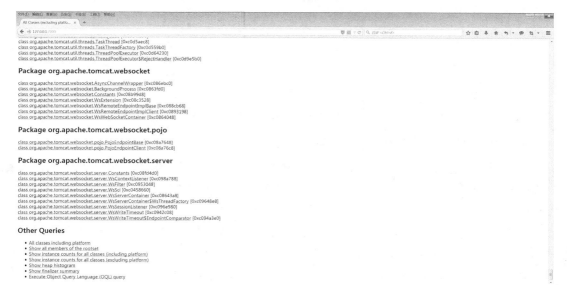

图10-7　jhat分析结果

10

　　根据网页上的链接提示，我们可以进一步查看详细信息。如果dump文件比较大，jhat分析时会报内存溢出，此时我们可以通过-J选项调整内存，如jhat -J-Xmx512m heap-dump-file。

　　除此之外，我们还可以借助MemoryAnalyzer（mat）来分析dump文件，它是Eclipse提供的一款内存分析工具，与jhat命令相比，它更易用和直观。下载地址：http://www.eclipse.org/mat/downloads.php。下载后直接解压即可使用。

　　运行"MemoryAnalyzer.exe"，打开dump文件，分析结果如图10-8所示。

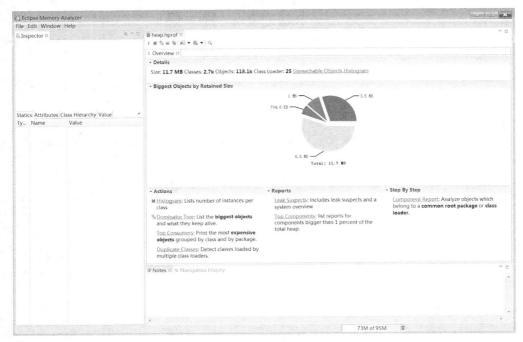

图10-8　mat分析结果

　　mat还可以直接提示可能存在的内存泄露问题。

　　以上是与系统资源占用相关的数据采集及分析命令。如果不是系统整体性能较差，而仅是某个具体API响应慢，此时还有一个Java命令可以在代码级别帮助我们快速定位问题，它就是jstack。

　　通过jstack命令，可以输出指定进程或者远程主机的栈信息，这样我们可以直观地查看当前程序的运行栈，从而确定性能阻塞的类和方法。

　　jstack命令格式如下：

```
jstack [ options ] pid
jstack [ options ] executable core
jstack [ options ] [ server-id@ ] remote-hostname-or-IP
```

其中支持的命令选项如表10-9所示。

表10-9 jstack支持的命令选项

列 名	描 述
-F	当"jstack [-l] pid"没有响应时，强制打印栈信息
-l	长列表，打印关于锁的附加信息
-m	混合模式，打印Java以及本地C/C++的所有栈信息
-h|-help	打印帮助信息

除此之外，Java还提供了两个可视化工具：JConsole和VisualVM。

JConsole是JDK提供的较早的监控和管理工具，监控信息包含CPU、内存、线程、类加载信息以及MBean。它位于\$JAVA_HOME/bin目录下，直接运行jconsole命令即可。界面如图10-9所示。

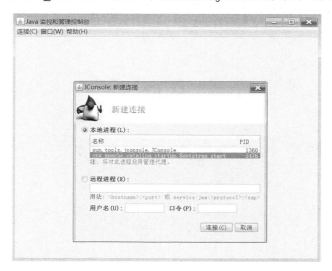

图10-9 jconsole界面

我们既可以选择本地进程又可以填写远程服务器的链接。点击"链接"即进入监控界面，如图10-10所示。

首页显示内存、线程、类加载、CPU的实时信息，针对每一类还提供了详情页用于查看详细信息。具体使用可以参见http://docs.oracle.com/javase/8/docs/technotes/guides/management/jconsole.html。

VisualVM是一款Java应用监控以及故障排除的工具，它利用诸如jvmstat、JMX、SA、Attach API等技术获取运行数据，采用最快、最轻量级的技术以使被监控应用的开销降至最低。自JDK 6之后，VisualVM默认包含到JDK安装包中，位于\$JAVA_HOME/bin目录，命令为jvisualvm，因此我们可以直接运行命令来启动VisualVM，如图10-11所示。

10

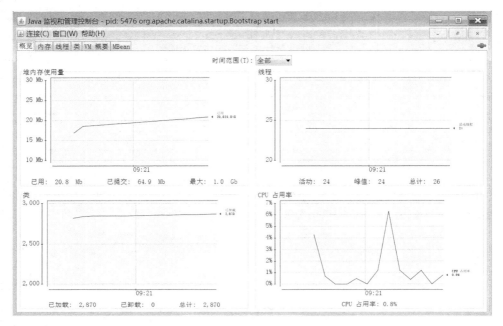

图10-10　jconsole界面

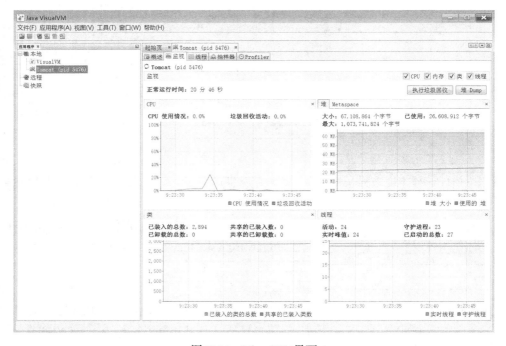

图10-11　VisualVM界面

与JConsole类似，VisualVM同样实时监控CPU、堆及元空间内存使用、类加载以及线程运行情况。除此之外，VisualVM还可以查看线程运行及挂起情况、输出线程栈，支持对CPU及内存进行抽样分析，并提供了一个CPU及内存性能分析器。VisualVM支持将应用配置、运行环境（线程dump、堆dump以及分析快照）保存并进行离线分析，这对于故障排除非常有用。

由于VisualVM基于NetBeans平台，它的架构是模块化和插件化的。我们很容易下载并安装各种第三方插件以满足不同的监控及性能分析需求，甚至还可以开发自己的监控插件，这也是其功能强大之处。

VisualVM还支持与IDE集成，以便在开发阶段监控和分析应用程序。Eclipse集成参见http://visualvm.java.net/eclipse-launcher.html，NetBeans已经默认将其集成到了IDE工作流程当中，因此不必再进行额外配置。

3. 数据库访问

对于应用系统来说，数据库访问也是影响性能的一个重要因素。经过多年的技术演进和变革，数据库技术已经发生了翻天覆地的变化，除了我们认识的传统关系型数据库，还产生了NoSQL、NewSQL等新的存储技术，这些技术更面向于分布式、大数据，以满足现在互联网应用对数据量及访问性能的要求，其中知名产品如Redis、MongoDB、Cassandra、HBase等。

本节的性能数据采集仍针对传统的关系型数据库，如Oracle、MySQL，因为它们在业务系统核心数据存储方面仍扮演了极其重要的角色。对于NoSQL数据库的性能分析，本书不再展开论述，感兴趣的读者可以阅读相关图书。

首先，我们可以通过数据库自带的功能来查看SQL语句的执行情况，对于Oracle来说，可以通过V$SQLAREA、V$SQLTEXT两个视图来查看SQL语句的执行，如执行时间、读写情况等，具体参见：http://docs.oracle.com/cd/B19306_01/server.102/b14237/dynviews_2129.htm#REFRN30259。对于MySQL来说，它可以支持以日志的形式记录执行缓慢的SQL，具体参见：http://dev.mysql.com/doc/refman/5.7/en/slow-query-log.html。

其次，我们还可以通过一些工具，以非侵入的形式在应用级记录SQL日志，如p6spy，下载地址为：https://github.com/p6spy/p6spy。它的使用非常简单。首先将p6spy.jar和spy.properties复制到当前应用的classpath下，无论我们使用的是Hibernate、Mybatis等ORM框架，还是直接采用JDBC，只需要将数据源的驱动改为com.p6spy.engine.spy.P6SpyDriver即可。然后需要修改spy.properties，指定真实的数据库驱动（realdriver属性）。由此我们不难理解，实际上p6spy是对数据源做了一层代理以拦截SQL执行情况。p6spy支持控制台、文件以及SLF4J日志3种输出方式，更详细的配置参见http://p6spy.github.io/ p6spy/2.0/configandusage.html。

10

10.2　Tomcat 性能优化

本节将主要从JVM优化和Tomcat配置两个方面介绍Tomcat性能优化相关的知识。

10.2.1　JVM 优化

既然Tomcat是一款Java应用，那么JVM的配置便与其运行性能密切相关，而JVM优化的重点则集中在内存分配以及GC策略调整上，因为JVM垃圾回收机制会不同程度地导致程序运行中断。选择不同的垃圾回收策略，调整JVM以及垃圾回收参数，可以极大地减少垃圾回收次数，提升垃圾回收效率，从而改善程序运行性能。

JVM垃圾回收性能有以下两个主要的度量。

- 吞吐量：工作时间（排除GC时间）占总时间的百分比。工作时间并不仅是程序运行的时间，还包括内存分配的时间。
- 暂停：测量时间段内，由垃圾回收导致的应用程序停止响应测次数。

不同的用户对于垃圾回收会有不同的需求。例如由GC导致的暂停，对于Web应用来说，很容易被网络延迟等因素掩盖，因此对于用户体验影响较小，但是对于客户端应用（如swing），任何暂停都是难以忍受的。在物理内存有限（如嵌入式系统）或者进程过多的系统上，足印（Footprint，一些资源大小的测量，比如堆的大小）决定了其扩展性。在分布式系统中，及时性（Promptness，即对象变为死亡到内存被释放的时间）是需要重点考虑的因素。

因此，通常情况下，对于JVM各代大小的选择是综合考虑这些因素之后的一个折中。例如，将年轻代设置得非常大可以提升吞吐量，但是会影响足印、及时性及暂停。将年轻代调低，可以优化暂停，但是会影响吞吐量。当然，一代的大小并不会影响其他代的垃圾回收频率和暂停。

总之，调整JVM及垃圾回收参数是一个复杂的过程，并没有一个统一的标准可以参考，这需要我们根据具体的应用类型、主机配置来选择合适的策略，而且其有效性也需要依据我们的性能测试结果进行判断。

HotSpotJVM（即SUN官方推出的Java虚拟机，区别于IBM、HP等厂商以及OpenJDK开源产品，它也是使用最广泛的Java虚拟机。之所以在此处我们要区分厂商，是因为不同厂商的JVM垃圾回收策略以及参数配置是不同的）包含以下3种不同类型的垃圾收集器。

- 串行收集器（Serial Collector）：采用单线程执行所有的垃圾回收工作，适用于单核的服务器，原因就是它无法利用多核硬件的优势（当然，在多核环境下，串行收集器还适用于数据集小于100MB的应用）。
- 并行收集器（Parallel Collector）：又称吞吐量收集器，以并行的方式执行Minor回收（即年轻代垃圾回收），该方式可以显著降低垃圾回收的开销。它适用于在多处理器或者多线程硬件上运行的数据集为中型到大型的应用。
  通过并行压缩的特性，可以使并行收集器以并行的方式执行Major回收（即整个堆的垃圾回收）。如果不启用并行压缩，Major回收采用单线程执行，这会大大限制可扩展性。
- 并发收集器（Concurrent Collector）：以并发的方式执行大部分垃圾回收工作，以缩短垃圾回收的暂停时间。它适用于那些数据集为中型到大型、响应时间优先于吞吐量的应用。因为该收集器虽然最小化暂停时间，但是会降低应用程序性能。

在JDK 8中，Hotspot JVM提供了两种并发收集器：CMS收集器和G1收集器。

❑ CMS收集器（Concurrent Mark Sweep Collector，并发标记扫描收集器）适用于那些更愿意缩短垃圾回收暂停时间并且负担得起与垃圾回收共享处理器资源的应用。

❑ G1收集器（Garbage-First Garbage Collector）适用于大容量内存的多核服务器。它在满足垃圾回收暂停时间目标的同时，以最大可能性实现高吞吐量。

HotSpot JVM会根据运行的平台、服务器资源配置情况选择合适的垃圾收集器、堆内存大小以及运行时编译器[①]。如果JVM默认选择无法满足需求，我们可以基于以下准则选择垃圾收集器。

❑ 如果应用程序的数据集较小（小于100MB），选择串行收集器。

❑ 如果应用程序运行于单核处理器且没有暂停时间的要求，可以交由JVM选择收集器或者选择串行收集器。

❑ 如果需要优先考虑应用程序峰值性能，没有暂停时间要求或者可以接受1秒甚至更长的暂停时间，可以交由JVM选择收集器或者选择并行收集器。

❑ 如果应用程序响应时间比整体吞吐量更重要，垃圾回收暂停时间必须短于1秒钟，则可以选择并发收集器。

这些准则只是为选择收集器提供了一个起点，因为性能还依赖于堆内存大小、应用程序维护的活跃数据的数量、有效处理器的个数及速度。因此，我们在选定收集器之后，还要尝试调整堆和各代的大小以满足既定的性能指标。

Java命令支持非常复杂的选项以配置运行时编译器、堆和垃圾回收策略，以用于调整应用运行性能。

首先，通过-client和-server选项，我们可以指定JVM的运行模式。添加-client，表示以客户端模式运行应用程序，反之添加-server，表示以服务器模式运行。客户端模式启动较快，但是运行较慢，服务器模式与之相反，启动较慢，但是运行较快。这也是由两类应用的不同侧重点所决定的。如不指定，JVM将根据策略选择运行模式[②]。建议根据实际情况明确指定JVM模式，因为它会影响JVM其他默认值的选择，如垃圾收集器、堆内存的大小等。需要注意的是，HotSpot JVM 64位版本仅支持服务器模式，因此如果设置-client，将不会生效。

其次，HotSpot JVM支持许多非标准的选项，以-X或者-XX开头[③]。表10-10仅列出了与性能相关的选项。

① 具体参见：http://docs.oracle.com/javase/8/docs/technotes/guides/vm/gctuning/ergonomics.html#ergonomics。

② 具体参见：http://docs.oracle.com/javase/8/docs/technotes/guides/vm/gctuning/ergonomics.html#ergonomics。

③ -X开头的选项表示非标准选项，即HotSpot JVM支持，但不保证所有JVM实现均支持。-XX开头的选项同-X，除此之外此外还表示该选项不稳定。

10

注意   如果你使用的是旧版本的JDK，需要注意，表10-10并未包含JDK 8已经禁用的选项，而且部分JDK 8新增的选项也无法使用。

表10-10   JVM支持的性能相关选项

选　　项	描　　述
-Xms*size*[①]	初始堆的大小。如不指定，初始化大小为分配的年轻代和年老代的和
-Xmx*size*	最大堆内存。对于服务器端部署，-Xms和-Xmx经常设置为一个值，这样可以节省程序运行过程中调整堆内存分配的耗时
-Xmn*size*	年轻代的初始值及最大值。官方推荐该值为堆内存的1/2~1/4之间
-XX:NewSize=*size*	年轻代的初始值
-XX:MaxNewSize=*size*	年轻代最大值
-XX:MetaspaceSize=*size*	元数据空间的初始值。持久代在JDK 8版本被移除，因此-XX:PermSize已禁用
-XX:MaxMetaspaceSize=*size*	分配用于类元数据的本地内存上线，默认不受限。持久代在JDK 8版本被移除，因此-XX:MaxPermSize已禁用
-Xss*size*	线程栈大小。默认值与平台相关[②]
-XX:ThreadStackSize=*size*	等价于-Xss
-XX:NewRatio=*ratio*	设置年轻代和年老代大小的比值，取值为整数，默认为2
-XX:SurvivorRatio=*ratio*	Eden区和Survivor区大小的比值，取值为整数，默认为8
-XX:LargePage*Size*InBytes=*size*	堆内存的内存页大小，默认为0，表示由JVM动态选择
-XX:+DisableExplicitGC	禁用System.gc。该参数只是禁止调用System.gc，但是JVM在需要时仍就会执行垃圾回收
-XX:MaxTenuringThreshold=*threshold*	在新生代中对象存活次数（经过Minor GC的次数）后仍然存活，就会晋升到旧生代。最大值为15。并行收集器的默认值为15，CMS收集器的默认值为6
-XX:+AggressiveOpts	开启新的编译器性能优化选项，默认禁用实验性优化特征。实验性特征虽然会提高性能，但是会影响稳定性
-XX:+UseBiasedLocking	启用偏向锁，使得锁更偏爱上次使用到它的线程。在非竞争锁的场景下，即只有一个线程会锁定对象，可以实现近乎无锁的开销
-Xnoclassgc	禁用类的垃圾回收，即类对象（Class）不会被回收
-XX:SoftRefLRUPolicyMSPerMB=*time*	每兆空闲堆内存中，SoftReference对象在最后一次引用后的存活时间（单位为毫秒），默认是1秒钟
-XX:MaxHeapFreeRatio=*percent*	垃圾回收之后，堆内存空闲空间最大允许百分比，如果超过该值，堆内存将收缩
-XX:MinHeapFreeRatio=*percent*	垃圾回收之后，堆内存空闲空间最小允许百分比，如果低于该值，堆内存将扩大
-XX:+ParallelRefProcEnabled	启用并行引用处理。如果应用存在大量的引用或者finalizable对象需要处理，添加该选项可以减少垃圾回收时间
-XX:TargetSurvivorRatio=*percent*	设定幸存区的目标使用率

---

① 斜体部分表示取值。如取值不加任何单位则表示字节数，k或K表示KB、m或M表示MB、g或G表示GB。

② 官方列举的部分平台配置：Linux/ARM（32位）为320KB，Linux/I386（32位）为320KB，Linux/x64（64位）为1024KB，OS X（64位）为1024KB，Solaris/i386（32位）为320KB，Solaris/x64（64位）为1024KB。

（续）

选　　项	描　　述
-XX:+UseGCOverheadLimit	限定JVM耗费在GC上的时间百分比。该选项默认启用，当JVM 98%的时间用于垃圾回收并且少于2%的堆被恢复时，抛出内存溢出异常。当堆较小时，该选项可以用于避免应用长时间没响应。可以通过-XX:-UseGCOverheadLimit禁用该选项
-XX:+UseSerialGC	启用串行收集器

针对并行垃圾收集器，还支持表10-11中的性能选项。

表10-11　并行收集器性能相关选项

选　　项	描　　述
-XX:+UseParallelGC	启用并行垃圾收集器，以便利用多核提升性能。如果配置了该选项，那么-XX:+UseParallelOldGC默认启用
-XX:+UseParNewGC	年轻代采用并行收集，默认该选项禁用，但是如果设置了-XX:+UseConcMarkSweepGC选项，则会自动开启。对于仅设置该选项，但是不设置XX:+UseConcMarkSweepGC的情况，JDK 8已经禁用
-XX:+UseParallelOldGC	Full GC采用并行收集，默认禁用。如果设置了-XX:+UseParallelGC则自动启用
-XX:ParallelGCThreads=threads	年轻代及年老代并行垃圾回收使用的线程数。默认值依赖于JVM使用的CPU个数
-XX:MaxGCPauseMillis	垃圾回收最大暂停时间，单位为毫秒。该选项仅是一个软目标，如不满足，JVM将会自动调整堆和相关选项
-XX:+UseAdaptiveSizePolicy	自动选择年轻代大小和相应的Survivor区比例，以达到目标系统规定的最低响应时间或者收集频率。该选项默认开启，若要禁用则需要添加-XX:-UseAdaptiveSizePolicy并且设置-XX:SurvivorRatio。对于并行收集器，建议打开该选项

针对CMS垃圾收集器，还支持表10-12中的性能选项。

表10-12　CMS收集器性能相关选项

选　　项	描　　述
-XX:+UseConcMarkSweepGC	对于年老代，启用CMS垃圾收集器。当并行垃圾收集器无法满足应用的延迟需求时，官方推荐使用CMS收集器或者G1收集器。 启用该选项后，-XX:+UseParNewGC自动启用，且无法禁用（即不可以添加-XX:-UseParNewGC）
-XX:+AggressiveHeap	启用Java堆内存优化。该选项设置各种参数以适用于运行时间长、内存分配密集的任务，基于内存和处理器配置。默认禁用
-XX:+UseCMSInitiatingOccupancyOnly	使用-XX:CMSInitiatingOccupancyFraction的值作为年老代的空间使用率限制来启动CMS垃圾回收。如果没有配置该选项，那么HotSpot VM只利用这个值来启动第一次CMS垃圾回收，以后均使用HotSpot VM自动计算的值
-XX:CMSInitiatingOccupancyFraction=*percent*	设置年老代的占用百分比，当到达该值之后将启动CMS回收，格式为整数。默认为-1，如果为负数，则表示使用-XX:CMSTriggerRatio确定初始的占用比
-XX:+CMSClassUnloadingEnabled	启用类卸载，默认启用，可以通过-XX:-CMSClassUnloadingEnabled禁用
-XX:+CMSScavengeBeforeRemark	在执行CMS remark之前进行一次Minor GC，这样能有效降低remark的时间

针对G1垃圾收集器，还支持表10-13中的性能选项。

表10-13　G1收集器性能相关选项

选　项	描　述
-XX:+UseG1GC	启用G1收集器。G1是服务器类型的收集器，用于多核、大内存的机器。它在保持较高吞吐量的情况下，高概率满足GC暂停时间的目标。G1收集器推荐用于那些需要较大堆内存（6GB以上）并存在GC延迟需求（稳定且可预测暂停时间低于0.5秒）的应用
-XX:InitiatingHeapOccupancyPercent=percent	设置堆内存占用比，超过该比值之后，将启动并发垃圾回收，格式为整数
-XX:ConcGCThreads=threads	设置用于并发垃圾回收的线程数，默认值依赖于JVM使用CPU个数
-XX:G1ReservePercent=percent	设置堆内存预留空间百分比，以降低目标空间溢出的风险。默认值是10%
-XX:G1HeapRegionSize	设置G1区域的大小，范围是1 MB到32 MB之间。目的是根据最小的Java堆内存划分出约2048个区域
-XX:+UseStringDeduplication	启用重复字符串删除（String deduplication），该选项仅用于G1收集器。字符串重复数据删除利用大多数字符串相同的情况减少了字符串对象的内存足印。这种情况下，相同字符串指向并共享同一个字符数组，而非每一个字符串一个
-XX:+UseTLAB	年轻代中使用本地线程收集块

　　我们不仅要详细了解以上选项的作用，还要结合具体的应用进行合理设置。部分选项可能需要根据性能测试情况不断调整，直至达到优化目标。

　　当然，在性能测试之前的初始配置，可以根据一些经验进行确定。选择合适的垃圾收集器，对于服务器端来说，多采用并行或者并发收集，这需要看应用侧重于吞吐量还是暂停时间。对于堆内存的分配，尽量使-Xms和-Xmx值相等，这样可以节省JVM堆申请空间的带来的压力。堆内存大小一般设置为物理内存的1/2到1/3之间。

　　在测试环境下，我们还可以通过一些选项详细查看JVM的垃圾回收情况，以便不断调整优化，如表10-14所示。

表10-14　JVM打印相关选项

选　项	描　述
-XX:+PrintGC	打印每次GC的信息
-XX:+PrintGCApplicationConcurrentTime	打印最后一次暂停之后所经过的时间，即应用并发执行的时间
-XX:+PrintGCApplicationStoppedTime	打印GC时应用暂停时间
-XX:+PrintGCDateStamps	打印每次GC的日期戳
-XX:+PrintGCDetails	打印每次GC的详细信息
-XX:+PrintGCTaskTimeStamps	打印每个GC工作线程任务的时间戳
-XX:+PrintGCTimeStamps	打印每次GC的时间戳

10.2.2　Tomcat 配置

　　对于Tomcat的配置，我们主要从以下几个方面来考虑。

1. 调整server.xml配置

　　Tomcat容器相关的配置均包含在$CATALINA_BASE/conf/server.xml文件中，因此调整

server.xml中关于链接器的配置可以提升应用服务器性能。

首先，修改链接器的maxConnections属性，该属性决定了服务器在同一时间接收并处理的最大连接数。当到达该值后，服务器接收但是不会处理更多的请求。额外的请求将会被阻塞直到链接数低于maxConnections，此时，服务器将再次接收并处理新链接。

其次，将tcpNoDelay属性设置为true会开启Socket的TCP_NO_DELAY选项，它会禁用Nagle算法[1]，该算法用于链接小的缓冲消息，这会降低通过网络发送数据包的数量，提升网络传输效率，但是对于交互式应用（如Web）会增加响应时间。

调整maxKeepAliveRequest属性值，该属性用于控制HTTP请求的keep-alive行为，指定了链接被服务器关闭之前可以接收的请求最大数目。

修改socketBuffer属性，调整Socket缓冲区大小。通过合理调整Socket缓冲器有助于提升服务器性能。

将enableLookups属性设置为false，禁用request.getRemoteHost的DNS查找功能，减少查找时间。

这几个只是几个常见的属性配置，更详细的可以参见附录Connector配置。

除了服务器自身的处理优化，我们还要尽量优化网络传输，以提升传输效率。

首先，如果采用HTTP协议，推荐开启静态文件（如JS、图片、CSS等）压缩功能。HTTP链接器通过属性compression控制是否开启GZIP压缩，属性compressableMimeType设置需要压缩的文档类型，属性compressionMinSize用于指定静态文件压缩之前的最小数据量，只有当文件数据超过该值时，才会启用GZIP压缩。如果Tomcat与Web服务器集成，那么推荐采用AJP协议，它采用二进制传输可读文本，传输效率更高。AJP协议的更多信息参见4.4节。

其次，选用高性能链接器提升I/O效率。Tomcat支持4种不同的I/O方式，默认情况下使用的是NIO，我们可以根据实际情况选择APR（APR的具体安装方式参见4.6节）或者NIO2。尤其是APR，其对静态文件的处理能力可以媲美Web服务器。

以上是与链接器相关的配置，另外，我们还需要禁用Host的自动部署功能。众所周知，默认情况下，Tomcat会自动扫描$CATALINA_BASE/webapps下的Web应用。我们只需要将Web应用复制到该目录下，Tomcat会自动完成应用部署。虽然Tomcat的自动部署功能在开发环境下非常有用，但是在生产环境下，它会影响Tomcat服务器性能，因此推荐关闭该功能。

关闭自动部署功能，只需要修改server.xml中的Host元素，将autoDeploy属性设置为false即可，如下所示：

```
<Host name="localhost" appBase="webapps" unpackWARs="true" autoDeploy="false"
xmlValidation="false" xmlNamespaceAware="false">
</Host>
```

10

---

① Nagle算法：https://en.wikipedia.org/wiki/Nagle%27s_algorithm。

如果采用在server.xml中添加<Context>元素或者在Web应用的META-INF目录中定义context. xml文件的方式来部署应用，需要确保其reloadable属性为false，从而避免/WEB-INF/ classes/或者/WEB-INF/lib目录下的文件变更时自动重新加载应用。

2. 调整JSP页面设置

JSP页面的默认设置位于$CATALINA_BASE/conf/web.xml（名为"jsp"的Servlet），它支持许多初始化参数以进行定制化配置，其中有几个参数与JSP性能密切相关。

通过将参数development设置为false，使Tomcat不再检测JSP页面的修改，将参数reloading设置为false，禁用Tomcat后台自动编译。这两个参数可以用于开发环境，便于系统调试，但是在生产环境可以将其禁用。虽然禁用这两个参数会提升服务器性能，但是会降低了服务器的可维护性，因为我们替换JSP页面也必须要重启服务器才能生效。当然，除了禁用，我们还可以延长处理的时间间隔。checkInterval用于配置后台编译的触发频率，modificationTestInterval用于配置检测JSP页面修改的时间间隔，合理设置这两个参数的值同样也可以提升服务器性能。

还有，将参数genStringAsCharArray设置为true，可以生成更高效的字符数组。将参数trimSpace设置为true，可以移除响应中无用的空格。另外，参数enablePooling用于控制在JSP页面编译时是否启用标签类池，Tomcat默认已经启用该参数。

除此之外，Tomcat还提供了几个与JSP性能相关的属性，即JSP标签Body池。

- ❑ org.apache.jasper.runtime.JspFactoryImpl.USE_POOL：布尔值，是否启用JSP标签Body池，默认为启用。
- ❑ org.apache.jasper.runtime.JspFactoryImpl.POOL_SIZE：整数，JSP标签Body池大小，默认为8。
- ❑ org.apache.jasper.runtime.BodyContentImpl.LIMIT_BUFFER：整数，当输出JSP标签Body时，是否进行字符缓冲，默认为false。

我们可以通过以下方式在catalina.bat（Windows）或catalina.sh（Linux）中启用上述参数：

```
CATALINA_OPTS="-Dorg.apache.jasper.runtime.JspFactoryImpl.USE_POOL=true"
```

大多数情况下，开启JSP标签Body池均有利于提升Tomcat性能，但是如果你的应用中JSP页面或者标签Body非常大，此时推荐关闭该属性，因为这会导致标签Body池占用过多内存，甚至会内存溢出。所以，如果分析发现内存被大量的BodyContentImpl对象占用，那么我们就要考虑是否关闭该属性。

3. 与Web服务器集成

我们在第7章详细讨论了Tomcat与Web服务器的集成。对于Java开发的Web应用，它的请求类型可以分为静态请求和动态请求。顾名思义，前者请求的是一个静态文件，如HTML、JS、CSS、图片等，而后者多是一个事务操作，需要由Java代码进行处理。我们要综合分析自己的应用情况，权衡性能和可伸缩性，以确定是否集成Web服务器。

从性能角度考虑，如果应用大部分由静态文件组成，静态请求占据绝大多数，那么可以集成Web服务器，静态文件请求直接交由Web服务器处理，充分利用Web服务器的优势，缓存静态文件，提升访问性能。反之，如果大部分为动态请求，增加Web服务器不仅不会显著提升性能，反而会降低性能，因为多增加了一层网络开销。

从可伸缩性角度考虑，与Web服务器集成，构建应用集群和负载均衡，可以提升系统的稳定性。在集成Web服务器的情况下，对于单次动态请求，必然会增加其响应时间。但是从整体上考虑，由于集群环境把请求合理分配到多台服务器，降低了单台服务器的压力，从而提升了整体用户的访问性能。即便不考虑系统的伸缩性和有效性，当服务器负载过高导致的响应延迟远远大于增加的网络开销时，我们也应该考虑采用Web服务器集成，这也是负载均衡要解决的问题。

当然，集成Web服务器与Tomcat独立部署究竟哪个方案合适，还要基于我们应用对于伸缩性和有效性的要求以及我们的性能测试结果进行判断。测试时，尽量采用高性能I/O，如APR。

10.3　应用性能优化建议

应用服务器优化只是系统性能优化的一部分，从系统开发的过程看，它带有一定的滞后性，如果能够在开发阶段避免常见的性能隐患，就可以将性能优化提前，从而减轻后期的优化工作量。开发阶段需要注意的一些问题简单总结如下。

- ❏ 尽量减少浏览器与服务器通信次数，对于浏览器触发的远程操作，尽量由一次调用完成。在大多数情况下，网络开销在远程调用中所占比重都会比较大。
- ❏ 尽量减少请求响应数据量，去除无用数据，降低网络开销。能够在服务器端通过高速缓存等方式关联获取的数据，也尽量不要包含到请求中。
- ❏ 尽量推迟创建会话的时机，对于不需要会话的则尽量不要创建。因为无论采用何种会话管理器，会话管理都会耗费服务器性能。减少不必要的会话有助于提升服务器处理性能。
- ❏ 不要在会话中存储大对象，这会导致会话占用内存过多，降低服务器性能。
- ❏ 尽量缩短会话的有效期，能够及时移除无效会话，降低会话管理成本。
- ❏ 合理定义对象作用域，以便对象可以及时回收。这也是一种正确的编码习惯，不合适的作用域不仅降低了代码的可读性和可维护性，还会因为对象无法及时回收而导致内存占用较高。
- ❏ 采用链接池提升访问性能。以数据库链接为例，众所周知，创建新的数据库链接的成本是相对较高的，因此采用链接池可以有效提升数据库访问性能。
- ❏ 对于极少变更的数据，可以考虑采用缓存提升查询性能。
- ❏ 最小化应用日志，或者尽量采用简单的日志格式。最好的方式是对日志合理分级，DEBUG日志可以详细一些，以便程序调试，INFO级别的日志尽量简单，仅在必要时增加。WARN和ERROR的日志要做到既不影响问题定位，又要减少输出内容。在生产环境只输出INFO及以上的日志。

10

10.4　小结

本章主要介绍了与Tomcat性能优化相关的内容,包括常见的测性能测试方式、常用的性能测试工具，以及如何采集和分析操作系统、JVM以及数据库等的性能日志。最后介绍了针对JVM和Tomcat的性能优化，以及在应用开发过程中的一些性能优化建议。

当然，本章介绍的仅仅是性能优化很少的一部分。性能优化的范围涵盖非常广，而且也是一个非常复杂的过程，除了应用服务器优化，还包括数据库优化、缓存优化、操作系统优化、前端页面优化、网络优化等。本章即便从应用服务器优化上讲，也仅仅起到一个启发和引导的作用，很难说窥其一角。针对具体的应用场景，其优化方式也会多种多样，这并不是一些通用的规则可以概括的。

对性能优化感兴趣的读者可以基于本章涉及的内容，进一步外延阅读性能优化相关的图书。

Tomcat附加功能

在本书的最后一章，我们将集中对Tomcat提供的几个功能进行简要介绍。这些功能并不复杂，但是它们却在一些应用场景中被广泛使用。

本章主要包含如下几个部分。

❑ Tomcat的嵌入式启动。
❑ Tomcat中的JNDI支持。
❑ Tomcat的Comet和WebSocket。

下面我们就对这几项功能逐一讲解。

11.1 Tomcat 的嵌入式启动

本节主要介绍了Tomcat嵌入式启动相关的知识，包括嵌入式启动的使用场景、如何嵌入式启动Tomcat以及除Tomcat之外的其他知名的嵌入式服务器。

11.1.1 为什么需要嵌入式启动

在传统方式下，我们可以将Web应用复制到服务器的部署目录中，从而完成Web应用的部署工作。尽管大多数场景下，这种方式并没有什么问题，但是对于部署架构，我们还是需要考虑如下几点。

❑ **部署复杂度**。当我们希望将系统部署到应用服务器中时，首先需要下载并安装一款应用服务器。此外，在部署过程中，往往同时还需要变更服务器的配置，或者是修改端口号以避免冲突，或者是添加JNDI配置，甚至还要避免应用系统中的JAR包与服务器lib中的包冲突的问题。所有这些都会增加部署的复杂度，尽管绝大部分是一次性的，但是如果面对的是大规模的服务器集群环境，这同样会增加运维成本。而如果是嵌入式启动，那么它的安装几乎是一键式的，所有资源均在应用发布时已经具备。而且由于应用服务器是系统引入的一个普通组件，所以很容易避免包冲突的问题。

❑ **架构约束**。设想我们的系统既提供HTTP服务又会提供FTP等服务，而且我们希望在系统安装之前完成软件授权等的验证并确定系统的启动配置。在这种情况下，应用系统不再是服务器的从属，相反，服务器仅为系统的一个HTTP组件，与FTP等其他组件相同。采用嵌入式启动，入口为应用系统自身，它可以根据需要加载相关组件，而且加载次序完全由应用系统确定。每个组件根据应用系统配置对外提供服务。

❑ **微服务架构**[①]。考虑到微服务架构是当前比较流行的架构模式，尽管它与上述两点有所重叠，但是我们还是将其单列。微服务架构将系统拆分为许多小型服务，其中各项服务都拥有自己的进程并利用轻量化机制实现通信。这些服务围绕业务功能建立，且凭借自动化部署机制实现独立部署。将微服务与当前的容器技术结合，可以轻易将系统部署到云计算平台上。当前的微服务开发框架，如Spring Boot可以支持Tomcat、Jetty、Undertow多种嵌入式服务器组件。

基于以上几点，我们可以知道，传统的部署方式虽然简单，但是在有些情况下其不足也比较明显，尤其是在云计算以及大规模分布式集群环境流行的当下。嵌入式启动虽然提供了架构上的灵活性，但是会造成一定的开发成本，尤其是在需要对服务器组件进行深度定制和配置时。因此，在系统架构时，要综合权衡系统部署复杂度、架构约束以及嵌入式开发的成本，以确定系统最终以何种方式部署并运行。

接下来让我们看一下Tomcat的嵌入式启动方式。

11.1.2　嵌入式启动 Tomcat

在第2章中，我们曾讲到Tomcat的各种组件以及组件间的关系。简单地讲，当我们独立启动Tomcat服务器时，Tomcat的入口程序org.apache.catalina.startup.Bootstrap和org.apache.catalina.startup.Catalina通过安装目录中的配置文件，初始化了一个Server实例。

同理，我们也可以按照该过程，通过编码的方式构造Server实例，以实现嵌入式启动。只是按照该过程实现嵌入式会相对比较复杂，需要详细了解Tomcat各组件的工作原理。在绝大多数情况下，都不必这么复杂。Tomcat提供了一个嵌入式启动的入口类org.apache.catalina.startup.Tomcat，通过它可以很容易地嵌入式启动Tomcat。

1. 启动Servlet

我们先看一个简单的嵌入式启动示例，通过Servlet提供HTTP服务：

```
public class Application{
    public static void main(String[] args) {
        Tomcat tomcat = new Tomcat();
        HttpServlet servlet = new HttpServlet() {
            @Override
```

———————————

① 微服务架构：http://microservices.io/patterns/microservices.html。

```
        public void service(ServletRequest request, ServletResponse response)
            throws ServletException, IOException {
            response.getWriter().write("Hello World");
        }
    };
    Context context = tomcat.addContext("/sample", null);
    Tomcat.addServlet(context, "/servlet", servlet);
    context.addServletMapping("/servlet", "/servlet");
    tomcat.init();
    tomcat.start();
    tomcat.getServer().await();//用于阻塞主程序结束, 视实际情况确定是否需要
    }
}
```

在该示例中，我们添加了一个HttpServlet以对外提供服务，其服务地址为http://127.0.0.1:8080/sample/servlet。如果我们的应用仅对外提供Servlet服务，而不提供页面访问（JSP、HTML等），这种方式能够很好地满足要求。而且可以非常灵活地控制Servlet的加载以及请求链接的分配，而不再受限于Context与应用的一一对应关系。

2. 启动Web应用

如果我们的系统是一个标准的Web应用，使用上述方式是无法正常运行的。因为，在该方式中，Web应用的默认配置（JspServlet和DefaultServlet）并没有添加到Context中（Tomcat独立启动时，默认配置自动从$CATALINA_BASE/conf/web.xml中加载），所以是无法处理JSP及HTML页面的。

那是不是将$CATALINA_BASE/conf/web.xml中的默认配置合并到应用的web.xml中就可以了？

答案是否定的。先不说这种方式对应用开发来说有些复杂，实际上Context根本不会加载web.xml中的内容。因为web.xml的加载是由ContextConfig完成的，该类只有在HostConfig扫描部署目录或者Tomcat解析server.xml中的<Context>配置时才会添加到Context实例上。

Tomcat类专门提供了addWebapp()方法用于添加一个Web应用。它以编程的方式对上述两个问题做了兼容处理。因此，我们可以通过下面的方式启动一个Web应用。

```
public class Application{
    public static void main(String[] args) {
        Tomcat tomcat = new Tomcat();
        try {
            tomcat.addWebapp("/sample", "/Deploy/tomcat/webapps/sample");
        } catch (ServletException e) {
            e.printStackTrace();
        }
        tomcat.init();
        tomcat.start();
        tomcat.getServer().await();//用于阻塞主程序结束, 视实际情况确定是否需要
    }
}
```

第一个参数为Context路径，第二个参数为Web应用根目录（嵌入式启动的情况下，多数是当

前应用的根目录或者子目录）。如上所示，访问地址为：http://127.0.0.1:8080/sample。

通过阅读代码不难知道，在addWebapp()方法中，Tomcat通过一个内部类org.apache.catalina. startup.Tomcat.DefaultWebXmlListener 来 加 载 Web 应 用 的 默 认 配 置，它 实 现 了 接 口 LifecycleListener，以监听Context的状态变更。当Context启动时，完成Web应用默认配置初始化（内容同$CATALINA_BASE/conf/web.xml）。

同时，在addWebapp()中，为Context添加了ContextConfig监听器，以便加载Web应用。

3. 其他配置

上面两个示例仅是最基本的嵌入式启动方式，在大多数情况下，我们都需要修改Tomcat的配置，以满足不同应用系统的部署要求。

org.apache.catalina.startup.Tomcat提供了如下几个接口来进一步配置Tomcat。

- ❑ setConnector：用于设置Connector，这样我们可以修改Connector的协议、I/O、端口、压缩、加密等相关配置。如不设置，默认是HTTP/1.1、NIO、8080端口。
- ❑ setHost：用于设置Host。
- ❑ setBaseDir：用于设置$CATALINA_HOME和$CATALINA_BASE。如果不设置，默认为：System. getProperty("user.dir")+"/tomcat."+端口号。对于包含JSP了页面的Web应用，Tomcat需要基于$CATALINA_BASE确认临时文件目录，以存放JSP生成的源代码及class文件。

org.apache.catalina.startup.Tomcat在接口设计层面还是有些不足，容易导致不一致和启动失败。因此我们仅可以将其作为参考或者利用其接口简化部分工作。如果需要实现健壮的嵌入式服务，还是要详细理解Tomcat的各个模块及其工作机制，并结合系统架构要求来定制化实现。

还有，既然是嵌入式启动，那么我们就需要与独立启动区分开来，不必再考虑多虚拟机、多Web应用等部署场景，这些与嵌入式应用的轻量化理念是相违背的。

11.1.3   嵌入式启动服务器

在云计算平台流行的当下，微服务架构越来越受到重视并被应用到各种基于云的软件系统当中。服务器的轻量化以及嵌入式也越来越受到重视，而且逐渐抛弃了原有的应用服务器的概念，仅作为应用服务的基础组件来使用。

在这种情况下，一些轻量级的嵌入式服务器越来越受到欢迎。尽管Tomcat一直作为轻量级的应用服务器被应用到各种部署架构场景，但是与后继的以嵌入式为主的服务器相比，集成复杂度还是要较高一些。不过考虑到Tomcat的成熟度，仍不失为一个较好的选择。

除了Tomcat之外，在嵌入式方面使用较多的便是Jetty（http://www.eclipse.org/jetty/）和Undertow（http://undertow.io/）。这两个项目分别由Eclipse和Redhat维护。Jetty采用组件化设计，可用于OSGI组件化架构，而且在公有云分布式环境下已经有广泛的应用。Undertow已经成为

WildFly（前身为JBoss，默认Servlet容器为Tomcat）应用服务器的默认Servlet容器实现，而且在性能层面，Undertow也有不俗的表现。

与Tomcat相比，Jetty和Undertow的嵌入式API封装更加友好和简便，开发和维护相对简单。因此，从一定程度上讲，Tomcat更适合企业级应用嵌入式，而Jetty和Undertow更适合轻量级、分布式的云计算环境。

11.2 Tomcat 中的 JNDI

本节将主要介绍Tomcat中JNDI的实现方案以及配置使用方式。尽管高并发的互联网应用、移动互联网应用以及大数据分析等系统架构催生了众多细分领域架构组件解决方案，而且这些方案很多已经覆盖了J2EE提供的各种企业级组件，它们性能更好，更安全，更便捷，更轻量，但是仍有非常多的遗留系统和传统企业应用在使用J2EE的组件，JNDI便是其中之一（在大规模的分布式系统中，人们更倾向于使用Zookeeper[①]来提供类似功能）。本节出于知识完备性以及传统应用架构的考虑，仍对JNDI相关的内容作一个简单介绍。

11.2.1 什么是 JNDI

JNDI（Java Naming and Directory Interface，Java命名目录接口）是一套用于Java目录服务的API。Java应用可以通过JNDI API按照命名查找数据和对象。与大多数主机系统使用的Java API一样，JNDI独立于其底层的实现，指定了一个服务提供者接口（SPI[②]），便于以松耦合的形式插入框架。

根据供应商的不同，JNDI可以用于服务器、文件、数据库等。JNDI在J2EE中使用非常广泛，很多技术都需要JNDI作为支持，诸如LDAP、CORBA、RMI、EJB、JDBC和JMS等。JNDI典型的应用场景包括以下两种。

- ❑ 将应用连接到一个外部服务，如数据库、LDAP；
- ❑ Servlet通过JNDI查找Web容器提供的配置信息。

在Web应用中最常见的用途是采用JNDI配置数据源。但是，JNDI作为J2EE的一部分，更适合用于企业级应用，在当下的轻量级架构和分布式的微服务架构中，它使用得并不是很多。

在JNDI中，所有命名相关的操作均与一个Context相关，而且使用InitialContext作为执行命名操作的起始Context，也就是绑定或查找命名对象均通过InitialContext完成。

---

① Zookeeper:http://zookeeper.apache.org/。
② SPI：https://en.wikipedia.org/wiki/Service_provider_interface。

11.2.2 Tomcat 中的 JNDI

我们先通过一个类图展示一下Tomcat中JNDI加载及查找相关的类，如图11-1所示。

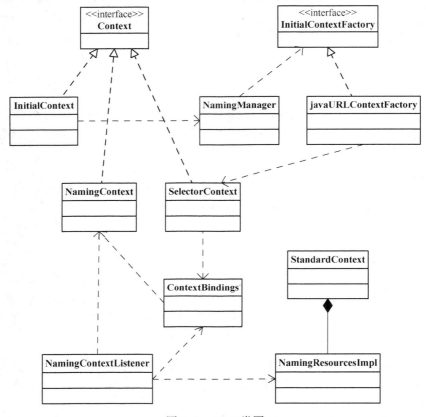

图11-1 JNDI 类图

首先，Tomcat在StandardContext中维护了一个NamingResourcesImpl实例，这个类在Web应用初始化阶段保存了当前应用所定义的资源、资源链接以及资源引用。

注意　资源可以在server.xml中的<Context>元素下或者Web应用的META-INF/context.xml文件中定义。资源链接主要用于引用server.xml中<GlobalNamingResources>元素定义的全局资源。资源引用在web.xml文件中定义，具体参见6.3.11节。

当Web应用启动时，Tomcat会为每个应用创建一个根NamingContext实例，同时根据NamingResourcesImpl中维护的资源创建子Context。除了UserTransaction位于java:comp下以外，其他均位于java:comp/env下。同时，将根NamingContext与当前容器绑定（绑定关系由ContextBindings

维护）。

其次，当我们进行JNDI资源查找时，需要手动构造一个InitialContext实例。它并不负责具体的JNDI查找，而是通过一个工厂类InitialContextFactory去获取具体的实现类，然后做一个简单的委派。工厂类的实现由系统变量（java.naming.factory.initial）指定，Tomcat提供的工厂类实现为javaURLContextFactory，它创建的Context实现为SelectorContext。

在 JNDI 查 找 时， SelectorContext 会 先 通 过 ContextBindings 找 到 当 前 容 器 对 应 的 NamingContext实例，然后进行委派查找。

以上简单介绍了Tomcat中JNDI的实现，接下来再看一下具体如何配置（以配置数据源为例）。

首先，配置Tomcat资源，推荐在Web应用的META-INF/context.xml中配置：

```xml
<?xml version='1.0' encoding='utf-8'?>
<Context>
    <Resource name="jdbc/SampleDB"
              auth="Container"
              type="javax.sql.DataSource"
              username="root"
              password="root"
              driverClassName="com.mysql.jdbc.Driver"
              url="jdbc:mysql://127.0.0.1:3306/sample_db?useUnicode=true"
              maxTotal="50"
              maxIdle="5"/>
</Context>
```

然后，在程序中通过以下方式访问即可：

```java
Context initCtx = new InitialContext();
Context envCtx = (Context) initCtx.lookup("java:comp/env");
BasicDataSource ds = (BasicDataSource) envCtx.lookup("jdbc/SampleDB");
```

大家可能会有疑问，官方示例中还需要我们在web.xml中添加如下配置：

```xml
<resource-ref>
    <res-ref-name>jdbc/SampleDB</res-ref-name>
    <res-type>javax.sql.DataSource</res-type>
    <res-auth>Container</res-auth>
</resource-ref>
```

从概念上讲，web.xml中定义的是资源引用，即表明要从容器中引用一个资源，而context.xml中配置的是具体的资源。web.xml中的配置以及程序调用是由J2EE规范定义的，也就是说，J2EE规范中定义了如何声明资源引用以及资源的查找API。至于具体如何定义资源，这是由各个供应商自己实现的，Tomcat采用<Resource>等标签，而诸如JBoss等服务器也有自己的定义方式。通过这种方法，确保了规范和具体供应商的解耦。

但是，既然Tomcat在资源加载阶段，资源定义及引用均由NamingResourcesImpl维护，那么，web.xml中的资源引用对于Tomcat来说就是重复的，而且Tomcat也不会将其添加到NamingResourcesImpl中（因为名称相同）。所以，如果你的Web应用不需要考虑与服务器松耦合，则

11

web.xml中的配置完全可以省略。从这个角度上讲，Tomcat对规范仅仅做了一个兼容处理，并未有实质作用。

除了数据源等J2EE配置，我们还可以通过JNDI配置普通的Java Bean，如下所示：

```
<Resource name="bean/MyBeanFactory" auth="Container"
          type="com.mycompany.MyBean"
          factory="org.apache.naming.factory.BeanFactory"
          bar="23"/>
```

需要指定资源的工厂类。当然我们还可以定义自己的资源工厂类，只需要实现javax.naming.spi.ObjectFactory接口即可，示例如下：

```
public class MyBeanFactory implements ObjectFactory {
    public Object getObjectInstance(Object obj,
        Name name2, Context nameCtx, Hashtable environment)
        throws NamingException {
        MyBean bean = new MyBean();
        Reference ref = (Reference) obj;
        Enumeration addrs = ref.getAll();
        while (addrs.hasMoreElements()) {
            RefAddr addr = (RefAddr) addrs.nextElement();
            String name = addr.getType();
            String value = (String) addr.getContent();
            if (name.equals("foo")) {
                bean.setFoo(value);
            } else if (name.equals("bar")) {
                try {
                    bean.setBar(Integer.parseInt(value));
                } catch (NumberFormatException e) {
                    throw new NamingException("Invalid 'bar' value " + value);
                }
            }
        }
        return (bean);
    }
}
```

11.3　Comet 和 WebSocket

服务器推送技术，作为客户端与服务器实时交互的解决方案，经常用于一些实时性要求比较高的Web应用系统中。截至目前，经常使用的两项服务器推送技术便是Comet和WebSocket。本节简单介绍了Tomcat中Comet和WebSocket的实现方案，以及如何基于Tomcat开发Comet和WebSocket应用。

需要注意的是，Comet在Tomcat 8.5版本之后已经被移除，但考虑到Comet的使用情况，我们仍将Comet相关的知识包含到本书中来，但是需要基于8.5之前的版本进行开发。

11.3.1　什么是 Comet

简言之，Comet是一个Web应用模型，它通过HTTP长链接允许服务器向浏览器推送数据，而浏览器不必明确发起请求。Comet是一个涵盖性术语，它包括实现了这种交互的多项技术，而且每项技术都依赖于浏览器中的一些默认功能，如JavaScript。Comet与传统的Web模型不同，后者每次请求是一个完整的页面。Comet的架构非常适合于构建事件驱动的Web应用，如股票交易、Web聊天和游戏。

在Web开发中使用Comet技术的时间要早于使用Comet这个词来描述这些技术。根据技术方案的不同，Comet又被称为Ajax推送、反向Ajax、双向Web、HTTP流、HTTP服务器推送等。

Comet试图通过HTTP长链接提供双向的持续交互，以消除传统Web模型的局限以及依靠轮询来提高实时性的弊端。但是众所周知，无论是浏览器还是服务器，均基于传统的Web模型设计（也就是由客户端事件驱动而非服务器事件），因此业界开发了几种技术来实现这个目标，但是每种技术都有其优缺点。而且Comet的发展很大程度上受限于HTTP的规范[①]中关于并发链接数的要求（这也是HTTP/1.1不能满足新的Web应用模型的体现），因此，开启一个链接专门用于实时的事件处理会影响浏览器的可用性。当然，针对这个问题也有相关的规避方案，即对于实时事件采用不同的域名/主机名，这样就不会影响系统其他部分的并发链接使用。

Comet实现的方式基本可以划分为两类：流和长轮询，下面简单看一下几种实现方式。

1. 基于流的Comet

基于流的Comet是指打开一个单独的持久链接用于浏览器和服务器之间的所有Comet事件。服务器发送事件，客户端对事件进行处理，而HTTP链接不会关闭。

基于流的具体技术如下。

❑ **隐藏帧**：隐藏帧是实现动态Web应用的一项基础技术。它的基本原理是在HTML页面中添加了一个隐藏的\<iframe\>标签。隐藏的\<iframe\>是单独刷新的，并不会影响主页面的展现。在这种方式下，隐藏帧的src指向服务器事件推送的地址，当推送事件时，服务器会写入一个\<script\>标签，包含特定的JavaScript代码。由于浏览器采用增量的方式渲染HTML页面，当接收到\<script\>标签时，其JavaScript代码将被执行（操作浏览器主页面，对事件进行处理）。一些浏览器（如IE、Firefox）只有当接收的文档大小超过某个值时才会开始渲染，这时可以通过先发送1~2KB的填充空间的方式来解决。

这种方式的好处是简单，而且通用性、跨浏览器支持非常好，只要支持\<iframe\>标签即可。但是缺点也很明显，一是没有可靠的错误处理方法，二是无法跟踪请求调用过程的状态。

---

① HTTP/1.1规范6.4节：客户端应该限制同时打开的访问指定服务器的链接的数量，具体参见https://tools.ietf.org/html/rfc7230#section-6.4。

❏ XMLHttpRequest（**XHR**）：XMLHttpRequest对象是Ajax应用中浏览器和服务器通信的主要工具。通过为XHR生成一个定制的数据格式并由JavaScript负责完成解析，它也可以用于Comet消息推送。此方案依赖于浏览器接收到新数据时触发的onreadystatechange回调。

这种方式易于跟踪请求处理，但是跨浏览器的支持不如隐藏帧，因为浏览器厂商对于XMLHttpRequest的支持并不完全一致，如IE使用的是ActiveX对象，而在Firefox中则是一个内置的JavaScript类。此外，由于浏览器的安全策略，为了避免跨站脚本攻击，XMLHttpRequest存在跨域访问的限制。

2. 基于长轮询

以上基于流的方案，没有一个可以运行于所有现代浏览器而又不带来任何负作用。这迫使业界又实现了几种复杂的流传输，并根据浏览器进行切换。由此，许多Comet应用采用了长轮询的方式，这种方式更易于在浏览器端实现。顾名思义，长轮询需要客户端轮询服务器的事件，浏览器创建一个Ajax请求到服务器端，该链接一直打开，直到有新数据发送到浏览器，数据作为完整的请求响应返回到浏览器端，处理完毕后关闭链接。然后浏览器再发起新的长轮询请求以处理后续的事件。

基于长轮询的技术如下。

❏ **XMLHttpRequest长轮询**：该方案大部分与XHR的标准使用方式相同。浏览器构造一个异步请求，在接收到响应之前它一直处于等待状态。响应中可能包含数据或者客户端执行的JavaScript代码。在响应处理结束时，浏览器创建并发送一个新的XHR，用于等待下一个事件。这样，浏览器始终保持一个链接以便接收服务端事件。

由于XHR的跨域限制，当主页面采用一个二级域名，而Comet服务器采用另一个二级域名时，如果没有启用跨域资源共享，此时，Comet事件是不能用于修改主页面HTML的。这个问题可以通过前置代理服务器的方式来规避，这使它们看起来好像源于一个域，但是这增加了部署的复杂性，并降低了访问性能，因此并不是一个好的方式。

❏ **Script标签长轮询**：在HTML中，<script>标签可以指向任何URI，并且响应中的JavaScript代码可以在当前HTML文档中执行。因此，一个基于长轮询的Comet传输可以通过动态创建<script>标签并将其源指向Comet服务器来实现。当浏览器加载新增的<script>标签时，服务器端以JavaScript形式返回Comet事件，当<script>请求完成时，浏览器会再创建新的<script>标签以接收新的事件。

这种方式的优势是跨浏览器支持，而且不存在跨域问题，但它会带来潜在的安全风险，尽管这种风险可以通过JSONP避免。

11.3.2　Tomcat 的 Comet 实现

对于长轮询的方案，服务器的处理过程与传统的Web模型并无二致，只是响应内容有所区别而已。对于基于Java的Web应用，长轮询可以采用普通的Servlet实现。因此在长轮询的方案下，主要是浏览器端的处理。这部分本章不再展开论述，感兴趣的可以进一步阅读JavaScript相关的图书。

对于基于流的方案，由于采用了HTTP长链接的方式，因此需要服务器端增加相关的处理。我们接下来主要看一下Tomcat如何支持基于流的Comet。

在Tomcat中，对于Comet的处理与普通的Servlet不同，它是基于事件的。Tomcat使用CometEvent表示一个Comet事件。事件按照不同阶段和状态，分为不同的类别和子类，具体如下。

- ❑ BEGIN：该事件表示请求链接开始处理。
- ❑ READ：请求的输入数据可用。
- ❑ END：请求处理结束。子类包括WEBAPP_RELOAD、SERVER_SHUTDOWN、SESSION_END。
- ❑ ERROR：请求处理错误时调用。子类包括TIMEOUT、CLIENT_DISCONNECT、IOEXCEPTION。

Tomcat通过接口CometProcessor处理Comet请求，它继承自Servlet，因此配置方式与Servlet完全一致。它的核心处理方法是CometProcessor.event()。Tomcat会在请求处理的不同阶段构造CometEvent并交由CometProcessor处理。

此外，与javax.servlet.Filter、javax.servlet.FilterChain类似，Tomcat提供了专门用于Comet请求的过滤器CometFilter以及过滤器链CometFilterChain，通过doFilterEvent()方法对事件进行过滤处理。

当StandardWrapperValve处理客户端请求时（如果不清楚Tomcat请求处理过程，可以参见3.5节），会判断当前Servlet是否实现了CometProcessor接口，如果是则执行CometFilterChain.doFilterEvent，并且在过滤器链的最后执行CometProcessor.event()方法（事件类型为BEGIN）。

对于Comet请求，在StandardWrapperValve处理完成后，CoyoteAdapter会判断请求是否存在有效的可读数据。如果是，则构造READ事件。如果读取数据过程中产生异常，那么会构造对应的ERROR事件。通过这种机制，我们只需要在CometProcessor中按照不同的事件类型添加不同的处理即可。

接下来，让我们通过一个简单的示例看一下如何基于Tomcat开发Comet。这个示例模拟了一个简单的聊天场景（Tomcat官方示例的简化版）。

首先，我们的index.jsp页面由两个<iframe>组成，一个用于提交消息，一个用于接收消息，其代码如下：

```
<%@ page language="java" contentType="text/html; charset=UTF-8"
    pageEncoding="UTF-8"%>
<!DOCTYPE html PUBLIC "-//W3C//DTD HTML 4.01 Transitional//EN" "http://www.w3.org/TR/html4/loose.dtd">
<html>
<head>
<meta http-equiv="Content-Type" content="text/html; charset=UTF-8">
<title>Chat</title>
</head>
<body>
```

11

```
    <iframe width="100%" height="50" src="post.jsp" scrolling="no"></iframe>
    <iframe width="100%" height="600" src="chat" scrolling="no"></iframe>
</body>
</html>
```

其中接收消息的<iframe>来源直接为Comet服务的地址，提交消息的代码如下（post.jsp）：

```
<%@ page language="java" contentType="text/html; charset=UTF-8"
    pageEncoding="UTF-8"%>
<!DOCTYPE html PUBLIC "-//W3C//DTD HTML 4.01 Transitional//EN"
"http://www.w3.org/TR/html4/loose.dtd">
<html>
<head>
<meta http-equiv="Content-Type" content="text/html; charset=UTF-8">
<title>Post Message</title>
</head>
<body>
    <form action="chat" method="post">
        <input type="hidden" name="action" value="post">
        <input type="text" name="message">
        <input type="submit" title="Send">
    </form>
</body>
</html>
```

可以看到它是一个普通的表单，但是提交消息的地址为Comet服务地址，这样可以简化消息推送处理，因为它们在一个Servlet类中。

接下来，添加一个ChatServlet，它实现了CometProcessor接口，代码如下（接口中的其他方法均为空实现，故省略）：

```
public class ChatServlet implements CometProcessor {
    protected final ArrayList<HttpServletResponse> connections = new ArrayList<>();
    //other methods
    @Override
    public void event(CometEvent event) throws IOException, ServletException {
        HttpServletRequest request = event.getHttpServletRequest();
        HttpServletResponse response = event.getHttpServletResponse();
        switch (event.getEventType()) {
        case BEGIN:
            String action = request.getParameter("action");
            if(action!=null&&action.equals("post")){
                String message = request.getParameter("message");
                sendMessage(request.getLocalName()+" say:"+message);
                response.sendRedirect("post.jsp");
                event.close();
            }
            else{
                synchronized (connections) {
                    StringBuilder temp = new StringBuilder();
                    for(int i = 0; i < 1024; i++) {
                        temp.append('a');
                    }
                    response.getWriter().println("<!-- " + temp.toString() + " -->");
```

```
                        connections.add(response);
                    }
                }
                break;
            case END:
                synchronized(connections) {
                    connections.remove(response);
                }
                event.close();
                break;
            default:
        }
    }
    private void sendMessage(String message) {
        synchronized (connections) {
            for(HttpServletResponse response:connections){
                try {
                    PrintWriter writer = response.getWriter();
                    writer.write("<div>"+message+"<div/><br/>");
                    writer.flush();
                } catch (IOException e) {
                    e.printStackTrace();
                }
            }
        }
    }
}
```

可以看到，我们在event()方法中主要处理了BEGIN和END两类CometEvent。

在BEGIN事件中，先判断action的值是否为"post"（即为post.jsp页面的提交请求）。如果是，则循环当前持有的所有链接推送当前消息，将链接仍旧定向到post.jsp页面，然后关闭事件（因为它并不是Comet请求）。如果否，表示是一个Comet请求（由index.jsp的第二个iframe发起），此时先推送1024个字符用于填充页面（一些浏览器，如IE、Firefox只有当接收的文档大小超过某个值时才会开始渲染），然后将当前链接添加到队列中。

在END事件中，将当前事件的链接从队列中移除，同时关闭事件。

最后，在web.xml中配置如下：

```xml
<?xml version="1.0" encoding="UTF-8"?>
<web-app xmlns:xsi="http://www.w3.org/2001/XMLSchema-instance"
    xmlns="http://xmlns.jcp.org/xml/ns/javaee"
    xsi:schemaLocation="http://xmlns.jcp.org/xml/ns/javaee
    http://xmlns.jcp.org/xml/ns/javaee/web-app_3_1.xsd"
    id="WebApp_ID" version="3.1">
    <servlet>
        <servlet-name>ChatServlet</servlet-name>
        <servlet-class>chat.demo.ChatServlet</servlet-class>
    </servlet>
    <servlet-mapping>
        <servlet-name>ChatServlet</servlet-name>
        <url-pattern>/chat</url-pattern>
```

```
    </servlet-mapping>
</web-app>
```

我们可以启动该应用,分别在浏览器中以127.0.0.1和本机真实的IP地址打开应用并输入消息,效果如图11-2所示。

图11-2　Chat应用

以上我们对Tomcat的Comet做了一个最基本的展示,而且Tomcat对Comet的支持也非常基础,如果在生产环境中提供Comet的功能,还需要做非常多的工作,如链接的维护、事件的异步推送、Comet服务与其他Servlet的通信机制,等等。

当然,我们也可以完全脱离Tomcat服务器的机制,而采用成熟的第三方应用开发框架来实现Comet,如CometD[①]和DWR[②]。这也是我们推荐的方式,因为这不仅可以开发出健壮的Comet应用,还可以最大程度降低开发成本。

还是那句话,我们之所以介绍Tomcat的Comet,并不是推荐大家在生产环境中使用,而是希望大家从功能完整性上了解Tomcat提供的相关特性。

11.3.3　什么是 WebSocket

Comet是在HTTP单向通信基础上模拟服务器与客户端浏览器的双向通信,不同的Comet方案存在不同的缺陷,无论是跨浏览器层面还是规范限制。而且因为是一种模拟实现,所以它的效率并不高（如HTTP报头的开销,尤其发送消息较小的情况）。

---

① CometD：https://cometd.org/。

② DWR：http://directwebremoting.org/dwr/index.html。

基于这些原因，人们一直试图从规范角度寻找一种标准的替代方案。HTML5提供了一种全新的协议来解决这个问题，这就是WebSocket。它实现了客户端与服务器之间的全双工通信，可以更好地节省服务器资源及带宽以提供实时通信。它建立在TCP之上，与HTTP一样通过TCP传输数据，而且同样使用HTTP的默认端口。WebSocket使得通过一种标准化的方式实现客户端与服务器之间全双工通信成为可能。

WebSocket是独立的基于TCP的协议，建立WebSocket链接时，客户端首先发送一个握手请求，服务器返回一个握手响应，握手为HTTP Upgrade请求①，因此服务器可以通过HTTP端口进行处理，并将通信切换至WebSocket协议。握手成功后，客户端与服务器之间就可以基于WebSocket协议进行全双工通信了。

WebSocket与HTTP协议完全不同，它们之间的关系仅限于WebSocket的握手是通过HTTP协议的Upgrade请求完成的。WebSocket之所以如此设计，旨在不损害网络安全的前提下解决全双工通信的问题。

既然WebSocket是一种新的协议，那么它就同时需要客户端和服务器的支持。当前主流的浏览器均已支持WebSocket（Firefox 6、Safari 6、Chrome 14、Opera 12.10、IE 10）。在服务器方面，主要的几款开源Servlet容器（Tomcat、Jetty、Undertow）都支持WebSocket。

WebSocket协议定义了ws://和wss://两个前缀来分别表示非加密和加密的链接。除去协议前缀外，其链接的具体语法格式与HTTP相同，如ws://127.0.0.1:8080/chat_demo/websocket/chat。

WebSocket握手请求格式如下：

```
GET /chat_demo/websocket/chat HTTP/1.1
Host: 127.0.0.1:8080
User-Agent: Mozilla/5.0 (Macintosh; Intel Mac OS X 10.10; rv:47.0) Gecko/20100101 Firefox/47.0
Accept: text/html,application/xhtml+xml,application/xml;q=0.9,*/*;q=0.8
Accept-Language: zh-CN,zh;q=0.8,en-US;q=0.5,en;q=0.3
Accept-Encoding: gzip, deflate
Sec-WebSocket-Version: 13
Origin: http://127.0.0.1:8080
Sec-WebSocket-Extensions: permessage-deflate
Sec-WebSocket-Key: WBQn4/IgSnD3KjrxvvJpbg==
Connection: keep-alive, Upgrade
Pragma: no-cache
Cache-Control: no-cache
Upgrade: websocket
```

Upgrade:websocket表明这是一个WebSocket请求，Sec-WebSocket-Key是客户端发送的一个base64编码的密文，要求服务端必须返回一个对应加密的Sec-WebSocket-Accept头信息作为应答。

服务器返回的握手响应如下：

---

① HTTP Upgrade：RFC7320的6.7节规定，HTTP/1.1通过Upgrade头提供一个简单的机制，使得在同一个链接上可以将HTTP转变为其他协议，具体参见https://tools.ietf.org/html/rfc7230#section-6.7。

```
HTTP/1.1 101 Switching Protocols
Upgrade: websocket
Connection: Upgrade
Sec-WebSocket-Accept: upafRZxTkaMPUBSr9VvuDXRambA=
Sec-WebSocket-Extensions: permessage-deflate
```

HTTP 101状态码表明服务端已经识别并切换为WebSocket协议，Sec-WebSocket-Accept是服务端采用与客户端一致的密钥计算出来的信息。

如果在与Web服务器集成的情况下使用WebSocket，通常需要Web服务器进行额外配置，具体可以参见各种Web服务器的配置方案，此处不再赘述。

Apache：http://httpd.apache.org/docs/2.4/mod/mod_proxy_wstunnel.html。

Nginx：https://www.nginx.com/blog/websocket-nginx/。

既然WebSocket是HTML5新增的特性，那么在使用时就要考虑浏览器旧版本兼容的问题，这也是Comet方案尽管存在各种问题但仍旧被采用的原因。

11.3.4　Tomcat 的 WebSocket 实现

Tomcat自7.0.5版本开始支持WebSocket，并且实现了Java WebSocket规范（JSR356[①]），而在7.0.5版本之前（7.0.2版本之后）则采用自定义API，即WebSocketServlet。本节我们仅介绍Tomcat针对规范的实现。

根据JSR356的规定，Java WebSocket应用由一系列的WebSocket Endpoint组成。Endpoint是一个Java对象，代表WebSocket链接的一端，对于服务端，我们可以视为处理具体WebSocket消息的接口，就像Servlet之于HTTP请求一样（不同之处在于Endpoint每个链接一个实例）。

我们可以通过两种方式定义Endpoint，第一种是编程式，即继承类javax.websocket.Endpoint并实现其方法。第二种是注解式，即定义一个POJO对象，为其添加@ServerEndpoint相关的注解。

Endpoint实例在WebSocket握手时创建，并在客户端与服务端链接过程中有效，最后在链接关闭时结束。Endpoint接口明确定义了与其生命周期相关的方法，规范实现者确保在生命周期的各个阶段调用实例的相关方法。

Endpoint的生命周期方法如下。

❑ onOpen：当开启一个新的会话时调用。这是客户端与服务器握手成功后调用的方法。等同于注解@OnOpen。

❑ onClose：当会话关闭时调用。等同于注解@OnClose。

❑ onError：当链接过程中异常时调用。等同于注解@OnError。

当客户端链接到一个Endpoint时，服务器端会为其创建一个唯一的会话（javax.websocket.

[①] Java WebSocket规范：具体参见https://java.net/projects/websocket-spec/。

Session)。会话在WebSocket握手之后创建,并在链接关闭时结束。当生命周期中触发各个事件时,都会将当前会话传给Endpoint。

我们通过为Session添加MessageHandler消息处理器来接收消息。当采用注解方式定义Endpoint时,我们还可以通过@OnMessage指定接收消息的方法。发送消息则由RemoteEndpoint完成,其实例由Session维护,根据使用情况,我们可以通过Session.getBasicRemote获取同步消息发送的实例或者通过Session.getAsyncRemote获取异步消息发送的实例。

WebSocket通过javax.websocket.WebSocketContainer接口维护应用中定义的所有Endpoint。它在每个Web应用中只有一个实例,类似于传统Web应用中的ServletContext。

最后,WebSocket规范提供了一个接口javax.websocket.server.ServerApplicationConfig,通过它,我们可以为编程式的Endpoint创建配置(如指定请求地址),还可以过滤只有符合条件的Endpoint才可以提供服务。该接口的实现同样通过SCI机制加载。

介绍完WebSocket规范中的基本概念,我们再看一下Tomcat的具体实现。接下来会涉及Tomcat链接器(Cotyte)和Web应用加载的知识,如不清楚可以分别参见4.1节和3.4节。

1. WebSocket加载

Tomcat提供了一个javax.servlet.ServletContainerInitializer的实现类org.apache.tomcat.websocket.server.WsSci。因此Tomcat的WebSocket加载是通过SCI机制完成的(见3.4节)。WsSci可以处理的类型有3种:添加了注解@ServerEndpoint的类、Endpoint的子类以及Server-ApplicationConfig的实现类。

Web应用启动时,通过WsSci.onStartup()方法完成WebSocket的初始化。

- ❑ 构造WebSocketContainer实例,Tomcat提供的实现类为WsServerContainer。在WsServer-Container构造方法中,Tomcat除了初始化配置外,还会为ServletContext添加一个过滤器org.apache.tomcat.websocket.server.WsFilter,用于判断当前请求是否为WebSocket请求,以便完成握手。

- ❑ 对于扫描到的Endpoint子类和添加了注解@ServerEndpoint的类,如果当前应用存在ServerApplicationConfig实现,则通过ServerApplicationConfig获取Endpoint子类的配置(ServerEndpointConfig实例,包含了请求路径等信息)和符合条件的注解类,将结果注册到WebSocketContainer上,用于处理WebSocket请求。

- ❑ 通过ServerApplicationConfig接口我们以编程的方式确定只有符合一定规则的Endpoint可以注册到WebSocketContainer,而非所有。规范通过这种方式为我们提供了一种定制化机制。

- ❑ 如果当前应用没有定义ServerApplicationConfig的实现类,那么WsSci默认只将所有扫描到的注解式Endpoint注册到WebSocketContainer。因此,如果采用可编程方式定义Endpoint,那么必须添加ServerApplicationConfig实现。

11

2. WebSocket请求处理

当服务器接收到来自客户端的请求时，首先WsFilter会判断该请求是否是一个WebSocket Upgrade请求（即包含Upgrade: websocket头信息）。如果是，则根据请求路径查找对应的Endpoint 处理类，如果找到则进行协议Upgrade（具体由UpgradeUtil.doUpgrade完成），否则作为普通的 HTTP请求进行处理。

在UpgradeUtil.doUpgrade()方法中，除了检测WebSocket扩展、添加相关的转换外，最主要 的是添加WebSocket相关的响应头信息、构造Endpoint实例，调用org.apache.catalina.connector. Request.upgrade()方法进行Upgrade。

在该方法中，Tomcat实例化HTTP Upgrade处理类WsHttpUpgradeHandler以及UpgradeToken对 象，向协议处理器（Http11Processor）发送一个ActionCode.UPGRADE动作。Http11Processor接收到 ActionCode.UPGRADE动作后，更新本地的UpgradeToken。在本次请求处理结束时，Http11Processor 会判断是否存在UpgradeToken，如果存在则返回状态SocketState.UPGRADING，这样上层的 ProtocolHandler会自动根据UpgradeToken进行协议升级（详细过程可以参见4.2节）。

在8.5版本之前，Upgrade成功后，WsHttpUpgradeHandler会对Upgrade Processor进行初始化（按 以下顺序）。

- ❏ 创建WebSocket会话。
- ❏ 为Upgrade Processor的输出流添加写监听器。WebSocket向客户端推送消息具体由 org.apache.tomcat.websocket.server.WsRemoteEndpointImplServer完成。
- ❏ 执行当前Endpoint的onOpen()方法。
- ❏ 为Upgrade Processor的输入流添加读监听器，完成消息读取。WebSocket读取客户端消息 具体由org.apache.tomcat.websocket.server.WsFrameServer完成。

通过这种方式，Tomcat实现了WebSocket请求处理与具体I/O方式的解耦。

在8.5版本中，Tomcat对WebSocket的读写进行了重构，不再通过监听器的方式实现，而是 Upgrade时会将当前的负责读写的SocketWrapper更新到WsHttpUpgradeHandler，直接由其进行 处理。

3. 基于编程的示例

首先，添加一个Endpoint子类，代码如下：

```java
public class ChatEndpoint extends Endpoint {
    private static final Set<ChatEndpoint> connections = new CopyOnWriteArraySet<>();
    private Session session;
    private static class ChatMessageHandler implements
        MessageHandler.Partial<String> {
        private Session session;
        private ChatMessageHandler(Session session){
            this.session = session;
```

```
        }
        @Override
        public void onMessage(String message, boolean last) {
            String msg = String.format("%s %s %s", session.getId(), "said:" ,message);
            broadcast(msg);
        }
    };
    @Override
    public void onOpen(Session session, EndpointConfig config) {
        this.session = session;
        connections.add(this);
        this.session.addMessageHandler(new ChatMessageHandler(session));
        String message = String.format("%s %s", session.getId(), "has joined.");
        broadcast(message);
    }
    @Override
    public void onClose(Session session, CloseReason closeReason) {
        connections.remove(this);
        String message = String.format("%s %s", session.getId(),
            "has disconnected.");
        broadcast(message);
    }
    @Override
    public void onError(Session session, Throwable throwable) {
    }
    private static void broadcast(String msg) {
        for (ChatEndpoint client : connections) {
            try {
                synchronized (client) {
                    client.session.getBasicRemote().sendText(msg);
                }
            } catch (IOException e) {
                connections.remove(client);
                try {
                    client.session.close();
                } catch (IOException e1) {
                }
                String message = String.format("%s %s",
                    client.session.getId(), "has been disconnected.");
                broadcast(message);
            }
        }
    }
}
```

为了方便向客户端推送消息，我们使用一个静态集合作为链接池维护所有Endpoint实例。

在onOpen()方法中，首先将当前Endpoint实例添加到链接池，然后为会话添加了一个消息处理器ChatMessageHandler，用于接收消息。当接收到客户端消息后，我们将其推送到所有客户端。最后向所有客户端广播一条上线通知。

11

在onClose()方法中，将当前Endpoint从链接池中移除，向所有客户端广播一条下线通知。

然后定义ServerApplicationConfig实现，代码如下：

```
public class ChatServerApplicationConfig implements ServerApplicationConfig {
    @Override
    public Set<Class<?>> getAnnotatedEndpointClasses(Set<Class<?>> scanned) {
        return scanned;
    }
    @Override
    public Set<ServerEndpointConfig> getEndpointConfigs(
        Set<Class<? extends Endpoint>> scanned) {
        Set<ServerEndpointConfig> result = new HashSet<>();
        if (scanned.contains(ChatEndpoint.class)) {
            result.add(ServerEndpointConfig.Builder.create(
        ChatEndpoint.class,"/program/chat").build());
        }
        return result;
    }
}
```

在ChatServerApplicationConfig中为ChatEndpoint添加ServerEndpointConfig，其请求链接为
“/program/chat”。

最后添加对应的HTML页面：

```
<?xml version="1.0" encoding="UTF-8"?>
<html xmlns="http://www.w3.org/1999/xhtml">
<head>
<script type="application/javascript"><![CDATA["use strict";
        var Chat = {};
        Chat.socket = null;
        Chat.connect = (function(host) {
            if ('WebSocket' in window) {
                Chat.socket = new WebSocket(host);
            } else if ('MozWebSocket' in window) {
                Chat.socket = new MozWebSocket(host);
            } else {
                Console.log('Error: WebSocket is not supported by this browser.');
                return;
            }
            Chat.socket.onopen = function () {
                Console.log('Info: WebSocket connection opened.');
                document.getElementById('chat').onkeydown = function(event) {
                    if (event.keyCode == 13) {
                        Chat.sendMessage();
                    }
                };
            };
            Chat.socket.onclose = function () {
                document.getElementById('chat').onkeydown = null;
                Console.log('Info: WebSocket closed.');
            };
            Chat.socket.onmessage = function (message) {
```

```
                    Console.log(message.data);
                };
            });
            Chat.initialize = function() {
                if (window.location.protocol == 'http:') {
                    Chat.connect('ws://' + window.location.host + '/chat_demo/program/chat');
                } else {
                    Chat.connect('wss://' + window.location.host + '/chat_demo/program/chat');
                }
            };
            Chat.sendMessage = (function() {
                var message = document.getElementById('chat').value;
                if (message != '') {
                    Chat.socket.send(message);
                    document.getElementById('chat').value = '';
                }
            });
            var Console = {};
            Console.log = (function(message) {
                var console = document.getElementById('console');
                var p = document.createElement('p');
                p.style.wordWrap = 'break-word';
                p.innerHTML = message;
                console.appendChild(p);
                while (console.childNodes.length > 25) {
                    console.removeChild(console.firstChild);
                }
                console.scrollTop = console.scrollHeight;
            });
            Chat.initialize();
        ]]></script>
</head>
<body>
<div>
<p>
<input type="text" placeholder="type and press enter to chat" id="chat" />
</p>
<div id="console-container">
<div id="console"/>
</div>
</div>
</body>
</html>
```

客户端实现并不复杂，只是要注意浏览器的区别。在添加完所有配置后，可以将应用部署到
Tomcat查看效果，与Comet类似，我们可以同时开启两个客户端查看消息推送效果。

4. 基于注解的示例

基于注解的定义要比编程式简单一些，首先定义一个POJO对象，并添加相关注解：

```
@ServerEndpoint(value = "/anno/chat")
public class ChatAnnotation {
    private static final Set<ChatAnnotation> connections =
```

```
            new CopyOnWriteArraySet<>();
        private Session session;
        @OnOpen
        public void start(Session session) {
            this.session = session;
            connections.add(this);
            String message = String.format("%s %s", session.getId(), "has joined.");
            broadcast(message);
        }
        @OnClose
        public void end() {
            connections.remove(this);
            String message = String.format("%s %s", session.getId(), "has disconnected.");
            broadcast(message);
        }
        @OnMessage
        public void incoming(String message) {
        String msg= String.format("%s %s %s", session.getId(), "said:" ,message);
            broadcast(msg);
        }
        @OnError
        public void onError(Throwable t) throws Throwable {
    }

        private static void broadcast(String msg) {
            for (ChatAnnotation client : connections) {
                try {
                    synchronized (client) {
                        client.session.getBasicRemote().sendText(msg);
                    }
                } catch (IOException e) {
                    connections.remove(client);
                    try {
                        client.session.close();
                    } catch (IOException e1) {}
                    String message = String.format("%s %s",client.session.getId(), "has been
                        disconnected.");
                    broadcast(message);
                }
            }
        }
    }
```

@ServerEndpoint注解声明该类是一个Endpoint，并指定了请求的地址。@OnOpen注解的方法在会话打开时调用，与ChatEndpoint类似，将当前实例添加到链接池。@OnClose注解的方法在会话关闭时调用。@OnError注解的方法在链接异常时调用。@OnMessage注解的方法用于接收消息。

使用注解方式定义Endpoint时，ServerApplicationConfig不是必需的，此时直接默认加载所有的@ServerEndpoin注解POJO。

我们可以直接将编程式示例中HTML页面中的链接地址改为"/anno/chat"查看效果。

11.4　小结

本章分别介绍了Tomcat中3个独立的功能特性。首先是嵌入式启动，便于我们将Tomcat以第三方组件的方式集成到应用系统中。其次是Tomcat对JNDI的支持，通过它，我们可以在Tomcat中引用JNDI资源。最后是服务器推送技术，包括Comet和HTML5中新增的WebSocket，采用这两项技术，我们可以开发实时性的Web应用系统。一个健壮的服务器推送方案非常复杂，远远不是可以通过一个小的章节就可以概述，感兴趣的读者可以进一步阅读相关图书。

11

server.xml配置

Server配置（<Server>）

属　　性	描　　述	默认值
className	实例化Server时使用的实现类类名，该类必须实现org.apache.catalina.Server接口。如果不指定，将使用org.apache.catalina.core.StandardServer	
address	Server监听关闭命令的IP地址	localhost
port	Server监听关闭命令的端口号，设置为-1将禁用关闭端口。 注意，禁用关闭端口在Tomcat以Windows服务或者Unix等系统的jsvc方式启动时可以生效，但是不能用于标准的Shell脚本启动方式下，因为这将阻止hutdown和catalina脚本停止Tomcat	8005
shutdown	通过IP地址和端口号接收到的用于关闭Tomcat的字符串	SHUTDOWN

Service配置（<Service>）

属　　性	描　　述	默认值
className	实例化Service时，使用的实现类类名。该类必须实现org.apache.catalina.Service接口。如果不指定，将使用org.apache.catalina.core.StandardService	
name	Service的显示名称，该名称将显示在日志信息中。同一个Server中的Service名称必须唯一	

Executor配置（<Executor>）

属　　性	描　　述	默认值
className	实例化Executor时，使用的实现类类名。该类必须实现org.apache.catalina.Executor接口。默认为org.apache.catalina.core.StandardThreadExecutor	
name	Executor的名称，用于在server.xml其他元素中引用该线程池此属性必须指定且唯一	

Tomcat的默认实现org.apache.catalina.core.StandardThreadExecutor支持以下附加属性。

属　　性	描　　述	默认值
threadPriority	Executor中线程的优先级。默认为5（Thread.NORM_PRIORITY）	5
daemon	线程池中的线程是否为守护线程	true
namePrefix	Executor创建的每个线程的名称前缀。每个线程的名称为namePrefix+threadNumber	

（续）

属　　性	描　　述	默认值
maxThreads	线程池中活动线程的最大数目	200
minSpareThreads	备用线程的最小数量	25
maxIdleTime	活动线程数大于最小备用线程数时，空闲线程关闭之前的等待时间，单位为毫秒	60000
maxQueueSize	在拒绝之前，排队等待执行的任务最大数目	Integer.MAX_VALUE
prestartminSpareThreads	是否在启动Executor时预启动备用线程	false
threadRenewalDelay	如果配置了ThreadLocalLeakPreventionListener，该监听器将在Context停止时通知Executor。Context停止后，线程池中的线程将重建。为了避免在同一时间重建所有线程，该属性用于设置任意两个重建线程之间的延迟时间，单位为毫秒。如果为负数，线程将不会被重建	1000

Connector配置（<Connector> HTTP）

所有HTTP链接器实现（所有I/O方式）均支持以下属性。

属　　性	描　　述	默认值
allowTrace	是否启用HTTP的TRACE方法	false
asyncTimeout	异步请求的默认超时时间，单位为毫秒	10000
defaultSSLHostConfigName	如果客户端链接没有提供SNI或者提供的SNI不匹配任何的SSLHostConfig时，用于安全连接的默认SSLHostConfig名称（如果当前链接器配置用于安全链接）	_default_
enableLookups	设置为true，在调用request.getRemoteHost()方法时将执行DNS查询以返回远程客户端的实际主机名称。设置为false，将跳过该查询直接返回IP地址以提高性能	false
maxHeaderCount	允许的最大的请求头个数，当请求头个数超过该值是将会被拒绝。当为负值时，表示不作限制	100
maxParameterCount	自动转换的参数（GET和POST之和）最大个数，超出该个数的参数将被忽略。当为负值时，表示不作限制。 注意：FailedRequestFilter过滤器可以用于拒绝超出该限制的请求	10000
maxPostSize	FORM URL参数转换处理的POST请求的最大字节数。当为负值或0时，表示不作限制	2097152(2M)
maxSavePostSize	FORM或者CLIENT-CERT认证时，保存或者缓冲的POST请求最大字节数。对于这两类认证，POST均在认证之前被保存或者缓冲。对于CLIENT-CERT认证，在SSL握手期间POST被缓冲并在请求处理处理时被清空。对于FORM认证，当用户重定向到登录表单时POST请求被保存，并保留到用户认证成功或者认证请求的会话过期。当属性值为-1时，表示禁用该限制。当属性为0时，将禁用认证期间的POST请求保存	4096（4KB）
parseBodyMethods	以逗号分隔的HTTP方法列表，在这些方法中，与POST请求相同，消息体将会被转换为请求参数。这在那些需要PUT请求支持POST类型语义的RESTful应用中非常有用。注意：除了POST的其他任何设置将导致Tomcat的处理不符合Servlet规范。按照HTTP规范，此属性禁止设置为HTTP的TRACE方法	POST

（续）

属　性	描　述	默认值
port	Connector创建服务端Socket并监听的端口号，用以等待请求链接。操作系统只允许一个IP地址的一个端口号只能有一个服务端应用监听。如果该属性设置为0，Tomcat将随机选择一个可用的端口号给当前Connector使用。这通常只用于嵌入或者测试应用	
protocol	用以处理输入的协议。默认为HTTP/1.1，并采用自动切换机制选择一个基于Java的阻塞式链接器或者基于本地APR的链接器。如果Windows的PATH或者Unix系统的LD_LIBRARY_PATH环境变量包含一个Tomcat本地库，将使用本地的APR链接器。如果没有对应本地库，将使用基于Java的阻塞式链接器。注意，APR链接器与Java链接器相比有不同的HTTPS设置。 如果不希望采用上述自动切换机制，而是明确指定协议，以下值可以使用： org.apache.coyote.http11.Http11Nio2Protocol org.apache.coyote.http11.Http11NioProtocol org.apache.coyote.http11.Http11AprProtocol	HTTP/1.1
proxyName	如果当前Connector用于一个代理配置，该属性用于指定调用request.getServerName方法时返回的服务器名称	
proxyPort	如果当前Connector用于一个代理配置，该属性用于指定调用request.getServerPort方法时返回的服务器端口	
redirectPort	如果当前Connector支持non-SSL请求，并且接收到一个请求其中一个一致的<security-constraint>需要SSL传输，Catalina自动将请求重定向到此处指定的端口	
scheme	设置该属性用于指定request.getScheme方法返回的协议名称。例如，对于SSL Connector将设置该属性为https	http
secure	设置为true，调用request.isSecure方法时将会返回true。用于SSL Connector或者接收来自SSL加速器数据的非SSL Connector，如密码卡，一个SSL装置或者一个Web服务器	false
URIEncoding	用于指定解码URI字节的字符编码，在xx%解码之后	ISO-8859-1
useBodyEncodingForURI	是否contentType指定的编码可用于URI查询参数，以替代使用URIEncoding。该属性用于兼容Tomcat 4.1.x，该版本中contextType指定的编码以及通过Request.setCharacterEncoding方法设置的编码都会用于URL参数解码	false
useIPVHosts	设置为true，Tomcat将使用接收到请求的IP地址（对于AJP来说，为本地Web服务器传送的IP地址）确定请求发送到的Host	false
xpoweredBy	设置为true，Tomcat将会为响应添加X-Powered-By头信息用于宣传Servlet规范支持信息	false

除了上述通用链接器属性，基于NIO、NIO2、APR的HTTP链接器实现同时支持以下属性。

属　性	描　述	默认值
acceptCount	当所有请求处理线程均已被占用时，等待请求队列的最大长度。当队列填满时，接收到的任何请求均会被拒绝	100
acceptorThreadCount	用以接收链接的线程数。对于多核服务器或者当前存在过多的非keep-alive状态的链接时，可增大该数值	1
acceptorThreadPriority	用以接收链接的线程优先级，默认为5（即java.lang.Thread.NORM_PRIORITY，Java线程的默认优先级）	5

（续）

属　　性	描　　述	默认值
address	当服务器存在多个IP地址时，该属性指定监听端口的具体IP地址。默认情况下服务器上所有IP地址的指定端口均会被监听	
allowedTrailerHeaders	默认情况下，当处理块输入时，Tomcat会忽略所有的Trailer头。如果需要处理，则必须将消息头添加到该属性，多个以"."分隔	
bindOnInit	用于控制当前链接器使用的Socket何时绑定。默认情况下，Socket在Connector初始化时绑定，在Connector销毁时取消绑定。如果设置为false，那么Socket在Connector启动时绑定，并在停止时取消绑定	true
clientCertProvider	当客户端证书以java.security.cert.X509Certificate实例之外的形式提供时，需要在使用之前进行转换。该属性控制使用哪个JSSE提供者来执行转换	
compressableMimeType	可以采用HTTP压缩的MIME类型，以逗号分隔	text/html, text/xml, text/plain
compression	Connector可以使用HTTP/1.1 GZIP压缩以节省服务器带宽。该参数可以接受的值如下。 ❏ off：禁用压缩 ❏ on：允许压缩，将压缩文本数据 ❏ force：所有情况强制压缩 一个整数值：等价于on，该值表示输出数据压缩之前的最小数据量。 在不知道content-length的情况下，如果该属性为除off以外的其他值，那么输出仍将被压缩。如不指定，该属性为off 注意：采用压缩节省服务器带宽与采用sendfile特征来节省CPU需要折中考虑。如果链接器支持sendfile特征，如NIO链接器，与压缩相比，将优先使用sendfile。大于48Kb的静态文件将以非压缩的方式发送。可以通过设置链接器的useSendfile属性来禁用该特征。也可以在conf/web.xml或者Web应用的web.xml文件中更改DefaultServlet的sendfile使用阈值	off
compressionMinSize	如果compression设置为on，该属性用于指定输出数据压缩之前的最小数据量。只有当响应数据超过该值时，才会启用GZIP压缩	2048
connectionLinger	Connector使用的Socket关闭时的延迟时间（即SO_LINGER）。默认为−1，即禁止Socket关闭时延迟	−1
connectionTimeout	Connector接收到链接后的等待超时时间，单位为毫秒。−1表示不超时。 对于HTTP链接器，默认为60000，但是Tomcat的server.xml文件中配置的值为20000。除非disableUploadTimeout设置为false，此属性也用于控制读取请求体。 对于AJP链接器，默认为−1	
connectionUploadTimeout	数据上传的超时时间，单位为毫秒。只有当disableUploadTimeout设置为false时生效	
disableUploadTimeout	该属性允许Servlet容器使用长链接进行数据上传。如不指定，该属性设置为true，即禁用	true

340 附录 server.xml 配置

属　　性	描　　述	默认值
executor	Executor引用名称。如果设置了该属性，且该属性值对应一个有效Executor，链接器将使用该Executor，且所有其他的线程属性均将忽略。注意，如果没有为Connector指定共享的Executor，那么Connector将使用一个私有的、内部Executor来提供线程池	
executorTerminationTimeoutMillis	停止Connector时，私有内部线程池等待请求处理线程中断的时间	
keepAliveTimeout	在关闭连接之前，Connector等待又一个HTTP/AJP请求的时间，单位为毫秒。默认值与connectionTimeout一致。对于HTTP链接器，−1表示不超时	
maxConnections	在任何给定时间，服务器接收并处理的最大连接数。当到达该值后，服务器接收但是不会处理更多的请求。额外的请求将会被阻塞直到链接数低于maxConnections。此时，服务器将再次接收并处理新链接。 注意，一旦到达该限制，操作系统仍接收链接，接收数由acceptCount属性确定。默认值因链接类型不同有所区别。BIO的默认值同maxThreads属性，如果使用了Executor，则将使用Executor的maxThreads属性。NIO默认值为10000，APR默认值为8192 注意，在Windows下，APR为低于或者等于maxConnections的最大的1024的倍数。这主要出于性能原因。如果设置为−1，maxConnections将被禁用，不再统计链接数	
maxCookieCount	一个请求所允许的Cookies的最大数目。如果小于0，表示不限制	200
maxExtensionSize	在Chunked HTTP请求中，chunk-extension的总长度限制。取值为−1时，不作限制	8192
maxHttpHeaderSize	请求和响应中HTTP头的最大字节数	8192
maxKeepAliveRequests	链接在被服务器关闭之前，可以管线传输的HTTP请求最大数目。设置为1表示禁用HTTP/1.0 keep-alive、HTTP/1.1 keep-alive和pipelining	100
maxSwallowSize	对于已终止的上载，Tomcat吞咽的请求体最大字节数（不包括转码开销）。已终止上载即为Tomcat知晓请求体将被忽略但是客户端却依旧继续发送。如果Tomcat不吞咽请求体，客户端不可能接收到响应。默认为2097152（2M）。负值表示不限制	2097152 (2M)
maxThreads	Connector创建的请求处理线程的最大数目。该属性决定了可以同时处理的请求最大数。如果不指定，默认为200。如果当前Connector指定了Executor，该属性则忽略，此时Connector将使用Executor执行请求任务	200
maxTrailerSize	对于Chunked HTTP请求，最后一个Chunk中，尾部头信息的总长度限制。−1表示不限制	8192
minSpareThreads	一直保持运行的线程最小数量	10
noCompressionUserAgents	该属性是一个正则表达式，对于user-agent头信息匹配的HTTP请求将不进行压缩，即使HTTP请求客户端宣称支持。默认为空字符串，即禁用该正则表达式	
processorCache	协议处理器缓存了Processor对象以提升性能。该属性规定可以缓存的Processor对象数。−1表示不限制，默认为200。如不使用Servlet 3.0异步处理，该值最好和maxThreads相同。如果采用了Servlet 3.0异步处理，该值最好使用maxThreads和期望的请求并发数两者较大的	

（续）

属　性	描　述	默认值
restrictedUserAgents	该属性是一个正则表达式，对于user-agent头信息匹配的请求将不使用HTTP的Keep-Alive功能，即使HTTP请求客户端宣称支持。默认为空字符串，即禁用该正则表达式	
server	覆盖HTTP响应的Server头信息。如果设置了该属性，那么其值将会覆盖Tomcat默认以及Web应用设置的Server头信息。如果不设置，将使用应用设置的值。如果应用没有设置，将使用Apache-Coyoto/1.1	
serverRemoveAppProvidedValues	如果为true，由Web应用设置的任何"Server"HTTP头都会被移除	false
SSLEnabled	当前Connector是否启用SSL通信。设置为true，那么当前Connector将打开SSL握手/加密/解密。默认为false，设置为true时，需要设置scheme和secure属性，以在调用request.getScheme和request.isSecure方法时，可以将正确的值传递给Servlet	false
tcpNoDelay	该属性为true时，将会设置服务端Socket的TCP_NO_DELAY属性，在大多数情况下，会提升系统性能	true
threadPriority	在JVM当中请求处理线程的优先级	5

对于基于NIO、NIO2的HTTP链接器，Tomcat还支持以下Socket属性。

属　性	描　述	默认值
socket.rxBufSize	int值，用于设置Socket的SO_RCVBUF属性	JVM默认值
socket.txBufSize	int值，用于设置Socket的SO_SNDBUF属性	JVM默认值
socket.tcpNoDelay	该属性等价于tcpNoDelay	
socket.soKeepAlive	布尔值，用于设置Socket的SO_KEEPALIVE属性	JVM默认值
socket.ooBInline	布尔值，用于设置Socket的OOBINLINE属性	JVM默认值
socket.soReuseAddress	布尔值，用于设置Socket的SO_REUSEADDR属性	JVM默认值
socket.soLingerOn	布尔值，用于设置Socket的SO_LINGER。connectionLinger大于等于0时等价于socket.soLingerOn值为true。connectionLinger小于0等价于该属性设置为false。该属性和socket.soLingerTime属性要么都设置，要么使用JVM的默认值	JVM默认值
socket.soLingerTime	Socket的SO_LINGER属性值，单位为秒，等价于connectionLinger。该属性和socket.soLingerOn要么都设置，要么使用JVM的默认值	JVM默认值
socket.soTimeout	该属性等价于connectionTimeout	
socket.performanceConnectionTime	int值，属于Socket的3个性能参数之一[①]（connectionTime）。3个参数要么都设置，要么使用JVM的默认值	JVM默认值
socket.performanceLatency	int值，属于Socket的3个性能参数之一（latency）。3个参数要么都设置，要么使用JVM的默认值	JVM默认值
socket.performanceBandwidth	int值，属于Socket的3个性能参数之一（bandwidth）。3个参数要么都设置，要么使用JVM的默认值	JVM默认值
socket.unlockTimeout	Socket释放的超时时间。当Connector停止时，将会尝试通过打开一个连向自己的链接来释放接收请求的线程，socket.unlockTimeout属性用于设置此链接的超时时间。单位为毫秒	250

---

① 这3个参数用于Socket的setPerformancePreferences()方法，具体可参见JDK API文档。

对于NIO的HTTP链接器，还支持以下属性。

属　　性	描　　述	默认值
pollerThreadCount	用于polling事件的线程数目。至7.0.27版本，默认为每核1个。自7.0.28版本之后，默认每核1个，不超过2个	
pollerThreadPriority	poller线程的优先级	5
selectorTimeout	poller的select超时时间，单位为毫秒。该属性值非常重要，因为链接的清理在同一个线程执行，所以不能设置为一个非常高的值	1000
useSendfile	是否启用sendfile	true
socket.directBuffer	是否使用DirectByteBuffer，默认为false，使用HeapByteBuffer。当使用DirectByteBuffer时，确保已分配了合适的直接内存空间①。在Sun的JDK中，可以通过-XX:MaxDirectMemorySize配置	false
socket.directSslBuffer	是否为SSL缓冲使用DirectByteBuffer或MappedByteBuffer，默认为false，使用HeapByteBuffer。当使用DirectByteBuffer时，确保已分配了合适的直接内存空间。在Sun的JDK中，可以通过-XX:MaxDirectMemorySize配置	false
socket.appReadBufSize	链接中读缓冲的大小，单位为字节。并发较低的情况下，可以增大该值以缓冲更多数据。对于大量的keep-alive链接，降低该值或者增加堆内存	8192
socket.appWriteBufSize	链接中写缓冲的大小，单位为字节。并发较低的情况下，可以增大该值以缓冲更多数据。对于大量的keep-alive链接，降低该值或者增加堆内存。通常默认值过低，如果不处理数以万计的并发链接，应适当调大	8192
socket.bufferPool	在NIO链接器中，缓存NioChannel对象的个数（用于降低垃圾回收）。-1表示不限制缓存个数，0表示不缓存	500
socket.bufferPoolSize	NioChannel缓冲池大小，单位为字节。NioChannel缓冲为读缓冲和写缓冲之和。SecureNioChannel缓冲为应用读缓冲、应用写缓冲、网络读缓冲、网络写缓冲之和	104857600 (100MB)
socket.processorCache	Tomcat缓存SocketProcessor对象的个数。-1表示不限制缓存个数，0表示不缓存	500
socket.keyCache	Tomcat缓存KeyAttachment对象的个数。-1表示不限制缓存个数，0表示不缓存	500
socket.eventCache	Tomcat缓存PollerEvent对象的个数。-1表示不限制缓存个数，0表示不缓存	500
selectorPool.maxSelectors	NioSelectorPool中Selector的最大个数，以降低Selector的竞争。只有当命令行参数org.apache.tomcat.util.net.NioSelectorShared为false时使用该属性	200
selectorPool.maxSpareSelectors	NioSelectorPool中备用Selector的最大个数，以降低Selector的竞争。当Selector返回池中时，系统可以决定继续持有还是让其回收。只有当命令行参数org.apache.tomcat.util.net.NioSelectorShared为false时使用该属性	200
command-line-options	命令行参数-Dorg.apache.tomcat.util.net.NioSelectorShared=true|false可用于NIO链接器，默认为true。设置该值为false，可以使每个线程一个Selector，并通过selectorPool.maxSelectors控制Selector池的大小	true

---

① 直接内存指Java以native方式分配的内存，不受JVM管理。

对于NIO2的HTTP链接器，还支持以下属性。

属　　性	描　　述	默认值
useSendfile	该属性用于控制启用或者禁用sendfile能力。使用sendfile功能将使Tomcat响应压缩功能无效	true
socket.directBuffer	同NIO链接器	
socket.directSslBuffer	与socket.directBuffer类似，只是用于SSL缓冲	false
socket.appReadBufSize	同NIO链接器	
socket.appWriteBufSize	同NIO链接器	
socket.bufferPool	在NIO2链接器中，缓存Nio2Channel对象的个数（用于降低垃圾回收）。-1表示不限制缓存个数，0表示不缓存	500
socket.processorCache	同NIO链接器	

对于APR的HTTP链接器，还支持以下属性。

属　　性	描　　述	默认值
deferAccept	用以设置当前链接器监听Socket的TCP_DEFER_ACCEPT标识。当操作系统支持TCP_DEFER_ACCEPT时，默认为true，否则为false	
ipv6v6only	如果在一个双栈系统中监听一个IPv6的地址，是否只监听IPv6地址。如果不指定，默认为false，即链接器将监听IPv6和等价的IPv4地址	false
pollTime	轮询调用的时间间隔，单位为微秒。降低该值可以降低链接的延迟，但是会占用更多的CPU	2000(2ms)
sendfileSize	在指定时间，负责异步发送静态文件的轮询器持有的Socket数目。额外的链接将立即关闭，不会发送任何数据。注意，在大多数情况下，sendfile是一个立即返回的调用（被内核视为同步），将不会使用sendfile轮询器，因此同时被发送的静态文件数量将会远远大于指定数量	1024
threadPriority	接收器和轮询器线程的优先级	5
useSendfile	是否启用sendfile能力	true

自8.5版本开始，通过Connector/ SSLHostConfig元素为HTTP链接器添加SSL配置，其支持属性如下（下表同时补充了旧版本对应的<Connector>上的属性）。

属　　性	描　　述	默认值	旧版本属性
certificateRevocationFile	包含了证书颁发机构级联证书吊销列表的文件名。格式为PEM编码。如果不定义，客户端证书将不会检测证书吊销列表（除非 OpenSSL 的情况下配置了certificateRevocationPath属性）		crlFile, SSLCARevocationFile
certificateRevocationPath	该属性只适用于OpenSSL，包含了证书颁发机构证书吊销列表的目录名。格式为PEM编码		SSLCARevocationPath
certificateVerification	设置为required，在接收一个链接之前，SSL协议栈将从客户端获取一个有效的证书链。设置为optional，SSL协议栈将请求一个客户端证书，但是如果没有证书不会失败。设置为optionalNoCA，客户端证书是可选的并且不需要Tomcat检测它们是否在可信任的CA列表。如果TLS提供者不支持该选项，则等价于设置为optional。属性值为空时将不会获取证书链，除非客户端请求一个采用CLIENT-CERT认证保护的资源		clientAuth, SSLVerifyClient

（续）

属　　性	描　　述	默认值	旧版本属性
certificateVerification-Depth	当验证客户端证书时，允许的中级证书的最大数量	10	trustMaxCertLength，SSLVerifyDepth
caCertificateFile	该属性只适用于OpenSSL，可信任证书颁发机构的级联证书文件，格式为PEM		SSLCACertificate-File
caCertificatePath	该属性只适用于OpenSSL，可信任证书颁发机构的级联证书目录，格式为PEM		SSLCACertificate-Path
ciphers	HTTPS链接支持的加密密码算法列表，以逗号分隔。如果指定，只有SSL实现支持的密码算法可以使用		ciphers、SSLCipherSuite
disableCompression	只有OpenSSL支持，表示是否禁用压缩。默认为true，如果使用的OpenSSL版本不支持禁用压缩，那么将使用该版本选择的默认值		SSLDisableCompression
disableSessionTickets	只有OpenSSL支持，禁用TLS Session Tickets	false	SSLDisableSession-Tickets
honorCipherOrder	设置为true将强制服务器密码算法顺序，不允许客户端选择。使用该属性需要JDK 8及以上	false	useServerCipherSuitesOrder，SSLHonorCipherOrder
hostName	SSL主机名称，可以是全限定域名（如tomcat.apache.org）或通配域名（如*.apache.org）	_default_	
insecureRenegotiation	只有OpenSSL支持，是否允许不安全的重新谈判。默认为false。如果OpenSSL不支持该设置，则采用其默认策略		
keyManagerAlgorithm	只有JSSE支持，表示当前使用的证书编码算法。缺省为KeyManagerFactory.getDefaultAlgorithm()返回值。Sun JVM返回为SunX509，IBM JVM返回为IbmX509		algorithm
protocols	与客户端通信时，支持的协议名称。取值为以下值的任意组合（以逗号分隔）：SSLv2Hello、SSLv2、SSLv3、TLSv1、TLSv1.1、TLSv1.2、all。每个值可以添加"+"或"-"前缀，前者表示添加该协议，后者表示移除该协议		sslEnabledProtocols，SSLProtocol
sessionCacheSize	只JSSE支持，用于配置在会话缓存中维护的SSL会话的数量。0表示不限制	0	sessionCacheSize
sessionTimeout	只JSSE支持，SSL会话超时时间（单位为秒）。0表示不限制	86400	sessionTimeout
sslProtocol	只JSSE支持。用于配置使用的SSL协议	TLS	sslProtocol
trustManagerClassName	只JSSE支持。自定义信任管理器类名用于验证客户端证书。该类必须存在无参构造方法且实现javax.net.ssl.X509TrustManager接口。如果设置了该属性，信任库相关的属性将会忽略		trustManagerClassName
truststoreAlgorithm	只JSSE支持。信任库使用的算法。如不指定，默认为javax.net.ssl.TrustManagerFactory.getDefaultAlgorithm()返回值		truststoreAlgorithm
truststoreFile	只JSSE支持。用于验证客户端证书的信任库文件。默认为系统属性javax.net.ssl.trustStore的值。如果该属性未指定，也未设置默认系统属性，那么将不配置信任库		truststoreFile

（续）

属　　性	描　　述	默认值	旧版本属性
truststorePassword	只JSSE支持。访问信任库的口令。默认为系统属性javax.net.ssl.trustStorePassword的值。如果该属性和系统属性均未配置，那么将不配置信任库口令		truststorePass
truststoreProvider	只JSSE支持。用于服务器证书的信任库提供者名称。默认为系统属性javax.net.ssl.trustStoreProvider的值。如果系统属性为空，则将使用第一个\<Certificate\>元素的certificateKeystoreProvider属性值作为默认值。如果该属性、系统属性、certificateKeystore-Provider均为空，将使用第一个支持truststoreType属性指定类型的信任库		truststoreProvider
truststoreType	只JSSE支持。用于信任库的密钥库类型。默认为系统属性javax.net.ssl.trustStoreType的值，如果系统属性为空，则将使用第一个\<Certificate\>元素的certificateKeystoreType属性值作为默认值		truststoreType

Connector/ SSLHostConfig/Certificate用于配置证书信息，其支持属性如下。

属　　性	描　　述	默认值	旧版本属性
certificateFile	包含了服务器证书的文件名称，格式为PEM编码		SSLCertificateFile
certificateChainFile	包含了与使用的服务器证书相关的证书链的文件名称，格式为PEM。用于Tomcat的证书链不应包含服务器证书作为它的第一个元素		
certificateKeyAlias	只JSSE支持，密钥库中服务器密钥和证书使用的别名。如不指定，将使用从密钥库中读取的第一个密钥		keyAlias
certificateKeyFile	包含了服务器私钥的文件名称，格式为PEM编码默认值为certificateFile的值，这种情况下，证书和私钥都包含在该文件中		SSLCertificateKey-File
certificateKeyPassword	用于访问与服务器证书相关的私钥的口令，如不指定，对于JSSE将使用certificateKeystorePassword，对于OpenSSL将不使用密码		keyPass, SSLPassword
certificateKeystoreFile	只JSSE支持。用于存储服务器证书以及私钥的密钥库文件路径名称。默认情况下，路径名为运行Tomcat的操作系统用户根目录下的".keystore"文件。如果密钥库类型不需要一个文件，那么该属性将为空字符串		keystoreFile
certificateKeystorePassword	只JSSE支持。用于访问包含了服务器私钥和证书的密钥库的口令	changeit	keystorePass
certificateKeystoreProvider	只JSSE支持，用于服务器证书的密钥库提供者名称		keystoreProvider
certificateKeystoreType	只JSSE支持，用于服务器证书的密钥库文件类型	JKS	keystoreType
type	证书类型，用于确定与证书兼容的加密算法。取值为以下值的一个：UNDEFINED、 RSA、DSS、EC。当SSLHostConfig中只有一个Certificate时，不需要配置该属性，默认为UNDEFINED，否则，必须配置		

当为HTTP链接器添加SSL配置时，基于NIO和NIO2的链接器还支持以下属性：

属　　性	描　　述	默认值
sniParseLimit	为了实现SNI支持，Tomcat必须分析从一个新的TLS链接接收到的第一个TLS消息以获得被请求的服务器名称。该消息需要进行缓冲，以便接下来可以传递给JSSE实现用于正常的TLS处理。虽然在实践中，第一个消息通常是几百个字节，但是理论上它可以非常大。该属性设置了Tomcat缓冲的消息大小的上限，如果消息超过该值，链接将被配置为与客户端未明确服务器名称一样	65536（64k）
sslImplementationName	使用的SSL实现类名。如果没有指定并且未安装tomcat-native，默认值为org.apache.tomcat.util.net.jsse.JSSEImplementation	

Connector配置（<Connector> AJP）

所有AJP链接器均支持以下属性。

属　　性	描　　述	默认值
ajpFlush	布尔值，用于确定是否向前置代理发送AJP flush消息，无论是否明确的发生flush	true
allowTrace	同HTTP链接器	
asyncTimeout		
enableLookups		
maxHeaderCount		
maxParameterCount		
maxPostSize		
maxSavePostSize		
parseBodyMethods		
port		
protocol	用以处理输入的协议。默认为AJP/1.3，并采用自动切换机制选择一个基于JAVA NIO链接器或者基于本地APR的链接器。 如果希望明确指定协议，以下值可以使用： org.apache.coyote.ajp.AjpNioProtocol org.apache.coyote.ajp.AjpNio2Protocol org.apache.coyote.ajp.AjpAprProtocol	
proxyName	同HTTP链接器	
proxyPort		
redirectPort		
scheme		
secure		
URIEncoding		
useBodyEncodingForURI		
useIPVHosts		
xpoweredBy		

除去通用属性，基于NIO、NIO2、APR的AJP链接器，还支持以下属性。

属　　　性	描　　　述	默认值
acceptCount	同HTTP链接器	
acceptorThreadCount		
acceptorThreadPriority		
address		
bindOnInit		
clientCertProvider		
connectionLinger		
connectionTimeout		
executor		
executorTerminationTimeoutMillis		
keepAliveTimeout		
maxConnections		
maxCookieCount		
maxThreads		
minSpareThreads		
packetSize	该属性用于设置AJP包最大字节数。最大值为65536。该属性与mod_jk配置的max_packet_size指令相同。通常不必修改包最大字节数。当发送证书或者证书链时，该属性默认值将会存在问题。如果设置值小于8192，则设置值将忽略并使用默认值	8192
processorCache	同HTTP链接器	
requiredSecret	只接受拥有该机密关键词的请求	
tcpNoDelay	同HTTP链接器	
threadPriority	同HTTP链接器	
tomcatAuthentication	如果设置为true，将在Tomcat容器中执行认证，否则在本地Web服务器中执行认证。如果tomcatAuthorization设置为true，该属性不生效	true
tomcatAuthorization	是否在本地Web服务器层进行认证，在Servlet容器进行授权	false

基于NIO和NIO2的AJP链接器还支持以下属性，作用同HTTP链接器：

socket.rxBufSize、socket.txBufSize、socket.tcpNoDelay、socket.soKeepAlive、socket.ooBInline、socket.soReuseAddress、socket.soLingerOn、socket.soLingerTime、socket.soTimeout、socket.performanceConnectionTime、socket.performanceLatency、socket.performanceBandwidth、socket.unlockTimeout

除此之外，基于NIO的AJP链接器还支持以下属性，作用同样与HTTP链接器相同：

socket.directBuffer、socket.appReadBufSize、socket.appWriteBufSize、socket.bufferPool、socket.bufferPoolSize、socket.processorCache、socket.keyCache、socket.eventCache、selectorPool.maxSelectors、selectorPool.maxSpareSelectors、command-line-options

基于NIO2的AJP链接器还支持以下属性。

属　　性	描　　述	默认值
useCaches	同HTTP链接器	
socket.directBuffer		
socket.appReadBufSize		
socket.appWriteBufSize		
socket.bufferPoolSize	在NIO2链接器中，缓存Nio2Channel对象的个数（用于降低垃圾回收）。−1表示不限制缓存个数，0表示不缓存	
socket.processorCache	同NIO链接器	

基于APR的AJP链接器还支持以下属性。

属　　性	描　　述	默认值
pollTime	同NIO链接器	

Connector配置（<UpgradeProtocol>）

当前Connector/ UpgradeProtocol主要用于配置HTTP/2，支持属性如下。

属　　性	描　　述	默认值
className	实现类名称，必须为org.apache.coyote.http2.Http2Protocol	
initialWindowSize	Tomcat向客户端公布的用于流的流程控制窗口大小	65535
keepAliveTimeout	KeepAlive超时时间，单位为毫秒。负数表示永不超时	−1
maxConcurrentStreamExecution	任意一个链接可以从容器线程池分配线程的流的最大数目，当超出限制时将等待	200
maxConcurrentStreams	任意一个链接允许的有效流的最大数目。如果一个客户端尝试打开多于限制数的流，将被置为STREAM_REFUSED	200
readTimeout	HTTP/2帧读超时时间，单位为毫秒，负数表示不限制	10000
writeTimeout	HTTP/2帧写超时时间，单位为毫秒，负数表示不限制	10000

Engine配置（<Engine>）

属　　性	描　　述	默认值
backgroundProcessorDelay	当前Engine及其子容器backgroundProcess方法执行的延迟时间，包括所有Host和Context，单位为秒。如果子容器属性backgroundProcessorDelay取值为非负数，将不执行（意味着将使用子容器自己的处理线程处理）。属性值为正数时，Tomcat将会创建一个后台线程，等待指定时间后，该线程将执行当前Engine以及所有子容器的backgroundProcess方法	10
className	实例化Engine时，使用的实现类类名。指定类必须实现org.apache.catalina.Engine接口。如不指定，默认使用org.apache.catalina.core.StandardEngine	
defaultHost	默认Host名称。当根据请求无法找到对应的Host时，将使用默认Host处理。该属性值必须是Engine下一个有效的Host名称	

（续）

属　性	描　述	默认值
jvmRoute	标示符，用于在负载均衡场景下启用粘性会话。该标识在整个集群所有Tomcat服务器中必须唯一，而且会附加到生成的会话标示符。通过此，前端代理可以将某个特定会话定向到同一个Tomcat实例	
name	Engine的逻辑名称，用于日志和错误信息。当同一个Server中存在多个Service时，Engine名称必须唯一	
startStopThreads	Engine用于并行启动Host的线程数。如果设置为0，将使用Runtime.getRuntime().availableProcessors()的值。如果设置为负值，则使用Runtime.getRuntime().availableProcessors()+startStop Threads，如果计算结果小于1，将取值为1	1

Host配置（<Host>）

属　性	描　述	默认值
appBase	当前Host的应用基础目录，即包含了在该Host上部署的Web应用的一个目录路径。可以是一个绝对路径，也可以是一个相对路径（相对于$CATALINA_BASE）	webapps
xmlBase	当前Host的XML基础目录。即包含了在该Host上部署的Context描述文件的一个目录路径。可以是一个绝对路径，也可以是一个相对路径（相对于$CATALINA_BASE）。默认为conf/<Engine名称>/<Host名称>	
createDirs	如果设置为true，Tomcat将在启动阶段尝试创建appBase和xmlBase属性设置的目录，如果创建失败，将会打印错误信息，但是不会中止启动	true
autoDeploy	该标识用于设置Tomcat是否在运行时定期检测新增或者存在更新的Web应用。如果为true，Tomcat定期检测appBase和xmlBase目录，部署发现的新的Web应用或者Context描述文件。存在更新的Web应用或者Context描述文件将触发Web应用的重新加载	true
backgroundProcessorDelay	当前Host及其子容器backgroundProcess()方法执行的延迟时间，包括所有Context，单位为秒。如果子容器backgroundProcessorDelay的值为非负数，将不执行（意味着将使用子容器自己的处理线程处理）。属性值为正数时，Tomcat将会创建一个后台线程。等待指定时间后，该线程将执行当前Host以及所有子容器的backgroundProcess方法。Host将使用后台处理执行实时的Web应用部署相关工作。如不指定，默认为-1，即Host将依赖其所属Engine的后台处理线程	-1
className	实例化Host时，使用的实现类类名。指定类必须实现org.apache.catalina.Host接口。如不指定，默认使用org.apache.catalina.core.StandardContext	
deployIgnore	用于确定Tomcat自动部署以及启动部署时忽略目录的正则表达式。通过此，可以将Tomcat配置纳入版本控制系统，例如部署时忽略appBase下的.svn或者CVS目录。该正则表达式相对于appBase目录，并且匹配整个文件或者目录名。例如，foo匹配名为foo的文件或者目录，但是不匹配foo.war、foobar、myfooapp等。要匹配任何包含foo的文件或者目录，可使用.*foo.*	
deployOnStartup	该标识用于设置当Tomcat启动时，此Host下的Web应用是否自动部署	true

（续）

属　　性	描　　述	默认值
failCtxIfServletStartFails	设置为true，对于Host下的所有Context，如果存在任何load-on-startup大于等于0的Servlet启动失败，那么将会导致Context启动失败。Context配置可以覆盖该属性	false
name	当前Host通用的网络名称，与DNS服务器上的注册信息一致。因为Tomcat内部会将Host名称转换为小写，所以不能通过大小写来区分Host名称。Engine中包含的Host必须有一个名称与Engine的defaultHost设置匹配。通过Host别名可以实现同一个Host拥有多个网络名称	
startStopThreads	Host用于并行启动Context的线程数。如果支持自动部署，Tomcat将使用同一个线程池来部署新的Context。如果设置为0，将使用Runtime.getRuntime().availableProcessors()的值。如果设置为负值，则使用Runtime.getRuntime().available Processors ()+startStopThreads，如果计算结果小于1，将取值为1	1
undeployOldVersions	该标识用于确定Tomcat在自动部署过程中是否检测Web应用的旧的未使用版本，如果发现旧版本，则移除。该标识只有当autoDeploy为true时使用	false

Tomcat标准实现org.apache.catalina.core.StandardHost支持以下附加属性。

属　　性	描　　述	默认值
copyXML	设置为true，在Web应用部署时，Tomcat会将内嵌在应用中的Context描述文件（/META-INF/context.xml）复制到xmlBase目录下。以后再启动时，复制的Context描述文件将优先使用，即使Web应用中内嵌的描述文件版本更新。默认为false，注意，如果deployXML为false，那么该属性不生效	
deployXML	设置为false，Tomcat将不会转换Web应用内嵌的Context描述文件（/META-INF/context.xml）。在安全环境下，需要设置为false以避免Web应用影响容器配置。此时，管理员可以在xmlBase目录下配置一个外部的Context配置文件。如果设置为false且Web应用存在内嵌的Context描述文件，但是xmlBase目录下不存在对应文件，当前Context将启动失败，因为从安全部署角度，此时描述文件包含了不必要的配置信息，且不应忽略。如果启用安全管理器，默认为flase，否则为true	
errorReportValveClass	当前Host使用的错误报告Valve类名。该Valve的作用为输出错误报告。通过设置该属性，可以定制Tomcat错误页面的展现。该类必须实现org.apache.catalina.Valve接口。如不指定，默认为org.apache.catalina.valves.ErrorReportValve	
unpackWARs	设置为true，Context在启动时会将appBase目录下的WAR包解压。设置为false，将直接从WAR文件中启动Web应用。Host的appBase目录外的WAR文件不会解压缩	true
workDir	当前Host下Web应用使用的临时目录。每个应用拥有自己的子目录用于临时的读写。如果设置了Context的workDir属性，Host的配置将会被覆盖。Web应用中的Servlet将通过ServletContext属性javax.servlet.context.tempdir（类型为java.io.File）来访问该目录。如果不指定，对于每个Web应用，将使用$CATALINA_BASE/work/{Engine名称}/{Host名称}/{Context名称}	

Context配置（<Context>）

属　　性	描　　述	默认值
allowCasualMultipartParsing	如果设置为true，Tomcat将在Web应用调用HttpServletRequest.getPart或者HttpServletRequest.getParameter方法时自动转换multipart/form-data请求，即使Servlet没有增加@MutipartConfig注解（该注解的详细说明参见Servlet规范3.0）。注意，设置为true将会导致Tomcat的处理方式不符合Servlet规范	false
backgroundProcessorDelay	当前Context及其子容器（包括Wrapper）后台线程执行的延迟时间，单位为秒。执行时，将忽略延迟时间为正数的子组件（这些组件将使用自己的处理线程进行处理）。该值为正数时，将会创建后台线程，等待指定时间后，调用当前Context及其子组件的backgroundProcess方法。Context使用该线程检测会话到期以及类的重新加载。默认为–1，表示依赖于父容器的后台处理线程	–1
className	实例化Context时，使用的具体的Context实现类，该类必须实现org.apache.catalina.Context接口。如果不指定，则默认使用org.apache.catalina.core.StandardContext	
containerSciFilter	指定正则表达式用于过滤当前Context提供的ServletContainer-Initializer[1]类，使之不能用于当前Context。由于Tomcat使用java.util.regex.Matcher.find进行匹配，因此只要类全名的任意子字符串符合该表达式，即可被过滤。默认不指定，即提供的ServletContainerInitializer均有效	
cookies	是否启用cookies用于缓存当前Context的会话标识。如果配置为false，cookies将不会缓存当前Context的会话标识，此时，只能依赖于URL复写实现会话标识的传输	true
crossContext	设置为true，调用ServletContext.getContext将会返回同Host下指定名称的其他Context，设置为false，该方法始终返回为空。默认为false，从而避免将请求分发给其他Context，以实现良好的安全防护	false
docBase	Web应用目录或者WAR包的部署路径。可以是绝对路径，也可以是基于Host的appBase目录的相对路径。除非Context在server.xml中定义或者Web应用部署路径不在Host的appBase目录下，不必设置该属性。如果docBase存在符号链接，那么只能重启Tomcat或者重新部署应用，符号链接的变更才能生效，如果重新加载Context则无法起作用	
dispatchersUseEncodedPaths	用于控制在通过ServletContext.getRequestDispatcher获取一个RequestDispatcher时，路径是否希望被编码	true
failCtxIfServletStartFails	设置为true，当任何load-on-startup属性大于等于0的servlet启动失败时，Context启动失败。如果不指定该属性，那么将由所属Host的对应属性确定，如果Host同样未指定，则默认为false	false
fireRequestListenersOnForwards	设置为true，当Tomcat转发请求时，将触发配置的所有Servlet-RequestListener，主要用于CDI[2]框架配置请求必要的环境	false

---

[1] ServletContainerInitializer：从3.0版本开始，Servlet规范支持通过该接口以可编程的方式定义Servlet、Filter以及对应的URL映射，具体参见规范说明。

[2] CDI：即Context and Dependency Injection，为J2EE 6提供的依赖注入方案，同时还提供了将生命周期与有状态组件的交互绑定到定义良好但可扩展的生命周期上下文的能力，具体可参见J2EE 6相关规范。

（续）

属　　性	描　　述	默认值
logEffectiveWebXml	是否在应用启动时，以日志（INFO级别）形式输出当前应用实际使用的web.xml。实际使用的web.xml是由WEB-INF/web.xml、Tomcat默认web.xml、web-fragment.xml以及相关注解合并而成	false
mapperDirectoryRedirectEnabled	如果启用该属性且当客户端请求的是一个Web应用目录时，将由Mapper设置重定向（添加一个"/"）而不是DefaultServlet。这样处理会更高效，但是副作用是必须确保目录存在	false
override	设置为true将忽略全局及Host默认Context的任何设置。默认情况下，将会使用默认Context的设置，但是可以被当前Context的属性设置覆盖	false
path	Web应用的Context路径，用于匹配请求地址的起始部分以选择合适的Web应用来处理请求。同一个Host中Context路径应唯一。如果指定Context路径为空字符串，意味着为当前Host定义了默认Web应用，该应用将会处理当前Host的所有请求，而不会委派到其他Context。这个属性只有当在server.xml中定义Context时才会使用，其他情况下，根据context文件名或者docBase属性生成。即使在server.xml中定义Context，也尽量不要设置该属性，除非docBase没有位于Host的appBase目录下，或者deployOnStartup和autoDeploy为false。如果不，则可能导致重复部署	
preemptiveAuthentication	当设置为true，并且用户为不受安全约束保护的资源提供了证书时，如果鉴定支持抢先认证，用户提供的证书将被使用	false
privileged	设置为true允许当前Context可以使用Catalina容器提供的Servlet，如Tomcat管理控制台对应的Servlet。使用该属性将会改变当前Context的父类加载器，将Shared类加载器替换为Server类加载器。注意，默认情况下，Server类加载器和Shared类加载器均使用了Common类加载器	false
reloadable	设置为true，Catalina将管理WEB-INF/classes和WEB-INF/lib下的类变更，当检测到变更时，自动重新加载Web应用。该特征主要用于应用程序开发阶段，但是由于明显增加运行环境开销，因此，不推荐用于生产环境	false
resourceOnlyServlets	用于处理资源文件的Servlet名称列表，以逗号分隔。以确保当请求地址没有对应的资源文件时，关联welcome文件（web.xml中配置）的资源文件Servlet（如JSP默认Servlet）不会被使用。该属性主要用于避免Servlet 3.0规范中welcome文件映射导致的问题。 当系统属性org.apache.catalina.STRICT_SERVLET_COMPLIANCE为true时，该值默认为空字符串，否则为jsp（即JSP默认Servlet）	
sendRedirectBody	如果为true，重定向的响应将包含一个短的响应体以包含重定向的详细信息[1]。该功能默认禁用，因为包含一个响应体可能会引发某些应用组件问题，如压缩过滤器	false
sessionCookieDomain	当前Context创建的会话Cookie的域[2]。如果设置了该属性，将会覆盖当前Web应用设置的所有域信息，否则该值将会由Web应用确定	

---

① 该信息的具体描述可参见HTTP/1.1规范。

② Cookie中域、名称、路径等的概念可参考HTTP/1.1规范。

（续）

属　性	描　述	默认值
sessionCookieName	当前Context创建的会话Cookie的名称。如果设置该属性，那么将会覆盖Web应用中的设置，否则将由Web应用确定。如果Web应用没有明确设置，将使用JSESSIONID	
sessionCookiePath	当前Context创建的会话Cookie的路径。如果设置该属性，那么将会覆盖Web应用中的设置，否则将由Web应用确定。如果Web应用没有明确设置，将使用Context的path属性。可以通过将CATALINA_BASE/conf/context.xml中的该属性配置设置为"/"，使所有Web应用均使用空路径，此经常用于Portlet实现。 注意，一旦此属性为"/"的Web应用获取一个会话，那么同一个Host下所有配置为"/"的Web应用随后获取的会话将会使用同样的会话ID。即使持有的会话已经无效并已创建了一个新的。这使得会话固定保护更加困难，需要定制。Tomcat特定代码用于变更多个应用共享的会话ID	
sessionCookiePathUsesTrailingSlash	某些浏览器，如IE，支持向Context发送会话Cookie，其路径为/foo，但是请求为/foobar。为了避免这个问题，Tomcat在会话Cookie路径的尾部增加了"/"。上例中，会话Cookie的路径变为"/foo/"。如此，IE将不再发送请求/foo的Cookie。除非Servlet的映射为/*，这个问题并不存在。此时，可以禁用该特征	true
swallowAbortedUploads	设置为false，Tomcat将不会读取用于中断上传及客户端链接的附加数据。该设置主要用于以下情况： ❏ 请求数据大于链接器配置的maxPostSize ❏ 到达MultiPart上传上限 ❏ Servlet设置响应状态为413（请求体过大） 不读取附加数据将会更快的释放请求处理线程，但是大多数HTTP客户端在写入所有的请求之前，不会读取响应数据。 注意，请求处理过程中如果发生异常，将会触发一个5xx响应，任何未读取的请求数据将会被忽略，一旦错误响应被写入，客户端链接将关闭	true
swallowOutput	该属性为true，Web应用通过System.out和System.err输出的信息将会被重定向到Web应用日志	false
tldValidation	该属性为true，在Context启动时，TLD文件将会执行XML验证。系统属性org.apache.catalina.STRICT_SERVLET_COMPLIANCE为true时，该属性默认值为true，否则默认为false。该属性为true会损害服务器性能	
useHttpOnly	是否设置会话Cookie的HttpOnly标志以阻止客户端脚本访问会话标识	true
useRelativeRedirects	用于控制当调用HttpServletResponse.sendRedirect方法生成HTTP Location头时，使用相对location还是要转换为绝对值。相对location效率更高，但是无法与变更Context路径的反向代理配合使用（应该注意，Tomcat不推荐使用变更Context路径的反向代理）。绝对路径的重定向可以用于上述情况，但是又可能无法与RemoteIpFilter配合使用（如果该过滤器修改了协议头和端口）。如果系统属性org.apache.catalina.STRICT_SERVLET_ COMPLIANCE设置为true，该属性默认值为false，否则为true	

（续）

属　　性	描　　述	默认值
validateClientProvidedNewSessionId	当客户端提供了一个新的会话ID（当前会话管理器不包含相同ID的有效会话）时，该属性用于控制是否对会话ID进行验证（验证该会话是否存在于同虚拟主机的其他应用会话管理器）。主要用于跨多应用共用会话ID的情况，在这种情况下，任何客户端提供的会话ID必须在其他应用同时存在。 如果该属性为true，且会话ID在其他应用中存在时，当前会话管理会创建一个ID相同的会话，否则会话ID自动生成。该检测同时需要满足另外两个条件：会话ID来源于Cookie、会话Cookie路径有一个为"/"	true
wrapperClass	org.apache.catalina.Wrapper的实现类用于Context管理的Servlet。如不指定，将使用org.apache.catalina.core.StandardWrapper	
xmlBlockExternal	如果该属性为true，转换web.xml、web-fragment.xml、*.tld、*.jspx、*.tagx及tagPlugins.xml文件时将不允许加载外部的配置	true
xmlNamespaceAware	如果该属性为true，Web应用在转换web.xml和web-fragment. xml文件时，将会命名空间感知。 注意，该属性为true时，也应将xmlValidation设置为true。如果系统属性org.apache.catalina.STRICT_SERVLET_COMPLIANCE为true，该属性默认值为true，否则默认值为false。将该属性设置为true将会损害服务器性能	
xmlValidation	如果该属性为true，Web应用在转换web.xml和web-fragment.xml文件时，将使用带验证的转换器。 如果系统属性org.apache.catalina.STRICT_SERVLET_COMPLIANCE为true，该属性默认值为true，否则为false。将该属性设置为true将会损害服务器性能	

Tomcat的标准实现StandardContext支持以下附加属性。

属　　性	描　　述	默认值
addWebinfClassesResources	该属性控制是否除从Web应用JAR包的META-INF/resources目录下加载静态资源外，还从WEB-INF/classes/META-INF/ resources加载。该属性为Servlet 3.0规范特有的扩展，因此默认为false	false
antiResourceLocking[①]	如果为true，Tomcat将阻止任何文件锁，这会影响应用的启动时间，但是允许Web应用全面的热部署和撤销，无论通过平台还是配置文件	false
clearReferencesHttpClientKeepAliveThread	如果为true且Web应用启动了一个sun.net.www.http.HttpClient的keep- alive定时器线程并处于运行状态，Tomcat在Web应用停止时，将该线程的contextClassLoader由WebappClassLoader改为其父类加载器，以避免内存泄露。 注意：当所有keep-alive均过期时，keep-alive定时器线程将会自动停止	true

---

① 在当前版本，该属性可能导致一些副作用，包括会使服务器运行状态下JSP的重新加载失效。具体参见https://issues.apache.org/bugzilla/show_bug.cgi?id=37668。

（续）

属　性	描　述	默认值
clearReferencesRmiTargets	如果为true，Tomcat查找与RMI Target相关的内存泄露，并清除查找结果。该操作通过反射识别泄露，因此在Java 9及之后版本运行时，需要添加命令行选项-XaddExports:java.rmi/sun.rmi.transport=ALL-UNNAMED。如果应用没有内存泄露问题，建议将该属性设置为false	true
clearReferencesStopThreads	如果为true，Tomcat将在Web应用停止时尝试中断应用启动的线程。由于停止线程是通过Thread.stop()方法，因此可能导致不稳定。该功能仅可作为开发环境中的一个可选项，不推荐用于生产环境。 如果该功能启用，Executor中的线程将有两秒钟的时间来自行停止，两秒之后，Web应用将调用Thread.stop()来停止所有剩余线程。因此，此时Web应用的停止时间多于两秒	false
clearReferencesStopTimerThreads	如果为true，Tomcat将在Web应用停止时尝试中断当前应用启动的java.util.Timer线程。不像标准线程，Timer线程可以安全的停止，尽管可能对应用造成副作用	false
copyXML	设置为true，Web应用启动时，将其内嵌的Context描述文件（/META-INF/context.xml）复制到所属Host的xmlBase目录下。在后续启动时，此复制将优先使用，即使内嵌的描述文件更新。 注意，如果所属Host的deployXml属性为false，或者所属Host的copyXML属性为true，该属性将不生效	false
jndiExceptionOnFailedWrite	如果为true，应用程序试图修改只读JNDI上下文时，将会提示javax.naming.OperationNotSupportedException异常。设置为false，任何修改只读JNDI上下文的操作将不会产生任何变更，并且存在返回值的方法将会返回空	true
renewThreadsWhenStoppingContext	如果为true，当Context停止时，Tomcat复原线程池中当前Context使用的所有线程。这要求server.xml中配置ThreadLocalLeak-PreventionListener，并且Executor的threadRenewalDelay属性大于等于0	true
unloadDelay	容器用于等待Servlet卸载的时间，单位为毫秒	2000
unpackWAR	如果为false，所属Host的unpackWARs属性将被覆盖，WAR包将不会被解压缩。如果为true，所属Host的unpackWARs属性确定WAR包是否解压。注意，位于Host的appBase目录外的WAR包始终不会解压缩	true
useNaming	设置为true，Catalina为当前Web应用启用一个JNDI InitialContext，以兼容J2EE规范相关约定	true
workDir	Context提供的临时目录用于当前Web应用中Servlet的临时读写。Web应用中的Servlet将通过ServletContext属性javax.servlet.context.tempdir来访问该目录。如果不指定，将使用$CATALINA_BASE/work/{Engine名称}/{Host名称}/{Context名称}	

CookieProcessor配置（<CookieProcessor>）

属　性	描　述	默认值
className	CookieProcessor实现类名。 必须实现org.apache.tomcat.util.http.CookieProcessor接口	

LegacyCookieProcessor支持以下属性。

属　　性	描　　述	默认值
allowEqualsInValue	如果为true，Tomcat转换无引号的Cookie的值时，允许出现"="。如果为false，Cookie的值将会截取到"="，后续字符将会被删除。默认值为false，但是可以通过系统属性org.apache.tomcat.util.http.ServerCookie.ALLOW_EQUALS_IN_VALUE修改	false
allowHttpSepsInV0	如果为true，Tomcat允许Cookie名字和值中出现HTTP分隔符。默认值为false，但是可以通过系统属性org.apache.tomcat.util.http.Server-Cookie.ALLOW_HTTP_SEPARATORS_IN_V0修改	false
allowNameOnly	如果为true，Tomcat允许只有名称（无值）的Cookie，如果为false，这样的Cookie将被删除。如不指定，默认为false。但是可以通过系统属性org.apache.tomcat.util.http.ServerCookie.ALLOW_NAME_ONLY修改	false
alwaysAddExpires	如果设置为true，Tomcat总是为SetCookie头添加一个expires参数，即使对于version大于0的Cookies。这主要用于解决IE6和IE7不识别Max-Age的问题。如果org.apache.catalina.STRICT_SERVLET_COMPLIANCE设置为true，该属性默认值为false，否则默认值为true	
forwardSlashIsSeparator	如果为true，Tomat处理Cookie头信息时，会将"/"视作HTTP分隔符。当系统属性org.apache.catalina.STRICT_SERVLET_COMPLIANCE为true时，该属性默认为true，其他情况，该属性默认为false。当然，默认值可以通过系统属性org.apache.tomcat.util.http.ServerCookie.FWD_SLASH_IS_SEPARATOR修改	

Loader配置（<Loader>）

属　　性	描　　述	默认值
className	Loader实现类类名	
delegate	如果为true，当前Web应用将采用标准的Java 2委派模式加载类。即先尝试从父类加载器加载，然后才会从Web应用的类加载器加载。设置为false，将先尝试从Web应用的类加载器加载，然后从父类加载器加载。该配置并不会影响JVM的Bootstrap类加载器，该类加载器始终优先加载，具体参见2.4节	false
reloadable	如果为true，Catalina将监控/WEB-INF/classes和/WEB-INF/lib下的变更。当检测到变更时，自动重新加载Web应用。该特性在应用开发阶段非常有用，但是会显著的增加运行负载，因此不建议用于生产环境。注意，如果Context配置了reloadable，将会覆盖该属性设置	false

Loader的默认实现org.apache.catalina.loader.WebappLoader支持以下扩展属性。

属　　性	描　　述	默认值
loaderClass	用于指定java.lang.ClassLoader的具体实现，必须要继承自类org.apache.catalina.loader.WebappClassLoaderBase。如不指定，默认为org.apache.catalina.loader.Webapp-ClassLoader。该类并不支持并行加载类，因此在同一时刻只能有一个线程加载类。可以指定为org.apache.catalina.loader.ParallelWebappClassLoader以支持并行加载	
searchExternalFirst	如果希望Web应用加载类时，首先查找WEB-INF/classes及WEB-INF/lib之外的外部仓库目录，可以将该属性设置为true	false

Manager配置（<Manager>）

属　　性	描　　述	默认值
className	Manager 实现类，必须实现 org.apache.catalina.Manager接口，默认为 org.apache.catalina.session.StandardManager	
maxActiveSessions	当前Manager创建的活跃会话的最大个数。默认为-1，表示不限制。 当到达上限后，任何创建会话的尝试均会抛出IllegalStateException异常	-1

其标准实现org.apache.catalina.session.StandardManager支持如下属性。

属　　性	描　　述	默认值
pathname	用于保存会话状态的文件的绝对路径或相对路径（相对于当前Web应用的临时目录：$CATALINA_BASE/work/Catalina/localhost/Web应用名称）。将该属性设置为空字符串可以禁用持久化	SESSIONS.ser
processExpiresFrequency	会话到期处理频率，即Manager的后台线程方法background-Process执行多少次后会执行到期处理（数值越小，处理越频繁）。最小值为1，默认为6	
secureRandomClass	java.security.SecureRandom的子类，用于生成会话ID。如不指定，默认为java.security.SecureRandom。该属性最终用于SessionIdGenerator内嵌元素	
secureRandomProvider	用于创建java.security.SecureRandom实例的Provider名称。如果指定了无效的provider或者没有指定，Manager将使用平台默认值	
secureRandomAlgorithm	用于创建java.security.SecureRandom实例的algorithm名称。如果指定了无效的algorithm将使用平台默认值。如不指定，默认使用SHA1PRNG，如SHA1PRNG不支持，将使用平台默认值。如果希望使用平台默认值，可以不设置secure-RandomProvider属性，同时将secureRandomAlgorithm设置为空字符串	
sessionAttributeNameFilter	一个正则表达式，用于过滤支持分布式处理的会话属性。在集群等需要会话同步的场景下，只有匹配该表达式的会话属性才会被复制。如果该表达式长度为0或者为空，那么所有会话属性都会被复制	
sessionAttributeValueClassNameFilter	一个正则表达式，用于过滤支持分布式处理的会话属性。只有会话属性值的类名称匹配该表达式时，会话属性才会支持分布式处理。如果该表达式长度为0或者为空，那么所有会话属性都支持分布式处理。当不存在SecurityManager时默认值为空，否则默认值为java\\.lang\\.(?:Boolean|Integer|Long| Number|String)	
warnOnSessionAttributeFilterFailure	当会话属性不匹配以上两个表达式时，是否输出警告日志。如果禁用该属性，那么将输出DEBUG日志。当不存在SecurityManager时，该属性默认为false，否则为true	

org.apache.catalina.session.PersistentManager支持如下属性。

属　　　性	描　　　述	默认值
className	Manager 类 名。必 须 为 org.apache.catalina.session.Persistent Manager	
maxIdleBackup	用于指定Session在持久化之前的空闲时间（当最后一次访问距当前超出该时间后，Tomcat会将Session持久化），单位为秒，默认为-1，即不持久化	-1
maxIdleSwap	用于指定Session在持久化并从活动会话中移除之前的最大空闲时间。-1表示禁用该属性。该属性必须大于或等于maxIdleBackup	-1
minIdleSwap	用于指定Session可以被持久化并从活动会话中移除的最小空闲时间。-1表示任何时间都可以。该属性必须小于maxIdleSwap	-1
processExpiresFrequency	同StandardManager	
saveOnRestart	是否在Tomcat关闭并重启时，持久化并加载所有的Session	true
secureRandomClass	同StandardManager	
secureRandomProvider	同StandardManager	
secureRandomAlgorithm	同StandardManager	
sessionAttributeNameFilter	同StandardManager	
sessionAttributeValueClassNameFilter	同StandardManager	
warnOnSessionAttributeFilterFailure	同StandardManager	

SessionIdGenerator配置（<SessionIdGenerator>）

属　　　性	描　　　述	默认值
className	SessionIdGenerator实现类类名。 必须实现org.apache.catalina.SessionIdGenerator接口。 默认为org.apache.catalina.util.StandardSessionIdGenerator	
jvmRoute	当前Tomcat实例的路由标识。它将被添加到会话ID上，以实现负载均衡时，无状态粘性会话的路由。jvmRoute如何添加到会话ID中由具体的实现确定（对于Tomcat默认实现，其处理方式是将jvmRoute添加到会话ID的结尾，并以"."分割）。该属性会自动继承Engine的jvmRoute配置（如果Engine已经添加了配置，那么当前属性值将被覆盖）	
sessionIdLength	创建的会话ID的长度。该属性如何影响会话ID的长度由具体的实现确定。 对于Tomcat默认实现，会话ID的长度应为sessionIdLength的两倍加上jvmRoute的长度。因为会话ID由sessionIdLength个随机字节组成，每个字节转为两个十六进制的字符。默认值为16	

Store配置（<Store>）

当使用PersistentManager时，需要在Manager内部嵌入<Store>元素，用于定义持久数据存储方式。Tomcat提供了两个默认实现：org.apache.catalina.session.FileStore 和 org.apache.catalina.session.JDBCStore，其各自支持属性如下。

FileStore，基于文件的存储实现，将会话持久化到单独的文件。

属　　性	描　　述	默认值
className	Store的实现类类名，必须实现org.apache.catalina.Store接口。当使用文件存储时，必须指定为org.apache.catalina.session.FileStore	
directory	会话文件存放的绝对或者相对路径（相对于Web应用的临时Work目录）。如不指定，默认为Web应用的临时Work目录	

JDBCStore，基于JDBC的存储实现，将会话持久化到数据库，当存在大量的会话时，JDBC的方案性能要优于文件存储。

属　　性	描　　述	默认值
className	Store实现类类名，必须实现org.apache.catalina.Store，当使用JDBC存储时，必须配置为org.apache.catalina.session.JDBCStore	
connectionName	JDBC链接的用户名	
connectionPassword	JDBC链接的密码	
connectionURL	JDBC链接	
dataSourceName	JDBC数据源的JNDI名称，如果配置了有效的JNDI数据源，那么connectionURL等属性将忽略	
driverName	JDBC驱动类名	
sessionAppCol	会话表列名，该列用于存储Engine、Host、Context信息。格式为/Engine/Host/Context。通过它我们可以区分当前会话来自哪个应用，默认为app	
sessionDataCol	会话表列名，用于存储会话的串行化结果，因此该列类型必须可以接受二进制对象（如BLOB），默认为data	
sessionIdCol	会话表列名，用于存储会话ID（列类型为字符串，需要确保长度足够），默认为id	
sessionLastAccessedCol	会话表列名，用于存储会话的上次访问时间（需要支持存储Java的long类型），默认为maxinactive	
sessionMaxInactiveCol	会话表列名，用于存储会话的maxInactiveInterval（需要支持存储Java的int类型），默认为maxinactive	
sessionTable	会话表表名。该会话表至少要包含当前配置支持的数据库列。默认为tomcat-$sessions	
sessionValidCol	会话表列名，用于存储一个字符来表示会话是否有效。默认为valid	

Resources配置（<Resources>）

属　　性	描　　述	默认值
allowLinking	如果值为true，Web内部资源将允许符号链接，指向Web应用根目录外部的资源。 注意，在Windows平台或者其他文件系统为非大小写敏感的操作系统中，不能设置为true，因为该属性将禁用大小写敏感检测，从而导致安全问题	false
cacheMaxSize	静态资源缓存的最大值，单位为KB。 该属性的值可以在Web应用运行过程中修改，如通过JMX。当缓存使用内存已经大于运行时修改的值时，将尝试逐步减小以满足新的限制。如果需要，将会减小cacheObjectMaxSize，使其不大于cacheMaxSize/20	10240（10MB）

（续）

属　　性	描　　述	默认值
cacheObjectMaxSize	缓存中可以存放的静态资源的最大值 如果该值大于cacheMaxSize/20，则会使用cacheMaxSize/20。该属性的值可以在Web应用运行过程中通过JMX修改	512KB
cacheTtl	缓存存活时间（Time-to-live），单位为毫秒。 该属性值可以在Web应用运行过程中通过JMX修改。资源缓存存活时间以放入缓存那一时刻的值为准，后续对该属性的变更不会影响已缓存的资源	5000 (5s)
cachingAllowed	该属性为true时，才会使用静态资源缓存。 该属性值可以在Web应用运行过程中通过JMX修改。缓存被禁用时，当前缓存的所有资源均会被从缓存中清除	true
className	资源的实现类名 必须实现org.apache.catalina.WebResourceRoot接口。 默认为org.apache.catalina.webresources.StandardRoot	
trackLockedFiles	控制是否启用追踪文件锁功能。如果启用，当我们得到资源流时（如ServletContext.getResourceAsStream()），Tomcat会返回一个可追踪的代理，在实现流读写的基础上，完成如下工作： ❑ 该代理对象记录了方法调用栈。 ❑ 当调用close释放资源后，Tomcat便会将当前资源从追踪列表中移除。 ❑ 当Web应用停止时，如果仍有需要追踪的锁文件，Tomcat会统一释放	false

PreResources、JarResources、PostResources支持属性。

属　　性	描　　述	默认值
base	资源的位置，用于指定文件、目录或者JAR包的绝对路径。	
className	资源实现类名。必须实现org.apache.catalina.WebResourceSet接口。 Tomcat提供了3个标准实现： org.apache.catalina.webresources.DirResourceSet org.apache.catalina.webresources.FileResourceSet org.apache.catalina.webresources.JarResourceSet	
internalPath	资源的内部路径。该属性通常用于JAR文件内文件的加载。该属性必须以"/"开头	"/"
readOnly	如果为true，当前WebResourceSet包含的资源不允许删除、创建和修改。 如果className为JarResourceSet，该值为true，且不可变更。其他情况，默认为false	
webAppMount	当前资源挂载的Web应用内部路径，如添加一个JAR包目录时，我们可以将其挂载到/WEB-INF/lib/目录（类似于Linux挂载的概念）。默认情况下，必须以"/"开头	"/"

JarScanner配置（< JarScanner >）

属　　性	描　　述	默认值
className	JarScanner实现类名称。 默认为org.apache.tomcat.JarScanner	

JarScanner默认实现org.apache.tomcat.util.scan.StandardJarScanner支持以下附加属性。

属　　性	描　　述	默认值
scanAllDirectories	如果设置为true，类路径下的所有目录均会检测是否为解压的JAR文件。Tomcat根据是否存在META-INF子目录确定当前目录是否是一个解压的JAR文件。如果为解压的JAR文件目录，则其扫描同JAR文件	false
scanAllFiles	如果设置为true，类路径下的所有文件将均检测是否为JAR文件，而不仅仅依赖扩展名为.jar判断	false
scanClassPath	如果设置为true，将会扫描整个的Web应用类路径，除Web应用自身外，还包括shared、common和system类路径（但是不包括bootstrap）	true
scanBootstrapClassPath	如果scanClassPath为true，且当前属性为true，bootstrap类路径也会扫描	false
scanManifest	如果为true，Tomcat将会扫描任意查找到的JAR包的Manifest文件，用于查找附加的类路径条目（Manifest的Class-Path属性），这些条目也会被添加到扫描的URL中	true

Cluster配置（<Cluster>）

属　　性	描　　述	默认值
className	集群实现类，当前只有一个实现类org.apache.catalina.ha.tcp.SimpleTcpCluster	
channelSendOptions	Tribes通道发送选项，默认为8（即Channel.SEND_OPTIONS_ASYNCHRONOUS）。该选项用于设置通过SimpleTcpCluster发送的所有消息使用的标识。该标识确定消息如何发送，是一个简单的逻辑或运算。可参与或运算的选项如下： Channel.SEND_OPTIONS_ASYNCHRONOUS = 0x0008; Channel.SEND_OPTIONS_BYTE_MESSAGE = 0x0001; Channel.SEND_OPTIONS_MULTICAST = 0x0040; Channel.SEND_OPTIONS_SECURE = 0x0010; Channel.SEND_OPTIONS_SYNCHRONIZED_ACK = 0x0004; Channel.SEND_OPTIONS_UDP = 0x0020; Channel.SEND_OPTIONS_USE_ACK = 0x0002; 如果使用ACK和ASYNC消息，可以设置为10(0x0002|0x0008)或者0x000B。 注意，使用ASYNC消息可能会导致更新会话的消息在发送端和接收端顺序不一致	
channelStartOptions	集群使用的<Channel>对象的启动和停止标识。默认为Channel.DEFAULT，即启动所有通道服务，如发送、接收、广播发送、广播接收。该属性值为一个简单的或运算，可选值如下： Channel.SND_RX_SEQ = 1; Channel.SND_TX_SEQ = 2; Channel.MBR_RX_SEQ = 4; Channel.MBR_TX_SEQ = 8; Channel.DEFAULT = 1|2|4|8 = 15; 如果希望启动通道时不包含广播，可将值设置为Channel.SND_RX_SEQ|Channel.SND_TX_SEQ即3	
heartbeatBackgroundEnabled	用于标识是否在容器后台线程执行通道心跳。启用该标识时，需要确保禁用了通道自身的心跳线程	false
notifyLifecycleListenerOnFailure	用于标识所有ClusterListener均不能接收通道消息时是否通知LifecycleListener	false

Cluster/Manager元素支持以下公共属性。

属　　性	描　　述	默认值
className	实例化管理器时使用的实现类名，必须实现org.apache.catalina.ha. ClusterManager接口	
name	集群管理器名称，用于识别集群节点上的会话管理器。该名称可能会被集群元素修改以使其在容器中唯一	
notifyListenersOnReplication	设置为true，当会话属性在集群节点之间复制或者移除时，通知会话监听器	true
processExpiresFrequency	会话过期频率。由于会话过期通过backgroundProcess方法处理，此属性的含义是当调用多少次backgroundProcess方法后才会真正执行会话过期处理。最小值为1（即每执行一次后台处理便会执行一次会话过期），默认值为6（即每执行6次后台处理才会执行一次会话过期）	6
secureRandomClass	会话标识生成类，必须继承自java.security.SecureRandom。如不指定，默认为java.security.SecureRandom	
secureRandomProvider	创建java.security.SecureRandom实例时，使用的Provider名称。如果不指定或者指定了一个无效的Algorithm[①]（secureRandomAlgorithm）和Provider[②]，管理器会使用平台默认配置	
secureRandomAlgorithm	创建java.security.SecureRandom实例时，使用的Algorithm名称。如果不指定或者指定了一个无效的Algorithm和Provider（secureRandomAlgorithm），管理器将会使用平台默认配置。如不指定，将默认使用SHA1PRNG。如果当前平台不支持SHA1PRNG，则使用平台默认值。如果希望使用平台默认值，可以不设置secureRandomProvider，同时将secureRandomAlgorithm设置为空字符串	
recordAllActions	是否为跨Tomcat集群节点的会话发送所有动作。当设置为false时，如果已经对相同的属性执行了某些操作，确保不会向集群节点发送多个操作，而是只发送最后一个	false

Cluster/Manager的实现org.apache.catalina.ha.session.DeltaManager支持以下附加属性。

属　　性	描　　述	默认值
expireSessionsOnShutdown	当Web应用关闭时，Tomcat会执行会话过期处理，并通知所有监听器。该属性设置为true，将在会话过期时通知集群中的所有节点	false
maxActiveSessions	当前管理器创建的活动会话的最大数目，−1表示不限制。对于DeltaManager，所有会话均会统计为活动会话，不管当前节点是否为主节点	−1
notifySessionListenersOnReplication	设置为true，当接收到其他集群节点的会话复制消息时，Tomcat会通知会话监听器	true
notifyContainerListenersOnReplication	设置为true，当接收到其他集群节点会话标识变更的消息后，会通知容器监听器（事件类型为"会话标识变更"）	true
stateTransferTimeout	当前节点启动时，等待从其他节点传输会话状态完成（即从其他节点同步会话）的超时时间，单位为秒	60

---

① Algorithm具体概念参见Java Security API。

② Provider具体概念参见Java Security API。

（续）

属　　性	描　　述	默认值
sendAllSessions	该属性用于确定是否将会话拆分为多个字节块传输。如果设置为true，当前节点会将所有会话通过一个字节块传输。如果设置为false，将会拆分为多个字节块	true
sendAllSessionsSize	会话拆分为多个字节块传输时，每个字节块包含的会话数目。只有当sendAllSessions为false时有效	100
sendAllSessionsWaitTime	会话拆分为多个字节块传输时，两个字节块发送的间隔时间，单位为毫秒。只有当sendAllSessions为false时有效	2000
sessionAttributeNameFilter	同StandardManager	
sessionAttributeValueClassNameFilter	同StandardManager	
stateTimestampDrop	当前节点发送一个GET_ALL_SESSIONS消息到其他节点时，作为响应收到的所有会话消息将进行排队。如果该属性设置为true，收到的会话消息（除了其他节点发送的GET_ALL_SESSIONS）将按照它们的时间戳进行过滤。对于非GET_ALL_SESSIONS消息且其时间戳早于当前节点发送的GET_ALL_SESSIONS消息的时间戳，Tomcat将会移除。如果设置为false，所有排队的会话消息均会处理	true
warnOnSessionAttributeFilterFailure	同StandardManager	

Cluster/Manager的实现org.apache.catalina.ha.session.BackupManager支持以下附加属性。

属　　性	描　　述	默认值
mapSendOptions	BackupManager使用一个状态复制的Map（LazyReplicatedMap）存储会话。通过mapSendOptions设置该Map发送消息的方式，默认为6（同步）。注意如果采用异步方式，接收节点消息处理顺序和发送节点可能不一致	6
maxActiveSessions	当前管理器创建的活动会话的最大数目，−1表示不限制。对于当前管理器，只有处于主节点上的会话才会被视为活动会话	
rpcTimeout	用于广播和与另一个Map传输状态时，RPC消息的超时时间，单位为毫秒	15 000
sessionAttributeNameFilter	同StandardManager	
sessionAttributeValueClassNameFilter	同StandardManager	
terminateOnStartFailure	设置为true，当Map启动失败时终止。如果Map终止，相关Context将启动失败。如果设置为false，Map不会终止，Tomcat将试图将Map成员加入心跳	false
warnOnSessionAttributeFilterFailure	同StandardManager	

Cluster/Channel支持以下公共属性。

属　　性	描　　述	默认值
className	Channel实例化使用的实现类名，当前只支持org.apache.catalina.tribes.group.GroupChannel	

Cluster/Channel的实现org.apache.catalina.tribes.group.GroupChannel支持以下附加属性。

属　　性	描　　述	默认值
heartbeat	标识用于控制当前Channel是否管理自己的心跳。如果设置为true，Channel启动一个本地线程用于心跳。如果设置为false，必须设置Cluster的heartbeatBackgroundEnabled为true	true
heartbeatSleeptime	如果heartbeat为true，此属性指定心跳线程的间隔，单位为毫秒	5000
optionCheck	如果设置为true，GroupChannel将检测每个ChannelInterceptor的optionFlag，如果两个拦截器使用相同的optionFlag，将提示异常	false

Cluster/Channel/Membership支持以下属性。

属　　性	描　　述	默认值
className	Membership实例化使用的实现类名，当前只支持org.apache.catalina.tribes.membership.McastService，使用组播心跳来发现成员	
address	Membership广播其存在并且监听其他心跳的组播地址。默认为228.0.0.4，确认集群网络启用组播通信。组播地址与端口可以确定一个集群组，因此可以通过变更组播地址或者端口来划分不同集群组	
port	组播端口，默认为45564。组播端口与组播地址可以确定一个集群组，因此可以通过变更组播地址或者端口来划分不同集群组	
frequency	心跳发出的频率，单位为毫秒。大多数情况下，使用默认值即可	500
dropTime	成员过期时间，单位为毫秒。当在该时间内没有收到一个成员的心跳时，Membership组件将该成员移除并通知Channel。在高延迟的网络，应增加该值以防止误判。Apache Tribes还提供了TcpFailureDetector，当心跳超时时，使用TCP链接验证，以防止误判	3000
bind	组播通信绑定地址，通过该属性可将组播通信绑定到一个指定的网络地址。默认将尝试绑定0.0.0.0，此时在多地址主机的情况下会存在问题	
ttl	组播心跳生存时间。为0到255的数值。默认值由具体的JVM实现确定	
domain	域名。通过该属性，Apache Tribes可以将成员分成不同的逻辑域	
soTimeout	发送和接收心跳在一个单独的线程执行，因此为了避免阻塞该线程，可控制Socket的SO_TIMEOUT时间。如果设置为0，将使用frequency属性值	
recoveryEnabled	如果网络失败，Java组播Socket不能透明的进行故障切换，而是对每个接收到的请求持续抛出IOException，通过该属性可以关闭旧的组播Socket并打开一个新Socket	true
recoveryCounter	当recoveryEnabled为true时，该属性值用于表明只有发生指定次数的错误时才会尝试恢复	10
recoverySleepTime	当recoveryEnabled为true时，该属性用于表明两次尝试恢复之间的时间间隔，直到恢复成功或者到达recoveryCounter限制，单位为毫秒	5000
localLoopbackDisabled	Membership采用组播的方式，该属性用于设置java.net.MulticastSocket.setLoopbackMode。当localLoopbackDisabled为true时，组播消息不会到达同一机器上的其他节点	false

Cluster/Channel/Sender支持以下属性。

属　　性	描　　述	默认值
className	Sender实例化使用的实现类名，当前只支持org.apache.catalina.tribes.transport.ReplicationTransmitter	

Cluster/Channel/Sender/Transport支持以下属性。

属　性	描　述	默认值
className	Transport实例化使用的实现类名，必须实现org.apache. atalina.tribes.transport. MultiPointSender接口	
rxBufSize	Socket接收缓冲大小，单位为字节	25188
txBufSize	Socket发送缓冲大小，单位为字节	43800
udpRxBufSize	UDP Socket接收缓冲大小，单位为字节	25188
udpTxBufSize	UDP Socket发送缓冲大小，单位为字节	43800
directBuffer	布尔值，设置为true，Sender在将数据写入Socket时使用直接缓冲区	false
keepAliveCount	Socket每次打开可以接收的请求数量。默认为-1，即不限制	-1
keepAliveTime	链接打开后保持活动的时间，单位为毫秒。默认为-1，即不限制	-1
timeout	设置Socket的SO_TIMEOUT，单位为毫秒。该超时时间起于消息开始尝试发送，直到传输结束。对于NIO Socket，调用者要保证发送消息不能大于超时时间。对于阻塞式实现，该属性直接设置为Socket的soTimeout。超时不会导致重试，为了确保应用线程返回	3000
maxRetryAttempts	对于在Socket层级接收到IOException的失败消息的最大重试次数	1
ooBInline	布尔值，用于设置Socket的OOBINLINE选项	true
soKeepAlive	布尔值，用于设置Socket的SO_KEEPALIVE选项	false
soLingerOn	布尔值，用于确定是否使用Socket的SO_LINGER选项	false
soLingerTime	设置Socket的SO_LINGER选项的时间值，单位为秒	3
soReuseAddress	布尔值，用于设置Socket的SO_REUSEADDR选项	true
soTrafficClass	设置Socket的trafficClass，为0到255的数值。默认为0x04|0x08|0x010	
tcpNoDelay	布尔值，用于设置Socket的TCP_NODELAY选项	true
throwOnFailedAck	布尔值，如果设置为true，在从远程成员接收到一个否定应答时，将抛出远程处理异常。设置为false，Apache Tribes对待否定应答的方式等同于积极应答	true

Transport的PooledSender实现支持以下附加属性。

属　性	描　述	默认值
poolSize	从A到B最大并行链接数，即发送器队列的大小限制	25
maxWait	当没有可用的发送器时，发送器池最大等待时间，单位为毫秒	3000

Cluster/Channel/Receiver支持以下属性。

属　性	描　述	默认值
className	Receiver组件的实现类名，当前支持两个实现：org.apache.catalina.tribes.transport. nio.NioReceiver和org.apache.catalina.tribes.transport.bio.BioReceiver	
address	监听用于通信的IP地址。默认为auto，将会转化为java.net.InetAddress.getLocalHost(). getHostAddress()	
direct	布尔值，设置为true，从Socket读取数据时，将使用直接缓冲区	true
port	监听用于通信的端口。为避免端口冲突，Receiver将会自动绑定到一个有效的端口（范围为port <= bindPort < port+autoBind）。例如，如果port为4000，autoBind为10，Receiver将在4000~4009之间第一个有效的端口上打开一个服务端Socket	4000

（续）

属　　性	描　　述	默认值
autoBind	该值用于自动避免端口冲突。Receiver会尝试在port属性配置的端口上打开一个链接，并依次递增共autoBind次	100
securePort	安全监听端口。该端口启用SSL。如果不设置该属性，将打开非SSL端口。默认不设置，即使用非SSL Socket	
udpPort	UDP监听端口。如果不设置该属性，无UDP端口打开。默认不设置，即无有效的UDP监听	
selectorTimeout	NioReceiver轮询超时时间，单位为毫秒	5000
maxThreads	Receiver线程池中最大线程数目。应根据集群中的节点数、交换的消息数量、运行的硬件环境适当调整该值。较大的值并不意味着更高的效率，应根据具体的测试结果调整	6
minThreads	Receiver启动时创建的最少线程数量	6
ooBInline	布尔值，用于设置Socket的OOBINLINE选项	true
rxBufSize	Socket接收缓冲大小，单位为字节	43800
txBufSize	Socket发送缓冲大小，单位为字节	25188
udpRxBufSize	UDP Socket接收缓冲大小，单位为字节	25188
udpTxBufSize	UDP Socket发送缓冲大小，单位为字节	43800
soKeepAlive	布尔值，用于设置Socket的SO_KEEPALIVE选项	false
soLingerOn	布尔值，用于确定是否使用Socket的SO_LINGER选项	false
soLingerTime	设置Socket的SO_LINGER选项的时间值，单位为秒	3
soReuseAddress	布尔值，用于设置Socket的SO_REUSEADDR选项	true
tcpNoDelay	布尔值，用于设置Socket的TCP_NODELAY选项	true
timeout	设置Socket的SO_TIMEOUT，单位为毫秒	3000
useBufferPool	布尔值，用于确定是否使用一个缓冲池来缓存org.apache.catalina.tribes.io.XByteBuffer对象。如果设置为true，XByteBuffer将会在请求结束时回收。这意味着Channel中的拦截器在org.apache.catalina.tribes.ChannelInterceptor.messageReceived方法结束后不能维护XByteBuffer的引用	true

Cluster/Channel/Interceptor支持以下属性。

属　　性	描　　述	默认值
className	拦截器实现类名称	
optionFlag	选项标识，通过此属性，可以控制拦截器只针对某些消息触发（依赖于消息的选项标识）。默认为0，表示所有消息均触发	0

Interceptor实现类org.apache.catalina.tribes.group.interceptors.DomainFilterInterceptor支持以下属性：

属　　性	描　　述	默认值
domain	拦截器接受的逻辑集群域名，取值可为两类： ❑ 正规的字符串 ❑ 字符串形式的字节数组，如{216,123,12,3}	

Interceptor实现类org.apache.catalina.tribes.group.interceptors.MessageDispatchInterceptor支持以下属性：

属　　性	描　　述	默认值
optionFlag	默认值为8（org.apache.catalina.tribes.Channel.SEND_OPTIONS_ ASYNCHRONOUS），该拦截器只处理此选项标识对应的消息，由Tribes预定义	8
alwaysSend	当分发队列已满时，Tomcat的处理方式。设置为true，消息将继续同步发送，设置为false，将会提示异常	true
maxQueueSize	分发队列的大小，单位为字节	1024*1024*64 (64MB)
maxThreads	线程池中最大线程数	10
maxSpareThreads	线程池中最大空闲线程数目（线程池中保持的最少线程数目，即使这些线程处于空闲状态）	2
keepAliveTime	线程最大空闲时间。如果到达该时间仍未接收到新任务，空闲线程将中断，单位为毫秒	5000

Interceptor实现类 org.apache.catalina.tribes.group.interceptors.TcpFailureDetector 支持以下属性：

属　　性	描　　述	默认值
connectTimeout	超时时间，用于尝试通过TCP链接一个不信任节点，单位为毫秒	1000
performSendTest	布尔值，设置为true，将发送一个测试消息到不信任节点	true
performReadTest	布尔值，设置为true，读取测试消息的响应。注意：如果performSendTest为false，该属性无效	false
readTestTimeout	超时时间，用于读取不信任节点测试消息，单位为毫秒	5000
removeSuspectsTimeout	当removeSuspects中的Member空闲时间大于该时间时，将从removeSuspects中移除。如果该属性为负数，removeSuspects中的Member将不会被移除，直到其消失。单位为秒	300

Interceptor的实现类 org.apache.catalina.tribes.group.interceptors.TcpPingInterceptor支持以下属性。

属　　性	描　　述	默认值
interval	如果useThread为true，该属性用于指定发送ping消息的时间间隔，单位为毫秒	1000
useThread	是否启动一个线程来发送ping消息。设置true，拦截器将启动一个本地线程来发送ping消息，否则Channel心跳将发送ping消息	false

Interceptor的实现类 org.apache.catalina.tribes.group.interceptors.ThroughputInterceptor 支持以下属性。

属　　性	描　　述	默认值
interval	当前拦截器报告吞吐量统计时，间隔的消息数量。该报告以INFO级别输出到org.apache.juli.logging.LogFactory.getLog（ThroughputInterceptor.class）日志。默认为10000，即每隔10000条消息报告一次	10000

Cluster/Channel/Interceptor/Member支持以下属性。

属　　性	描　　述	默认值
className	StaticMember实现类名，当前只支持org.apache.catalina.tribes.membership.StaticMember	
port	StaticMember监听集群消息的端口	
securePort	StaticMember监听加密集群消息的安全端口。默认为-1，即不监听安全端口	-1
host	StaticMember监听集群消息的主机名，支持如下几种格式： ❏ 标准IP地址格式 ❏ 主机名，诸如tomcat01.mydomain.com。 ❏ 字符串格式的二进制数组，如{216,123,12,3}	
domain	当前StaticMember监听集群消息的逻辑集群域名，支持如下几种格式： ❏ 标准字符串 ❏ 字符串格式的二进制数组，如{216,123,12,3}	
uniqueId	当前StaticMember唯一标识，该值必须是长度16的二进制数组，格式如下：{0,1,2,3,4,5,6,7,8,9,10,11,12,13,14,15}	

Cluster/Valve支持以下属性。

属　　性	描　　述	默认值
className	Valve实现类名	

Valve实现类org.apache.catalina.ha.tcp.ReplicationValve支持以下属性。

属　　性	描　　述	默认值
filter	文件或者链接过滤器，使用该Valve可以通知集群匹配该过滤器的请求将不会变更Session，集群将不必探测Session管理器的变更。过滤器配置为标准的正则表达式，示例如".*\.gif|.*\.js|.*\.jpeg|.*\.jpg|.*\.png|.*\.htm|.*\.html|.*\.css|.*\.txt"	
primaryIndicator	布尔值，设置为true，该Valve将添加一个请求属性，属性名由primaryIndicatorName指定，属性值为true或者false	false
primaryIndicatorName	请求属性名，用于记录primaryIndicator的值，表示请求会话在当前服务器上是否为主会话	org.apache.catalina.ha.tcp.isPrimarySession
statistics	布尔值，设置为true，当前Valve将收集请求的统计信息	false

Valve实现类org.apache.catalina.ha.session.JvmRouteBinderValve支持以下属性。

属　　性	描　　述	默认值
enabled	是否启用当前组件	true
sessionIdAttribute	请求中存储旧会话标识的属性名	org.apache.catalina.ha.session.JvmRout-eOrignalSessionID

Cluster/Deployer支持以下属性。

属　　性	描　　述	默认值
className	Deployer实现类类名，当前只支持org.apache.catalina.ha.deploy.FarmWarDeployer	
deployDir	部署目录，即部署Web应用的目录路径，可以是绝对路径也可以是基于$CATALINA_BASE的相对路径。在当前版本，该属性必须与Host的appBase相同	
tempDir	临时文件目录，用于在从集群中下载War包时存储二进制数据，可以是绝对路径也可以是基于$CATALINA_BASE的相对路径	
watchDir	监视Web应用变更的目录，只有该目录下的Web应用才会被监视，可以是绝对路径也可以是基于$CATALINA_BASE的相对路径。只有watchEnabled为true时，该属性生效	
watchEnabled	设置为true，启用Web应用变更监视。只有该属性为true时，才能触发Web应用的部署和卸载	false
processDeployFrequency	watchDir目录检测的频率，即执行多少次backgroundProcess后，才会执行一次集群范围内的部署，取值越小，检测执行越频繁，最小值为1。只有watchEnabled为true时，该属性生效	2
maxValidTime	FileMessageFactory最大有效时间，单位为秒。当从集群接收完整的WAR文件后，FileMessageFactory将被立即删除。但是，如果接收FileMessage失败，FileMessageFactory不会被移除，直到到达最大有效时间。如果设置为负数，FileMessageFactory将永远不会被移除	300

结束语

本书内容至此已完全结束，尽管笔者希望通过本书把 Tomcat 完整的知识体系做一个基本的阐述，从而使读者可以基于本书的知识继续深入学习研究 Tomcat。但是由于笔者知识所限，有些技术点难免挂一漏万，非力所及，在此也深表歉意。不仅如此，Tomcat 同时也在以极快的步伐，不断地更新和进步，就在本书编写的同时，Tomcat 的 8.5.x 版本以及 9.0 里程碑版本仍旧在快速迭代并有新的小版本发布。在 9.0 版本中，Tomcat 已经支持 Servlet 4.0 和 JSP 2.3，而且架构上也进行了重要的调整，如将 JDK 8 作为构建和运行 Tomcat 的最低版本。除此之外，在最新版本中，Tomcat 也对部分组件做了相应的重构和改进。

所有这些都会与本书的内容产生一定的冲突和不一致，也可能会使读者造成疑惑不解。但是，如果你基于 Tomcat 8.5 阅读完本书的内容，然后再去学习和研究 Tomcat 的最新版本，相信本书的知识点一定会给你带来帮助，这也是笔者所乐见的。

最后，"闻道有先后，术业有专攻"，对于 Tomcat 很多功能，本书仅从架构上做了一个基本的介绍，涉及技术细节（如 JVM、I/O、协议等），还需要读者进一步阅读相关权威的参考书，如此才会对应用服务器的知识做到融会贯通。

当然，如果你希望及时了解 Tomcat 的最新动向，可以关注http://tomcat.apache.org/，加入他们的邮件列表或者使用 IRC，成为社区的一分子，这些都是能够深入学习 Tomcat 不错的方式。